CMOS 디지털 집적회로 설계

기본 이론부터
실습까지

HB 한빛아카데미
Hanbit Academy, Inc.

지은이 **신경욱** kwshin@kumoh.ac.kr

한국항공대학교 전자공학과에서 공학사(1984)를 취득하고, 연세대학교에서 공학석사(1986)와 공학박사(1990) 학위를 취득하였다. 이후, 한국전자통신연구원(ETRI) 반도체연구단에서 근무하였으며, 1991년 7월부터 현재까지 금오공과대학교 전자공학부 교수로 재직 중이다. 일리노이 주립대학교 전기 및 컴퓨터공학과(1995)와 캘리포니아 주립대학교 전기 및 컴퓨터공학과(2003), 조지아공대 전기 및 컴퓨터공학과(2013)에서 방문연구를 수행하였으며, 연구 분야는 반도체 회로설계, 통신 및 신호처리용 SoC 설계, 정보보호 SoC 설계, 반도체 IP 설계 등이다.

[저서 및 역서]
- 『핵심이 보이는 전자회로 with PSPICE(개정판)』(2018, 한빛아카데미)
- 『핵심이 보이는 전자회로 실험 with PSPICE』(2017, 한빛아카데미)
- 『기초 전기회로 실험(개정판)』(번역서, 2016, 한올출판사)
- 『FPGA를 이용한 디지털 시스템 설계 실습』(2015, 카오스북)
- 『Verilog HDL을 이용한 디지털 시스템 설계 및 실습』(2013, 카오스북)
- 『전자회로 : 핵심 개념부터 응용까지』(2010, 한빛미디어)

CMOS 디지털 집적회로 설계 : 기본 이론부터 실습까지

초판발행 2014년 5월 30일
3쇄발행 2022년 9월 2일

지은이 신경욱 / **펴낸이** 김태헌
펴낸곳 한빛아카데미(주) / **주소** 서울시 서대문구 연희로2길 62 한빛아카데미(주) 2층
전화 02-336-7112 / **팩스** 02-336-7199
등록 2013년 1월 14일 제2017-000063호 / **ISBN** 979-11-5664-110-0 93560

책임편집 박현진 / **기획** 김평화 / **편집** 김평화, 김희진 / **진행** 김평화
디자인 여동일 / **전산편집** 임희남, 라미경 / **제작** 박성우, 김정우
영업 김태진, 김성삼, 이성훈, 이정훈, 임현기, 김주성 / **마케팅** 길진철, 김호철, 주희

이 책에 대한 의견이나 오탈자 및 잘못된 내용에 대한 수정 정보는 아래 이메일로 알려주십시오.
잘못된 책은 구입하신 서점에서 교환해 드립니다. 책값은 뒤표지에 표시되어 있습니다.
홈페이지 www.hanbit.co.kr / **이메일** question@hanbit.co.kr

지금 하지 않으면 할 수 없는 일이 있습니다.
책으로 펴내고 싶은 아이디어나 원고를 메일(writer@hanbit.co.kr)로 보내주세요.
한빛아카데미(주)는 여러분의 소중한 경험과 지식을 기다리고 있습니다.

지은이 머리말

집적회로 설계의 근간이 되는 기본 이론과 실무 지식을 제공하는 설계 입문서

연간 수억대씩 판매되어 모든 사람들이 손에 들고 다니는 스마트폰은 디스플레이 패널, 각종 반도체 집적회로(IC), 배터리, 그리고 구동 소프트웨어 등으로 구성된다. 이들 부품 중 어느 하나 중요치 않은 것은 없지만, AP(Application Processor), 무선통신 모뎀, 메모리, 디스플레이 구동 IC, 이미지 센서 IC, 전원 관련 IC 등 반도체 IC들은 스마트폰의 성능과 가격에 큰 영향을 미치는 핵심 부품이다. 이처럼 반도체 IC는 컴퓨터, 스마트폰, 초고속 무선 인터넷 등 IT 분야뿐만 아니라 자동차, 의료 및 헬스기기, 로봇 등 모든 산업 분야에서 핵심 부품으로 사용되는 21세기 디지털 기술의 핵심 요소이다.

반도체 IC 기술은 트랜지스터의 발명(1947년)과 집적회로의 발명(1959년) 이래로 60여 년의 짧은 기간 동안 다른 어떤 산업 분야보다도 빠른 속도로 발전해 왔다. 1960년대 중반 외국 기업의 조립생산으로 시작된 우리나라 반도체 산업은 1980년대 초반부터 메모리 반도체 개발과 생산을 시작하여 30여 년 동안 급속한 발전을 이루어, 현재는 세계 3위의 반도체 생산 국가가 되었다. 특히 DRAM, SRAM, Flash 등 메모리 반도체는 세계 1위를 유지하고 있다. 다만, 우리나라 반도체 산업은 메모리에 편중되어 있어, 비메모리 반도체 분야의 규모는 매우 작은 상황이다. 1990년대 후반부터는 반도체 IC 설계 전문기업(fabless design house)들이 많이 생겨나 AP, 디스플레이 구동 IC(DDI), CMOS sensor IC(CSI), 전력관리 IC(PMIC) 등 비메모리 시스템 반도체(SoC)의 비중을 높여가고 있다.

반도체 산업이 빠르게 성장함에 따라 반도체 설계 전문 인력에 대한 산업체 수요가 지속적으로 증가하고 있고, 이에 맞추어 대학에서도 실무에 바로 적용할 수 있는 인재를 양성하는 데 중점을 두고 있다. 그러나 대부분의 집적회로 강의에서는 원서 또는 번역서가 교재로 사용되고 있는 실정이며, 학부생 교육 수준에 적합하지 않은 교재가 사용되기도 한다. 필자는 대학에서 관련 교과목을 강의해 오면서 학부생 강의에 적합한 교재의 필요성을 느껴왔으며, 지난 20여 년 동안의 강의 경험을 모아 이 책을 집필하게 되었다.

이 책의 구성

이 책은 4년제 대학교뿐만 아니라 2~3년제 대학의 강의를 위한 교재로 사용될 수 있으며, 기업체와 연구소의 사원 교육용으로도 활용될 수 있다. 또한, 학생이나 산업 현장의 실무자가 스스로 학습하는 데 어려움이 없도록 핵심 이론을 중심으로 가능한 한 쉽게 집필하고자 하였다. 이 책은 총 9개의 장으로 구성되어 있으며, 이 중 1장 ~ 3장은 반도체 집적회로의 기초가 되는 내용을 다루고, 4장~5장에서는 MOS 기본 회로를 다룬다. 6장~8장에서는 CMOS 디지털 회로를 구성하는 기본 회로들의 특성과 설계요소 등을 다루며, 9장에서는 메모리 회로에 대해 상세히 다룬다. 이 책의 각 장에서 다루는 주요 내용은 다음과 같다.

1장_집적회로 개요

반도체 집적회로가 발전해 온 과정을 간략히 소개하고, 디지털 집적회로의 설계과정과 웨이퍼 가공에서부터 조립과 검사를 거쳐 최종 제품으로 출하되기까지의 반도체 IC 제조과정을 소개한다.

2장_반도체 제조공정 및 레이아웃

실리콘 웨이퍼를 만들기 위한 단결정 실리콘 잉곳 형성 과정, 반도체 IC 제조에 사용되는 단위공정과 CMOS 일괄공정, 그리고 반도체 레이아웃의 구성과 레이아웃 설계 규칙에 대해 설명한다.

3장_MOSFET 및 기생 RC의 영향

증가형 및 공핍형 MOSFET의 구조와 문턱전압, 전압-전류 특성에 대해 설명한다. 또한, MOSFET의 기생 커패시턴스 성분, 금속배선의 기생 저항 및 커패시턴스 성분과 이들이 MOS 회로의 동작속도에 미치는 영향을 설명한다.

4장_CMOS 인버터

CMOS, nMOS 및 pseudo nMOS 인버터의 구조와 DC 특성, 스위칭 특성, 전력소모 특성 등을 설명하고, 회로 설계 시에 고려해야 하는 요소들을 알아본다. 또한, 다단 CMOS 인버터 버퍼의 지연시간 모델링과 최적 설계 조건에 대해 설명한다.

5장_MOSFET 스위치 및 전달 게이트

디지털 스위치로 사용되는 통과 트랜지스터와 CMOS 전달 게이트의 특성을 설명하고, 이들을 이용한 회로에 대해 소개한다.

6장_정적 논리회로

CMOS 및 nMOS 정적 논리회로의 구조와 DC 특성, 스위칭 특성 등에 대해 설명한다. 또한, 논리적 에포트와 전기적 에포트 개념을 기반으로 한 선형 지연모델을 소개하고, 이를 이용한 논리 게이트 및 다단 논리회로의 지연시간 모델링을 설명한다.

7장_동적 논리회로

CMOS 동적 논리회로의 구조, 동작 원리 및 특성을 설명하고, 도미노 및 np-CMOS 동적 논리회로의 구조와 동작을 설명한다.

8장_순차회로

디지털 회로에서 데이터 저장소자로 사용되는 래치와 플립플롭의 회로 구성과 동작 방식, 타이밍 파라미터를 설명하고, 순차회로의 동작 타이밍 조건에 대해 설명한다. 또한, 클록 스큐와 클록 지터가 순차회로의 동작에 미치는 영향을 설명한다.

9장_메모리 회로

반도체 메모리의 종류와 기본 구조를 소개하고, 비휘발성 기억소자인 ROM과 플래시 메모리 셀 회로, 구조 및 동작 원리를 설명한다. 또한, SRAM과 DRAM의 구조와 메모리 셀 회로, 메모리의 읽기와 쓰기 동작, 그리고 DRAM의 리프레시 동작에 대해 설명한다.

이 책의 학습 방법

- 이 책은 회로의 동작 원리와 특성을 이해하는 데 필요한 최소한의 수식만 제시한다.
  그러므로 제시된 수식의 의미를 이해하는 데 초점을 맞추어 학습하자.

- 주요 개념은 본문의 [핵심포인트]를 통해 정리하고, 이를 명확하게 이해하자.

- 객관식 연습문제를 통해 본문에서 설명한 핵심 이론을 제대로 이해했는지 확인하고,
  틀린 문제가 있으면 관련 내용을 다시 학습하자.

- 각 장의 마지막 절에 있는 시뮬레이션 및 레이아웃 설계를 실습해 봄으로써 회로에 대한
  응용력을 높이고, 실무 능력을 향상시키자.

당부와 감사의 글

필자는 지난 20여 년 동안의 강의 경험을 바탕으로, 디지털 집적회로 설계 및 해석에 꼭 필요한 핵심 이론을 간추리고, 학생들의 이해도를 반영하여 가능한 한 쉽고 명확하게 설명하고자 노력하였다. 그러나 대학에서 강의하시는 교수님들의 시각에 따라서는 꼭 필요한 내용이 빠져 있거나 개념에 대한 설명이 부족한 부분이 있을 것으로 생각된다. 혹시라도 보완이 필요한 부분이 있거나, 오류가 발견되면 필자나 출판사에 알려주기 바라며, 이는 개정판에 반영하도록 하겠다.

이 책은 Georgia Tech.에서 연구년을 보내면서 집필하였으며, 많은 분들의 도움이 없었다면 출간되지 못했을 것이다. 먼저, 이 교재를 집필할 수 있도록 연구년을 제공해준 금오공과대학교에 감사하며, 연구년 동안 좋은 연구 공간을 제공해주신 Georgia Tech. 전기컴퓨터공학과의 Lim Sung-Kyu 교수께 감사를 드린다. 또한, 부족한 원고를 세심하게 가다듬고 교정하여 완성도를 한층 높여준 한빛아카데미(주)에 감사의 마음을 전한다. 집필하는 동안 기도와 응원으로 힘을 준 사랑하는 가족에게 고마움을 전한다. 아무쪼록 이 책이 집적회로 설계 엔지니어가 되기 위해 공부하는 학생들뿐만 아니라 산업체 실무자들에게도 많은 도움이 되길 바란다.

지은이 **신경욱**

본 교재는 금오공과대학교 교수연구년제에 의하여 연구된 실적물입니다.

미리보기

예제 ◆
본문에서 다룬 개념을 응용한
문제와 풀이를 제시한다.

예제 4-1

CMOS 인버터의 스위칭 문턱전압을 $V_{inv} = 1.3\,\text{V}$로 만들기 위한 pMOS와 nMOS의 채널폭 비(W_p / W_n)를 구하라. pMOS와 nMOS의 채널길이는 같고$(L_n = L_p)$, 전자와 정공의 이동도는 각각 $\mu_n = 150\,\text{cm}^2/\text{V}\cdot\text{s}$, $\mu_p = 60\,\text{cm}^2/\text{V}\cdot\text{s}$이다. 전원전압은 $V_{DD} = 2.5\,\text{V}$이고, pMOS와 nMOS의 문턱전압은 각각 $V_{Tn} = 0.3\,\text{V}$, $V_{Tp} = -0.4\,\text{V}$이다.

풀이

주어진 값들을 식 (4.7)에 대입하면 다음과 같다.

$$V_{inv} = \frac{V_{DD} + V_{Tp} + V_{Tn}\sqrt{\beta_n/\beta_p}}{1 + \sqrt{\beta_n/\beta_p}} = \frac{2.5 - 0.4 + 0.3\sqrt{\beta_n/\beta_p}}{1 + \sqrt{\beta_n/\beta_p}} = 1.3 \qquad (1)$$

식 (1)을 정리하면 $\sqrt{\beta_n/\beta_p} = 0.8$이 되며, 식 (4.8)과 식 (4.9)를 적용하여 채널폭의 비 W_p / W_n을 구하면 다음과 같다.

$$\frac{W_p}{W_n} = \frac{\mu_n}{\mu_p} \times \frac{1}{(0.8)^2} = \frac{2.5}{0.64} = 3.9$$

핵심포인트 ◆
본문에서 다룬 주요 개념을
다시 한 번 정리한다.

핵심포인트 CMOS 인버터의 DC 특성

- $V_{OH} = V_{DD}$, $V_{OL} = 0$인 무비율 논리이므로, 트랜지스터 크기와 무관한 DC 특성을 가져 설계가 용이하고 잡음여유가 크다.
  - 출력이 논리값 0 또는 1을 유지하는 정상상태에는 이상적으로 전류가 0이므로, DC 전력소모가 작아 저전력에 적합하다.
- CMOS 인버터의 β_n/β_p가 증가할수록 VTC 곡선이 왼쪽으로 이동하여 스위칭 문턱전압이 감소한다.
  - 전자와 정공의 이동도를 고려하여 $W_p/W_n \approx 2\sim3$으로 설계하며, 면적을 줄이기 위해 최소 크기의 $W_p = W_n$로 설계하기도 한다.

4.2.2 CMOS 인버터의 스위칭 특성

논리 게이트의 스위칭 특성은 입력신호의 변화에 대해 회로가 얼마나 빨리 반응하는가를 나타내며, 부하 커패시턴스의 충전 또는 방전에 소요되는 시간으로 회로의 동작속도를 결정하는 요소이다. 이 절에서는 CMOS 인버터의 하강시간, 상승시간, 전달 지연시간 등 □□□□□□□□□□□□ 인버터의 스위칭 특성을 확장하여 CMOS 논리 게이

핵심포인트 증가형 MOSFET

- MOSFET의 문턱전압은 채널을 강반전상태$(\phi_s = 2\Phi_F)$로 만들기 위해 요구되는 최소 게이트 전압으로 정의되며, 트랜지스터의 전압-전류 특성에 영향을 미친다.
  - 기판의 도우핑 농도가 클수록 기판의 벌크전위 ϕ_F가 커져 문턱전압이 커진다.
  - 게이트 산화막 두께가 클수록 문턱전압이 커진다.
  - 기판의 역바이어스 전압이 클수록 문턱전압이 커진다.
  - 게이트 전극의 물질과 온도 등도 문턱전압에 영향을 미친다.
- MOSFET는 게이트 전압의 극성과 크기에 따라 소오스-드레인의 전류 흐름을 제어하는 소자로, 채널폭과 채널길이의 비(W/L)로 전류를 조절할 수 있다.
  - 차단모드 : 열린 스위치
  - 선형모드 : 닫힌 스위치
  - 포화모드 : 증폭기
  - 선형모드(닫힌 스위치)의 채널저항은 β_n에 반비례하므로, W/L가 클수록 채널저항이 작아진다.
- MOSFET의 문턱전압이하 누설전류, 드레인-기판 접합 누설전류, 게이트 산화막 누설전류 성분들은 CMOS 회로의 정적 전력소모를 유발하는 요인이 된다.

참고 FET와 바이폴라 트랜지스터 중 어떤 것이 먼저 실용화되었을까?

◆ **참고**
참고로 알아두면 좋을 내용,
심화 내용 등을 설명한다.

역사적으로 볼 때, 전계효과 이론은 1920년대에 제안되었으며, 1940년대에 FET 소자를 제작하려고 시도하였으나 계속 실패하였다. 1947년에 AT&T Bell Lab.의 존 바딘[John Bardeen]과 월터 브래튼[Walter H. Brattain]에 의해 두 개의 pn 접합으로 구성된 점접촉[point contact]형 트랜지스터가 발명된 이래로, 바이폴라 트랜지스터는 1950년대 초반에 대량생산 기술이 개발되어 실용화되었다. 이론적으로는 FET가 먼저 발명되었지만, 바이폴라 트랜지스터가 먼저 실용화되었다. 바이폴라 트랜지스터의 상용화에 따라 반도체 제조기술이 발전하고, 그에 힘입어 FET 제작이 가능하게 되었다. 실용화는 바이폴라가 먼저 되었지만, 오늘날의 대부분의 IC들은 MOS 기술을 기반으로 하고 있다.

4.4 시뮬레이션 및 레이아웃 설계 실습

실습 4-1 CMOS 인버터의 DC 전달 특성 시뮬레이션

CMOS 인버터의 β_p/β_n에 따른 DC 전달 특성을 시뮬레이션으로 분석하라.

■ 시뮬레이션 결과

[그림 4-28(a)]는 β_p/β_n 변화에 따른 CMOS 인버터의 DC 전달 특성의 시뮬레이션 결과
이다. nMOSFET의 채널폭을 $W_n = 1.2\,\mu m$로 고정한 상태에서 pMOSFET의 채널폭을

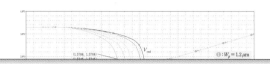

실습
해당 장의 본문에서 설명된
주요 개념을 시뮬레이션을 통해
이해할 수 있도록 실습 문제와
풀이를 제시한다.

실습과제 4-1 CMOS 인버터의 레이아웃은 nMOS와 pMOS의 배차 형태에 따라 [그림
4-35]의 스틱 다이어그램stick diagram과 같은 두 가지 형태를 갖는다. [그림 4-35]의 스틱
다이어그램 형태로 레이아웃을 설계하고, 각각의 면적을 비교하라.

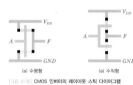

(a) 수평형   (a) 수직형

[그림 4-35] CMOS 인버터의 레이아웃 스틱 다이어그램

실습과제
독자 스스로 실습해 볼 수 있는
실습 문제를 제시한다.

핵심요약
해당 장이 끝날 때마다
본문에서 다룬 주요 내용을
다시 한 번 정리한다.

■ Chapter 04 핵심요약

■ CMOS 인버터

• $V_{OH} = V_{DD}$, $V_{OL} = 0$인 무비율 논리회로이므로, 트랜지스터 크기에 무관한
 DC 특성을 가져 설계가 용이하고 잡음여유가 크다.

• 입력이 논리값 0 또는 논리값 1을 유지하는 동안에는 이상적으로 전류가 0이므로,
 DC 전력소모가 작아 저전력에 적합하다.

• 상승시간은 정공의 이동도, pMOS의 채널폭, 부하용량, 전원전압 등의 영향을 받
 으며, 근사적으로 다음과 같이 모델링된다.

$$t_r \approx \frac{m\,C_L}{\beta_p\,V_{DD}} = \frac{m\,C_L}{k_p\,V_{DD}}\left(\frac{L_p}{W_p}\right)$$

• 하강시간은 전자의 이동도, nMOS의 채널폭, 부하용량, 전원전압 등의 영향을 받

연습문제
문제를 통해 해당 장에서
배운 내용을 확인한다.

■ Chapter 04 연습문제

4.1 MOS 인버터의 논리값 0 출력전압은 회로의 구성과 종류에 무관하게 0 V이다.
 (O, X)

4.2 pseudo nMOS 인버터는 정적 전력소모가 매우 크다. (O, X)

4.3 CMOS 인버터는 $0\,V \sim V_{DD}$ 범위의 출력전압을 갖는 무비율 논리회로이다. (O, X)

4.4 CMOS 인버터는 무비율 논리회로이므로, 트랜지스터의 크기와 무관하게 상승시간
 과 하강시간이 동일한 특성을 갖는다. (O, X)

이 책에서 다루는 내용이 무엇이고, 각 주제가 어떻게 연계되어 있는지 보여준다. 일부 독립적인 장도 있지만, 로드맵에 제시된 순서대로 학습하기를 권한다.

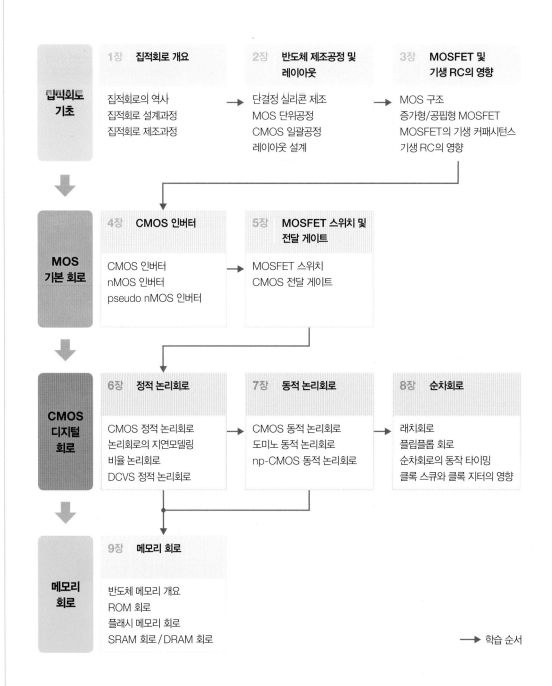

집적회로 기초

1장 집적회로 개요
집적회로의 역사
집적회로 설계과정
집적회로 제조과정

2장 반도체 제조공정 및 레이아웃
단결정 실리콘 제조
MOS 단위공정
CMOS 일괄공정
레이아웃 설계

3장 MOSFET 및 기생 RC의 영향
MOS 구조
증가형/공핍형 MOSFET
MOSFET의 기생 커패시턴스
기생 RC의 영향

MOS 기본 회로

4장 CMOS 인버터
CMOS 인버터
nMOS 인버터
pseudo nMOS 인버터

5장 MOSFET 스위치 및 전달 게이트
MOSFET 스위치
CMOS 전달 게이트

CMOS 디지털 회로

6장 정적 논리회로
CMOS 정적 논리회로
논리회로의 지연모델링
비율 논리회로
DCVS 정적 논리회로

7장 동적 논리회로
CMOS 동적 논리회로
도미노 동적 논리회로
np-CMOS 동적 논리회로

8장 순차회로
래치회로
플립플롭 회로
순차회로의 동작 타이밍
클록 스큐와 클록 지터의 영향

메모리 회로

9장 메모리 회로
반도체 메모리 개요
ROM 회로
플래시 메모리 회로
SRAM 회로 / DRAM 회로

→ 학습 순서

목차

Chapter

01

집적회로 개요

Introduction to Integrated Circuit

비행기, 우주선, 컴퓨터, 인터넷, 반도체 집적회로(IC : Integrated Circuit) 등 20세기의 중요 발명품들 중에서 오늘날 인류 문명과 생활에 가장 큰 영향을 미친 발명품을 꼽으라면 반도체 집적회로일 것이다. 초고속 무선 인터넷과 스마트폰, 컴퓨터와 첨단 우주선의 실현은 고성능, 고집적, 고신뢰성, 저가격 등을 특징으로 하는 반도체 집적회로 없이는 불가능했을 것이며, 21세기 디지털 기술은 반도체 집적회로 기술을 토대로 발전해왔다.

이 장에서는 반도체 집적회로가 발전해 온 과정을 간략히 소개하고, 디지털 집적회로의 설계과정과 웨이퍼 가공에서부터 조립과 검사를 거쳐 최종 제품으로 출하되기까지의 반도체 IC 제조과정을 소개한다. 특히 집적회로의 발전 역사와 설계 및 제조과정에 대한 개략적인 흐름을 설명하는 데에 주안점을 두었다. 각각의 주제에 대한 상세한 내용은 관련 문헌을 참조하기 바란다.

1.1 집적회로의 역사

반도체 집적회로는 컴퓨터, 스마트폰, 초고속 무선 인터넷 등의 IT 분야뿐만 아니라 자동차, 항공, 조선, 의료 및 헬스기기 등 모든 산업 분야에서 핵심 부품으로 사용되어 '산업의 쌀'로 불리고 있다. 반도체 집적회로는 트랜지스터의 발명(1947년)과 집적회로의 발명(1959년) 이래로 60여 년의 짧은 기간 동안 다른 어떤 산업 분야보다도 빠른 속도로 기술발전이 이루어져 왔다. 이와 같은 기술발전은 물리학(이론물리, 실험물리), 화학공학, 재료공학, 장비산업 등의 뒷받침에 의해 가능했다. 이 절에서는 기술적으로 파급효과가 컸던 내용을 중심으로 반도체 집적회로의 발전과정을 간략히 알아본다. 이 내용은 참고문헌에 제시된 웹사이트를 참고하여 요약하였으며, 상세한 내용은 관련 웹사이트를 참고하기 바란다.

1.1 집적회로의 역사　**13**

1.1.1 진공관에서 트랜지스터의 발명까지

▎1906 3극 진공관 발명

전자회로의 역사는 1906년 리 드 포리스트[Lee De Forest]가 발명한 3극 진공관[vacuum tube]으로 부터 시작되었다고 할 수 있다. 그 후 1950년대에 반도체 트랜지스터가 상용화될 때까지 40여 년 동안 3극 진공관은 증폭기, 정류기 등의 전자회로에 능동소자로 사용되었다. 진공관은 진공상태의 유리관 속에서 캐소드[cathode](음극)의 필라멘트를 가열하여 열전자 [thermal electron]를 방출시킨 후, 캐소드와 애노드[anode](양극) 사이에 있는 그리드[grid] 전극의 전압을 통해 애노드로 이동하는 전자의 흐름을 조절하는 소자이다. [그림 1-1(a)]는 진공관의 내부 구조를 나타내는 모식도이며, [그림 1-1(b)]는 오디오 증폭기로 사용되는 EL34 진공관의 실물 사진이다.

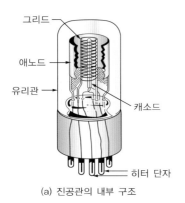

그리드
애노드
유리관
캐소드
히터 단자

(a) 진공관의 내부 구조

(b) 오디오 증폭용 EL34 진공관

[그림 1-1] **진공관**[1]

오늘날의 트랜지스터와 유사한 증폭 동작을 하는 진공관은 라디오, 레이더 등 20세기 중반까지 개발된 모든 전자장치에 사용되었으며, 1946년에 완성된 최초의 전자식 컴퓨터인 ENIAC[Electronic Numerical Integrator And Computer]에도 중요 부품으로 사용되었다. ENIAC 컴퓨터는 약 17,500여 개의 진공관과 7,200개의 반도체 다이오드, 1,500개의 릴레이 스위치, 70,000개의 저항기, 10,000개의 커패시터, 그리고 약 5백만 개의 납땜 이음부로 구성되었으며, 2.4 m × 0.9 m × 30 m 의 부피와 30톤에 가까운 무게, 그리고 약 150 kW 의 전력을 소비하는 거대한 장치였다. 포탄의 탄도 계산을 목적으로 개발된 ENIAC는 초당 5,000회의 가산과 14회의 곱셈을 연산할 수 있었는데, 이는 10진수 10자리 수의 곱셈을 2.8 msec에 계산하는 연산능력에 해당한다. [그림 1-2(a)]는 진공관으로 만들어진 최초

---

1 출처 : (a) http://electronicdesign.com/site-files/electronicdesign.com/files/archive/electronicdesign.com/
　　　　　　content/content/64258/64258-fig3.jpg
　　　　(b) http://tubesync.co.uk/blog/tag/el34

의 전자식 컴퓨터 ENIAC의 사진이며, 참고로 [그림 1-2(b)]는 1954년에 트랜지스터로만 만들어진 디지털 컴퓨터 TRADIC[TRAnsistor DIgital Computer]의 사진이다.

(a) 최초의 전자식 컴퓨터 ENIAC

(b) 최초의 트랜지스터 컴퓨터 TRADIC

[그림 1-2] 진공관과 트랜지스터로 만들어진 전자식 디지털 컴퓨터[2]

1926 전계효과 트랜지스터 발명

진공관은 부피가 크고 전력소모가 많아 열이 많이 나며, 수명이 짧고 가격이 비싸다는 여러 가지 단점을 가지기 때문에, 진공관을 대체할 수 있는 새로운 능동소자를 만들기 위한 시도는 20세기 초반부터 물리학자들에 의해 꾸준히 진행되었다. 폴란드 출신의 미국 물리학자 줄리어스 릴리엔펠트[Julius Lilienfeld]는 전계효과[field effect] 트랜지스터의 개념을 최초로 발명한 사람으로 인정받고 있다. 릴리엔펠트는 반도체 표면에 수직방향으로 전계[electric field]를 인가하면 반도체의 전도도가 변하고, 이를 통해 전류를 제어할 수 있다는 전계효과 개념을 발명특허 "Method and Apparatus for Controlling Electric Currents"로 출원하여(1926년), 특허등록(U.S. patent #1,745,175)을 받았다(1930년).

그 이후, 영국 케임브리지 대학의 독일 출신 과학자 오스카 헤일[Oskar Heil]은 전극의 용량성 결합[capacitive coupling]에 의한 반도체의 전류 흐름 제어에 관한 발명특허를 출원하였다(1934년). 헤일의 발명은 오늘날의 전계효과 트랜지스터[FET : Field Effect Transistor]의 동작과 본질적으로 유사한 것이었다. 릴리엔펠트와 헤일의 발명은 특허로 등록되었으나, 실제 소자로 제작되어 동작했음을 확인할 수 있는 문헌기록은 남아있지 않은 상태이다. 그 당시

---

2 출처 : (a) http://explorepahistory.com/
　　　　(b) http://www.computerhistory.org/semiconductor/timeline

에는 반도체라는 물질에 대한 이해가 부족했고 명확한 이론이 정립되지 않은 채, 반도체라는 새로운 개념에 대한 특허권만 인정된 상태였다.

1930년대 중반에 미국의 벨연구소^{Bell Telephone Laboratories}에서 레이더 검출기용 실리콘 정류기에 관한 연구를 진행하고 있던 러셀 올^{Russell Ohl}과 잭 스카프^{Jack Scaff}는 pn 접합에 관한 중요한 사실을 알아냈다. 실리콘에 인^{phosphorus}을 주입하면 과잉전자가 발생하고, 붕소^{boron}를 주입하면 전자의 결핍(정공이라고 부름)이 발생함을 발견하였으며, 5가 불순물이 주입된 영역을 n형^{negative type} 반도체, 3가 불순물이 주입된 영역을 p형^{positive type} 반도체라고 이겼다. 또한, 서로 다른 불순물이 주입된 실리콘의 두 영역은 경계면을 중심으로 서로 구분되어 pn 접합을 형성하고, pn 접합에 빛을 쏘이면 n형 영역에서 p형 영역으로 전자가 이동하여 전류가 흐르는 현상을 발견하였다(1940년). 올은 다이오드^{diode}와 바이폴라 접합 트랜지스터^{BJT : Bipolar Junction Transistor}의 기본이 되는 pn 접합과 태양전지^{solar cell}의 기초가 되는 광전효과^{photovoltaic effect}를 발견하는 위대한 업적을 이루었다. pn 접합에 관한 올의 발견은 1948년에 윌리엄 쇼클리가 발명한 접합형 트랜지스터의 기초가 되었다.

2차 세계대전 중인 1940년대 초반에 반도체 기술은 군사적인 목적에 의해 큰 도약을 이루었다. 진공관 다이오드로는 높은 주파수 대역의 마이크로파 신호를 검출할 수 없었으므로, 그 한계를 극복하기 위해 고체상태^{solid-state} 정류기에 대한 연구가 활발히 진행되었다. 1940년대 초반에 실리콘^{silicon}과 게르마늄^{germanium} 등의 반도체 물질에 대한 연구가 많이 이루어졌으며, 미국과 영국의 대학 및 연구소에서 실리콘과 게르마늄의 정제와 불순물 주입 등에 관한 기술을 연구하였다. 그 결과로 고순도 게르마늄을 이용한 정류기용 다이오드가 제작되어 레이더 장비에 사용되었다(1941년). 펜실베이니아 대학과 듀퐁화학^{Dupont Chemical Company} 등에서 실리콘 정제에 관한 연구가 이루어져 3N(99.999%)급의 순도를 갖는 실리콘이 만들어졌다(1945년경).

2차 세계대전이 종전된 직후인 1945년에 벨연구소의 윌리엄 쇼클리^{William Shockley}를 중심으로 존 바딘^{John Bardeen}과 월터 브래튼^{Walter Brattain}은 고체물리 연구팀을 구성하여 게르마늄과 실리콘 소자에 관한 연구를 진행하였다. 쇼클리가 이끌던 연구팀은 벨연구소에서 중계기 등의 장비에 사용되고 있던 진공관, 정류기, 전기기계식 스위치 등을 반도체 소자로 대체하기 위한 연구를 중점적으로 진행했다. 쇼클리는 진공관 대신에 반도체를 이용하여 증폭기를 만드는 것이 가능하리라는 생각을 1930년대 후반부터 가지고 있었으며, 실리콘과 게르마늄을 이용한 3단자 전계효과 증폭기(FET)와 스위치에 관한 연구를 진행했으나 실패를 거듭하고 있었다. 쇼클리의 실험이 실패했던 원인은 반도체의 계면^{surface}^{interface} 특성이 매우 나빠서 계면에 포획된 전하가 FET의 문턱전압에 영향을 미쳤던 것으로 훗날에 규명되었으며, 1960년 강대원 박사에 의해 동작이 확인될 때까지 FET 소자는 이론상으로만 존재했다.

1947 점접촉형 트랜지스터 발명

쇼클리 연구팀에서는 FET 소자에 관한 실험의 실패 이유를 규명하기 위해 노력했다. 이론 물리학자인 바딘은 반도체 표면의 전자에 의해 전계효과가 상실되어 FET 소자가 동작하지 않는 것이라고 주장했으며, 실험 물리학자인 브래튼과 함께 반도체의 표면 특성에 대한 연구를 시작했다. 브래튼과 바딘은 게르마늄을 이용한 트랜지스터를 제작하여, 한쪽 접촉의 전압 변화에 의해 다른 쪽 접촉에 흐르는 전류가 조절되는 증폭작용을 확인하였다 (1947년 12월 16일). 이들이 만든 트랜지스터는 n형 게르마늄 결정의 표면에 뾰족한 침을 가진 두 개의 금접촉^{gold contact}을 통해 두 개의 pn 접합을 만든 구조이므로, 이를 점접촉 ^{point contact}형 트랜지스터라고 부르게 되었다. 이들의 발명은 "Three Electrode Circuit Element Utilizing Semiconductor Materials"로 발명특허(U.S. patent #2,524,035)를 획득하였으며(1950년), 세계 최초로 트랜지스터를 발명한 공로를 인정받아 노벨 물리학상을 공동 수상하였다(1956년).

[그림 1-3(a)]는 실험에 사용된 점접촉형 트랜지스터의 사진이며, [그림 1-3(b)]는 발명자들의 사진이다. 벨연구소에서 개발된 점접촉형 트랜지스터는 [그림 1-3(c)]와 같이 금속 패키지로 제작되어 Bell Type-A라는 이름으로 생산되었다. 그러나 점접촉형 트랜지스터는 두 개의 가는 도선을 반도체 위에 연결한 구조이므로, 기계적으로 약하고 쉽게 끊어지는 단점이 있어 대량생산에 많은 문제점을 노출했다.

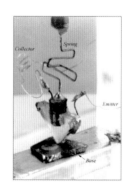
(a) 점접촉형 트랜지스터

(b) 최초의 트랜지스터 발명자

(c) Bell Type-A 트랜지스터

[그림 1-3] **최초의 트랜지스터와 발명자**[3]

---

3 출처 : http://www.computerhistory.org/semiconductor/timeline

한편, 프랑스 파리의 웨스팅하우스Westinghouse 자회사에서 근무하던 독일인 물리학자 헤르베르트 마테르Herbert Matare와 하인리 베르커Heinrich Welker도 비슷한 시기에 점접촉형 트랜지스터를 발명하였으며(1948년 8월), 벨연구소의 트랜지스터와 구별하기 위해 'transistron'라는 이름을 붙여 생산하였다. 생산된 트랜지스터는 프랑스의 전화시스템에 증폭기로 사용되었다(1949년).

쇼클리는 점접촉형 트랜지스터의 발명에 자신이 직접 기여하지 못했다는 생각과, 또 한편으로는 점접촉형 트랜지스터가 대량생산에 적합하지 않다는 판단 아래, 개선된 형태의 트랜지스터를 고안하기 위한 독자적인 연구를 진행했다. 쇼클리는 1940년 러셀 올Russell Ohl에 의해 발견된 pn 접합의 개념을 이용하여 개선된 형태의 트랜지스터를 만들 수 있을 것이라고 생각했다. 쇼클리는 트랜지스터의 동작원리와 관련하여 양positive 전하를 띠는 정공이 표면을 따라 흐르는 것 이외에 게르마늄 기판을 통해서도 이동하리라고 생각했다. 쇼클리가 생각한 '소수 캐리어 주입'이라는 현상은 오늘날 바이폴라 접합 트랜지스터의 동작을 설명하는 기본 개념으로 적용되고 있다. 쇼클리는 pn 접합을 이용한 접합형 트랜지스터에 관한 자신의 연구 결과를 발명특허로 신청하고(1948년 6월), 접합 트랜지스터의 구체적인 동작 이론을 발표했다(1949년).

| 1950 성장접합형 트랜지스터 개발

접합형 트랜지스터에 관한 쇼클리의 이론이 발표된 후, 이를 만들기 위한 시도가 이루어졌으나 그 당시에는 순도가 높고 균일한 반도체 물질을 만들지 못해 기술적으로 많은 어려움이 있었다. 벨연구소의 화학자인 고든 틸Gordon Teal은 게르마늄, 실리콘의 단결정을 만들어야 한다고 주장했으나 쇼클리를 포함하여 아무도 관심을 갖지 않았다. 틸은 폴란드 화학자인 장 초크랄스키Jan Czochralski에 의해 1917년에 개발된 단결정 성장방법을 적용하여 단결정 성장장치를 만들었다. 이 장치를 이용하여 벨연구소의 화학자 모간 스파크스Morgan Sparks는 게르마늄 단결정을 성장시키면서 불순물dopant을 주입시키는 성장접합grown-junction 방법으로 pn 접합을 만들었다.

스파크스와 틸은 게르마늄에 5가 불순물과 3가 불순물을 연속적으로 주입시킨 성장접합형 npn 트랜지스터를 제작하였으며(1950년 4월), 접합형 트랜지스터가 점접촉형 트랜지스터보다 성능이 우수함을 공개적으로 발표하였다(1951년 7월 4일). 이를 통해 점접촉형 트랜지스터의 생산성 문제가 해결되어 트랜지스터의 대량생산이 가능하게 되었으며, Bell Type M1752로 상용화되었다. [그림 1-4(a)]는 성장접합형 트랜지스터의 사진이며, [그림 1-4(b)]는 Bell Type M1752 트랜지스터이다.

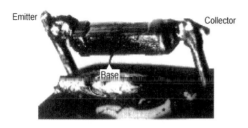
(a) 성장접합형 트랜지스터

(b) Bell Type M1752 트랜지스터

[그림 1-4] **성장접합형 트랜지스터**[4]

초기의 트랜지스터는 가격이 매우 비싸서 보청기, 주머니형 라디오 등의 소형, 저전력 휴대용 기기에 주로 사용되었다. 트랜지스터를 사용한 보청기가 1952년에 최초로 시판된 이후로 1954년에는 약 97%의 보청기가 트랜지스터를 사용하여 제작되었으며, 트랜지스터 라디오가 1954년 하반기부터 시판되기 시작했다. 그 당시의 트랜지스터는 게르마늄으로 만들어졌는데, 게르마늄은 실리콘에 비해 누설전류가 크고 동작온도 범위가 작아 응용분야에 제한이 있었다.

벨연구소에서는 실리콘을 이용한 성장접합형 트랜지스터를 개발하였으며(1954년), 같은 해에 TI에서는 듀퐁사의 고순도 실리콘을 사용하여 성장접합형 npn 트랜지스터를 개발하여(1954년 4월) 수 년 동안 실리콘 트랜지스터 시장을 거의 독점하였다. 1950년대 중반 이후로 게르마늄 대신에 실리콘이 반도체 재료로 정착했다. 실리콘은 가격이 싸고 우수한 산화막(SiO_2)을 쉽게 얻을 수 있으며, 게르마늄(938℃)에 비해 높은 용융점(1415℃)을 갖는 등 많은 장점이 있어 오늘날까지 반도체의 주재료로 사용되고 있다.

1952 반도체 정제기술(영역 정제법, 부유대역 정제법) 개발

1950년대 초반 벨연구소에서는 게르마늄과 실리콘을 고순도로 정제할 수 있는 영역 정제법[zone refining]과 부유대역 정제법[float-zone refining] 등의 반도체 정제기술을 개발하였으며(1951 ~ 1952년), 유사한 기술이 독일의 지멘스[Siemens] 등에서도 개발되었다. 1955년 초에는 0.1ppb [part per billion] 정도의 초고순도로 정제된 실리콘이 생산되었으며, 소량의 불순물 주입으로 n형과 p형 반도체 영역을 정밀하게 조정할 수 있게 되었다.

---

4 출처 : http://www.computerhistory.org/semiconductor/timeline

1954 트랜지스터를 사용한 최초의 디지털 컴퓨터 TRADIC 개발

1950년대 초반에 트랜지스터의 상용화가 진행됨에 따라 컴퓨터에 사용되던 진공관이 트랜지스터로 대체되기 시작했다. 벨연구소의 진 펠커$^{Jean\ Felker}$ 연구팀은 진공관을 사용하지 않고 트랜지스터로만 만들어진 최초의 디지털 컴퓨터 'TRADIC'$^{Transistor\ Digital\ Computer}$를 개발하였다(1954년). [그림 1-2(b)]는 TRADIC의 사진이다. 미국 공군에서 사용하기 위해 만들어진 TRADIC는 700개의 점접촉형 트랜지스터와 10,000여 개의 다이오드가 사용되었으며, 1MHz로 동작하여 100W 이하의 전력을 소모하였다. MIT 링컨연구소에서는 고속 게르마늄 스위칭 트랜지스터를 이용하여 5MHz로 동작하는 범용 디지털 컴퓨터 TX-0$^{Transistor\ Experimental}$을 개발하였다(1956년).

1955 확산접합형 실리콘 트랜지스터 개발

벨연구소의 화학자인 칼빈 퓰러$^{Calvin\ Fuller}$는 게르마늄, 실리콘에 불순물을 확산시키는 열확산$^{thermal\ diffusion}$방법을 정립하였다(1952년). 퓰러는 불순물이 포함된 고온 가스에 기판을 노출시켜 불순물을 반도체 내부로 확산시키는 실험을 통해 확산접합$^{diffused-junction}$을 만들었으며, 기존의 성장접합에 비해 불순물의 양과 침투깊이를 정밀하게 조절할 수 있음을 보였다. 이를 통해 접합 트랜지스터의 새로운 제조방법의 토대가 마련되었다. 퓰러는 자신이 개발한 불순물 확산방법을 적용하여 n형 실리콘 내부로 붕소(B)를 확산시켜 대면적의 pn 접합을 만든 후, 접합에 빛을 쏘여 광전효과(1940년 러셀 올$^{Russell\ Ohl}$에 의해 발견됨)에 의한 전류 생성에 성공하였다(1954년). 벨연구소에서는 이를 'Solar Battery'라고 명명하였으며, 1950년대 후반에 교외의 전화시스템에 전기를 공급하기 위한 태양전지$^{solar\ cell}$로 사용되었다. 퓰러의 불순물 확산방법은 실리콘 기판에 불순물을 확산시켜 npn 접합 트랜지스터를 제조하는 데 적용되었다(1955년).

지금까지 살펴본 진공관의 발명에서부터 확산접합형 트랜지스터의 상용화까지 반도체 기술의 발전과정을 요약하면 [그림 1-5]와 같다.

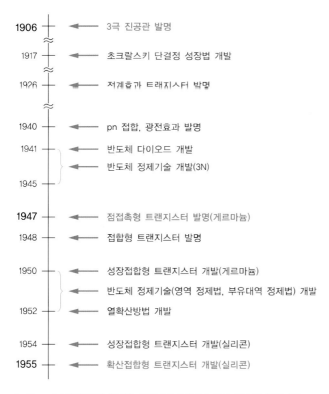

1906	← 3극 진공관 발명
1917	← 초크랄스키 단결정 성장법 개발
1926	← 저계흡가 트래지스터 발명
1940	← pn 접합, 광전효과 발명
1941	← 반도체 다이오드 개발
	← 반도체 정제기술 개발(3N)
1945	
1947	← 점접촉형 트랜지스터 발명(게르마늄)
1948	← 접합형 트랜지스터 발명
1950	← 성장접합형 트랜지스터 개발(게르마늄)
	← 반도체 정제기술(영역 정제법, 부유대역 정제법) 개발
1952	← 열확산방법 개발
1954	← 성장접합형 트랜지스터 개발(실리콘)
1955	← 확산접합형 트랜지스터 개발(실리콘)

[그림 1-5] 진공관에서 접합형 트랜지스터까지의 주요 기술의 발전과정

1.1.2 트랜지스터 관련 기술의 발전과정

1947년 말, 점접촉형 트랜지스터가 발명된 이래로 반도체 정제기술, 열확산기술 등 트랜지스터의 대량생산을 위한 기반기술의 발전이 지속적으로 이루어졌다. 벨연구소에서는 트랜지스터 기술을 확산시키기 위해 '트랜지스터 기술 심포지엄'을 개최하여(1952년), GE, RCA, TI, Sony 등 40여 개의 회사에서 100여 명 참가하였다. 참가자들은 이 심포지엄에서 당시의 신기술인 다양한 트랜지스터 관련 기술을 공유하고 습득하였다.

벨연구소의 화학자인 칼 프로쉬Carl Frosch는 습식 분위기wet ambient의 열확산 중에 실리콘 표면이 산화되어 산화실리콘(SiO_2) 막이 형성되는 현상을 우연히 발견하였다(1955년). 프로쉬는 붕소(B), 인(P) 등의 불순물이 산화실리콘 막에 침투하지 못하는 사실을 확인하고, 산화막을 부분적으로 식각하는 기술과 실리콘 산화막을 확산 마스크로 사용하여 특정 영역에 선택적으로 불순물을 확산시키는 방법을 특허 출원하였다(1957년). 산화실리콘(SiO_2) 막은 평면공정planar process과 함께 트랜지스터와 집적회로의 대량생산을 위한 기반기술로 오늘날에도 사용되고 있다.

1955 광 리소그래피 기술 개발

벨연구소의 월터 본드[Walter L. Bond]와 줄스 안드루스[Jules Andrus]는 인쇄회로기판(PCB)에 사용되던 사진제판[photoengraving] 기술과 프로쉬의 산화막 마스크 기술을 이용하여 실리콘 기판에 미세패턴을 형성하기 위한 광 리소그래피[photo lithography] 기술을 개발하였다(1955).

페어차일드의 제이 래스트[Jay Last]와 로버트 노이스[Robert Boyce]는 스텝-리피트[step-and-repeat] 카메라를 최초로 제작하고, 광 리소그래피 방법을 적용하여 실리콘 웨이퍼에 동일한 트랜지스터를 반복적으로 제조할 수 있는 방법을 개발하였다(1958년). 그 결과, 최초의 상영용 광 리피터[photo repeater] 장비가 시판되었다(1961년). 당시에 개발된 광 리소그래피 기술은 오늘날까지 반도체 제조의 기본 기술로 사용되고 있다.

1950년대 중반, 윌리엄 쇼클리[William Shockley]와 아놀드 베크만[Arnold Beckman]은 캘리포니아에 쇼클리 반도체 연구소[Shockley Semiconductor Laboratory]를 설립하고, 고든 무어[Gordon Moore]와 로버트 노이스[Robert Noyce] 등의 우수한 과학자를 영입하였다(1955년). 그러나 쇼클리의 경영방식에 불만을 느낀 무어, 노이스 등의 과학자들은 쇼클리 반도체 연구소를 나와 캘리포니아 팔로 알토 지역에 페어차일드 반도체[Fairchild Semiconductor]를 설립하였다(1957년). 박사에서부터 기술자에 이르기까지 많은 사람이 참여하여 빠르게 성장한 페어차일드는 결국 실리콘 밸리의 중심 기업이 되었으며, 인텔, AMD 등 많은 반도체 회사들이 페어차일드에서 파생되어 반도체 산업의 산파 역할을 한 것으로 평가되고 있다.

1959 평면공정 개발

1958년 초, 페어차일드는 폭격기의 내장컴퓨터용 자기코어[magnetic core] 메모리를 구동하기 위한 실리콘 트랜지스터의 개발을 IBM으로부터 의뢰받았다. 고든 무어가 이끄는 npn 트랜지스터 개발팀과, 장 회르니[Jean Hoerni]가 이끄는 pnp 트랜지스터 개발팀이 구성되었다. 두 개발팀은 단결정 실리콘 성장장치, 16mm 영화 제작용 카메라를 이용한 광 리소그래피 장비 등의 제조와 시험 장비를 갖추고 개발을 진행하였으며, 영역확산 기술을 이용하여 베이스[base]와 이미터[emitter] 접합을 형성한 최초의 이중확산 메사[double diffused mesa]형 실리콘 트랜지스터를 개발하였다(1958년). 무어 팀의 npn 트랜지스터가 성공적으로 개발되어 IBM에 납품되었으며, 2N697이라는 모델로 시판되고 탄도 미사일의 유도-제어 시스템에도 사용되었다. 그러나 금속 패키지 내부의 작은 입자에 의해 메사 구조의 노출된 접합이 단락되는 현상이 발생하였으며, 이로 인해 소자의 신뢰성에 문제점이 노출되었다.

이에 대한 해결방법을 찾고 있던 페어차일드의 스위스 출신 물리학자 회르니는 메사형 트랜지스터의 신뢰성 문제를 해결하기 위해, 노출된 pn 접합을 산화실리콘 막으로 덮어서 절연과 함께 보호하는 평면공정을 개발하여 발명특허를 출원하였다(1959년). 평면공성은 광 리소그래피를 이용해 기판 내부에 선택적으로 불순물을 확산시켜 베이스와 이미터 영역을 만들고, 표면을 산화실리콘 막으로 덮어 보호하는 방법이다. 회르니의 동료 중한 명이었던 로버트 노이스는 트랜지스터 위에 산화실리콘 절연막을 성장시키고 베이스와 이미터에 알루미늄(Al)을 접촉시켜 단자를 연결하는 금속배선공정을 개발하였다.

1960 평면공정을 적용한 트랜지스터 최초 생산

페어차일드는 평면공정을 적용해 트랜지스터를 생산하였으며, 다른 반도체 기업체에 기술료를 받고 제조기술을 이전하였다. [그림 1-6]은 평면공정을 적용해 제작된 최초의 트랜지스터 2N1613의 사진이다(1960년 4월). 회르니에 의해 개발된 평면공정은 반도체 제조기술 역사상 가장 뛰어난 혁신으로 평가되며, 오늘날의 모든 집적회로는 평면공정을 기반으로 제조되고 있다.

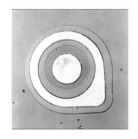

[그림 1-6] 평면공정으로 제작된 최초의 실리콘 트랜지스터(페어차일드 2N1613) [5]

1960 절연 게이트 전계효과 트랜지스터 동작 입증

바이폴라 트랜지스터의 대량생산을 위한 반도체 제조기술의 발전과 반도체 표면에 관한 이론이 확립되면서, 절연 게이트insulated-gate 전계효과 트랜지스터FET의 동작이 벨연구소의 강대원 박사와 마틴 아탈라Martin Atalla에 의해 최초로 입증되었다(1960년). 이로써 1926년에 줄리어스 릴리엔펠트Julius Lilienfeld가 발명한 이래로 이론상으로만 존재했던 FET 소자의 실용화가 가능하게 되었으며, 오늘날 반도체 집적회로의 대부분을 차지하는 CMOS 소자의 기초가 확립되었다.

5 출처 : http://www.computerhistory.org/semiconductor/timeline

강대원 박사는 자신이 개발한 MOSFET 구조가 제조가 용이하고, 집적회로에 응용될 수 있을 것이라고 생각하였으나, 벨연구소는 MOSFET의 중요성을 인식하지 못하고 후속 연구를 진행하지 않았다. 페어차일드, RCA 등 당시의 여러 반도체 회사가 MOSFET의 장점을 인식하여 개발을 진행했으며, 상업용 제품들이 1964년부터 출시되었다. 페어차일드와 GME는 로직과 스위칭 응용을 위한 p채널 MOSFET를 판매하였으며, RCA는 증폭용 n채널 MOSFET를 판매하였다. MOSFET는 바이폴라에 비해 소형이고 전력소모도 작아, 오늘날 반도체 IC의 99% 이상이 MOS 소자로 만들어지고 있다.

참고로, MOSFET의 동작을 최초로 확인한 강대원 박사는 1931년 서울에서 출생하여 1955년 서울대학교 물리학과를 졸업하고, 오하이오 주립대에서 석박사 학위를 취득하였으며, 벨연구소에서 반도체 관련 연구를 수행한 재미 과학자였다. 벨연구소 재직 기간 중, MOSFET 이외에 부유게이트 비휘발성 반도체 메모리 구조를 고안하여(1967년), 플래시flash 메모리의 기본 토대를 제공하였다.

트랜지스터의 대량생산이 가능해짐에 따라 트랜지스터를 이용한 컴퓨터 개발이 1950년대 후반부터 활발하게 이루어졌으며, 게르마늄 스위칭 트랜지스터를 이용한 과학계산용 컴퓨터 CDC 1604가 개발되었다(1960년). 당시의 컴퓨터 회사인 CDC^{Control Data Corporation}는 페어차일드 반도체와 500,000달러의 계약을 체결하여 고성능 슈퍼컴퓨터에 사용될 고속 트랜지스터의 개발을 위탁하였다. 장 회르니를 중심으로 한 페어차일드의 개발팀은 벨연구소에서 개발한 에피택시epitaxy공정과 금 도우핑gold doping을 적용하여 실리콘 npn 트랜지스터 2N709(FT-130)를 개발하였다(1961년 7월). 이는 게르마늄보다 속도가 빠른 최초의 실리콘 트랜지스터로 기록되었다. CDC 6600 컴퓨터에는 600,000여 개의 트랜지스터가 사용되었다(1964년). [그림 1-7]은 1961년과 1964년에 출시된 고속 스위칭용 바이폴라 트랜지스터와 MOSFET의 확대 사진이며, 평면공정을 적용하여 제작되었다.

(a) npn 바이폴라 트랜지스터(2N709)   (b) p채널 MOSFET(FI 100)

[그림 1-7] 1960년대 초에 상용화된 바이폴라 트랜지스터와 MOSFET의 확대 사진[6]

6 출처 : http://www.computerhistory.org/semiconductor/timeline

1.1.3 집적회로의 발명과 기술의 발전과정

1947년에 반도체 트랜지스터가 발명된 이래로 지속적인 기술발전이 이루어졌으며, 대량 생산에 적합한 평면 제조공정이 확산되면서 트랜지스터의 사용 분야도 광범위하게 확대 되었다. 반도체 트랜지스터는 진공관을 대체하여 보청기, 라디오 등의 민수용품에서부터 레이더, 미사일 등 군사용과 전자식 컴퓨터에 사용되었다. 트랜지스터는 진공관에 비해 소형화되고 신뢰성도 높았지만, 컴퓨터와 같이 수천 개에서 수십만 개의 트랜지스터, 저 항, 커패시터 등의 부품이 사용되는 경우에 이 부품들을 효율적으로 연결하기 위한 새로 운 방법이 필요하였으며, 이에 대한 연구가 1950년대 중반 이후부터 활발히 진행되었다.

▍1959 집적회로 발명

TI에 근무하던 잭 킬비$^{Jack\ Kilby}$는 메사형 pnp 트랜지스터, 저항, 커패시터 등의 소자를 게르마늄 기판 위에 만든 후, 금선$^{gold\ wire}$으로 소자를 연결$^{flying-wires}$하여 회로를 구현하 는 새로운 개념을 고안하였으며, 위상이동 발진기$^{phase\ shift\ oscillator}$와 증폭기 회로를 구현하 여 동작을 확인하였다(1958년 8월). TI는 이를 킬비의 고체 회로$^{solid\ circuit}$라고 명명하고, 단일기판에 회로를 제작하는 집적회로$^{IC\ :\ Integrated\ Circuit}$의 개념을 최초로 발표하였다(1959 년 3월). TI에서는 킬비의 발명을 적용한 최초의 제품인 2진 플립플롭 IC를 제작하여 개 당 450달러에 판매했다(1960년 3월). 잭 킬비의 발명은 기판에 만들어진 소자를 금선을 사용하여 수작업으로 연결하는 방식이서, 회로가 복잡해지면 실제 구현이 어려워지는 한 계가 있다. 그러나 단일기판에 다수의 부품을 만들어 결합하는 IC의 개념을 최초로 고안 했다는 점을 인정받아 "Miniaturized electronic circuits"로 발명특허(U.S. patent #3,138,743)를 획득하였다(1964년).

페어차일드의 공동 설립자인 로버트 노이스$^{Robert\ Noyce}$도 잭 킬비와 유사한 개념의 단일기 판^{monolithic} 집적회로 개념을 고안했다. 회르니의 평면공정을 이용하여 실리콘 기판에 트 랜지스터, 저항, 커패시터를 만들고 산화실리콘 절연막을 덮은 후, 작은 구멍을 뚫고 알 루미늄(Al)을 증착하여 소자를 연결하는 방법으로 집적회로를 만들 수 있다고 주장했으 며, 이에 대하여 "Semiconductor Device and Lead Structure"로 발명특허를 신청하였 다(1959년). 노이스의 발명은 IC에 관한 최초의 발명특허(U.S. patent #2,981,877)로 등 록되었다(1961년). 노이스는 4개의 바이폴라 트랜지스터와 5개의 저항을 실리콘 기판에 만들고, 금속배선으로 소자를 연결하여 집적회로가 동작함을 확인하였다(1960년 5월).

그 당시에 페어차일드와 TI는 집적회로 특허에 관해 수 년 간 법적분쟁을 진행하였으나 특허법원은 노이스에게 유리한 판결을 내렸다. 결국 TI가 페어차일드에 특허료를 지불하고, 두 회사가 상호 특허를 사용하는 협약을 맺어 특허소송을 마무리하였다. 노이스와 킬비는 미국 국가과학상을 공동으로 수상하였으며, 집적회로의 공동 발명자로 인정되고 있다. 특히 킬비는 동작하는 IC를 최초로 만든 사람으로, 노이스는 산화막 위에 금속배선으로 최초의 IC를 구현한 사람으로 인정되고 있다. 킬비는 집적회로를 발명한 공로를 인정받아 노벨 물리학상을 수상하였으나(2000년), 노이스는 1990년에 사망하여 노벨상을 수상하지 못했다. [그림 1-8]은 킬비와 노이스가 제작한 최초의 집적회로 사진이다. 킬비와 노이스에 의해 거의 동시에 고안된 집적회로의 개념은 20세기 과학기술사에서 가장 획기적인 발명품 중의 하나로 평가되고 있으며, 오늘날의 컴퓨터, 스마트폰, 스마트TV 등 디지털 IT 기술을 가능하게 만든 핵심 요소이다.

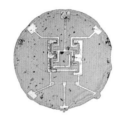

(a) 잭 킬비의 IC   (b) 로버트 노이스의 IC

[그림 1-8] **최초의 바이폴라 집적회로**[7]

초기의 집적회로는 집적된 소자의 수가 적고, 속도가 느리며, 개별 소자보다 가격이 비쌌으므로, 부피와 무게 그리고 전력소모가 작아야하는 군사용과 항공우주 분야 등 제한된 분야에만 사용되었다. 영국의 페란티 반도체[Ferranti Semiconductor]는 유럽 최초의 로직 IC인 MicroNOR를 개발하여(1961년) 영국 해군의 컴퓨팅시스템에 사용되었다. NASA의 아폴로 유도 컴퓨터[AGC : Apollo Guidance Computer]에는 페어차일드의 3입력 NOR 게이트 IC (Type-G)가 4,000여 개 사용되었으며, 1965년까지 200,000여 개(개당 20 ~ 30달러)의 IC가 사용되었다. TI는 평면공정을 적용한 SN51x 시리즈 IC(이진 계수기, 플립플롭 등)를 개발하여 NASA의 IMP[Interplanetary Monitoring Probe] 인공위성의 컴퓨터에 사용되었으며, IMP는 IC를 탑재하고 우주궤도에 진입한 최초의 인공위성으로 기록되었다(1963년). 그 이후 NASA의 아폴로 프로젝트는 IC의 최대 수요처였으며, 1960년대 중반까지 군사용과 항공우주 분야가 IC의 주요 수요처로 관련 산업의 발전을 견인했다.

집적회로 개념이 발표된 이후, 개별 소자로 구현되었던 DTL[Diode−Transistor Logic]과 TTL[Transistor−Transistor Logic] 회로를 단일 칩 IC로 제작하기 위한 시도가 1960년대 중반부터 본격화되었다. 시그네틱스[Signetics]에서는 DTL을 SE100 시리즈로 개발하여 범용 IC의 대량

---

7 출처 : http://www.computerhistory.org/semiconductor/timeline

생산 시대를 열었으며(1962년), 페어차일드에서 개선된 잡음특성과 저가격의 DTL 시리즈가 개발되면서(1964년) 반도체 산업의 경쟁적인 발전이 본격화되었다. TI는 SN5400 시리즈의 TTL제품을 개발했으며(1964년), 산업체 수요를 위한 저가격 플라스틱 패키지의 SN7400 TTL 시리즈를 개발하여(1966년) 단기간에 로식 IC 시상의 50% 이상을 섬유했나.

1960년대 중반 이후로 리소그래피와 반도체 공정기술의 발전에 의해 칩에 집적되는 트랜지스터의 수가 급격히 증가하기 시작했다. 1968년경에는 단일 칩에 100개 정도의 게이트가 직접될 수 있었다. 이를 통해 계수기, 시프트 레지스터, ALU$^{Arithmetic\ Logic\ Unit}$ 등을 구현할 수 있는 페어차일드의 9300 시리즈, 시그네틱스의 8200 시리즈 등 MSI$^{Medium\ Scale\ Integration}$의 TTL이 개발되었다.

▌1963 CMOS 회로 발명

페어차일드의 프랭크 완라스$^{Frank\ Wanlass}$는 pMOSFET와 nMOSFET를 상보형 대칭구조로 결합하여 대기상태의 전력소모가 0에 가까운 로직회로를 논문으로 발표하고(1963년) 특허를 출원하였는데, 이것이 바로 오늘날 대부분의 집적회로에서 사용되고 있는 CMOS$^{Complementary\ MOS}$ 회로 방식이다. 1960년대 중반에 RCA 연구소를 중심으로 CMOS 기술을 적용한 저전력 IC 개발이 활발하게 진행되었으며, 288비트 SRAM과 CD4000 계열의 범용 로직 디바이스가 개발되었다(1968년). RCA는 실리콘 게이트 CMOS 공정을 적용한 8비트 마이크로프로세서 COSMAC 1802를 개발하였으며(1975년), 이는 크라이슬러 자동차의 엔진제어 프로세서의 원형이 되었다. 초기의 CMOS IC는 디지털시계(1974년), 휴대용 계측기 등과 같이 배터리로 동작하는 분야에서 대량 수요가 창출되었다.

1960년 강대원 박사에 의해 MOSFET의 동작이 입증된 이후로 MOS 기반의 IC가 바이폴라 IC보다 집적도와 경제성이 높을 것이라고 기대했으나, 실제 제조과정의 복잡함과 신뢰성 문제로 인해 제품 개발에 어려움이 있었다. 1960년대 중반까지 페어차일드, RCA, NEC, IBM, 필립스 등의 회사들이 경쟁과 협력을 통해 MOSFET의 산화막 특성에 관한 기술적 발전을 이루었으며, 1960년대 중반에는 MOS IC의 신뢰싱과 수율[8]에 관한 근본직인 문제들이 대부분 해결되었다. 제너럴 마이크로일렉트로닉스$^{General\ Microelectronics}$는 MOS 기술을 적용한 최초의 IC인 20비트 시프트 레지스터(120개의 p채널 MOSFET로 구성됨)를 개발했으며(1964년), 전자계산기용 주문형 MOS IC 23종도 개발했다(1965년). 록웰 마이크로일렉트로닉스$^{Rockwell\ Microelectronics}$는 전자계산기용 IC를 4개로 줄여 샤프^{Sharp}의 휴대용 계산기(microCompet QT-8D)에 적용했으며(1969년), 1970년대 초반까지 계산기용 IC의

---

8 수율은 제작된 IC 중 양품의 비율을 나타낸다(1.3.1절 참조).

최대 공급회사가 되었다. Mostek과 TI는 디스플레이 구동회로를 제외한 나머지 기능을 하나의 칩으로 구현한 제품을 발표하였다(1971년).

1967 폴리실리콘 게이트 MOS 공정 개발

벨연구소의 로버트 컬윈^{Robert Kerwin} 연구팀은 MOSFET의 게이트 전극으로 사용되던 알루미늄을 폴리실리콘^{polysilicon}으로 대체하는 새로운 공정을 개발하여, MOSFET의 동작속도와 신뢰성, 집적도가 크게 개선되는 기반을 마련했다(1967년). 제너럴 마이크로일렉트로니스^{General Microelectronics}이 보이드 아트킨스^{Boyd Watkins}도 유사한 자기정렬^{self-aligned} 신리콘 게이트 MOSFET 구조를 벨연구소보다 먼저 개발했으나(1965년), 1969년에 특허신청이 이루어졌다. 페어차일드는 폴리실리콘 게이트 기술을 상용제품 생산에 최초로 적용하였으며, 기존의 p채널 메탈 게이트 8채널 아날로그 멀티플렉서를 신기술을 적용한 새로운 공정으로 생산하였다(1968년).

페어차일드에 의해 실리콘 게이트 MOS 기술의 유용성이 입증된 이후, 인텔에서는 이 기술을 반도체 메모리에 적용하여, 기존의 메탈 게이트 MOS보다 칩 면적을 절반으로 줄이면서 속도는 3 ~ 5배 빠른 256비트 RAM(i1101)을 개발하였다(1969년). 인텔은 실리콘 게이트 MOS 기술을 디지털 IC에 적합하도록 공정 개선을 진행하였으며, 그 결과로 단일 칩 4004 마이크로프로세서를 개발하였다(1971년). 또한, 당시의 메탈 게이트 MOS 기술로는 구현이 불가능했던 EPROM이 폴리실리콘 MOS 기술의 적용으로 구현되었다(1971년). 이와 같이 인텔의 선도적인 역할과 회사들 간의 치열한 기술경쟁에 의해 실리콘 게이트 MOS 기술이 지속적으로 발전했으며, 1970년대 중반부터 MOS 기술이 기존의 바이폴라 기술을 급속히 대체하기 시작했다. [그림 1-9(a)]는 폴리실리콘 게이트 MOS 기술이 적용된 인텔 최초의 MOS 제품인 256비트 RAM(i1101)의 확대 사진이며, [그림 1-9(b)]는 인텔의 i4004 마이크로프로세서의 사진이다.

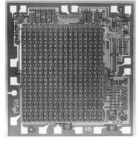
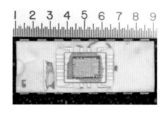

(a) 256비트 RAM(인텔 최초의 MOS 제품)   (b) i4004 마이크로프로세서

[그림 1-9] 폴리실리콘 게이트 MOS 기술을 적용한 인텔의 IC ⁹

9 출처 : http://www.computerhistory.org/semiconductor/timeline

1964 범용 연산증폭기(uA702) 개발

아날로그 IC 분야의 기술발전에 대해 간략히 살펴보자. 1950년대 후반부터 진공관을 이용한 연산증폭기가 게르마늄 트랜지스터를 이용한 연산증폭기(1958년)와 실리콘 트랜지스터 연산증폭기(1962년)로 대체되기 시작했으며, 초기의 아날로그 IC 개발은 아멜코Amelco, 페어차일드, RCA, TI, 웨스팅하우스Westinghouse 등에 의해 이루어졌다. 페어차일드는 최초의 범용 아날로그 IC 제품인 uA702 연산증폭기를 개발했으며(1964년), 그 후속인 uA709(1965년)는 아날로그 IC의 대량판매 시대를 개척한 제품이었다. 페어차일드의 데이브 풀러가Dave Fullagar는 보상 커패시터를 내장한 연산증폭기 uA741을 개발하였는데(1968년), 이는 오늘날까지 사용되고 있는 대표적인 범용 연산증폭기 IC이다. 아날로그 IC는 디지털 IC에 비해 시장수명이 길다는 특징이 있어, uA741과 555 타이머 IC는 오늘날까지도 사용되고 있다.

PMIPrecision Monolithics는 단일 칩 6비트 DACDigital-to-Analog Converter를 최초로 개발했다(1969년). DAC는 내부 저항의 정밀도에 의해 비트 해상도가 결정되는 특성을 가지기 때문에 저항의 정밀도를 높이는 기술이 중요하였다. 아날로그 디바이스Analog Devices의 피터 홀로웨이Peter Holloway는 레이저에 의한 박막저항 트리밍을 이용하여 단일 칩 10비트 DAC AD561을 개발하였다(1976년). DAC에 비해 회로가 복잡한 ADCAnalog-to-Digital Converter는 1980년대 초까지 두 개의 칩으로 12비트 해상도까지 구현되었다.

1965 무어의 법칙 발표

페어차일드의 R&D 책임자였던 고든 무어는 1959년~1964년의 기간 동안 반도체 IC에 집적된 소자 수에 대한 분석을 토대로 "소자당 제조비용이 최소가 되는 집적회로의 복잡도는 매년 2배씩 증가해 왔으며, 향후 10년간 이 추세가 지속되어 1975년에는 65,000여 개의 소자가 단일 칩에 집적될 수 있을 것이다."라고 예측하였다(1965년). [그림 1-10(a)]는 1965년의 논문에서 발표한 무어의 예측 그래프이며, [그림 1-10(b)]는 무어의 경험론적 예측에 사용된 IC의 사진이다. 1975년도 국제전자소자학술회의IEEE IEDM에서 무어는 리소그래피와 공정기술의 발전, 웨이퍼 크기의 증가, 그리고 회로 및 소자기술의 발전 등에 의해 자신의 1965년도 예측이 실현되었다고 발표하였다. 무어는 1975년까지 발표된 메모리와 마이크로프로세서 IC들의 데이터를 추가하여 [그림 1-10(c)]와 같이 자신의 예측이 실현되었음을 보였다. 무어는 여기서 한 발 더 나아가, 규칙적인 구조의 메모리에 비해 마이크로프로세서에는 적은 수의 소자가 집적되어 있기 때문에, "매 2년마다 단일 칩에 집적되는 소자의 수가 2배씩 증가할 것이다."라고 수정하여 발표하였다. 무어의 집적회로 발전에 관한 예측은 캘리포니아 공과대학[Caltech]의 카버 미드[Carver Mead] 교수에 의해 '무어의 법칙[Moore's Law]'으로 명명되었으며, 반도체 관련 기업체들의 기술 개발 동력으로 작용해왔다. 펜티엄[Pentium] 마이크로프로세서(500만 개의 트랜지스터로 구성됨)가 발표된 1995년에 무어는 반도체 산업 전반에 대한 고찰을 토대로 당분간은 자신의 예측대로 발전할 것이라고 예상하였다. 무어의 법칙은 "매 18개월마다 집적되는 소자의 수가 2배씩 증가한다."라고 알려지기도 한다.

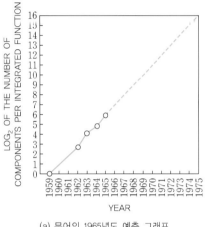

(a) 무어의 1965년도 예측 그래프

(b) 무어의 1965년도 예측에 사용된 IC 사례

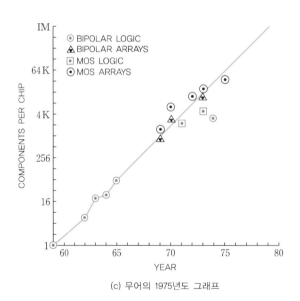

(c) 무어의 1975년도 그래프

[그림 1-10] **무어의 법칙**[10]

10 출처 : http://www.computerhistory.org/semiconductor/timeline

1960년대 중반 | 반도체 IC 설계용 소프트웨어 개발

1960년대 중반부터 수백 개의 게이트를 갖는 IC가 컴퓨터에 사용됨에 따라 컴퓨터의 성능이 향상되고 가격이 싸지기 시작하였다. 그 결과, 반도체 IC를 보다 빠르고 정확하게 설계하기 위한 도구로 컴퓨터가 사용되기 시작하였으며, 컴퓨터를 이용한 설계CAD : Computer-Aided Design, 전자설계자동화EDA : Electronic Design Automation라는 용어가 등장하였다. 페어차일드의 제임스 코포드James Koford 연구팀은 반도체 IC 설계를 위한 논리 시뮬레이터 FAIRSIM, 테스트 프로그램 생성기, 게이트 어레이와 표준셀의 배치배선 소프트웨어 등을 개발하여(1967년) EDA 소프트웨어의 기초를 확립하였다.

한편, 캘리포니아 버클리대학U.C. Berkeley의 연구팀은 회로 시뮬레이터인 SPICESimulation Program with IC Emphasis를 개발하였는데(1960년대 후반), 이 프로그램은 오늘날까지도 반도체 회로와 보드레벨 시뮬레이션에 폭넓게 사용되고 있다. 1980년대에는 케이던스Cadence, 시놉시스Synopsys 등에서 논리합성 소프트웨어 패키지가 개발되어 디지털 IC 설계에 활용되기 시작하였다.

반도체 IC에 집적되는 소자 수(복잡도)가 증가함에 따라 회로 설계와 생산에 소요되는 시간이 점점 길어지게 되었다. 회로 설계에서부터 생산까지의 소요시간을 획기적으로 줄이기 위해 게이트 어레이gate array 설계방법이 1960년대 중반부터 개발되었으며, 주문형 반도체ASIC : Application-Specific IC의 초기 형태가 상용화되었다. 페어차일드는 CAD 툴을 이용하여 설계되는 DTL, TTL 어레이의 Micormatrix 시리즈를 개발하였으며(1967년), International Microcircuits는 CMOS 어레이를 설계하였다(1974년). 1970년대 초반에 페어차일드와 모토롤라는 MOS 표준셀 방식의 설계를 지원했으며, 1970년대 후반에 VLSI Technology 와 LSI Logic 등은 CAD 기반의 ASIC 설계를 적용하였다.

트랜지스터가 발명된 이후 초기 10여 년 동안에 반도체 제조회사들은 자체적으로 필요한 장비를 제작하여 사용했다. 그러나 평면공정 기술과 집적회로 개발에 의해 반도체 생산량이 크게 증가하면서 반도체 제조기술의 표준화가 진행되었으며, 이에 따라 독립적인 반도체 제조장비 관련 기업들이 1960년대부터 출현하기 시작했다.

또한, 트랜지스터와 다이오드의 상용화가 활발하게 진행됨에 따라 소자의 특성을 평가하기 위한 테스트 장비의 필요성이 증가했다. 1960년대 초반에 페어차일드, 시그네틱스 Signetics, TI 등의 반도체 회사에서는 반도체 테스트 장비를 자체적으로 개발하여 사용했으며, 일부는 고객사에 판매하였다. 페어차일드는 트랜지스터 테스트 장비인 Type 4를 개발하여 판매를 시작했으며(1961년), TI는 TACTTransistor And Component Tester를 개발하여 자

체 사용 및 판매를 했다(1962년). 1961년에는 반도체 테스트장비 전문업체 테레다인^{Teradyne}이 설립되어, PDP-8 마이크로컴퓨터 기반의 컴퓨터 제어 테스트 장비(J259)가 최초로 개발되었다(1966년).

트랜지스터의 발명 이후에 집적회로 발명과 상용화까지의 주요 기술의 발전과정을 요약하면 [그림 1-11]과 같다.

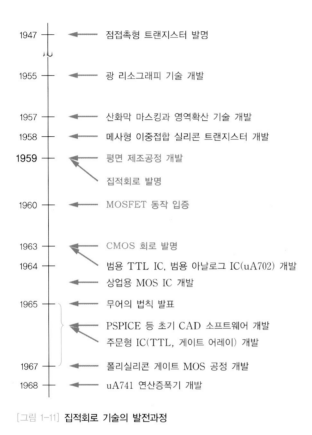

1947	점접촉형 트랜지스터 발명
1955	광 리소그래피 기술 개발
1957	산화막 마스킹과 영역확산 기술 개발
1958	메사형 이중접합 실리콘 트랜지스터 개발
1959	평면 제조공정 개발 / 집적회로 발명
1960	MOSFET 동작 입증
1963	CMOS 회로 발명
1964	범용 TTL IC, 범용 아날로그 IC(uA702) 개발 / 상업용 MOS IC 개발
1965	무어의 법칙 발표 / PSPICE 등 초기 CAD 소프트웨어 개발 / 주문형 IC(TTL, 게이트 어레이) 개발
1967	폴리실리콘 게이트 MOS 공정 개발
1968	uA741 연산증폭기 개발

[그림 1-11] **집적회로 기술의 발전과정**

1.1.4 마이크로프로세서의 발전과정

마이크로프로세서는 인텔^{Intel}이라는 회사에 의해 시작되었다고 볼 수 있다. 인텔은 1968년 골든 무어와 로버트 노이스에 의해 창립되었으며, INTegrated ELectronics로부터 회사의 이름을 정했다고 알려지고 있다. 인텔은 실리콘 게이트 MOS 기술을 적용하여 2,300여 개의 트랜지스터로 구성된 4비트 마이크로프로세서^{MPU} 4004를 최초로 개발했으며(1971년), 1년 뒤에 8비트 MPU인 8008을 개발하였다(1972년). 인텔의 4004 프로세서는 1972년에 발사된 무인 우주탐사선 파이어니어 10호^{Pioneer 10}에 탑재되어 태양계 밖으로 나간 최초의 마이크로프로세서로 기록되었다.

2세대 8비트 MPU인 8080과 모토롤라의 6800이 개발된(1974년) 이후로 MPU의 개념이 보편화되기 시작했으며, 1970년대 중반까지 자이로그^{Zilog}이 Z80 등 개선된 8비트 아키텍처의 MPU들이 등장했다. 인텔의 8080 프로세서는 최초의 개인용 컴퓨터인 알테어^{Altair} 8800에 사용되어 수천 대 이상 판매되었다. 모스테크놀러지^{MOS Technology}에서 6800 아키텍처의 저가형 모델인 6502가 출시되면서, 애플^{Apple}, 알테어^{Altair}, 코모도어^{Commodore} 등에서 개인용 컴퓨터^{PC}, 게임기 등을 보급하기 시작했다. 1970년대 중반 이후로 CP1600 (General Instrument), PACE(National), TMS9900(TI), Z8000(Zilog) 등의 16비트 MPU들이 출시되었다. 1980년대 초반 IBM PC에 인텔의 8086/8088 CPU가 사용되고, 애플의 매킨토시^{Macintosh}에 모토롤라의 68000 CPU가 사용되면서 개인용 컴퓨터의 보급이 확대되기 시작했다.

인텔의 마이크로프로세서는 80286(1982년), 80386(1985년), i486(1989년)을 거치면서 집적된 소자 수와 동작 주파수가 크게 증가했다. 1993년에 발표된 펜티엄^{Pentium} 프로세서는 $0.8\mu m$ BiCMOS 공정으로 제조되었으며, i486보다 5배, 8088보다 300배 더 뛰어난 성능을 가졌다. 펜티엄 프로세서는 두 개의 8K 온 칩 캐시^{cache} 메모리와 부동소수점 유닛을 가졌으며, 310만 여 개의 트랜지스터로 구성되었다.

2000년에 발표된 펜티엄4 프로세서는 1.5 GHz의 클록 주파수로 동작하였는데, 이는 30년 전에 개발된 i4004의 동작 주파수 108 KHz에 비해 속도가 약 10,000배 이상 빨라진 셈이다. 과거 30년 동안에 자동차의 속도가 마이크로프로세서의 동작속도와 비슷하게 증가했다면, 샌프란시스코에서 뉴욕까지의 약 4,700 km를 약 13초 정도에 주파할 수 있는 것으로 계산된다. 이는 마이크로프로세서의 동작속도가 매우 빠른 속도로 발전해왔음을 보여주는 한 예이다. 2012년에 발표된 인텔의 3세대 코어 프로세서는 14억 개의 트랜지스터로 구성되어 2.9 GHz의 클록으로 동작하며, 22 nm의 극미세 공정으로 제작된다.

[그림 1-12]는 인텔 4004 마이크로프로세서가 개발된 1971년부터 아이태니엄II^{Itanium II} 프로세서가 개발된 2004년까지의 발전과정을 보이고 있으며, 매 2년마다 칩에 집적된 소자의 수가 거의 2배씩 증가하여 무어의 법칙이 실현되었음을 보이고 있다. [표 1-1]은 인텔에서 발표한 주요 마이크로프로세서의 특징을 요약한 것이다.

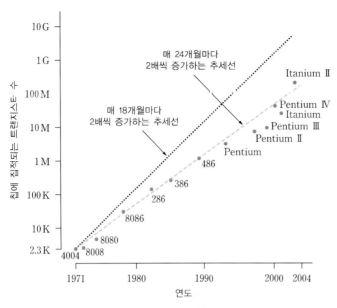

매 24개월마다
2배씩 증가하는 추세선

매 18개월마다
2배씩 증가하는 추세선

[그림 1-12] 인텔 마이크로프로세서의 발전과정[11]

[표 1-1] 인텔의 주요 마이크로프로세서의 특징 요약

연도	프로세서	비트 수	트랜지스터 수	동작 주파수	공정
1971	4004	4	2.3K	108KHz	$10\mu m$ nMOS
1972	8008	8	3.5K	0.8MHz	$10\mu m$ nMOS
1974	8080	8	4.5K	2MHz	$6\mu m$ nMOS
1978	8086	16	29K	5MHz	$3\mu m$ nMOS
1982	80286	16	134K	6MHz	$1.5\mu m$ nMOS
1985	80386	32	275K	16MHz	$1.5\mu m$ CMOS
1989	i486	32	1.2M	25MHz	$1.0\mu m$ CMOS
1993	Pentium	32	3.1M	66MHz	$0.8\mu m$ CMOS
1995	Pentium Pro	32	5.5M	200MHz	$0.35\mu m$ CMOS
1997	Pentium II	32	7.5M	300MHz	$0.25\mu m$ CMOS
1999	Pentium III	32	9.5M	600MHz	$0.25\mu m$ CMOS
2000	Pentium IV	32	42M	1.5GHz	$0.18\mu m$ CMOS
2003	Pentium M	32	55M	1.7GHz	90nm CMOS
2006	Core2 Duo	64	291M	2.66GHz	65nm CMOS
2008	Core2 Quad	64	410M	2.4GHz	45nm CMOS
2010	2nd Gen Core	64	1.16B	3.8GHz	32nm CMOS
2012	3rd Gen Core	64	1.4B	2.9GHz	22nm CMOS

11 출처 : http://commons.wikimedia.org/wiki/File : Noore-Law-diagram-(2004).jpg

1.1.5 반도체 메모리의 발전과정

임의의 회로를 구성할 수 있는 TTL, DTL 등 범용 로직 IC와는 다르게 ROM^{Read–Only} Memory은 마이크로프로그램 코드, 문자생성 코드 등 고정된 정보를 저장해야 하는 필요성에 의해 개발되었다. 바이폴라 TTL을 이용한 256비트 ROM과, MOS를 이용한 1,024비트 ROM이 각각 실바니아^{Sylvania}와 제너럴 마이크로일렉트로닉스^{General Microelectronics}에 의해 개발되었다(1965년). 1970년대 초에는 1,024비트 TTL 방식의 ROM이 페어차일드, 인텔, 모토롤라, TI, 시그네틱스 등에 의해 생산됐으며, AMD, AMI, 일렉트론어레이^{Electron Arrays}, 내셔널로크웰^{National Rockwell} 등은 MOS 방식의 4,096비트 ROM을 생산했다. PC가 보편화되기 전까지 반도체 IC를 대량으로 사용했던 분야는 탁상용 계산기와 비디오 게임 카트리지 분야였다. 닌텐도의 슈퍼마리오 게임기는 4,000만 개 이상의 ROM을 사용했으며, 미국과 일본을 중심으로 보급이 확대된 비디오 게임기에 수억 개 이상의 ROM이 사용되어 반도체 산업의 성장을 견인했다.

1978 EEPROM 발명

ROM은 반도체 제조회사에서 프로그램되어 출고되므로 주문에서부터 제품 인수까지 시간이 많이 소요되고, 한번 프로그램되면 데이터를 바꿀 수 없다. 이를 개선할 수 있도록 금속 퓨즈의 연결을 끊어 사용자가 직접 프로그램할 수 있는 512비트 PROM^{Programmable ROM}이 바이폴라 TTL로 개발되었다(1970년). 벨연구소에서는 MOS 게이트의 유전체에 전하를 저장하는 메모리 셀에 관한 연구를 1960년대 후반에 진행했으며, 인텔에서는 부유 게이트^{floating–gate} MOS를 이용하여 저장된 정보의 소거가 가능한 2,048비트 EPROM^{Erasable PROM}을 개발하였다(1971년). EPROM은 투명 창을 갖도록 패키지되며, 이 투명 창으로 자외선을 조사하여 저장된 정보를 소거할 수 있다. EPROM은 바이폴라 PROM에 비해 속도는 느리지만 소거 후 다시 사용할 수 있다는 장점 덕분에 마이크로프로세서나 마이크로컨트롤러용 ROM 코드의 시제품 개발용으로 폭넓게 사용되었다. 인텔의 조지 페르레고스^{George Perlegos}는 자외선 대신에 전기적으로 정보의 소거가 가능한 EEPROM^{Electrically Erasable PROM}을 개발하였다(1978년).

1984 플래시 메모리 개발

오늘날 비휘발성 메모리로 가장 많이 사용되고 있는 플래시^{flash} 메모리는 도시바의 후지오 마스오카^{Fujio Masuoka}에 의해 개발되었으며(1984년), 인텔에 의해 제품으로 출시되었다(1988년). 플래시 메모리 셀의 동작원리는 벨연구소 강대원 박사의 발명특허(1967년)

"Field effect semiconductor apparatus with memory involving entrapment of charge carriers"(U.S. patent #3,500,142)를 기본으로 하고 있다.

1970년대 중반까지는 컴퓨터의 기억장치로 사용되는 RAM^{Random Access (read/write) Memory}이 마그네틱 코어 배열^{magnetic ferrite core array}로 구현되었다. 페어차일드의 로버트 노르만^{Rober Norman}이 반도체를 이용한 SRAM 관련 발명특허를 출원(1963년)한 이후로 반도체 RAM에 관한 연구가 본격화되었다. 바이폴라를 이용한 16비트 RAM(SP95)이 개발되어 IBM System/360 Model 95에 사용되었으며(1965년), TTL 방식의 16비트 RAM(TMC3162)이 하니웰 Model 4200 미니컴퓨터에 사용되었다(1966년). 반노체 메모리를 메인 메모리로 사용한 최초의 상업용 컴퓨터인 System/370 Model 145에는 IBM에서 개발된 128비트 RAM이 사용되었다(1969년). 페어차일드는 TTL 방식의 256비트 RAM을 개발하였으며(1971년), 슈퍼컴퓨터 Cray 1에는 페어차일드에서 개발한 ECL^{Emitter-Coupled Logic} 방식의 1024비트 RAM이 65,000여 개 사용되었다(1976년).

1968 1-트랜지스터 DRAM 셀 회로 발명

[그림 1-13(a)]는 CDC 6600 메인프레임 컴퓨터(1964년)에 사용된 64×64(4K)비트 용량의 마그네틱 코어 메모리 보드($10.8 \times 10.8 \, cm^2$의 크기)의 사진이며, [그림 1-13(b)]는 Illiac IV 컴퓨터의 메인 메모리로 사용된 페어차일드의 TTL 방식 256비트 RAM(1970년)의 확대 사진이다. [그림 1-13]에서 보는 바와 같이, 반도체 메모리는 컴퓨터 메인 메모리의 부피를 줄이는 데 크게 기여하였으며, 1970년대 중반부터 마그네틱 코어 메모리를 급속히 대체하였다. 인텔에서는 3-트랜지스터 메모리 셀과 p-채널 실리콘 게이트 MOS 공정을 적용하여 메탈 게이트 MOS보다 칩 면적을 절반으로 줄이면서도 속도는 $3 \sim 5$배 빠른 256비트 DRAM(i1101)을 개발했다(1969년). IBM의 로버트 데날드^{Robert Dennard}에

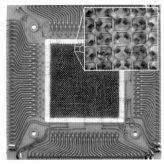
(a) 마그네틱 코어 방식의 4,096비트 RAM

(b) TTL 방식의 256비트 RAM

[그림 1-13] 마그네틱 코어 메모리와 반도체 메모리[12]

---

12 출처 : (a) Wikipedia.com, (b) http://www.computerhistory.org/semiconductor/timeline

의해 1-트랜지스터 DRAM 셀 회로가 발명되었는데(1968년), 데날드의 1-트랜지스터 메모리 셀 회로는 오늘날까지도 DRAM에 사용되고 있다.

1970년에 1Kbit의 DRAM이 컴퓨터의 주기억장치용으로 개발된 이후로 단일 칩이 저장 용량은 수백만 배 이상 증가해왔다. [그림 1-14]는 DRAM과 NAND 플래시 메모리의 용량 증가 추세를 보이고 있다. 기술 개발 시점과 상용제품 출시의 시점이 다르고, 제품의 응용분야(PC용, 모바일용)에 따라서도 일부 차이가 있으므로, [그림 1-14]를 통해서는 대략적인 발전 추세만 참고하기 바란다.

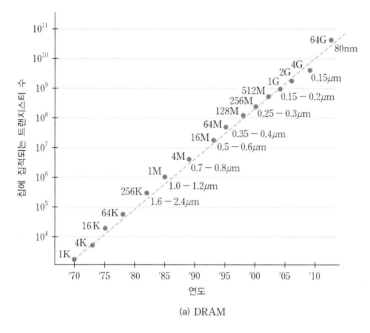

(a) DRAM

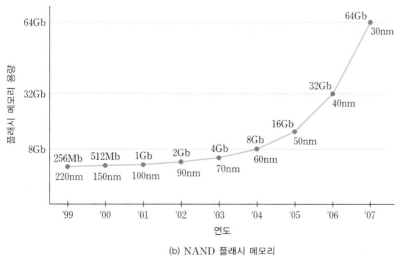

(b) NAND 플래시 메모리

[그림 1-14] 반도체 메모리의 발전 추세

1.2 집적회로 설계과정

반도체 설계 및 제조공정 기술의 급속한 발전에 의해 단일 칩에 수십만에서 수백만 개의 게이트가 집적되는 시스템 IC 또는 시스템 온 칩SoC ; System-on-Chip이 보편화되고 있다. 수십만 게이트 이상의 복잡한 회로를 빠르고 정확하게 설계하기 위해서는 HDLHardware Description Language 기반의 설계, 검증, 합성을 지원하는 고성능 EDA 툴의 사용이 필수적이다.

[그림 1-15]는 HDL 기반의 디지털 IC 설계과정을 개략적으로 보인 것이다. 전반부 설계 front-end design에서는 실세칠 시스템의 실세사양design specification으로부터 상위수준 모델링 및 검증, HDL을 이용한 RTLRegister Transfer Level 모델링 및 기능 검증, 논리합성logic synthesis 및 게이트 수준 기능/타이밍 검증 등의 과정을 거쳐 게이트 수준의 네트리스트netlist가 생성 된다. 후반부 설계back-end design에서는 전반부 설계에서 얻어진 네트리스트를 사용하여 레

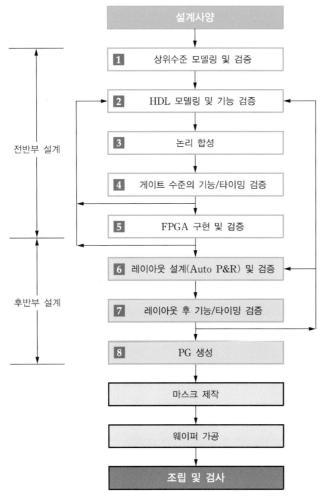

[그림 1-15] 디지털 IC 설계과정(HDL 기반 설계)

이아웃^{layout} 설계를 진행하고, 레이아웃 후^{post-layout} 검증을 거쳐 마스크 제작을 위한 PG_{Pattern Generation} 데이터를 생성한다. 후반부 설계에서 생성된 PG 데이터는 마스크 제작회사로 보내져 마스크가 제작되며, 반도체 제조회사는 마스크를 이용한 웨이퍼 가공공정을 통해 실리콘 웨이퍼에 회로를 만든다. 가공이 완료된 웨이퍼는 각종 검사과정과 조립공정을 거쳐 개별 칩으로 패키징되고, 최종 성능 검사 및 신뢰성 검사를 거쳐 상품으로 판매된다.

■ 설계사양

설계사양은 회로의 기능, 성능, 동작 주파수, 칩 면적과 전력소모 목표치, 설계기간, NRE^{Non-Recurring Engineering} 비용, 칩 단가 등이 포함된 설계목표를 체계적으로 정리한 명세를 의미한다. 설계사양을 구체적이고 정확하게 작성하면, 설계과정에서 나타나는 여러 가지 형태의 교환조건^{trade-off} 문제들에 대해 올바른 설계 결정을 내리는 데 도움이 된다. 목표 시스템에 대한 구체화된 설계사양에는 설계될 시스템의 분할, 적용될 알고리즘과 아키텍처, 입력/출력 신호의 이름과 비트 폭, 데이터와 제어신호의 타이밍 관계, 리셋과 클록신호에 대한 정의 등이 포함된다.

■ 전반부 설계

1 상위수준 모델링 및 검증

상위수준 모델링은 상세설계 이전에 설계사양을 확인할 수 있도록 시스템의 전체 기능을 모델링하고 검증하는 과정이다. 설계사양에서 정의된 기능의 만족 여부, 입력/출력 인터페이스의 호환성, 국제표준을 사용하는 경우에 표준규격의 만족 여부 등을 검증하게 된다. 또한, 시스템 성능의 병목^{bottleneck} 부분을 찾아내기 위한 성능모델과 같이 시스템의 특성을 추상화하는 모델이 포함될 수도 있다. 이를 위해 C언어와 같은 프로그래밍 언어, SystemVerilog 또는 Verilog HDL 등이 사용된다. Verilog는 시스템 수준의 모델링에는 완전하게 적합하지 않으며, 최근에는 SystemVerilog가 개발되어 사용되고 있다.

2 HDL 모델링 및 기능 검증

• HDL을 이용한 RTL 설계와 테스트벤치 생성

전체 시스템 구조와 분할, 상위수준 모델링 및 검증이 완료되면, 실제 회로로 구현하기 위한 상세설계 단계로 넘어간다. 상세설계는 합성 가능한 HDL 구문을 사용하여 RTL 수준으로 모델링하고, 이를 검증하기 위한 테스트벤치^{testbench}를 생성하는 단계이다. HDL 모델링과 테스트벤치 작성은 상호 보완적이며, 때로는 설계사양에 대한 의미 해석이 올바른지를 확증하기 위해 모델링과 테스트벤치 작성을 서로 다른 팀이 하기도 한다. HDL 모델링은 자동 논리합성 툴을 사용하여 합성 가능한 코드로 개발되어야 한다. 합성 가능한 RTL 설계에는 하위 모듈 또는 게이트 프리미티브^{primitive}의 인스턴스를 이용한 구조적 모델링, 연속 할당문을 이용한 모델링, 행위수준 모델링 등을 적절하게 혼합하여 사용한다. HDL 모델링에서는 최적의 하드웨어가 합성되도록 모델링하는 것이 중요하다. 또한, 논리합성 툴이 회로의 성능을 만족하도록 최적의 레지스터 위치를 찾아 합성해 주지는 않는다는 점을 고려하여 레지스터 위치와 레지스터 사이의 동작을 모델링해야 한다.

- 기능 검증

RTL 수준에서 설계된 HDL 모델이 설계사양에 명시된 기능대로 올바로 동작하는지 확인하기 위해 기능 검증을 수행한다. 논리합성 이전에 행해지는 RTL 시뮬레이션은 회로 내부의 지연이 고려되지 않은 기능 수준에서 이루어진다. 이때 회로의 기능을 정확하게 검증할 수 있는 시뮬레이션 벡터의 생성이 매우 중요하다. 최종 ASIC 또는 FPGA의 품질이 테스트벤치의 시험 범주에 따라 달라질 수 있으므로, 테스트벤치 생성은 설계자의 능력과 숙련도를 요구하는 중요한 작업이다.

최근 시스템 복잡도가 급격히 증가함에 따라 검증 작업이 설계과정의 병목이 되기도 하며, 이를 해결하기 위한 방안으로 SystemVerilog가 사용되기도 한다. 일반적으로 전체 설계시간의 70~80%가 RTL 수준의 HDL 모델링과 검증에 소요되고, 나머지 20~30%의 시간이 논리합성과 게이트 수준의 검증에 소요된다. 최근의 극미세$^{deep-submicron}$ 공정기술과 수백 MHz 이상 고속 회로의 설계에서는 동작 타이밍에 대한 보다 정확한 검증이 요구되며, 논리합성과 게이트 수준의 타이밍 검증에 점점 많은 시간이 소요되는 추세이다.

3 논리합성

논리합성은 RTL 수준으로 모델링된 HDL 소스코드를 게이트 수준의 회로로 변환하는 과정이다. 이때 합성조건들이 명시된 설계 제한조건$^{design\ constraint}$과 타겟 라이브러리^{target} ^{library}가 사용된다. [그림 1-16]은 논리합성의 개념을 보이고 있다. 설계 제한조건에는 합성되는 회로의 목표 동작 주파수, 면적, 클록신호 사양, 입력/출력 신호 사양, 환경변수 및 설계규칙 등 논리합성에 사용될 각종 조건들이 명시되며, 타겟 라이브러리에는 특정 회사의 FPGA 디바이스 또는 특정 회사의 셀 라이브러리가 사용된다. 합성이라는 단어는 EDA 툴에서 일반적으로 사용되는 용어이며, 모델링된 HDL 소스코드로부터 게이트 수준의 로직을 생성하는 과정을 논리합성이라고 정의한다. 논리합성은 HDL 소스코드의 문법적인 오류 분석, 구문 해석과 논리 게이트 변환, 각종 최적화 알고리즘을 적용한 회로

간소화, 그리고 셀 라이브러리로의 매핑 등의 단계로 처리된다.

설계자가 원하는 하드웨어를 얻기 위해서는 합성 가능한 올바른 HDL 소스코드를 작성하는 것이 중요하다. 또한 기능적으로 올바른 HDL 소스코드일지라도 합성 툴에 따라 결과가 달라질 수 있다. 따라서 최적의 하드웨어(게이트 수, 동작속도, 전력소모 등의 측면에서 우수한 회로)가 생성될 수 있도록 HDL 모델을 작성해야 하며, 더 나아가 설계자가 사용하고 있는 특정 합성 툴의 특성에 부합되도록 모델링해야 한다.

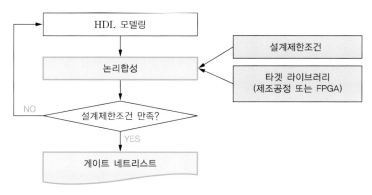

[그림 1-16] 논리합성의 개념

4 게이트 수준의 기능 / 타이밍 검증

합성이 완료되면 게이트 수준의 네트리스트가 생성되며, 합성에 사용된 라이브러리의 특성(셀의 지연, 면적, 부하효과 등)이 합성된 회로에 반영된다. 따라서 합성 이전의 RTL 수준에서 고려하지 못했던 타이밍 분석을 통해 회로의 기능과 타이밍을 보다 자세히 검증할 수 있다. 게이트 수준의 타이밍 분석은 일반적으로 정적 타이밍 분석STA : Static Timing Analysis을 통해 이루어진다. RTL 수준의 기능 검증에서는 시뮬레이션 벡터의 생성이 매우 중요한 요소인 반면에, STA에서는 합성된 회로의 신호 경로를 중심으로 타이밍이 분석되므로 시뮬레이션 벡터가 사용되지 않는다. STA는 레지스터의 준비시간setup time과 유지시간hold time의 위반 여부를 분석함으로써 합성된 회로의 동작 타이밍을 분석한다. 게이트 수준 검증에서는 RTL 수준 검증에서 사용되었던 테스트 벡터를 동일하게 적용하여 논리 검증도 함께 수행된다.

5 FPGA 구현 및 검증

게이트 수준의 기능 검증이 완료된 HDL 소스코드를 FPGA 소자에 구현하여 실제 하드웨어 상에서 모든 기능이 올바르게 동작하는지를 검증한다.

6 레이아웃 설계 및 검증

레이아웃 설계는 논리합성을 통해 생성된 게이트 수준 네트리스트를 마스크 제작에 사용될 레이아웃 도면으로 변환하는 과정이다. 최근의 시스템 IC 레이아웃 설계는 자동 배치/배선Auto P&R : Automatic Placement & Routing 툴에 의해 이루어진다. [그림 1-17]은 Auto P&R 방식의 레이아웃 설계 개념을 보인 것이다. P&R 툴은 칩 제작공정에 맞게 미리 설계된 표준셀 라이브러리standard cell library, RAM, ROM 등의 매크로 셀, I/O 패드 셀과 설계자가 지정한 타이밍 조건timing constraint을 적용하여 최적화된 레이아웃 도면을 생성한다. Auto P&R에 의한 레이아웃 설계의 개략적인 과정은 다음과 같다. 설계자가 지정한 타이밍 조건을 읽어 들이는 준비과정을 거친 후, 평면계획floor-planning 과정을 통해 전체적인 칩의 크기, 패드 영역, 코어 영역 등을 지정하고 패드 셀을 배치하며, VDD와 GND 공급을 위한 전원공급 링power ring을 설계한다. 평면계획이 완료되면, 타이밍 조건을 고려하여 셀을 배치하고 타이밍 조건의 만족 여부를 검사하는 배치placement 과정이 진행된다. 그 다음으로 클록트리 합성CTS : Clock Tree Synthesis를 통해 전체 칩에 클록신호를 공급하기 위한 클록버퍼를 삽입하고, 마지막 단계로 배치된 셀들에 대한 배선과정을 통해 레이아웃 설계가 완성된다.

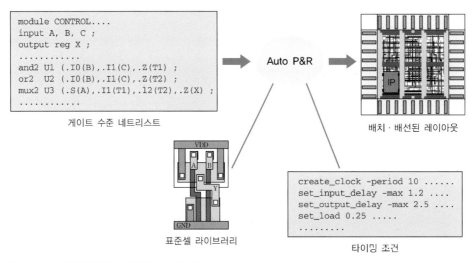

[그림 1-17] 자동배치/배선 레이아웃 설계의 개념

7 레이아웃 후 기능/타이밍 검증

레이아웃 설계가 완료되면, 완성된 레이아웃에서 셀과 배선에 의한 지연 특성과 게이트 수준 네트리스트를 추출하고, 타이밍 특성이 고려된 레이아웃 후 검증을 실시한다. 레이아웃 후 검증에서는 게이트 수준 타이밍 시뮬레이션, 레이아웃의 기생효과parasitic effect를 고려한 STA, 각종 설계규칙 검사DRC : Design Rule Checking 등을 통해 설계의 정확성을 검증한다.

8 PG 생성

레이아웃 설계에 대한 검증이 완료되면, 레이아웃 설계 결과는 마스크 제작을 위한 PG 데이터로 변환되어 마스크 제작회사로 보내진다.

1.3 집적회로 제조과정

반도체 IC가 상품으로 제조되는 과정을 개략적으로 나타내면 [그림 1-18]과 같다. 제품 개발 또는 제품기획 부서에서 고객과 시장의 요구를 반영하여 IC의 기능과 사양을 결정한다. 회로 설계 부서에서는 정해진 기능과 사양을 만족하도록 회로 설계가 이루어진다. 1.2절에서 설명한 바와 같이, 디지털 IC의 회로 설계는 하드웨어 기술언어^{HDL}를 이용한 설계, 기능 검증, 회로 합성 등의 전반부 설계$^{front-end\ design}$와 레이아웃을 설계하는 후반부 설계$^{back-end\ design}$ 및 검증과정을 통해 IC의 PG 데이터가 생성된다. PG 데이터는 마스크 제작회사로 보내져 마스크가 제작된다.

한편, 웨이퍼 제조회사에서는 이산화규소 또는 규산염을 고순도로 정제하여 단결정 실리콘 잉곳^{ingot}을 만들고, 이를 얇게 자르고 표면을 가공하여 웨이퍼를 생산한다(2.1절 참조). 반도체 제조회사에서는 마스크와 각종 화학물질을 사용하여 웨이퍼 위에 회로를 만드는 웨이퍼 가공공정을 진행하며, 이를 전공정$^{front-end\ process}$이라고 한다(2.3절 참조). 가공이 완료된 웨이퍼는 검사공정을 거쳐 양품을 선별한 후, 조립과 패키징 그리고 최종 검사 등의 후공정$^{back-end\ process}$을 거쳐 제품으로 출시된다(1.3절 참조).

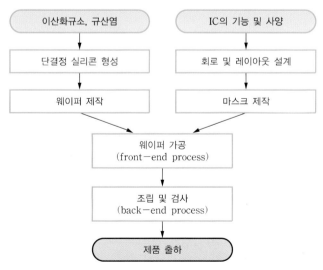

[그림 1-18] **반도체 집적회로의 설계에서 제품 출하까지의 과정**

1.3.1 웨이퍼 가공공정

웨이퍼 가공은 각종 제조설비와 화학물질, 그리고 회로 설계 결과로 만들어진 마스크를 사용하여 실리콘 웨이퍼 위에 복잡한 미세패턴 구조물을 형성하여 회로를 만드는 과정이며, FAB 공정fabrication process 또는 전공정front-end process이라고 한다. FAB 공정은 제품의 종류(메모리 IC, 디지털 IC, 아날로그 IC, 아날로그/디지털 혼합 IC 등)와 적용되는 공정기술, 제조사에 따라 다르며, 리소그래피(노광, 현상), 산화, 식각, 이온주입, 증착 등의 단위공정을 적절한 순서로 반복 적용하여 만들어진다. 웨이퍼 가공은 200 ~ 300단계의 복잡한 과정을 거치며, 초기 웨이퍼 투입에서부터 마지막 공정까지 수개월이 소요된다. 예를 들어, 2층 금속배선을 갖는 twin-well CMOS 공정의 마스크 순서와 미세패턴 형성 순서, 단위공정 과정은 개략적으로 [그림 1-19]와 같다. ❶ 트랜지스터가 만들어질 웰 영역 형성 → ❷ 소자 간 전기적인 격리isolation를 위한 트렌치trench 및 필드 산화막FOX 형성 → ❸ 트랜지스터 문턱전압 조정을 위한 채널 이온주입 및 트랜지스터 형성 → ❹ 금속배선층 형성 → ❺ PAD 개방 및 보호막 증착 등의 순서로 진행된다(2.3절 참조).

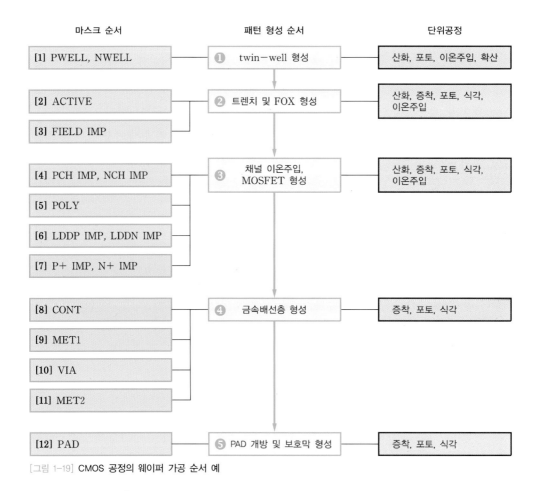

[그림 1-19] CMOS 공정의 웨이퍼 가공 순서 예

웨이퍼가 투입되어 완제품 IC가 생산되기까지 수개월 동안 수백 단계의 공정이 진행되는데, 이 과정에서 제조장비의 특성과 미세먼지 발생, 작업자 실수 등 다양한 원인에 의해 불량이 발생하여 최종 제품의 수율^{yield}에 영향을 미치게 된다. 반도체 IC의 수율은 제조단계에 따라 FAB 수율, EDS$^{Electrial Die Sorting}$ 수율, 조립 수율, 최종 검사 수율 등으로 구분되며, IC의 가격에 영향을 미치는 중요한 요인이다.

FAB 수율은 FAB 공정에 투입된 웨이퍼 중에서 가공이 완료되어 EDS 검사단계로 넘어가는 웨이퍼의 비율을 나타낸다. 가공이 완료된 웨이퍼에 대해 모든 다이^{die}의 전기적 특성을 검사하여 얻는 양품 다이의 비율을 EDS 수율이라고 한다. 조립 수율은 EDS 검사에서 양품으로 판정된 다이를 개별 칩으로 조립한 후에, 다시 검사를 통과한 양품 칩의 비율을 나타내며, 다이를 개별 칩으로 조립하는 과정에서 발생되는 불량에 영향을 받는다. 최종 검사 수율은 조립 검사에서 양품으로 판정된 칩에 대해 전기적 특성, 기능 및 신뢰성을 검사하여 검사를 통과한 최종적인 양품의 비율을 나타낸다. 반도체 IC의 최종 수율을 CUM 수율$^{cumulative yield}$이라고 하며, 각 제조단계의 수율을 모두 곱한 값이 된다.

다이 크기와 웨이퍼 크기가 EDA 수율에 미치는 영향을 알아보자. [그림 1-20]은 다이의 크기와 웨이퍼의 크기가 FAB 수율에 미치는 영향의 예를 보이고 있다. [그림 1-20(a)]에서 웨이퍼에 39개의 다이가 만들어지고, 그 중에 4개의 다이가 불량이므로 수율은 89.7(= 35/39)%이다. [그림 1-20(b)]는 제조공정의 미세화 등에 의해 다이의 크기가 축소된 경우이다. 동일한 크기의 웨이퍼에 104개의 다이가 만들어지고, [그림 1-20(a)]의 경우와 동일한 위치에서 불량이 발생한다고 가정하면, 104개의 다이 중에서 4개가 불량이므로 수율은 96.2(= 100/104)%가 되며, [그림 1-20(a)]의 경우에 비해 수율이 약 6.5% 향상된다. 수율의 향상은 제조원가를 낮추는 효과로 나타나므로 그만큼 제품의 가격경쟁력이 높아지게 된다.

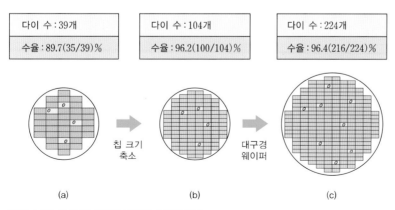

[그림 1-20] 다이 및 웨이퍼 크기와 수율의 관계

[그림 1-20(c)]는 [그림 1-20(b)]의 경우와 다이 크기는 동일하지만 직경이 큰 웨이퍼에 제작하는 경우이다. 웨이퍼의 직경이 커졌으므로 [그림 1-20(b)]에 비해 다이의 수가 약 2배가 되어 총 224개가 만들어지며, 불량 다이의 수도 8개로 증가한다고 가정하면 수율은 $96.4(= 216/224)\%$가 되어 [그림 1-20(b)]와 비슷한 값을 갖는다. [그림 1-20]의 예에서 볼 수 있듯이, 수율을 높이기 위해서는 다이의 크기를 작게 만드는 것이 가장 중요하다. 웨이퍼의 직경은 수율에 직접적인 영향을 미치지 않으나, 웨이퍼당 많은 칩을 제조할 수 있으므로 생산성이 높아져 궁극적으로는 가격경쟁력이 향상된다.

1.3.2 조립 및 패키징 공정

FAB 공정을 통해 가공이 완료된 웨이퍼는 [그림 1-21]과 같이 다이 선별$^{EDS : Electrical Die}$ ^{Sorting} 검사, 조립, 패키징, 최종 검사 등의 후공정을 거쳐 제품으로 출하된다. 일반적으로 반도체 웨이퍼 가공은 수개월에 걸쳐 수백 단계의 복잡한 공정으로 진행되므로, 여러 가지 요인에 의해 불량이 발생할 수 있다. 웨이퍼에 만들어진 개별 다이들의 전기적 특성을 검사하여 양품과 불량품으로 구분하는 과정을 EDS 검사라고 한다. EDS 검사에서 불량으로 확인된 다이에는 특수 잉크로 점을 찍어 조립과정에서 제외되도록 한다.

[그림 1-21] 반도체 후공정 과정

EDS 검사가 완료된 웨이퍼를 다이아몬드 절단기로 잘라 개별 다이로 분리시킨 후, 조립공정으로 넘긴다. 분리된 다이를 리드 프레임[lead frame] 또는 패키지 기판에 부착시킨 후, 실리콘 다이의 패드와 리드 프레임의 단자 사이를 금속선으로 연결하는 와이어 본딩[wire bonding]이 이루어진다. 조립이 완료된 칩은 봉지재로 밀봉하여 외부의 열, 습기, 충격 등으로부터 보호하고, 원하는 형태의 외관 형상을 만드는 성형[molding]공정을 거친다. 반도체 IC의 봉지재로는 내열성, 전기 절연성, 접착성 등이 우수한 열경화성 에폭시 성형수지[EMC : Epoxy Molding Compound]가 사용된다. 이 물질을 고온으로 가열하여 젤 상태로 만든 후 원하는 형태의 틀에 넣어 패키징을 완성한다. 패키징이 완료된 칩은 각종 검사공정을 거쳐 양품을 선별한 후, 제조회사 마크와 제품명 등을 인쇄하여 제품으로 출하된다.

반도체 IC의 패키지는 웨이퍼에서 분리된 실리콘 다이를 외부의 물리적, 전기적 충격으로부터 보호하고, IC가 인쇄회로기판(PCB) 상에서 다른 부품들과 전기적으로 연결되도록 하는 역할을 한다. 리드 프레임을 사용하는 반도체 IC 패키지의 일반적인 구조는 [그림 1-22(a)]와 같으며, BGA[Ball Grid Array] 패키지의 내부 구조는 [그림 1-22(b)]와 같다. 그 구조는 실리콘 다이를 물리적으로 지탱해 주는 기판, 다이의 본딩 패드와 리드 프레임(또는 기판의 단자)을 전기적으로 연결하는 본딩 와이어, 성형수지로 만들어진 패키지, 그리고 외부의 핀[pin] 또는 솔더 볼[solder ball]로 구성된다.

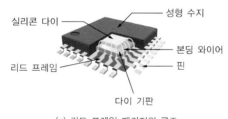

(a) 리드 프레임 패키지의 구조

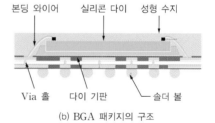

(b) BGA 패키지의 구조

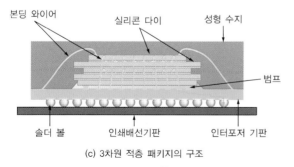

(c) 3차원 적층 패키지의 구조

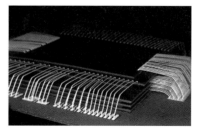

(d) 3차원 적층 패키지의 예

[그림 1-22] 반도체 IC 패키지의 구조[13]

---

13 출처 : (d) http://www.toshiba-components.com/ASIC/SiP.html

최근에 스마트폰, 스마트패드 등 휴대용 전자/통신 기기의 보급이 확산되면서 제품의 크기와 무게를 줄이기 위해 3차원 적층 패키지 기술이 도입되고 있다. 3차원 적층 패키지는 여러 개의 IC를 실리콘 다이 상태에서 수직으로 쌓아서 패키징 하는 기술로서 MCP^{Multi-Chip Package}라고도 하며, 부품의 부피와 무게, 그리고 재조비용을 줄일 수 있다. 예를 들어, 플래시 메모리, DRAM, SRAM, MPU 등의 실리콘 다이를 하나의 칩으로 패키징 하는 MCP의 경우, 시스템이 단일 패키지에 들어 있다는 의미로 SiP^{System-in-Package} 라고도 한다. [그림 1-22(c)], [그림 1-22(d)]는 각각 3차원 적층 패키지의 내부 구조와 사진을 보이고 있다.

반도체 IC 조립과정에서 와이어 본딩이란 실리콘 다이의 외부 연결단자(본딩 패드)와, 리드 프레임 또는 그와 유사한 역할을 하는 인쇄회로기판(PCB)의 패드에 금속선을 연결하는 공정이다. 원래 본딩이란 두 개의 금속을 녹여 붙이는 용접^{welding} 또는 접착을 의미한다. 와이어 본딩용 금속은 금(Au) 또는 알루미늄(Al)이 주로 사용되며, 구리(Cu)를 사용하는 경우도 있다. 와이어 본딩 방식은 크게 열 압착 본딩^{thermal compress ball bonding}과 초음파 본딩^{thermal sonic bonding}으로 구분된다. 열 압착 본딩(볼 본딩)은 전기 방전으로 금속선의 끝을 용융시켜 볼을 형성하여 접착하는 방법이며, 산화되지 않는 금 와이어가 사용된다. 초음파 본딩은 웨지^{wedge} 본딩으로도 불리며, 금과 알루미늄에 모두 적용된다.

볼 본딩은 [그림 1-23(a)]의 과정으로 진행된다.

❶ 전기 방전봉^{electro flame-off tip}에 순간적인 스파크를 일으켜 본딩 와이어 말단에 초기 볼 FAB : Free Air Ball을 형성시키고, ❷ 본딩 와이어를 팁으로 끌어 올려 실리콘 다이의 접착이 이루어질 패드 위치로 옮긴 후, ❸ 압력과 초음파를 이용해서 본딩 와이어를 패드에 붙여 볼 접착^{ball bonding}을 형성한다. ❹ 팁을 적당한 높이로 들어 올려 본딩 와이어를 살짝 꺾어 준 후, ❺ 접착이 이루어질 리드 프레임 위로 이동시키고, ❻ 압력을 이용해서 본딩 와이어를 눌러 스티치^{stitch} 접착을 형성한다. ❼ 와이어를 자르고 팁을 들어 올리면 실리콘 다이의 패드와 리드 프레임 사이에 와이어 접착이 완료된다. 팁을 다음 접착 위치로 이동시키고 동일한 과정을 반복한다.

알루미늄 본딩 와이어의 경우에는 표면에 산화 피막이 생성되어 볼 본딩 방법으로 접착할 수 없으므로, 대신 초음파 본딩 방법이 사용된다.

초음파를 이용한 웨지 본딩은 [그림 1-23(b)]의 과정으로 이루어진다.

❶ 초음파를 발생시키는 프로브probe에 본딩 와이어를 넣고 실리콘 다이의 접착이 이루어질 패드 위치로 옮긴 후, ❷ 프로브에 초음파를 인가하며 본딩 와이어를 누르면, 초음파에 의한 마찰열이 금속 표면에 발생되어 와이어의 끝부분이 용융되면서 기계적으로 누르는 힘에 의해 접착이 이루어진다. ❸ 본딩 웨지를 석낭한 높이로 들어 올려 십착이 이루어질 리드 프레임 위로 이동시킨 후, ❹ 초음파와 압력을 가해 리드 프레임에 접착한다. ❺ 와이어를 자르고 프로브를 들어 올리면 실리콘 다이의 패드와 리드 프레임 사이에 와이어 접착이 완료된다. 프로브를 다음 접착 위치로 이동시키고 동일한 과정을 반복한다.

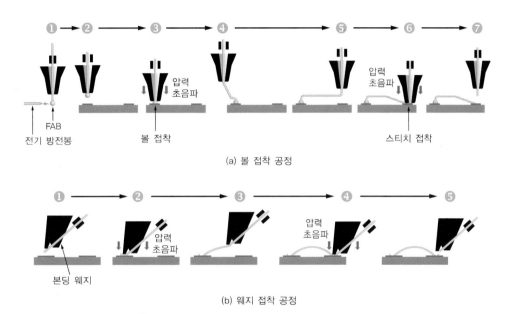

[그림 1-23] **와이어 본딩공정**[14]

반도체 IC의 패키징을 위해서는 패키지 비용, 외형의 크기, 핀 수, 열 방출 능력, I/O 기생성분(저항, 커패시턴스, 인덕턴스), 신호 간 간섭, 신뢰성 등 다양한 요소들이 고려되어야 한다. 패키지 비용이 싸야하고 칩의 발열이 작은 경우에는 플라스틱 패키지가 사용되고, 핀 수가 많은 경우에는 DIPDual In-line Package나 SOPSmall-Outline Package보다는 PGAPin Grid Array나 BGABall Grid Array 패키지가 사용된다. 모바일 단말기와 같이 칩의 크기가 작아야 하는 응용분야에서는 TQFPThin QFP나 FBGAFine-pitched BGA 패키지가 사용된다. 1980년대까지는 PCB에 구멍을 뚫어 부품을 삽입하는 삽입실장through hole mount형 패키지가 주류를 이루어 왔으나, 1990년 이후에는 PCB의 양면을 모두 활용할 수 있는 표면실장surface mount형 패키지로 발전해 왔다.

---

14 출처 : 반도체 재료기술 로드맵 조사연구 보고서, 한국반도체산업협회, 2001

[그림 1-24]는 반도체 IC 패키지의 종류를 보이고 있다. DIP는 삽입실장 형태의 PCB에 적용하는 가장 고전적인 패키지 형태이다. 열 특성은 우수하지만, 패키지 외형의 크기가 커서 핀 수가 많은 경우에는 적합하지 않다. SOP는 표면실장 형태의 패키지로서 패키지 두께가 얇은 TSOP$^{Thin SOP}$와 크기가 작은 SSOP$^{Shrink SOP}$로 구분된다. QFP$^{Quad-Flat Package}$는 칩의 4면으로 리드가 나와 있는 패키지 형태이며, TQFP$^{Thin QFP}$는 외형의 높이가 낮은 패키지이다. PGA와 BGA 패키지는 칩의 밑면에 I/O 단자가 만들어지는 패키지 형태이며, I/O 밀도가 높아 수백 핀 이상을 갖는 IC에 적합하다. BGA 패키지는 PGA와 플립 칩$^{flip chip}$ 개념을 결합하여 칩의 밑면에 격자 형식으로 솔더 볼$^{solder ball}$을 배치한 패키지 형태이며, 패키지의 소형화가 가능하다. 또한, BGA 패키지는 솔더 볼에 의해 전기적으로 연결되므로 접촉거리가 짧아 작은 인덕턴스와 커패시턴스를 가지며, BGA 기판의 그라운드 면을 사용하여 전기적 성능이 우수하고, 열 방출 솔더 볼에 의해 열을 방출하므로 우수한 열 특성을 갖는다.

[그림 1-25]는 반도체 IC 패키지 기술의 발전과정을 보이고 있다. 70 ~ 80년대까지 주류를 이루었던 DIP 형태의 삽입실장형 패키지는 부피가 크고 핀 수 제약이 있어 오늘날에

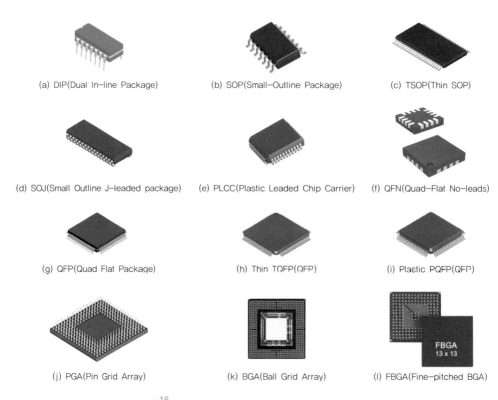

(a) DIP(Dual In-line Package) (b) SOP(Small-Outline Package) (c) TSOP(Thin SOP)

(d) SOJ(Small Outline J-leaded package) (e) PLCC(Plastic Leaded Chip Carrier) (f) QFN(Quad-Flat No-leads)

(g) QFP(Quad Flat Package) (h) Thin TQFP(QFP) (i) Plastic PQFP(QFP)

(j) PGA(Pin Grid Array) (k) BGA(Ball Grid Array) (l) FBGA(Fine-pitched BGA)

[그림 1-24] **반도체 IC 패키지의 종류**[15]

---

15 출처 : http://www.icpackage.org/

는 극히 일부에만 사용되고 있으며, 대신에 SOP, QFP 및 BGA 등의 표면실장형 패키지가 주류를 이루고 있다. 최근에는 SoC$^{System-on-Chip}$ 기술이 발전하면서 I/O 핀 수가 증가함에 따라 QFP, PGA, BGA 패키지의 사용이 확대되고 있다. 또한, 휴대용 단말기, IC카드 등과 같이 소형화가 중요한 응용분야에서는 TSOP, TQFP, FBGA 등 두께가 얇은 패키지와 3차원 적층기술을 이용한 다양한 형태의 SiP가 사용된다.

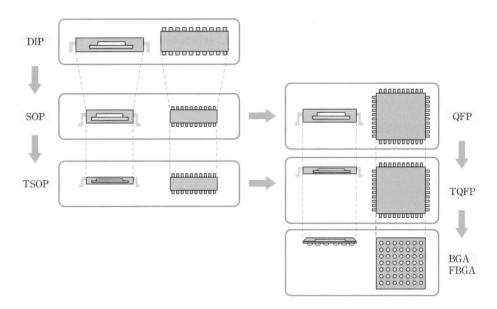

[그림 1-25] 반도체 IC 패키지 기술의 발전과정[16]

1.3.3 검사공정

반도체 IC에 집적되는 소자의 수가 수십만에서 많게는 수백만 게이트로 증가하고, 칩의 기능이 복잡해짐에 따라 IC의 검사 시간과 비용이 크게 증가하고 있다. 그에 따라 IC 제조원가에서 검사비용의 비중도 증가하고 있다. 반도체 IC의 검사 항목은 크게 나누어 DC 테스트, AC 테스트, 기능 테스트로 구분된다. DC 테스트는 규정된 전압을 검사대상 소자$^{DUT : Device Under Test}$에 인가하여 개방/단락$^{open/short}$ 여부나 입력전류, 출력전압, 전원 전류 등의 DC 특성을 측정하여 소자의 불량 여부를 판별하는 검사이다.

개방/단락 검사는 도통 검사$^{continuity\ test}$라고도 하며, DUT의 모든 신호 핀에 전기적 접촉이 형성되는지와 신호 핀과 전원/접지의 단락 여부 등을 검사한다. 개방/단락 검사를 통

---

16 출처 : 14의 출처와 동일

해 짧은 시간 내에 단락 핀, 본딩 와이어 결함, 정전기에 의해 손상된 핀, 제조 결함 등을 검사할 수 있으며, 웨이퍼 테스트용 프로브 카드나 테스트용 소켓이 정확히 접촉되었는지도 검사할 수 있다.

AC 테스트는 DUT에 펄스신호를 인가하여, 입출력 지연시간, 출력신호의 상승/하강시간 등의 특성을 측정하여 속도 등급을 나누어 판정하는 검사이다. 기능 테스트는 패턴 발생기에서 발생되는 검사패턴을 DUT에 인가하고 DUT의 출력을 관찰하여, 정해진 논리 기능이 올바로 동작하는지를 판별하는 검사이다. 반도체 IC는 신뢰성이 매우 중요한 요소이므로, 고온과 고전압이 인가된 스트레스 상태로 동작시켜 불량을 선별하는 번-인^{burn-in} 검사공정도 필수적으로 진행된다.

수개월 동안 수백 단계의 복잡한 제조공정을 거쳐 만들어지는 반도체 IC는 제조과정에서 발생하는 불량품을 검출하기 위해 [그림 1-26]과 같이 제조 단계별로 3단계 검사공정이 진행된다. 웨이퍼 가공이 완료된 직후에 실시되는 다이 선별^{EDS : Electrical Die Sorting} 검사, 조립공정을 거쳐 패키징된 상태에서 진행되는 패키지 검사, 그리고 출하되기 직전의 품질 검사 등이다.

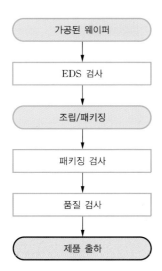

[그림 1-26] 반도체 IC의 제조 단계별 검사공정

EDS 검사는 가공이 완료된 웨이퍼 상태에서 개별 다이의 전기적 특성을 검사하여 양품과 불량품을 선별하는 공정으로, EDS 검사에서 얻어지는 검사결과 데이터는 웨이퍼 제조공정과 회로 설계의 개선을 위한 피드백 자료로도 활용된다. EDS 검사는 조립공정을 진행하기 전의 웨이퍼 상태에서 진행되므로, 검사에는 [그림 1-27(a)]와 같은 웨이퍼 프로버wafer prober라는 장비가 사용된다. 웨이퍼 프로버는 웨이퍼에 만들어진 실리콘 다이의 패드에 프로브 카드를 접촉시키고, 주검사장비의 신호를 받아 개별 다이의 전기적 특성을 검사하는 웨이퍼 검사장비이다. 웨이퍼 핸들러를 통해 웨이퍼를 X, Y, Z축으로 움직여 웨이퍼 내의 다이에 프로브 카드의 탐침probe tip을 접촉시켜 전기적 검사를 수행한다. 프로브 카드는 웨이퍼 상의 다이와 검사장비를 물리적으로 접촉시키는 부품이며, [그림 1-27(b)]와 같이 탐침이 실리콘 다이의 패드 위치에 맞게 정밀하게 장착된 인쇄회로기판(PCB)으로 구성된다. 프로브 탐침은 끝이 매우 뾰족하고 얇은 핀 모양이며, 실리콘 다이의 패드에 접촉하는 부분이므로 전기 전도성이 매우 우수하고 물리적 내구성이 강한 금속(텅스텐)으로 만들어진다.

EDS 검사공정은 웨이퍼 번-인wafer burn-in 검사, 기능 검사, 잉크 마킹 등의 단계로 진행된다. 웨이퍼 번-인 검사는 가열상태의 웨이퍼에 AC/DC 전압을 인가해 전기적으로 약한 부분과 결함 등 잠재적인 불량 요인을 찾아내는 공정이다. 기능 검사는 웨이퍼 상의 개별 다이에 전기적 시험패턴 신호를 인가하여 정상동작 여부를 판정하는 공정이다. 이때 특정 온도에서 발생하는 불량을 잡아내기 위해 상온보다 높은/낮은 온도에 따른 검사가 병행된다. 마지막으로, 검사공정에서 확인된 불량 다이에 특수 잉크로 표시하여 조립공정에서 제외되도록 한다. EDS 검사가 완료된 웨이퍼는 조립과 패키징 공정에 투입된다.

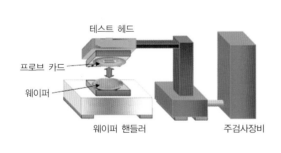

(a) 웨이퍼 프로버의 구성도

테스트 헤드

프로브 카드

웨이퍼

웨이퍼 핸들러

주검사장비

(b) 프로브 카드

[그림 1-27] 웨이퍼 검사장비 [17]

패키징 공정이 완료된 후, 조립과 패키징 공정에서 발생된 불량을 걸러내기 위해 패키지 검사package test를 진행한다. 패키지 검사는 패키징된 IC를 검사장비에 넣고 다양한 조건의 전압, 전기신호, 온도 등을 인가해, 제품의 전기적/기능적 특성과 동작속도 등을 측정하

17 출처 : (a) http://www.semipark.co.kr/
　　　　 (b) http://www.apltech.com/

여 불량 유무를 판별하는 검사공정이다. 검사과정에서 획득되는 각종 데이터는 웨이퍼 가공공정이나 조립공정에 피드백되어 품질과 생산성을 개선하기 위한 정보로 활용되기도 한다. 패키지 검사공정은 IC의 종류와 기능에 따라 차이가 있으나, 일반적으로 [그림 1-28]과 같은 과정으로 진행된다. 조립과 패키징 공정을 거치면서 발생한 일부 불량은 IC 자체의 오동작뿐만 아니라 검사장비에 심각한 손상을 유발할 수 있으므로, 사전 검사 단계인 DC 검사공정을 거친다. DC 검사공정에서는 개방/단락^{open/short}, 누설전류^{leakage current}, 대기전류^{stand-by current} 등에 대한 간단한 검사를 통해 조립과 패키징 공정에서 발생한 불량품을 검출하여 제거한다. DC 검사에 소요되는 시간은 IC당 1초 이내로 매우 짧다.

DC 검사를 통과한 IC는 모니터링 번-인 검사^{MBT : Monitoring Burn-in Test} 공정에 투입된다. MBT 공정은 높은 온도와 높은 전압 환경에서 가혹시험을 진행하여 IC의 신뢰성을 확보하는 공정이며, 125℃ 이상의 고온 챔버^{chamber}에서 장시간 동작시키므로 다른 검사공정에 비해 긴 시간(수~수십 시간)이 소요된다. MBT 공정을 거친 IC는 검사결과에 따라 양품/불량품/재검사품 등으로 분리되고, 양품은 post-burn 검사를 통해 상온/저온에서의 전기적 특성과 기능을 검사한다. 이 공정을 통과한 IC는 최종 품질검사^{final test}공정에 투입된다. 최종 검사에서는 고온에서 IC의 전기적 특성과 기능을 검사하여 양품과 불량품의 등급을 선별한다.

[그림 1-28] 패키지 검사공정

■ 반도체 집적회로 관련 주요 기술의 발전과정

연도	반도체 관련 기술의 발전 내용	발명자 / 회사
1906	3극 진공관 발명	리 드 포리스트
1926	전계효과 트랜지스터 개념 발명	줄리어스 릴리엔펠트
1947	점접촉형 트랜지스터 발명	윌리엄 쇼클리, 존 바딘, 월터 브래튼
1950	성장접합형 트랜지스터 개발	모간 스팍스, 고든 틸
1952	반도체 정제기술(영역 정제법, 부유대역 정제법) 개발	벨연구소
1954	트랜지스터를 사용한 최초의 디지털 컴퓨터 TRADIC 개발	벨연구소
1955	확산접합형 실리콘 트랜지스터 개발	벨연구소
1955	광 리소그래피 기술 개발	벨연구소
1959	평면공정 개발	페어차일드
1959	집적회로 발명	잭 킬비 / TI 로버트 노이스 / 페어차일드
1960	평면공정을 적용한 트랜지스터 최초 생산	페어차일드
1960	절연 게이트 전계효과 트랜지스터 동작 입증	강대원, 마틴 아탈라 / 벨연구소
1963	CMOS 회로 발명	프랭크 완라 / 페어차일드
1963	반도체 SRAM 발명	로버트 노르만 / 페어차일드
1964	범용 연산증폭기(uA702) 개발	페어차일드
1965	무어의 법칙 발표	골든 무어 / 페어차일드
1967	폴리실리콘 게이트 MOS 공정 개발	로버트 컬윈 / 벨연구소
1968	1-트랜지스터 DRAM 셀 회로 발명	로버트 데너드 / IBM
1971	EPROM 발명	도브 프로만 / 인텔
1971	단일 칩 마이크로프로세서(i4004) 개발	인텔
1978	EEPROM 발명	조지 페르레고스 / 인텔
1984	플래시 메모리 개발	후지 마스오카 / 도시바

■ 반도체 집적회로 설계는 크게 전반부 설계와 후반부 설계로 구분된다.
- 전반부 설계 : 설계사양으로부터 상위수준 모델링 및 검증, HDL을 이용한 RTL 모델링 및 검증, 논리합성 및 게이트 수준의 기능/타이밍 검증의 과정을 거쳐 게이트 수준의 네트리스트netlist를 생성한다.
- 후반부 설계 : 전반부 설계에서 얻어진 네트리스트를 사용하여 레이아웃 설계를 진행하고, 검증을 거쳐 마스크 제작을 위한 PG 데이터를 생성한다.

■ 반도체 IC 제조과정은 크게 전공정와 후공정으로 구분된다.
- 전공정 : 마스크와 화학물질을 사용하여 웨이퍼 위에 회로를 만드는 웨이퍼 가공공정
- 후공정 : 가공이 완료된 웨이퍼의 검사, 조립 및 패키징 그리고 최종 검사 등의 공정

■ 웨이퍼 가공공정 : ❶ 웰 영역 형성 → ❷ 트렌치^{trench} 및 필드 산화막^{FOX} 형성 → ❸ 채널 이온주입 및 트랜지스터 형성 → ❹ 금속배선층 형성 → ❺ PAD 개방 및 보호막 증착 등의 순서로 진행된다.

■ EDS$^{Electrical Die Sorting}$ 검사 : 웨이퍼에 만들어진 개별 다이들의 전기적 특성을 검사하여 양품과 불량품으로 구분하는 과정

■ 와이어 본딩$^{wire\ bonding}$: 실리콘 다이의 외부 연결단자(본딩 패드)와 리드 프레임 또는 그와 유사한 역할을 하는 인쇄회로기판(PCB)의 패드에 금속선을 연결하는 공정

■ 반도체 IC의 패키징을 위해서는 패키지 비용, 외형의 크기, 핀 수, 열 방출 능력, I/O 기생성분(저항, 커패시턴스, 인덕턴스), 신호 간 간섭, 신뢰성 등 다양한 요소들이 고려되어야 한다.

■ 반도체 IC의 검사 항목은 DC 테스트, AC 테스트, 기능 테스트로 구분된다.
- DC 테스트 : 규정된 전압을 검사대상소자^{DUT}에 인가하여 개방/단락$^{open/short}$ 여부, 입력전류, 출력전압, 전원전류 등의 DC 특성을 측정하여 IC의 불량 여부를 판별하는 검사
- AC 테스트 : 펄스신호를 인가하여 입출력 지연시간, 출력신호의 상승/하강시간 등의 특성을 측정하여 속도 등급을 나누어 판정하는 검사
- 기능 테스트 : 검사패턴을 인가하고 출력을 관찰하여 정해진 논리 기능이 올바로 동작하는지를 판단하여 소자의 불량 여부를 판정하는 검사

Chapter

02

반도체 제조공정 및 레이아웃

Semiconductor Fabrication Process and Layout

오늘날 우리가 사용하고 있는 컴퓨터, 스마트폰, 스마트 TV 등의 디지털 전자기기에는 마이크로프로세서, AP(Application Processor), 모뎀, 메모리 등의 반도체 IC(Integrated Circuit)가 필수적으로 사용되고 있다. 최근에는 단일 칩에 수십만 ~ 수백만 게이트가 집적된 시스템 반도체(SoC : System-on-Chip)가 보편화되고 있다.

반도체 IC는 실리콘 기판에 미세 구조물들을 형성하여 만들어진 전자회로 소자이다. 그 생산과정을 살펴보면, 우선 기초 재료인 규산염을 정제하여 다결정 실리콘을 만들고, 이를 고순도의 단결정 막대기(ingot)로 성장시킨 후, 얇게 잘라 표면을 처리하여 웨이퍼로 만든다. 반도체 설계회사에서는 설계사양에 맞추어 회로를 설계하여 검증하고(전반부 설계), 회로의 레이아웃 도면을 생성(후반부 설계)한다. 마스크 공장에서는 레이아웃 도면으로부터 마스크를 제작하여 반도체 제조회사에 전달한다. 반도체 제조공장에서는 마스크, 각종 화학약품, 정밀 장비와 리소그래피 공정을 통해 웨이퍼 위에 회로를 만든다. 가공된 웨이퍼에는 수백에서 수천 개의 IC가 만들어지며, 테스트, 패키징, 신뢰성 검사 등을 거쳐 정상 동작하는 IC만 상품으로 팔리게 된다. 이 장에서는 반도체 IC 제조에 사용되는 단위공정과 CMOS 일괄공정, 그리고 레이아웃에 대해 설명한다.

2.1 단결정 실리콘 제조

실리콘은 원자가 결합되는 형태에 따라 결정질^{crystalline}과 비정질$^{non-crystalline, amorphous}$ 실리콘으로 구분된다. 비정질 실리콘은 원자가 주기적 규칙성이 없이 배열된 경우이며, 디스플레이의 박막 트랜지스터$^{TFT : Thin Film Transistor}$ 제작에 사용된다. 결정질 실리콘은 단결정$^{single\ crystal}$과 다결정 실리콘^{polysilicon}으로 구분된다. 다결정 실리콘(폴리실리콘)은 부분적으로 결정을 이루지만 전체적으로 균일한 결정이 아닌 물질로, 부분적인 결정 경계면에서 전자의 산란이 심하게 발생하여 누설전류가 커지는 등 전기적 특성이 나쁘다는 단점을 갖는다. 단결정 실리콘은 원자 배열이 규칙적이며, 일정한 방향성을 가지고 결합되어 있기 때문에, 단결정 실리콘으로 전자소자를 제작하면 일관된 특성을 얻을 수 있다. 따라서 오늘날 대부분의 반도체 IC와 전자소자의 제작에는 순도가 매우 높고, 결정 결함defect이 매우 적은 단결정 실리콘이 사용된다.

2.1.1 고순도 폴리실리콘 제조

오늘날 대부분의 반도체 IC와 태양전지solar cell는 규소silicon를 원재료로 사용하여 만들어진다. 원자번호 14번인 규소는 가전자가 4개인 4가 원소이며, 원소기호는 Si로 표기한다. 지각의 약 27%를 차지하는 규소는 산소 다음으로 풍부한 원소로, 자연계에 원소 형태로는 존재하지 않고 모래, 흙, 암석 등에 이산화규소(SiO_2) 또는 규산염(규소와 금속의 화합물) 형태로 존재한다.

규소는 고대 이집트의 유리 제조에서부터 오늘날의 첨단 반도체 제조에 이르기까지 폭넓게 사용되고 있는 매우 중요한 물질이다. 대표적으로 규소 산화물은 유리 제조에 사용되며, 탄화규소(SiC)는 연마제와 내화재로 사용된다. 또한 다양한 유기 규소 고분자 물질이 사용되는데 성형수술에서 몸에 주입되는 실리콘silicone 보형물과 방수성 밀폐제로 사용되는 실리콘 등이 유기 규소 고분자 물질에 속한다. 실리콘은 고순도의 단결정으로 정제되어 반도체 소자의 재료로 사용되며, 폴리실리콘은 태양전지에 사용된다.

반도체 소자 제작에 사용되는 단결정 실리콘 웨이퍼wafer는 이산화규소를 정제하여 만들어진다. 이산화규소를 탄소(석탄, 코크스, 숯 등)와 함께 도가니furnace에 넣고 약 1,800 ~ 1,900℃로 가열하여 액체상태로 만들면, 식 (2.1)의 반응에 의해 산소가 제거된다. 이를 응고시키면, 약 96 ~ 98%의 순도를 갖는 금속급 실리콘MG-Si : Metallurgical Grade Silicon이 얻어진다. MG-Si에는 Fe, Al 등의 불순물이 수 ppm 정도 포함되어 있다.

$$SiO_2 + 2C \longrightarrow Si + 2CO \qquad (2.1)$$

MG-Si로부터 불순물을 제거하여 고순도 폴리실리콘을 추출하기 위해 지멘스Siemens 공법, FBRFluidised Bed Reactor 공법, 금속정련(야금) 공법 등이 사용된다. 지멘스 공법은 1950년대에 독일의 지멘스사에 의해 개발되어 지금까지 가장 널리 쓰이고 있으며, 개략적인 공정은 다음과 같다. MG-Si를 분쇄하여 고순도 염화수소(HCl)와 반응시켜 액체상태로 만든 후, 이를 증류시켜 고순도 삼염화실란($SiHCl_3$) 가스를 생성한다. 이 과정에서 Fe, Al 등의 불순물이 정제되며, 반응식은 식 (2.2)와 같다.

$$Si + 3HCl \quad \rightarrow \quad SiHCl_3 + H_2 + FeCl_3 + \cdots \tag{2.2}$$

식 (2.2)에 의해 생성된 삼염화실란 가스는 식 (2.3)의 석출공정을 통해 고순도 폴리실리콘으로 추출된다. 삼염화실란을 수소 분위기에서 약 1,100℃로 가열하면, 흡열반응을 통해 삼염화실란의 분자 고리가 깨지면서 실리콘 분자들이 반응기 내부에 석출되어 고순도의 폴리실리콘이 얻어진다. 반도체 웨이퍼용 폴리실리콘은 11N(99.999999999%) 정도의 순도를 가지는데, 이를 전자소자급 실리콘$^{EG-Si \,:\, Electronic\ Grade\ Silicon}$이라고 한다. 태양전지 제작용 폴리실리콘은 6N(99.9999%) ~ 9N(99.9999999%) 정도의 순도를 갖는다.

$$SiHCl_3 + H_2 \quad \rightarrow \quad Si + 3HCl \tag{2.3}$$

2.1.2 단결정 실리콘 잉곳 성장과 웨이퍼 가공

반도체 IC가 만들어지는 실리콘 웨이퍼는 고순도의 단결정 실리콘 잉곳^{ingot}으로부터 만들어진다. 단결정으로 성장된 실리콘 결정에는 전기전도도 조절을 위해 첨가물^{dopant}이 주입될 수 있으며, 의도적으로 주입된 첨가물 이외의 불순물은 최대한 제거되어 고순도 상태가 되어야 한다. 단결정 실리콘 잉곳을 성장시키는 방법으로는 초크랄스키^{Czochralski} 인상법, 용융대역$^{floating\ zone}$법 등이 있으며, 일반적으로 초크랄스키 인상법이 가장 많이 사용된다.

[그림 2-1(a)]는 초크랄스키 인상법의 개략적인 장치 구성을 보이고 있다. 고순도 폴리실리콘(EG-Si)을 석영 도가니에 넣고 용융점(1,450℃)까지 가열하여 액체상태로 녹인 후, 이 액체를 실리콘 종자결정$^{seed\ crystal}$과 접촉시키면서 서서히 회전시킴과 동시에 끌어 올리면, 종자결정과 동일한 결정 방향성을 갖는 단결정 실리콘 잉곳이 형성된다. 성장되는 잉곳의 직경은 회전속도와 끌어 올리는 속도에 의해 결정된다.

[그림 2-1(b)]는 용융대역법의 개략적인 장치 구성을 보이고 있다. 고순도 폴리실리콘(EG-Si)을 막대형으로 가공하여 한쪽 끝을 종자결정과 접촉시킨다. 고주파 유도 가열장치로 폴리실리콘을 용융시키면서 가열장치를 서서히 이동시키면, 폴리실리콘의 용융된 부분이 가열장치를 따라 이동하고, 가열장치가 지나간 부분에는 종자결정과 동일한 방향성을 갖는 단결정이 성장된다. 자연계에 존재하는 대부분의 물질은 고체상태보다 액체상태에서 불순물 농도가 높게 존재하는 특성이 있다. 이러한 특성을 이용하여 단결정 실리콘을 성장시키면서 동시에 불순물 정제도 함께 이루어진다.

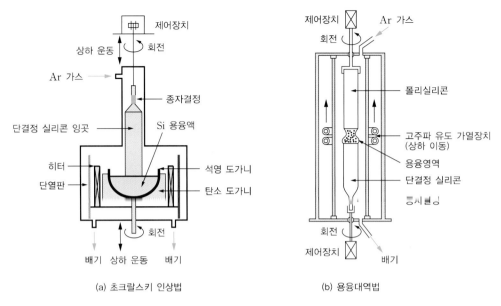

(a) 초크랄스키 인상법　　　　(b) 용융대역법

[그림 2-1] **단결정 실리콘 성장장치**

단결정 성장에 사용된 종자결정에 의해 웨이퍼의 결정 방향성이 결정되며, 통상적으로 〈100〉, 〈111〉의 결정 방향성이 주로 사용된다. 결정 방향성은 웨이퍼의 기계적 특성과 산화, 확산, 식각 등의 공정에 영향을 미친다. 예를 들어, 산화공정에서 실리콘 산화막의 성장속도는 웨이퍼의 결정 방향성에 따라 달라진다. 한편, 단결정 실리콘을 성장시키는 과정에서 전기전도도의 조절을 위해 첨가물이 주입되는데, 주입된 첨가물의 농도에 따라 웨이퍼의 전기적 저항이 결정된다. n형 웨이퍼에는 5가 원소(P, Sb 등)가 도우핑되고, p형 웨이퍼에는 3가 원소(B, In)가 도우핑된다.

단결정 실리콘 잉곳을 원형으로 가공한 후, 자르기^{slicing}, 다듬질^{lapping}, 식각^{etching}, 열처리$^{heat\ treatment}$, 연마^{polishing}, 세척^{cleaning} 등의 표면처리 과정을 거치면 반도체 IC를 만들기 위한 실리콘 웨이퍼가 완성된다. 다듬질은 자르기 공정에서 발생된 웨이퍼 표면의 손상을 제거하고 웨이퍼의 두께와 평탄도를 균일하게 만드는 과정이다. 식각은 화학용액을 사용하여 웨이퍼 표면에 남은 손상을 제거하는 과정이다. 열처리는 웨이퍼를 가열한 후, 급속히 냉각시켜 결정 본래의 저항률을 갖도록 만드는 과정이다. 연마는 웨이퍼 표면이 고도의 평탄도를 갖도록 정밀하게 갈아내는 과정이다. 세척은 연마과정에서 웨이퍼 표면에 붙은 오염 입자들을 제거하는 과정으로, 표면의 정전기를 방지하기 위해 전기적 특성이 없는 물$^{DI\ water\ :\ DeIonized\ water}$로 세척한다.

실리콘 웨이퍼의 표면은 회로가 제작되는 부분이므로, 표면에 오염 입자나 긁힌 자국scratch, 화학성분이 존재하면 회로 제작에 치명적인 영향을 미치게 된다. 따라서 높은 평탄도를 갖도록 정밀한 표면처리가 요구되며, 자르기, 다듬질, 연마 등의 표면처리 과정은 진동이 최소화된 정밀 환경에서 진행된다. 실리콘 웨이퍼는 직경에 따라 $0.3 \sim 0.8\,mm$ 정도의 두께를 가지며, $300\,mm$ 웨이퍼의 두께는 약 $0.7 \sim 0.8\,mm$ 정도이다.

실리콘 웨이퍼는 모양을 보고 결정 방향성과 도우핑 형태를 구별할 수 있도록 [그림 2-2]와 같이 원형 웨이퍼의 일부분을 직선으로 갈아서 플랫flat 면을 만든다. 웨이퍼의 주 플랫primary flat과 보조 플랫secondary flat의 각도를 보고 결정 방향성과 도우핑 형태를 구별한다. [그림 2-2(a)]와 같이 주 플랫만 있는 경우에는 〈111〉 방향성의 p형 웨이퍼이고, [그림 2-2(d)]와 같이 주 플랫과 보조 플랫의 각도가 180°이면 〈100〉 방향성의 n형 웨이퍼이다.

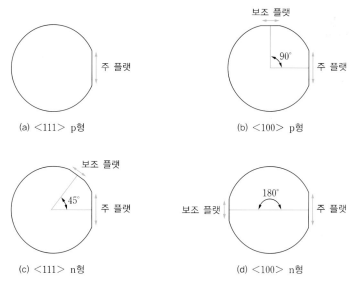

[그림 2-2] 플랫 면에 따른 실리콘 웨이퍼의 구별

[그림 2-3]은 단결정 실리콘 잉곳과 웨이퍼의 상대적인 크기를 보이고 있다. 실리콘 웨이퍼 직경은 4인치(100 mm), 5인치(125 mm), 6인치(150 mm), 8인치(200 mm), 12인치(300 mm) 등으로 대형화되어 왔으며, 반도체 IC의 고집적화에 따라 점점 큰 직경의 웨이퍼가 사용되는 추세이다. 예를 들어, 12인치 웨이퍼는 8인치 웨이퍼에 비해 2~3배의 많은 IC를 제조할 수 있어 경제성이 높다.

(a) 단결정 실리콘 잉곳

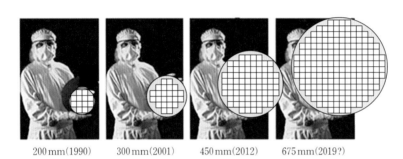

200 mm(1990)   300 mm(2001)   450 mm(2012)   675 mm(2019?)

(b) 실리콘 웨이퍼의 크기

[그림 2-3] 단결정 실리콘 잉곳과 웨이퍼의 크기[1]

핵심포인트 **단결정 실리콘 제조**

- 반도체 IC의 원재료인 규소는 원자번호 14번이고 가전자가 4개인 4가 원소이며, 원소기호 Si 로 표기한다.
- 반도체 IC 제조용 실리콘 웨이퍼는 고순도의 단결정 실리콘 잉곳으로부터 만들어지며, 단결 정 실리콘 잉곳의 성장을 위해 초크랄스키[Czochralski] 인상법, 용융대역[floating zone]법 등이 사 용된다.
- 단결정 실리콘 웨이퍼의 결정 방향성은 종자결정에 의해 결정되며, 결정 방향성은 웨이퍼의 기계적 특성과 산화, 확산, 식각 등의 공정에 영향을 미친다.
- 실리콘 웨이퍼는 주 플랫과 보조 플랫의 각도에 의해 결정 방향성과 도우핑 형태를 구별한다.

---

1 출처 : (a) http://cnfolio.com/images/img163ingot.jpg
(b) International Roadmap for Semiconductors, ITRS Press Conference, 2004.

반도체 IC에 실리콘이 사용되는 이유

- 실리콘은 지구 표면에 존재하는 암석의 약 27%를 차지하며, 모래, 암석 등의 형태로 매우 풍부하게 존재하여 가격이 저렴한 재료이다.

- 실리콘은 독성이 전혀 없어 환경적으로 매우 우수한 재료이다.

- 실리콘 웨이퍼는 큰 에너지 밴드갭(1.2 eV)을 가지기 때문에 비교적 고온에서도 소자가 동작할 수 있다.

- 실리콘은 산화물이 SiO_2 밖에 없어 제조공정이 매우 단순하다. 다른 물질들은 여러 가지의 산화물을 만들어 공정상 어려움이 많으며, 그에 따른 불량률도 높다.

- 실리콘은 녹는점이 알루미늄, 금, 은보다 높으므로 패키징 과정에서 금속선을 붙이는 작업이 용이하다.

2.2 MOS 단위공정

반도체 IC 제조공정에는 실리콘 웨이퍼와 마스크, 각종 화학물질이 사용된다. 실리콘 웨이퍼는 회로가 만들어지는 기판이며, 마스크는 회로의 레이아웃 패턴이 그려져 있는 유리 기판이다. 각종 화학물질은 마스크의 기하학적 패턴을 웨이퍼로 옮기는 과정(산화, 식각, 이온주입, 확산 등)에서 사용된다. 반도체 제조공장의 청정실$^{clean\ room}$에는 고가의 장비들이 설치되어 있으며, 이곳에서 수백 단계의 복잡한 과정을 거쳐 웨이퍼에 회로를 만든다. 제조공정을 통해 가공이 완료된 웨이퍼는 테스트와 패키징 등의 후공정을 거쳐 상품화된다. 이 절에서는 반도체 IC 제조에 사용되는 에피택시, 산화, 식각, 확산, 이온주입, 증착 등의 단위공정에 대해 설명한다.

2.2.1 에피택시공정

에피택시^{epitaxy}공정은 웨이퍼 위에 고순도의 단결정 박막을 성장시키는 공정으로, 동종 에피택시$^{homo-epitaxy}$와 이종 에피택시$^{hetero-epitaxy}$가 있다. 동종 에피택시는 기판의 재료와 동일한 화학조성을 지닌 박막을 형성하는 것이며, 단결정 실리콘 기판 위에 단결정 실리콘 막을 형성하는 것이 한 예이다. 이종 에피택시는 기판의 재료와 다른 화학조성을 지닌 박막을 형성하는 것이며, Ge 기판에 GaAs 박막을 형성하는 것이 한 예이다. 에피택시공정에서는 결정 성장 중에 원하는 불순물을 첨가하여 p형 또는 n형으로 도우핑할 수 있으며, 박막의 두께와 저항률을 조정할 수 있다. 에피택시공정은 바이폴라 IC나 CMOS IC의 제조에 사용되며, GaAs와 같은 화합물 반도체에서도 매우 중요하게 사용된다.

에피택시 방법은 액상 에피택시$^{LPE : Liquid Phase Epitaxy}$, 기상 에피택시$^{VPE : Vapor Phase Epitaxy}$, 분자선 에피택시$^{MBE : Molecular Beam Epitaxy}$ 등으로 구분된다. 다른 원소가 포함된 반도체 화합물은 순수한 반도체보다 용융점이 낮다는 성질을 이용하는 공정이 액상 에피택시이며, III-V족 화합물 반도체 박막의 성장에 이용된다. 예를 들어, 금속 Ga와 GaAs의 혼합물은 GaAs(1,238℃)보다 용융점이 상당히 낮다. 용융점이 낮은 액세상태의 Ga와 GaAs 혼합물에 GaAs 기판을 넣고 서서히 냉각시키면, 기판 위에 단결정 막이 성장된다. 박막의 성장속도가 빠르고 비용이 싸다는 점은 장점이나, 박막의 두께와 물질의 조성비를 제어하기가 어렵다는 단점이 있다.

기상 에피택시는 기체상태의 가스를 반응로에 주입하여 화학반응에 의해 단결정 막을 성장시키는 방법이다. 예를 들어, 모노실란(SiH₄) 가스를 1,000 ~ 1,100℃로 가열하면 식 (2.4)의 수소 환원반응에 의해 실리콘 기판 위에 단결정 실리콘 막이 성장된다. 또한 사염화규소(SiCl₄) 가스를 수소 분위기에서 1,000 ~ 1,200℃로 가열하면, 식 (2.5)의 열분해반응에 의해 단결정 실리콘 막이 성장된다.

$$SiH_4 \quad \rightarrow \quad Si \ + \ 2H_2 \qquad\qquad (2.4)$$
$$SiCl_4 \ + \ 2H_2 \quad \rightarrow \quad Si \ + \ 4HCl \qquad\qquad (2.5)$$

분자선 에피택시는 고진공상태에서 결정 구성 원소를 가열하여 증기를 발생시키고, 이를 분자선 형태로 기판 표면에 쏘아서 단결정 박막을 형성하는 공정이다. 분자선이란 진공상태에서 일정한 방향으로 직진하는 원자, 분자의 흐름을 말한다. 분자선 에피택시의 경우, 박막의 성장속도는 느리지만, 박막의 특성이 우수하고 두께와 물질의 조성비를 정밀하게 제어할 수 있다는 장점이 있기 때문에 GaAs, GaAlAs 등의 화합물 반도체와 나노소자 제작에 사용된다.

2.2.2 열산화공정

실리콘을 산화시켜 얻어지는 산화실리콘(SiO₂)은 작은 유전율(약 3.9)과 우수한 절연 특성을 갖기 때문에 MOSFET의 게이트 산화막, 커패시터의 유전체, 금속배선층 간의 전기적인 절연, 소자 간 격리, 반도체 소자의 표면 보호, 그리고 확산 및 이온주입공정의 마스크 등 매우 다양한 용도로 사용된다. 실리콘 산화막은 형성이 용이하고, 식각, 확산, 증착 등 일련의 반도체 제조공정에 쉽게 적용할 수 있으며, 후공정에 영향을 받지 않는 안정된 특성을 가지므로 실리콘 기반의 MOS 소자 제작에 핵심적인 역할을 한다.

반도체 제조공정에서 실리콘 산화막은 열산화^{thermal oxidation} 또는 화학적 기상증착^{CVD :} ^{Chemical Vapor Deposition} 방법으로 형성된다. CVD에 의한 산화막은 금속배선층 간의 전기적인 절연과 소자의 표면 보호막으로 사용되며, 이에 대해서는 2.2.6절에서 설명한다. 열산화공정은 실리콘 웨이퍼를 산소에 노출시킨 상태에서 열에너지를 가해 웨이퍼 표면을 산화시키는 공정이며, MOSFET의 게이트 산화막, 커패시터의 유전체, 소자 간 전기적인 격리를 위한 필드 산화막^{field oxide} 등의 형성에 사용된다.

한편, 철(Fe)이 공기 중에 노출되면 산소와 결합하여 산화철(FeO)이 되듯이, 실리콘 웨이퍼를 상온에서 공기 중에 노출시키면 표면에 산화가 일어나 산화막이 형성되는데, 이를 자연 산화막^{native oxide}이라고 한다. 상온에서 실리콘의 산화는 약 $1 \sim 2\,nm$ 정도 두께에서 정지되는데, 이는 산소 원자가 실리콘 기판 속으로 더 이상 확산되지 못하기 때문이다. 반도체 제조공정에서는 원하는 두께의 실리콘 산화막을 형성하기 위해 열에너지로 산화를 촉진시키는 열산화방법이 사용된다.

열산화공정은 습식산화^{wet oxidation}와 건식산화^{dry oxidation}로 구분된다. 습식산화는 수증기를 산화 기체로 사용하며, 식 (2.6)의 반응식에 의해 실리콘 산화막이 형성된다. 건식산화에 비해 낮은 온도인 $800 \sim 1,000\,°C$에서 이루어지며, 건식산화보다 산화막의 전기적 특성(절연 및 절연파괴 특성)이 나쁘다. 산화막 형성속도는 빠르지만(건식산화에 비해 약 10배 정도), 산화막의 두께를 정밀하게 조절할 수 없어 두꺼운 필드 산화막 형성에 사용된다.

$$Si + 2H_2O \rightarrow SiO_2 + 2H_2 \tag{2.6}$$

건식산화는 순수한 산소 기체를 사용하여 식 (2.7)의 반응식에 의해 산화막이 형성되며, 습식산화보다 높은 온도인 $1,200\,°C$에서 진행된다. 산화막 형성속도는 느리지만, 산화막의 두께를 정밀하게 제어할 수 있고, 산화막의 특성이 좋다는 장점이 있어, MOSFET의 게이트 산화막과 커패시터의 유전체 형성에 사용된다.

$$Si + O_2 \rightarrow SiO_2 \tag{2.7}$$

열산화공정의 산화막 성장률은 산화 분위기(습식 또는 건식), 온도, 압력, 기판의 결정 방향성과 불순물 도우핑 농도 등의 요인에 영향을 받는다. 산화과정에서 실리콘 내부로 확산된 산소가 실리콘 원자와 결합하여 산화막이 형성되므로, [그림 2-4]와 같이 형성된 산화막의 전체 두께(T_{ox}) 중 약 45%는 기판 내부에 형성되고, 나머지 55%는 기판 표면 위에 형성된다.

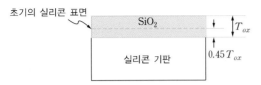

[그림 2-4] 실리콘 기판 표면에 형성된 산화막의 두께

열산화장치의 개략적인 구성은 [그림 2-5]와 같다. 석영튜브quartz tube 내에 다량의 실리콘 웨이퍼를 넣고 가열장치로 온도를 높인 후, 가스를 주입하여 열산화가 일어나도록 한다. 가열로를 가열하여 온도를 높이는 동안에는 일단 질소나 아르곤 가스를 주입하여 초기 산화가 일어나지 않도록 한다. 가열로가 정해진 목표 온도에 도달하면, 건식산화를 위해서는 산소 가스를 주입하고, 습식산화를 위해서는 산소와 수소 가스를 주입하여 H_2O 증기를 발생시킨다.

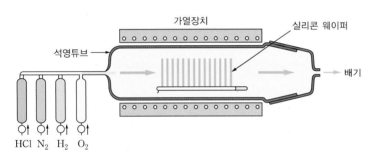

[그림 2-5] 열산화장치의 개략적인 구성

실리콘 웨이퍼 표면에 부분적으로 산화막을 형성하는 공정을 부분산화 공정이라고 하며, 일명 LOCOSLOCal Oxidation of Silicon 공정이라고 한다. [그림 2-6]은 실리콘 기판 표면의 일부 영역에 선택적으로 산화막을 형성하는 과정을 보이고 있다. 리소그래피 공정(2.2.7절 참조)을 통해 [그림 2-6(a)]와 같이 질화실리콘(Si_3N_4) 막의 패턴을 형성하여, 기판 표면을 실리콘 표면이 노출된 영역과 질화실리콘 막이 덮인 영역으로 구분한다. 열산화공정을 통해 [그림 2-6(b)]와 같이 실리콘 표면에 산화막이 형성되며, 질화실리콘 막이 덮인 영역에는 실리콘 산화막이 형성되지 않는다. 산화막 형성이 완료된 후 질화실리콘 막을 제거하면, [그림 2-6(c)]와 같이 부분적인 산화막이 형성된다. 부분산화는 인접한 MOS 트랜지스터들을 전기적으로 격리시키는 필드 산화막 형성에 사용된다.

[그림 2-6(b)]의 열산화과정 중 질화실리콘 막의 가장자리에서 질화실리콘 막 아래의 기판이 부분적으로 산화되는 현상이 발생하는데, 질화실리콘 막의 가장자리에서 멀어질수록 실리콘 산화막의 두께가 얇아져 새 주둥이^bird's beak 모양이 된다. [그림 2-6(c)]에서 보는 바와 같이, LOCOS 공정으로 형성된 필드 산화막 가장자리의 새 주둥이 모양은 인접한 MOS 트랜지스터 사이의 전기적인 격리를 나쁘게 만든다. 이 때문에 LOCOS 공정 대신에 기판을 트렌치^trench 식각한 후, 산화실리콘을 증착하여 필드 산화막을 형성하는 방법^STI : Shallow Trench Isolation이 사용되기도 한다(2.3절 참조).

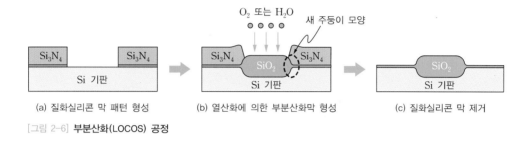

(a) 질화실리콘 막 패턴 형성   (b) 열산화에 의한 부분산화막 형성   (c) 질화실리콘 막 제거

[그림 2-6] **부분산화(LOCOS) 공정**

2.2.3 식각공정

식각^etching은 기판에 덮여있는 산화실리콘, 폴리실리콘, 금속 등의 일부 영역을 선택적으로 제거하는 공정으로, 기판 위에 회로 패턴을 만드는 리소그래피의 핵심 공정이다. 식각 공정은 식각반응을 일으키는 물질의 상태에 따라 습식식각^wet etching과 건식식각^dry etching으로 구분된다. 습식식각은 화학용액을 이용하여 보호막이 덮여있지 않은 부분을 분해하여 제거하는 공정이며, 화학적 식각^chemical etching이라고도 한다. 한 예로 불화수소(HF) 용액을 이용한 습식식각으로 실리콘 산화막을 제거하는 반응식의 예는 식 (2.8)과 같다. 식각이 진행됨에 따라 불소 이온은 소모되고, 용액은 생성된 물에 의해 희석된다.

$$SiO_2 + 4HF \rightarrow SiF_4 + 2H_2O \qquad (2.8)$$

건식식각은 화학용액을 사용하지 않고 플라즈마나 가속된 이온을 이용하여 박막의 재질을 선택적으로 제거하는 공정으로, 플라즈마 식각^plasma etching, 스퍼터 식각^sputter etching, 반응성 이온 식각^RIE : Reactive Ion Etching 등이 있다.

플라즈마 식각은 플라즈마를 이용한 화학반응에 의해 식각이 이루어지는 방법이다. 챔버^chamber에 식각 가스를 주입하고, 고진공상태에서 강한 자기장을 인가하면, 식각 가스가 플라즈마 상태가 되면서 생성된 반응성 이온이 식각될 박막의 원자들과 반응하여 휘발성

화합물로 변하면서 식각이 이루어진다. 불소(F) 가스를 이용한 건식식각으로 실리콘 산화막을 제거하는 반응식의 예는 식 (2.9)와 같다.

$$SiO_2 + F \rightarrow SiF_4 + O_2 + F_2 \tag{2.9}$$

스퍼터 식각은 진공상태에서 이온을 가속하여 식각될 막의 표면에 충돌시켜 막 표면 일부를 제거한다. 반응성 이온 식각은 플라즈마 식각과 스퍼터 식각을 함께 이용하는 방식이다. 챔버에 주입된 가스를 플라즈마 상태로 만들어 반응성 이온을 생성하여 박막의 표면에서 화학반응으로 분해를 일으킴과 동시에 식각 이온을 가속시켜 박막의 표면에 충돌시켜 식각을 일으킨다. [그림 2-7]은 세 가지 건식식각의 동작 원리를 보여주는 모식도이다.

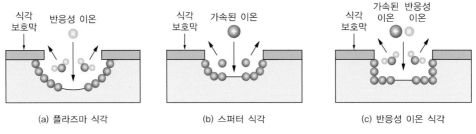

(a) 플라즈마 식각   (b) 스퍼터 식각   (c) 반응성 이온 식각

[그림 2-7] **건식식각의 모식도**

식각이 일어나는 형태에 따라 등방성^isotropic 식각과 이방성^anisotropic 식각으로 구분된다. [그림 2-8(a)]와 같이 수직 방향과 측면 방향의 식각이 비슷한 정도로 일어나는 방식을 등방성 식각이라고 하며, 주로 습식식각에서 나타난다. 등방성 식각의 경우, 측면 방향의 식각에 의해 식각 후의 패턴이 마스크 상의 패턴과 일치하지 않을 수 있기 때문에 미세 패턴의 형성에 적합하지 않다. 반면, [그림 2-8(b)]와 같이 수직 방향으로만 식각이 일어나는 방식을 이방성 식각이라고 하며, 주로 건식식각에서 나타난다. 이방성 식각에서는 측면 방향의 식각이 매우 작게 일어나므로 미세패턴 형성에 적합하다.

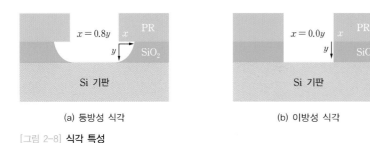

(a) 등방성 식각   (b) 이방성 식각

[그림 2-8] **식각 특성**

식각공정에서는 웨이퍼 전체에서 얼마나 균일한 속도로 식각이 이루어지는가를 나타내는 식각 균일도가 매우 중요하다. 웨이퍼 상의 위치에 따라 식각속도가 다르면, 식각속도가 빠른 부분에서는 과잉식각$^{over-etching}$이 일어나고, 식각속도가 느린 부분에서는 과소식각 $^{under-etching}$이 일어나게 되어 회로가 오동작하거나 특성이 달라질 수 있다. 예를 들어, 소자 간 배선을 위한 금속층을 식각하는 경우, 특정 위치에서 과잉식각이 일어나면 형성된 금속 패턴의 일부분에 끊어짐이 발생할 수 있는 반면, 과소식각이 일어나면 분리되어야할 인접한 두 금속 패턴이 분리되지 않아 회로가 오동작할 수 있다.

[표 2-1]은 건식식각과 습식식각을 비교한 것이다. 습식식각은 식각속도가 빨라 생산성이 높고 박막의 재질별로 선택적 식각이 가능하며, 플라즈마에 의한 포토레지스트$^{PR :}$ $_{PhotoResist}$(감광물질) 패턴의 손상이 적다는 장점이 있다. 그러나 식각의 균일성이 떨어지고, 식각용액을 세척하고 건조하는 추가적인 공정이 필요하며, 미세패턴의 형성이 어렵다는 단점을 갖는다. 한편, 건식식각은 이방성 식각 특성을 가져 미세패턴의 형성에 적합하며, 제거하고자 하는 박막의 재질에 따라 식각이 잘 되거나 잘 되지 않는 선택비가 낮다. 또한 건식식각의 경우, 식각시간의 조절이 용이하고, 식각 보호막으로 사용되는 포토레지스트의 들뜸에 의한 불량이 적으며, 균일한 식각 특성을 갖는 등 많은 장점이 있어 오늘날 미세 반도체 공정에 사용되고 있다.

[표 2-1] 건식식각과 습식식각의 비교

구분	습식식각	건식식각
식각 방법	화학용액에 의한 분해	화학반응 또는 이온충돌
식각 조건	대기압	진공, 플라즈마
식각 특성	등방성	이방성
장점	• 설비비용 및 유지비가 저렴함 • 식각속도가 빨라 작업성이 좋음 • 식각물질별 선택적 식각이 가능함 • 플라즈마에 의한 PR 패턴 손상이 적음	• 미세패턴 구현이 용이함 • 식각의 균일성이 우수함 • 식각 종료시간의 조절이 용이함 • PR의 들뜸 불량이 적음 • 용액의 기포에 의한 식각 불량이 없음
단점	• 미세패턴($<1\mu m$) 구현이 어려움 • 식각이 불균일함 • 공정변수가 많음 • 화학용액 취급에 따른 환경오염	• 설비비용 및 유지비가 비쌈 • 식각속도가 느려 작업성이 떨어짐 • 식각물질에 대한 선택성이 나쁨

2.2.4 이온주입공정

MOS 공정에서 n-well 또는 p-well 영역과 MOSFET의 소오스/드레인 영역을 형성하기 위해서는 3가 또는 5가 불순물^{dopant}을 기판 또는 well 내부로 주입해야 한다. 이와 같은 불순물 도우핑을 위해 이온주입$^{ion \ implantation}$ 또는 열확산$^{thermal \ diffusion}$공정이 사용된다.

이온주입공정은 불순물 원자를 이온상태로 가속시켜 기판 내부로 강제 주입하는 공정으로, MOSFET의 소오스/드레인 형성, 문턱전압 조정을 위한 채널 이온주입, 그리고 소자 간이 전기적인 겨리를 강화하기 위한 필드 V_{th} 이온주입 등에 사용된다. [그림 2-9(a)]는 실리콘 기판의 특정 영역 내부로 불순물을 도우핑하는 이온주입공정의 모식도이다. 리소그래피 공정을 통해 도우핑될 영역을 정의한 후, 진공 챔버에서 불순물 이온을 가속시켜 웨이퍼 표면으로 보내면, 이온주입 보호막(SiO$_2$)이 덮여있지 않은 영역의 실리콘 기판 내부로 가속된 이온이 주입된다.

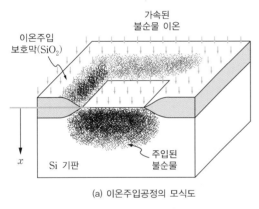

(a) 이온주입공정의 모식도

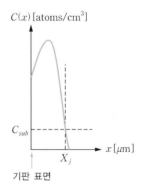

(b) 불순물 농도 분포(로그 스케일)

[그림 2-9] 이온주입에 의한 도우핑영역 형성

가속된 불순물 이온은 기판 내부로 침투해 들어가면서 실리콘 격자와 충돌해 일정 깊이에서 멈추기 때문에, 주입된 불순물 농도는 [그림 2-9(b)]와 같이 경계면 근처에서 급격하게 변하는 이방성^{anisotropic} 분포를 갖는다. 불순물이 기판 내부로 침투해 들어가는 깊이는 이온을 가속시키는 에너지와 불순물 원자의 질량 등의 영향을 받으며, 주입된 불순물의 농도는 이온빔 전류량과 이온주입 시간에 의해 결정된다. 이온 에너지가 동일한 경우에는 불순물의 질량이 가벼울수록 침투 깊이가 깊다.

한편, 붕소(B)와 같이 질량이 가벼운 불순물이 실리콘 격자와 충돌하면서 후방 산란$^{backward \ scattering}$이 발생하고, 비소(As)와 같이 질량이 무거운 불순물의 경우에는 전방 산란$^{forward \ scattering}$ 많이 발생하여 비정규$^{non-Gaussian}$ 분포를 갖는다. [그림 2-10]은 붕소

(B), 인(P), 비소(As), 안티몬(Sb)을 이온 에너지 200 keV로 주입했을 때, 깊이에 따른 불순물 농도 분포를 보이고 있다. 원자량이 10.8 g/mol로 가장 작은 붕소(B)가 가장 깊게 주입되며, 원자량이 121.75 g/mol로 가장 무거운 안티몬(Sb)의 주입 깊이가 가장 얕다. 참고로, 인과 비소의 원자량은 각각 30.97 g/mol, 74.92 g/mol이다.

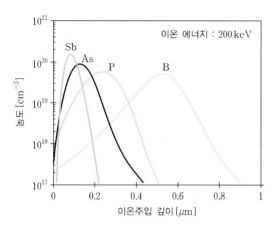

[그림 2-10] 이온주입 깊이에 따른 불순물 농도 분포의 예(이온 에너지 200 keV)[2]

불순물 원자가 기판 내부로 침투해 들어가는 과정에서 실리콘 격자와 충돌하지 않고 격자 사이를 통과하는 경우가 존재하는데, 이를 채널링 효과channeling effect라고 한다. 채널링 효과는 불순물 원자의 질량이 가벼울수록 많이 발생하며, 기판 실리콘의 결정 방향성에 영향을 받는다. 채널링 효과가 많이 나타나면 불순물 원자의 침투 깊이가 깊어져 불순물 농도 분포가 달라진다. 불순물이 주입될 기판의 표면을 얇은 버퍼 산화막buffer oxide으로 덮은 후에 이온주입을 진행하면 채널링 효과를 줄일 수 있다.

이온주입에 의해 격자결함이나 격자손상 덩어리cluster가 발생하면, 캐리어의 이동도가 감소하고 응력에 의한 전위결함dislocation defect이 발생하여 소자의 누설전류가 증가한다. 따라서 이온주입 후에는 열처리annealing를 통해 격자결함 등의 손상을 복원하는 과정을 거친다. 일반적인 열처리는 약 900℃의 온도에서 수십 분 동안 진행되고, 급속 열처리RTP : Rapid Thermal Process는 약 1,100℃의 온도에서 수십 초 동안 이루어진다. 일반적인 열처리 과정에서는 불순물의 확산이 일어나 농도 분포에 일부 변화가 일어나므로, 급속 열처리가 많이 사용된다. [그림 2-11]은 이온주입에 의해 격자손상이 발생한 경우와 열처리에 의해 격자손상이 복원된 상태의 모식도이다.

2 출처 : SILICON VLSI TECHNOLOGY－Fundamentals, Practice and Modeling, (Plummer, Deal & Griffin)

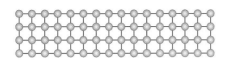
(a) 실리콘 단결정

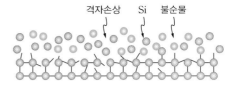
(b) 이온주입에 의해 격자가 손상된 상태

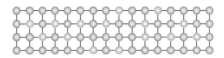
(c) 열처리에 의해 격자손상이 복원된 상태

[그림 2-11] **열처리에 의한 격자손상 복원 모식도**

[표 2-2]는 이온주입공정의 장단점을 비교한 것이다. 이온주입공정은 기판으로 주입되는 불순물 양의 조절이 쉬우며, 수평 방향의 확산이 적어 미세공정에 적합하다. 또한 저온공정이므로 불순물 분포의 변화를 최소화할 수 있으며, 재현성이 우수하다는 장점이 있다. 그러나 가속된 불순물 이온이 기판과 충돌하면서 실리콘 격자에 결함이 유발될 수 있어 후속 열처리공정이 필요하다. 또한 장비가 고가이고 유지 관리가 어려우며, 높은 불순물 농도를 얻기 위해서는 시간이 많이 걸리고, 열확산방법에 비해 생산성이 낮다는 단점도 있다.

[표 2-2] **이온주입공정의 장단점**

장점	단점
• 불순물 주입량을 정밀하게 제어할 수 있음 • 넓은 범위($10^{11} \sim 10^{20}$ cm^{-3})의 불순물 농도를 구현할 수 있음 • 불순물의 수평 확산이 적어 미세공정에 적합함 • 상온에서 공정이 가능한 저온공정임 • 불순물 분포의 정밀도, 재현성이 우수함	• 장비가 복잡하고 매우 고가임 • 고전압, 고전류, 고진공을 유지해야 하므로 유지, 관리비가 비쌈 • 실리콘 격자에 물리적 손상을 유발할 수 있음 • 이온주입 후, 열처리공정이 필요함 • 열확산방법에 비해 생산성이 낮음

2.2.5 열확산공정

열확산$^{thermal\ diffusion}$공정은 물질의 농도가 높은 쪽에서 낮은 쪽으로 입자가 퍼져나가는 현상을 이용하여 기판 내부로 불순물을 주입하는 공정으로, 2.2.4절에서 설명한 이온주입공정과 함께 도우핑 영역을 형성하기 위해 사용된다. 확산공정은 실리콘 기판 내부에 n형 또는 p형 well이나 MOSFET의 소오스/드레인 영역을 형성하기 위해 사용될 수 있으며, 기판이나 폴리실리콘의 저항률을 조정하거나 금속과 실리콘 접촉의 저항값을 낮추기 위해서도 사용된다.

확산공정은 [그림 2-12(a)]와 같은 확산로$^{\text{diffusion furnace}}$에 웨이퍼를 넣고 가열하여 열에너지에 의해 불순물 원자가 기판 내부로 확산되도록 한다. 석영튜브에 웨이퍼를 넣고 고주파 가열장치로 가열한 상태에서 불순물 가스를 불어 넣으면, 기판 표면이 불순물로 덮인다. 이때 기판 표면과 기판 내부의 불순물 농도 차이에 의해 기판 내부로 불순물이 확산된다. [그림 2-12(b)]는 실리콘 기판의 특정 영역을 도우핑하는 열확산공정의 모식도이다. 리소그래피 공정을 통해 도우핑될 영역을 정의한 후 기판 표면을 불순물로 덮으면, 확산 보호막(SiO$_2$)이 덮여있지 않은 영역의 실리콘 기판 내부로 불순물이 확산되어 도우핑 영역이 형성된다.

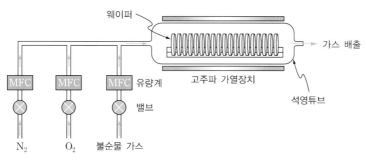

(a) 열확산장치의 개략적인 구성

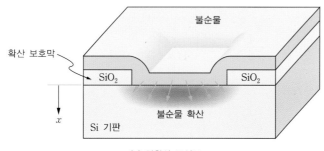

(b) 열확산 모식도

[그림 2-12] **열확산장치의 구성과 열확산 모식도**

열확산은 단일단계$^{\text{single-step}}$ 확산과 2단계$^{\text{two-step}}$ 확산으로 구분된다. 단일단계 확산은 가열된 증착로$^{\text{deposition furnace}}$에 웨이퍼를 넣고 불순물 가스를 불어 넣어, 웨이퍼 표면에 불순물을 덮으면서 확산이 이루어지도록 하는 공정이다. 표면의 불순물 농도가 일정하게 유지되는 상태$^{\text{constant source}}$에서 확산이 이루어지므로, 무한소스 확산이라고도 한다. 무한소스 확산에 의한 불순물 분포는 식 (2.10)과 같이 모델링될 수 있다. D는 불순물의 확산계수를 나타내고 C_{S0}는 웨이퍼 표면의 불순물 농도를 나타내며, $enfc$는 상보형 오차

함수complementory error function를 나타낸다. 표면으로부터 깊이(x)와 시간(t)에 따른 불순물 분포는 [그림 2-13(a)]와 같다. 시간이 지남에 따라 표면의 불순물 농도는 거의 일정하게 유지되며 불순물의 침투 깊이가 깊어진다. 무한소스 확산은 표면의 불순물 농도가 높고 접합의 깊이가 얕은 경우에 사용된다.

$$C(x,t) = C_{S0} \ erfc\left(\frac{x}{2\sqrt{Dt}}\right)$$

(2.10)

2단계 열확산공정은 표면의 불순물 농도가 낮고, 접합의 깊이가 깊은 경우에 사용되며, 선증착predeposition과 드라이브-인drive-in의 2단계 과정으로 진행된다. 선증착은 가열된 증착로에 웨이퍼를 넣고 웨이퍼 표면에 불순물을 덮는 공정이며, 무한소스 확산 특성을 갖는다. 드라이브-인 공정은 선증착이 끝난 후에 웨이퍼를 확산로에 넣고 약 1,300°C로 가열하여 표면에 덮여 있는 불순물을 기판 내부로 확산시키는 공정이다. 표면의 불순물 양이 제한된 상태에서 확산이 이루어지므로 유한소스 확산이라고도 한다.

유한소스 확산의 불순물 분포는 식 (2.11)과 같이 모델링될 수 있으며, 표면으로부터의 깊이(x)와 시간(t)에 따른 불순물 분포 [그림 2-13(b)]와 같다. Q는 선증착된 불순물 원자의 단위면적당 총량을 나타낸다. 불순물의 확산 깊이는 드라이브-인 온도와 시간, 불순물의 확산계수에 영향을 받으며, 확산 시간이 길수록 불순물의 침투 깊이가 깊어지며 표면의 불순물 농도는 낮아진다.

$$C(x,t) = \frac{Q}{\sqrt{\pi Dt}} \exp\left(\frac{-x^2}{4Dt}\right)$$

(2.11)

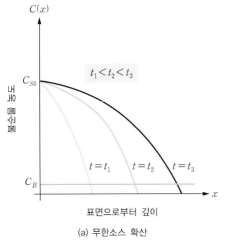

(a) 무한소스 확산

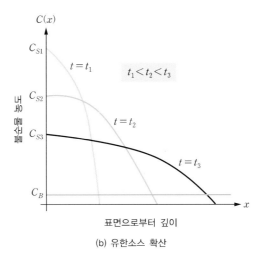

(b) 유한소스 확산

[그림 2-13] **열확산공정의 불순물 농도 분포**

열확산공정에서는 수직 방향뿐만 아니라 측면 방향으로도 확산이 일어나 등방성 불순물 분포를 가지며, 드라이브-인 시간이 길수록 깊이 방향과 함께 측면 방향으로도 확산이 많이 일어난다. 이온주입공정에 비해 측면 확산[lateral diffusion]이 많이 일어나므로 고집적 미세 공정에는 적합하지 않다. [표 2-3]은 확산공정과 이온주입공정의 특징을 비교한 것이다.

[표 2-3] 확산공정과 이온주입공정의 특징 비교

확산	이온주입
• 고온공정 • 등방성 불순물 분포 • 불순물 농도와 접합 깊이의 독립적인 제어 불가능 • batch 처리 • 온도, 시간, 불순물의 확산계수에 의해 불순물 농도 분포가 결정됨	• 저온공정 • 이방성 불순물 분포 • 불순물 농도와 접합 깊이의 독립적인 제어 가능 • 웨이퍼 단위 또는 batch 처리 • 이온 에너지, 이온 전류, 이온주입 시간에 의해 불순물 농도 분포가 결정됨

2.2.6 증착공정

실리콘 기판 위에 금속이나 화합물의 박막을 도포하는 공정을 증착[deposition]공정이라고 하며, 폴리실리콘 막, 배선을 위한 금속막, 금속막 사이의 절연막, 확산/이온주입을 위한 보호막, 소자의 보호막 등을 형성하는 데 사용된다. 증착공정에서는 증착되는 막의 균일도와 하부층과의 접착력이 중요한 요소이다. 예를 들어, 직경이 $200\,mm$(8인치)인 웨이퍼에 $1\,\mu m$ 두께의 박막을 도포하는 일은 직경이 $200\,m$인 운동장에 $1\,mm$의 균일한 두께로 모래를 덮는 것과 동일한 수준의 난이도이며, 반도체 제조공정에서 균일한 박막을 형성하기 위해서는 매우 정밀한 증착공정이 필요하다.

증착공정은 증착되는 물질에 따라 화학적 기상증착[CVD : Chemical Vapor Deposition]과 물리적 기상증착[PVD : Physical Vapor Deposition]으로 구분된다. CVD는 원소 가스의 화학반응으로 형성된 입자가 표면에 쌓이도록 하여 박막을 형성하는 방법이며, 에피[epi] 층, 폴리실리콘, 산화실리콘(SiO_2), 질화실리콘(Si_3N_4) 등의 박막을 증착하기 위해 사용된다. CVD는 낮은 온도에서 이루어지는 저온공정으로, 재료의 조성비 조절이 용이하며, 다양한 두께의 막을 형성시킬 수 있다는 장점이 있으나, 반응변수가 많고 웨이퍼 간 균일성이 떨어진다는 단점이 있다.

CVD는 반응기의 압력에 따라 상압 CVD[APCVD : Atmospheric Pressure CVD], 저압 CVD[LPCVD : Low Pressure CVD] 등으로 구분되며, 화학반응의 에너지원에 따라 열 CVD[thermal CVD]와 플라즈마 보강 CVD[PECVD : plasma Enhanced CVD]로 구분된다. PECVD는 플라즈마를 이용하여 반

응성을 높인 증착방법으로, APCVD에 비해 저온공정이고 계단 도포성$^{step\ coverage}$과 증착률이 좋다는 장점이 있으며, 금속에 대한 접착력이 우수하여 금속배선층 사이의 절연막 $^{IMD\ :\ Inter-Metal\ Dielectric}$ 증착에 사용된다. LPCVD는 계단 도포성과 박막의 균일도가 우수하여 폴리실리콘 막, 질화실리콘(Si_3N_4) 막, BPSG$^{Boron\ Phosphorus\ Silicate\ Glass}$ 등의 형성에 사용된다.

[그림 2-14(a)]는 열 CVD 장치의 개략적인 구성을 보이고 있으며, 열산화장치와 유사한 구성을 갖는다. [그림 2-14(b)]는 CVD에 의한 박막 증착의 모식도로, 반응 가스가 화학반응을 일으키며 기판 표면에 증착되는 모습을 보이고 있다.

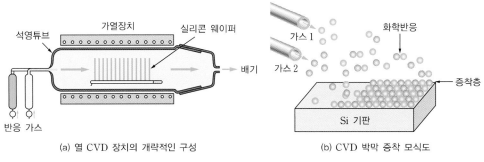

(a) 열 CVD 장치의 개략적인 구성　　　(b) CVD 박막 증착 모식도

[그림 2-14] 열 CVD 장치와 CVD 박막 증착 모식도

MOS 공정에서 폴리실리콘 막은 트랜지스터의 게이트나 커패시터의 전극 형성에 사용되며, 폴리실리콘 막의 증착을 위해서는 LPCVD가 사용된다. 웨이퍼를 증착로에 넣고 약 580 ~650℃로 가열한 상태에서 모노실란(SiH_4) 가스를 주입하여 열분해시키면, 식 (2.12)의 화학반응식에 의해 폴리실리콘 막이 증착된다. 참고로, 모노실란 가스는 반도체와 LCD 공정에서 폴리실리콘 막을 성장시키는 원료로 사용되며, 반도체나 태양전지 웨이퍼의 원재료인 폴리실리콘을 제조하는 공정에서 중간재로도 사용된다.

$$SiH_4 \quad \rightarrow \quad Si\ +\ 2H_2 \qquad\qquad (2.12)$$

MOS 공정에서 선택적 산화^{LOCOS}를 위한 마스크, 유전체, 표면 보호막 등으로 사용되는 질화실리콘(Si_3N_4)은 모노실란과 암모니아(NH_3)를 식 (2.13)과 같이 반응시켜 LPCVD 또는 PECVD 방법으로 증착시킨다.

$$3SiH_4\ +\ 4NH_3 \quad \rightarrow \quad Si_3N_4\ +\ 12H_2 \qquad\qquad (2.13)$$

실리콘 기판 표면에 실리콘 산화막(SiO_2)을 형성하는 경우에는 열산화공정(2.2.2절)이 사용된다. 그러나 실리콘 기판이 아닌 다른 막 위에 산화막을 형성하는 경우에는 LPCVD,

PECVD 등 여러 가지 방법들이 사용되는데, CVD에 의한 산화막은 열산화에 비해 산화막 밀도가 낮다. 고전적인 방법으로 식 (2.14)와 같이 모노실란 가스를 300~450℃에서 LPCVD 방법으로 열분해하는 방법이 있다. 모노실란 가스와 일산화질소(N₂O)를 200~300℃에서 PECVD 방법으로 반응시키면, 식 (2.15)의 반응식에 의해 SiO₂ 막이 증착된다.

$$SiH_4 + O_2 \rightarrow SiO_2 + 2H_2 \tag{2.14}$$

$$SiH_4 + 2N_2O \rightarrow SiO_2 + 2N_2 + 2H_2 \tag{2.15}$$

실리콘 화합물인 TEOS$^{TetraEthyl\ OrthoSilicate}$(Si(C₂H₅O)₄)를 PECVD 또는 LPCVD로 열분해 하여 SiO₂ 막을 증착하는 방법도 많이 사용된다. TEOS는 상온에서 액상인 실리콘 화합물로 실리콘을 중심 원소로 4개의 유기물 분자가 결합되어 있는 구조이다. TEOS를 사용하여 PECVD 방법으로 SiO₂ 막을 증착하는 반응식은 식 (2.16)과 같다. 이 방법은 약 400℃의 저온에서 산화막을 증착할 수 있다는 점이 장점이다. 저온공정은 도우핑 영역의 불순물 분포의 변화를 최소화할 수 있어 미세공정에서 중요한 요소이다.

$$Si(C_2H_5O)_4 + 12O_2 \rightarrow SiO_2 + 10H_2O + 8CO_2 \tag{2.16}$$

SiO₂ 막을 증착하는 과정에서 불순물을 첨가하면, 순수한 SiO₂ 막보다 낮은 온도에서 융해되어 점성이 작아지는 성질이 나타난다. SiO₂에 붕소(B)와 인(P)이 첨가된 절연막을 BPSG라고 하며, 반도체 공정에서 금속배선층 사이의 절연막^{IMD}으로 사용된다. BPSG는 약 850℃ 정도의 낮은 온도에서 점성이 급격히 변하여 낮은 곳에 채워지므로, 요철이 심한 반도체 표면에 증착한 후 리플로우^{reflow} 과정을 거치면 표면을 평탄화할 수 있다. 따라서 BPSG를 평탄화 절연막이라고도 한다. BPSG 절연막은 PECVD 또는 LPCVD로 증착된다. TEOS, TEB$^{TriEthyl\ Borate}$(B(C₂H₅O)₃), TEPO$^{TriEthyl\ Phosphate}$(PO(C₂H₅O)₃)를 300~500℃에서 반응시키면, 식 (2.17)과 같이 붕소와 인이 도우핑된 실리콘 산화막이 증착된다.

$$Si(C_2H_5O)_4 + O_2 + B(C_2H_5O)_3 + PO(C_2H_5O)_3 \rightarrow SiO_2(B,P) + H_2O + CO_2 \tag{2.17}$$

다층 금속배선을 사용하는 반도체 공정에서 표면의 요철은 증착되는 금속막의 계단 도포성을 악화시킨다. 금속배선층 간의 절연막으로 BPSG를 증착하고, 리플로우 과정을 통해 표면을 평탄화^{planarization}시키면, 증착되는 금속막의 계단 도포성이 좋아지고 식각이 용이해진다. [그림 2-15(a)]는 금속배선층 위에 증착된 BPSG 막 표면에 계단 모양의 요철이 형성된 모습과, 리플로우에 의해 BPSG 막의 표면이 평탄화된 모습을 보이고 있다. [그림 2-15(b)]는 16Mbit DRAM의 단면도에서 BPSG에 의해 IMD 층의 표면이 평탄화된 모습을 보이고 있다.

박막을 형성하는 또 다른 방법으로 SOG^Spin-On Glass 또는 SOD^Spin-On Dielectric가 사용된다. SOG는 도포할 박막 재료물질을 용매에 녹여 액체상태로 만들고, 이를 웨이퍼 표면에 부은 후, 웨이퍼를 회전시켜 박막에 도포하는 방법으로, IMD 절연층 형성에 이용된다. 이때 용액의 농도(점도)와 웨이퍼 회전속도로 박막의 두께를 조절한다. SOG 방식은 박막의 평탄화와 작은 구멍을 채우는 갭 필링^gap filling에는 유리하지만, 박막 형성을 위한 베이크^bake공정이 필요하며, 산화막의 전기적 특성(절연 특성 및 절연파괴 특성)이 나쁘다는 단점이 있다.

(a) BPSG 막 증착과 리플로우에 의한 평탄화

(b) 16Mbit DRAM의 단면도

[그림 2-15] **BPSG 막의 리플로우에 의한 평탄화** [3]

물리적 기상증착^PVD은 화학적 반응이 아닌 물리적인 제어를 이용해 박막을 형성하는 방법을 총칭하며, 반도체 공정에서는 금속배선막의 증착에 사용된다. PVD는 진공상태에서 열, 전자빔, 플라즈마 등을 이용하여 고체상태의 물질을 입자상태의 증기로 만들어 기판 표면에 증착시키는 방법으로, 진공 증착^vacuum evaporation, 스퍼터링^sputtering, 분자선 에피택시^MBE : molecular beam epitaxy 등의 방법이 사용된다. 반도체 공정에서 소자 간의 연결을 위해 사용되는 알루미늄의 증착을 살펴보자. 고체 알루미늄을 고진공 챔버에 넣고 가열하면 알루미늄 입자의 증기가 만들어지고, 알루미늄 입자가 웨이퍼 표면에 달라붙어 박막이 형성된다. 이 방식은 고진공상태에서 알루미늄을 기화시켜 증착시키므로 진공 증착이라고 한다.

3 출처 : (b) http://www.tf.uni-kiel.de/matwis/amat/elmat_en/kap_6/backbone/r6_3_2.html

스퍼터링 증착장치의 개략적인 구성은 [그림 2-16]과 같다. 진공상태의 챔버에 불활성 가스(Ar)를 채우고 이온화시켜 플라즈마 상태로 만들면, 아르곤 양이온(Ar⁺)이 가속되어 음으로 대전된 타깃(증착물질)에 충돌한다. 충돌 결과로 증착물질이 입자 형태로 방출되어 웨이퍼 표면에 증착된다. 스퍼터링 증착은 박막의 균일성과 계단 도포성이 좋으며, 금속, 합금, 화합물 등 다양한 재료의 증착이 가능하고, 기판에 대한 스퍼터링 식각을 통해 박막 증착 전에 표면을 깨끗하게 할 수 있다는 장점이 있다. 그러나 Ar 기체의 압력, 전압 등의 증착조건에 민감하고, 증착속도가 느린 단점이 있다.

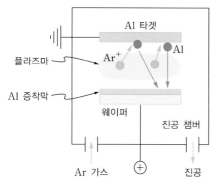

[그림 2-16] **스퍼터링 증착장치의 개략적인 구성**

반도체 공정이 미세화됨에 따라 금속배선층 간의 연결을 위한 컨택 홀$^{contact\ hole}$이 작아져 컨택 홀에 금속을 채워 넣기가 어려워진다. 미세공정에서는 좁은 영역에 금속을 잘 채워 넣기 위해 PVD 대신에 CVD를 이용하는 방법으로 전환되고 있으며, 배선 재료로 알루미늄보다는 텅스텐, 구리 등을 사용한다. [표 2-4]는 반도체 제조공정에서 박막의 재질별 형성 기술을 요약하여 보여주고 있다.

[표 2-4] **반도체 제조공정에서의 박막의 재질별 형성 기술**

재질	열산화	CVD	PVD	스퍼터
절연체	SiO_2	SiO_2, Si_3N_4, BPSG	–	–
반도체	–	epi 실리콘 폴리실리콘	–	–
도체	–	–	Al, Au, Ni, Al/Si, Al/Cu	Al

2.2.7 리소그래피 공정

반도체 IC는 실리콘 웨이퍼에 불순물 이온주입 및 확산공정과 산화막, 폴리실리콘, 금속 등 여러 층의 미세패턴을 형성하는 리소그래피^{lithography} 공정을 통해 제작된다. 리소그래피 공정은 필름 카메라로 사진을 찍어 현상하고 인화하는 과정과 유사하다고 생각할 수 있다. 마스크에 그려져 있는 레이아웃 패턴을 감광물질^{photoresist}과 광원을 이용하여 실리콘 웨이퍼에 옮기고, 식각공정을 통해 미세패턴을 형성하는 리소그래피 공정은 반도체 IC 제조의 핵심 기술이다. 리소그래피 공정은 반도체 IC 제조과정에서 약 20 ~ 30회 정도 반복적으로 이루어지며, 제조공정 시간의 약 60%, 생산원가의 약 20 ~ 30%를 차지하는 매우 중요한 공정이다. 'lithography'라는 단어는 라틴어의 lithos(돌) + graphy(그림, 글자)의 합성어로, 석판화(색판인쇄) 기술을 일컫는 말이었으나, 오늘날에는 반도체 제조공정에서 노광을 이용한 패턴 형성 기술을 의미하는 용어로 사용되고 있다.

[그림 2-17]은 실리콘 표면에 산화막 패턴을 형성하기 위한 리소그래피 공정의 한 예를 보인 것이다. 공정은 다음과 같은 순서로 진행된다.

❶ 웨이퍼 표면에 산화막을 성장시킨 후, HMDS^{HexaMethylDiSilazane}라는 화합물로 표면을 처리한다. HMDS는 산화막, 금속 등의 표면을 친수성에서 소수성으로[4] 변화시켜 포토레지스트^{PR}와의 접착력을 향상시킨다.

❷ HMDS 처리 후, 회전 코팅$^{spin\ coating}$ 방식으로 PR을 웨이퍼 전체에 골고루 코팅하고, 낮은 온도에서 예비 베이킹$^{pre-baking,\ soft\ baking}$을 하여 경화시킴과 동시에 감광제에 남아있는 잔류 용매를 제거한다.

❸ 예비 베이킹 후, 웨이퍼 위에 마스크를 정밀하게 정렬하고 빛을 조사하는 노광^{exposure}을 진행한다.

❹ 노광이 끝나면 PEB$^{Post\ Exposure\ Baking}$를 거친 후, 현상액으로 PR의 불필요한 부분을 제거하면, 마스크의 패턴이 PR 패턴으로 전사된다. 현상^{develope}이 끝나면 정제수$^{deionized\ water}$로 PR을 제거하고 건조시킨다. 남아 있는 PR 막이 후공정(식각 또는 이온주입)에서 손상 없이 잘 견디고 변형이 일어나지 않도록 하드 베이킹$^{hard\ baking}$을 한다.

❺ 식각공정을 통해 PR이 덮여있지 않은 부분의 산화막을 제거한다. 이때 산화막 위에 남아 있는 PR이 산화막 식각의 마스크 역할을 한다.

❻ 남아 있는 PR을 산소 플라즈마 등으로 제거한 후, 표면을 깨끗하게 세정한다. 이와 같은 리소그래피 공정이 산화막, 폴리실리콘 막, 금속배선막 등에 반복적으로 적용되어 웨이퍼 위에 회로가 만들어진다.

---

4 친수성은 물과 잘 섞이는 성질, 소수성은 물과 잘 섞이지 않는 성질이다.

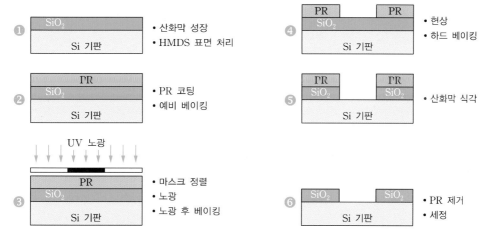

[그림 2-17] 리소그래피 공정을 이용한 실리콘 산화막 패턴 형성

PR은 점착성의 고분자 화합물 감광용액으로, 빛에 노출되면 특성이 변하는 성질을 가져 마스크에 있는 기하학적 패턴을 웨이퍼 표면에 전사하는 역할을 한다. 미세패턴을 형성하기 위해서는 PR이 얇고 균일한 두께로 도포되어야 하며, 빛(자외선)에 대한 감도가 높아야 한다. PR은 빛에 대한 반응 특성에 따라 음성과 양성으로 구분된다. 양성 PR은 [그림 2-18(a)]와 같이 빛에 노출된 부분이 현상액에 용해되고, 빛에 노출되지 않은 부분은 남아 있는 감광물질이다. 반면, 음성 PR은 [그림 2-18(b)]와 같이 반대의 성질을 갖는다. 즉, 동일한 마스크 패턴에 대해 PR의 특성에 따라 패턴이 반대로 형성됨을 알 수 있다.

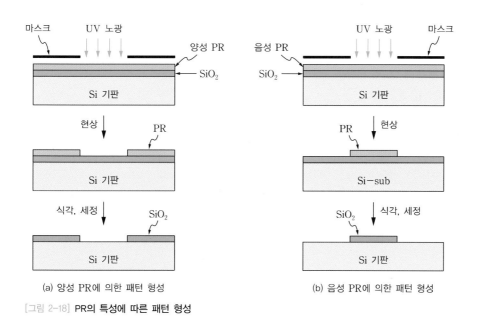

(a) 양성 PR에 의한 패턴 형성

(b) 음성 PR에 의한 패턴 형성

[그림 2-18] PR의 특성에 따른 패턴 형성

리소그래피는 자외선을 사용하는 광photo 리소그래피와, 전자빔E-beam, X-ray, 이온빔ion beam 등을 이용하는 방사radiation 리소그래피로 구분된다. 또한 마스크의 패턴을 웨이퍼로 전사시키는 방식에 따라 마스크 상의 패턴을 동일한 크기로 투영하는 1:1 투영방식과 일정한 비율(M:1)로 축소하여 투영하는 축소 투영방식으로 구분된다.

과거에는 마스크를 PR에 접촉시키는 접촉식과 근접시킨 상태에서 노광시키는 근접식 노광방식이 사용되었는데, 이 장비를 컨택 얼라이너contact aligner라고 한다. 이 방식에서는 마스크와 웨이퍼가 균일하게 밀착되어 일정한 양의 빛이 PR에 고르게 조사되는 것이 중요하나. 접촉식은 해상도는 좋으나, PR이 마스크에 묻어 마스크의 수명이 짧아지는 단점이 있고, 근접식은 마스크의 오염을 줄일 수 있으나 해상도에 한계를 갖는다. 최근에는 이러한 단점을 보완한 방식으로 마스크와 웨이퍼 사이에 광학 시스템(렌즈)을 이용하는 투영projection 노광방식이 사용되고 있는데, 마스크의 수명이 길고 분해능이 높다. 또한 마스크를 사용하지 않고 전자빔을 웨이퍼 위의 PR에 직접 조사하는 전자빔 리소그래피 방식도 있으나, 이 방식은 장비가 비싸고 시간이 많이 소요되어 생산성이 낮다는 단점이 있다.

패턴의 크기가 매우 작은 경우에는 원래의 패턴을 정수배(2X, 4X, 5X, 10X)로 확대하여 리소그래피용 원판을 만드는데, 이를 레티클reticle이라고 한다. 노광 시에는 레티클과 웨이퍼를 적정 거리로 유지한 상태에서 축소 렌즈를 이용하여 레티클 상의 패턴을 축소하여 웨이퍼로 전사한다. 웨이퍼에는 동일한 칩이 반복적으로 만들어지므로, 레티클을 사용하여 웨이퍼를 X, Y 방향으로 한 스텝씩 옮겨가며 노광시킨다. 이와 같은 스텝-반복step-and-repeat 방식의 축소 투영 노광장비를 스테퍼stepper라고 한다. [그림 2-19]는 스테퍼를 이용한 축소 투영 노광방식의 모식도이다.

마스크와 레티클은 노광방식과 장비에 따라 구분되는 용어이지만, 실리콘 웨이퍼로 전사될 패턴이 그려져 있는 유리기판이라는 의미에서는 동일하므로, 이 책에서는 마스크라는 용어로 통일하여 사용한다.

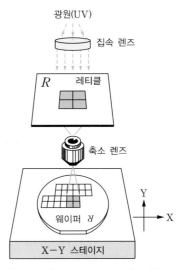

[그림 2-19] **스테퍼를 이용한 축소 투영 노광방식의 모식도**

2.3 CMOS 일괄공정

CMOS 회로는 nMOSFET와 pMOSFET가 쌍을 이루어 구성되므로, n형 또는 p형 실리콘 기판에 CMOS 회로를 만들기 위해서는 기판과 반대 형태의 불순물이 도우핑된 well 영역을 형성해야 하며, 기판 또는 well의 도우핑 형태와 그 안에 만들어지는 MOSFET의 채널 형태는 반대가 된다. CMOS 공정은 well의 형태에 따라 n-well CMOS와 p-well CMOS, twin-well CMOS 공정으로 구분된다. n-well CMOS 공정은 [그림 2-20(a)]와 같이 p형 기판에 n-well을 만들어 사용하는데, p형 기판에는 nMOSFET가 만들어지고, n-well에는 pMOSFET가 만들어진다. 반면, p-well CMOS 공정은 [그림 2-20(b)]와 같이 n형 기판에 p-well을 사용하는데, n형 기판에는 pMOSFET가 만들어지고, p-well 에는 nMOSFET가 만들어진다. twin-well CMOS 공정은 [그림 2-20(c)]와 같이 n-well과 p-well을 모두 사용하는데, n-well에는 pMOSFET가 만들어지고, p-well에는 nMOSFET가 만들어진다. twin-well CMOS 공정은 두 개의 well을 사용하므로 기판의 도우핑 형태와 무관하며, pMOSFET와 nMOSFET의 문턱전압 등 소자의 특성을 독립적으로 최적화할 수 있다는 장점이 있다. MOSFET에 대해서는 3장에서 상세히 설명한다.

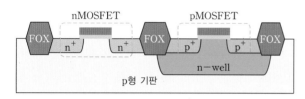

(a) n-well CMOS 공정

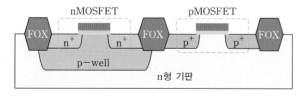

(b) p-well CMOS 공정

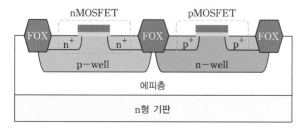

(c) twin-well CMOS 공정

[그림 2-20] well 형태에 따른 CMOS 공정의 분류

반도체 IC는 2.2절에서 설명한 단위공정과 리소그래피 공정을 반복적으로 적용하여 실리콘 기판 위에 여러 층의 복잡한 미세패턴을 형성하는 과정을 통해 만들어진다. 단위공정과 리소그래피 공정을 적절한 순서로 조합하여 반도체 IC를 만드는 제조공정을 일괄공정이라고 하는데, 일괄공정은 제품의 종류(메모리, 디지털, 아날로그 등), 공정기술, 제조회사 등에 따라 다르다. 이 절에서는 2층 금속배선을 갖는 twin-well CMOS 공정을 예로 들어서 반도체 IC가 만들어지는 과정을 개략적으로 소개한다.

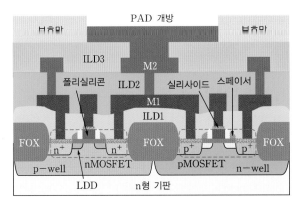

[그림 2-21] **CMOS 소자의 단면도**

[그림 2-21]의 단면도와 같은 CMOS 회로를 만들기 위해 공정 단계별로 사용되는 마스크 순서와 적용되는 단위공정, 그리고 소자가 형성되는 순서는 [그림 2-22]와 같다. 마스크는 레이아웃 데이터로부터 레이어별로 생성된다(레이아웃에 대해서는 2.4절에서 상세히 설명한다). [그림 2-22]의 패턴 형성 순서에 따라 twin-well CMOS 공정을 살펴보자.

① twin-well 형성([그림 2-23])

다음은 twin-well을 형성하는 과정이다.

❶ 실리콘 웨이퍼의 표면을 깨끗하게 세정한 후, 버퍼 산화막을 수백 Å 두께로 성장시킨다. 버퍼 산화막은 well 형성을 위한 이온주입 과정에서 실리콘 표면의 손상을 방지하기 위한 버퍼층buffer layer 역할을 한다.

❷ PWELL 마스크와 포토공정을 적용하여 p-well이 만들어질 영역을 정의한다. 버퍼 산화막 위에 포토레지스트PR 코팅 → p-well 마스크 정렬 → 노광을 통해 마스크 상의 패턴을 PR에 전사 → 현상을 통해 PR 패턴을 형성한다.

마스크 순서	패턴 형성 순서	단위공정

마스크 순서

[1] PWELL, NWELL

[2] ACTIVE
[3] FIELD IMP

[4] PCH IMP, NCH IMP

[5] POLY
[6] LDDP IMP, LDDN IMP
[7] P+ IMP, N+ IMP

[8] CONT
[9] MET1
[10] VIA
[11] MET2

[12] PAD

패턴 형성 순서

1 twin-well 형성

2 트렌치 및 FOX 형성

3 채널 이온주입

4 MOSFET 형성

5 금속배선층 형성

6 PAD 개방 및 보호막 형성

단위공정

산화, 포토, 이온주입, 확산

산화, 증착, 포토, 식각, 이온주입

포토, 이온주입, 확산

산화, 증착, 포토, 식각, 이온주입, 확산

증착, 포토, 식각

증착, 포토, 식각

[그림 2-22] twin-well CMOS 공정의 마스크 순서 예

❸ p-well을 형성하기 위해 3가 불순물(B)을 이온주입한다. 이때 버퍼 산화막 위에 남아있는 PR은 불순물이 기판 안으로 주입되지 못하도록 막는 마스크 역할을 하기 때문에, PR의 두께가 충분히 두꺼워야 한다. 이온주입 후, 남아있는 PR을 제거한다.

❹ NWELL 마스크와 포토공정을 사용하여 n-well이 만들어질 영역의 PR 패턴을 형성한다.

❺ n-well을 형성하기 위해 5가 불순물(P)을 이온주입한다.

❻ 남아있는 PR을 제거하고 열처리과정을 거친 후, 산소 분위기에서 드라이브-인drive-in을 진행하면, 기판 안으로 주입된 불순물이 확산되어 p-well과 n-well이 형성된다. 드라이브-인 과정에서 n-well과 p-well의 접합 깊이, 도우핑 농도 분포 등을 조절한다. 마지막으로 웨이퍼 표면에 남아 있는 산화막을 모두 제거하고 세정한다.

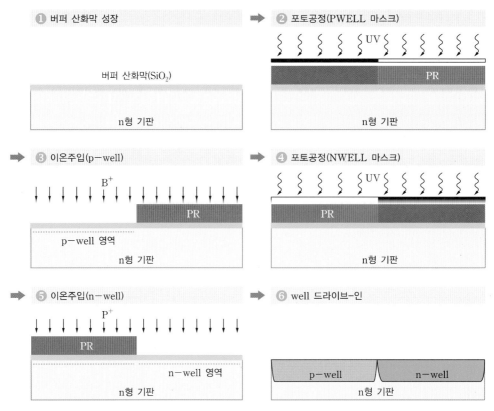

[그림 2-23] twin-well 형성

2 소자 격리용 트렌치 및 FOX 형성([그림 2-24])

다음은 MOS 소자 간의 전기적인 격리를 강화하기 위한 트렌치trench와 필드 산화막FOX을 형성하는 과정이다.

❶ 건식산화를 통해 버퍼 산화막을 수백 Å 정도로 성장시킨다. 이 산화막은 질화실리콘(Si_3N_4) 막과의 스트레스를 완화하기 위한 목적으로 사용된다. 버퍼 산화막 위에 질화실리콘(Si_3N_4) 막을 LPCVD 방법으로 증착시킨다. 질화실리콘 막은 트렌치 식각공정에서 보호 마스크 역할을 한다.

❷ 질화실리콘 막 위에 PR을 도포한 후, ACTIVE 마스크와 포토공정을 적용하여 트랜지스터가 만들어질 액티브 영역의 PR 패턴을 형성한다.

❸ 플라즈마 식각으로 질화실리콘 막과 버퍼 산화막을 식각한 후, MOS 트랜지스터의 전기적인 격리를 위해 실리콘 기판에 도랑 형태의 트렌치 식각을 한다.

❹ PR을 제거하고 표면을 세정한 후, 얇은 버퍼 산화막을 형성한다. FIELD IMP 마스크와 포토공정을 적용하여 p-well의 필드 산화막 영역에 이온주입을 위한 PR 패턴을 형성한다.

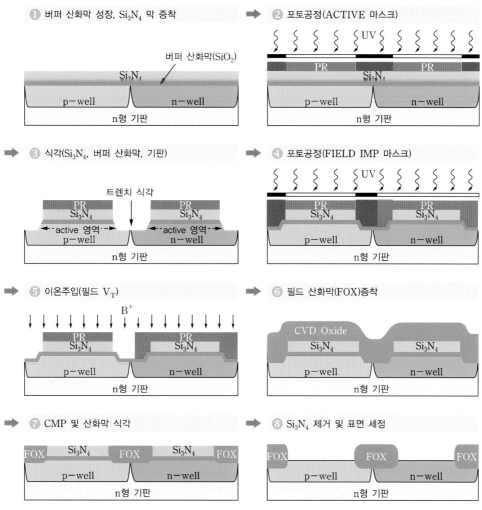

❶ 버퍼 산화막 성장, Si₃N₄ 막 증착

버퍼 산화막(SiO₂)
Si₃N₄
p−well   n−well
n형 기판

❷ 포토공정(ACTIVE 마스크)

UV
PR   Si₃N₄   PR
p−well   n−well
n형 기판

❸ 식각(Si₃N₄, 버퍼 산화막, 기판)

트렌치 식각
PR Si₃N₄   PR Si₃N₄
active 영역   active 영역
p−well   n−well
n형 기판

❹ 포토공정(FIELD IMP 마스크)

UV
PR Si₃N₄   PR Si₃N₄
p−well   n−well
n형 기판

❺ 이온주입(필드 Vₜ)

B⁺
PR Si₃N₄   PR Si₃N₄
p−well   n−well
n형 기판

❻ 필드 산화막(FOX)증착

CVD Oxide
Si₃N₄   Si₃N₄
p−well   n−well
n형 기판

❼ CMP 및 산화막 식각

FOX Si₃N₄ FOX Si₃N₄ FOX
p−well   n−well
n형 기판

❽ Si₃N₄ 제거 및 표면 세정

FOX   FOX   FOX
p−well   n−well
n형 기판

[그림 2-24] **소자 격리용 트렌치 및 FOX 형성**

❺ p−well의 필드 산화막 영역에 3가 불순물(B)을 이온주입한다. p−well 영역에 주입되는 3가 불순물은 필드 영역의 문턱전압을 증가시켜 소자 간의 전기적인 격리를 강화한다. 이온주입 후, 포토레지스트를 제거한다.

❻ LPCVD 방법으로 실리콘 산화막을 수천 Å 정도 증착시킨다.

❼ 화학적 기계연마$^{CMP : Chemical \; Mechanical \; Polishing}$를 통해 표면을 평탄화한 후, HF 용액을 이용하여 산화막을 식각한다. 이와 같은 과정에 의해 트렌치 식각된 영역에는 두꺼운 산화막이 형성되며, 질화실리콘 막이 덮여있는 부분에는 산화막이 형성되지 않는다. 필드 영역(트랜지스터가 만들어지지 않는 영역)에 형성된 두꺼운 산화막을 필드 산화막이라고 하며, 이는 액티브 영역(트랜지스터가 만들어지는 영역) 간의 전기적인 격리 역할을 한다. 이와 같이 기판을 트렌치 식각한 후, 필드 산화막을 증착

하여 소자 간 격리를 만드는 방법을 STI $^{\text{Shallow Trench Isolation}}$ 공정이라고 한다. LOCOS 공정과 비교하여 STI 공정은 새 주둥이$^{\text{bird's beak}}$ 현상이 발생하지 않는 장점이 있다.

➑ 질화실리콘 막과 버퍼 산화막을 제거하고, 표면을 세정한다.

3 채널 이온주입([그림 2-25])

다음은 MOSFET의 문턱전압 조정을 위한 이온주입공정이다.

➊ 버퍼 산화막을 수백 Å 정도로 성장시킨다. 버퍼 산화막은 채널 이온주입 과정에서 실리콘 표면의 긁힘을 방지하는 역할을 한다. PCH IMP 마스크와 포토공정을 사용하여 PR 패턴을 형성한다.

➋ 불순물 이온주입을 통해 pMOSFET의 문턱전압을 원하는 수준으로 조절한다. 이온 주입 후, PR을 제거하고 표면을 세정한다.

➌ PR을 도포한 후, NCH IMP 마스크와 포토공정을 적용하여 PR 패턴을 형성한다.

➍ 불순물 이온주입을 통해 nMOSFET의 문턱전압을 원하는 수준으로 조절한다.

➎ PR을 제거하고 열처리과정을 거친 후, 버퍼 산화막을 식각하고 표면을 세정한다.

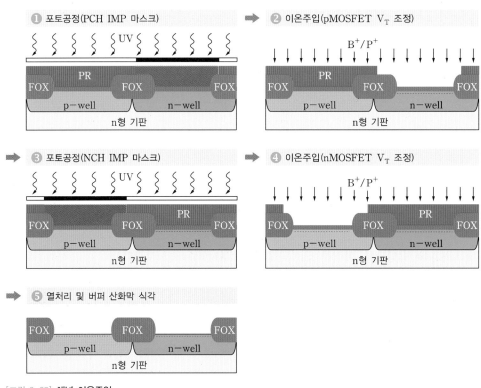

[그림 2-25] 채널 이온주입

4 MOSFET 형성([그림 2-26])

다음은 MOSFET를 형성하는 과정이다.

❶ 웨이퍼 표면을 깨끗하게 세정한 후, 건식산화를 통해 MOSFET의 게이트 산화막을 성장시킨다. 게이트 산화막은 트랜지스터의 문턱전압에 영향을 미치는 요소이므로, 정확한 두께로 성장시키는 것이 중요하다. 또한 절연 내압 특성은 트랜지스터의 신뢰성에 영향을 미친다.

❷ MOSFET의 게이트 전극으로 사용될 폴리실리콘을 LPCVD로 증착시킨다.

❸ PR을 도포한 후, POLY 마스크와 포토공정을 이용하여 PR 패턴을 형성한다.

❹ 건식식각으로 불필요한 폴리실리콘 영역을 제거하여 MOSFET의 게이트 전극으로

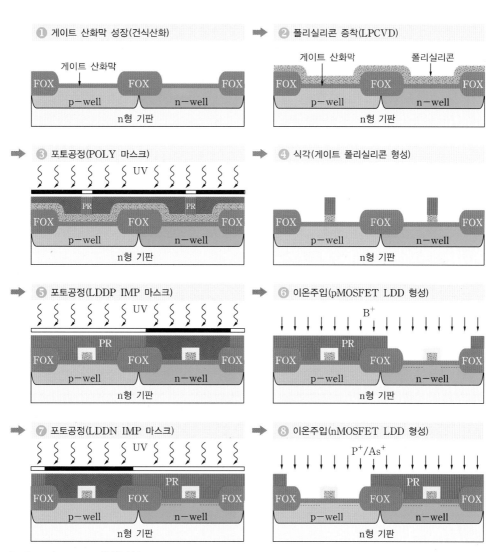

[그림 2-26] **MOSFET 형성**(계속)

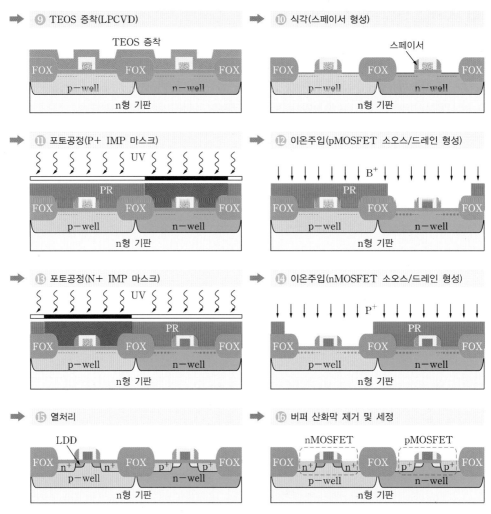

[그림 2-26] **MOSFET 형성**

사용되는 폴리실리콘 패턴을 형성한다. PR을 제거하고 표면을 세정한다.

⑤ LDD ^{Lightly Doped Drain} 이온주입에 의한 손상을 방지하기 위해 폴리실리콘을 산소 분위기에서 산화시켜 수백 Å 정도의 버퍼 산화막을 성장시킨다. PR을 도포한 후, LDDP IMP 마스크와 포토공정을 적용히여 pMOSFET의 LDD를 위한 패턴을 형성한다.

⑥ pMOSFET의 LDD 형성을 위한 3가 불순물을 이온주입하고, PR을 제거한다. LDD는 채널에 인접한 드레인 영역의 도우핑 농도를 낮게 만든 구조이다. LDD는 드레인 부근에서 전계의 세기를 감소시켜 펀치스루^{punch through}나 핫 캐리어^{hot carrier}에 의한 특성 감소를 방지하는 MOSFET 구조로 채널길이가 짧은 미세공정에서 대부분 사용된다.

❼ LDDN IMP 마스크와 포토공정을 적용하여 nMOSFET의 LDD 형성을 위한 패턴을 형성한다.

❽ nMOSFET의 LDD 형성을 위한 5가 불순물을 이온주입하고, PR을 제거한다.

❾ LPCVD 방법으로 사이드 월 스페이서$^{side\ wall\ spacer}$용 TEOS를 증착한다. TEOS^{tetraEthyl} ^{OrthoSilicate}(Si(C$_2$H$_5$O)$_4$)는 산화막 증착을 위한 실리콘 소오스로 사용되는 물질이다 (2.2.6절 참조).

❿ LDD 영역과 소오스/드레인의 n+, p+ 영역을 구분하기 위해 TEOS 막을 건식식각으로 식각하면, 폴리실리콘 두께 차이에 의해 게이트 측면에 스페이서^{spacer}가 그림과 같이 형성된다. 스페이서의 두께 및 형태는 MOSFET의 특성에 직접 영향을 미치는 요소이다.

⓫ MOSFET의 소오스/드레인을 형성한다. 소오스/드레인 이온주입 시, 손상 방지와 LDD 이온주입의 활성화를 위해 버퍼 산화막을 성장시킨다. PR을 도포한 후, P+ IMP 마스크와 포토공정을 적용하여 PR 패턴을 형성한다.

⓬ 3가 불순물을 이온주입하여 pMOSFET의 소오스/드레인을 형성한 후, PR을 제거한다.

⓭ PR을 도포한 후, N+ IMP 마스크와 포토공정을 적용하여 PR 패턴을 형성한다.

⓮ 5가 불순물을 이온주입하여 nMOSFET의 소오스/드레인을 형성한 후, PR을 제거한다.

⓯ 질소 분위기에서의 열처리(가열-냉각)를 통해 소오스/드레인 영역에 주입된 불순물을 활성화시킨다.

⓰ 버퍼 산화막을 제거하고 표면을 세정한다.

지금까지의 과정을 통해 MOSFET의 게이트, 소오스, 드레인 구조의 형성이 완료되었다.

5 금속배선층 형성([그림 2-27])

소자 간 연결을 위한 금속배선을 형성하기에 앞서, 폴리실리콘과 소오스/드레인의 접촉저항을 줄이기 위한 금속 실리사이드^{silicide}를 자기정렬$^{self-aligned}$ 공정으로 형성한다. 실리콘 표면에 금속을 덮은 후 열처리를 하면 금속과 실리콘이 결합된 규화물이 얻어지는데, 이를 총칭하여 실리사이드라고 한다.

실리사이드를 형성하는 예로 [그림 2-26]의 ⓬, ⓮번 공정을 살펴보자. 이 공정에서 게이트 폴리실리콘과 소오스/드레인은 동시에 이온주입이 이루어진다. pMOSFET의 게이트 폴리실리콘은 p+로 도우핑되고, nMOSFET의 게이트 폴리실리콘은 n+로 도우핑되므로, p+ 폴리실리콘과 n+ 폴리실리콘의 경계가 존재한다. p+ 폴리실리콘과 n+ 폴리실리콘을 전기적으로 연결시키기 위해 폴리실리콘 위에 금속 실리사이드를 형성한다. 한편, 실리사이드는 소오스/드레인과 금속의 접촉저항을 낮추기 위해서도 사용된다. 실리사이드는 별도의 마스크와 포토공정을 사용하지 않고 MOSFET의 게이트 폴리실리콘 주변에 형성되어 있는 사이드 월 스페이서를 이용해 형성할 수 있다. 이를 자기정렬 실리사이드$^{\text{salicide :}}$ $^{\text{self-aligned silicide}}$라고 한다.

금속배선층을 형성하는 과정은 다음과 같다.

❶ 스퍼터를 이용하여 금속(예를 들면 티타늄(Ti))을 웨이퍼에 증착한 후, 질소 분위기의 진공 챔버에서 가열하면, 게이트 폴리실리콘과 소오스/드레인 영역의 실리콘이 티타늄과 결합하여 티타늄실리사이드(TiSi)가 형성된다. 반면에, 산화물과는 반응하지 않아 산화물 위에는 실리사이드가 형성되지 않는다.

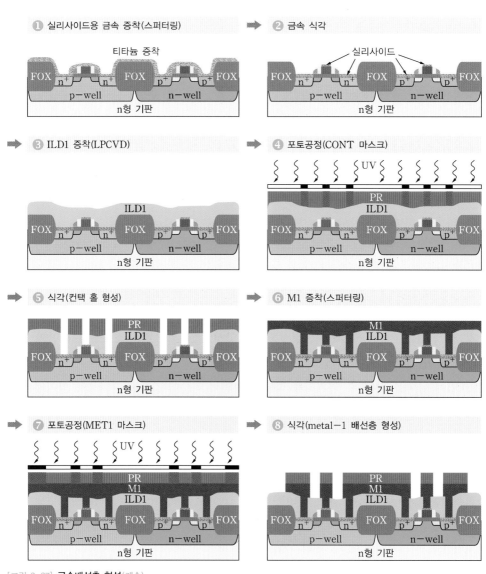

[그림 2-27] **금속배선층 형성**(계속)

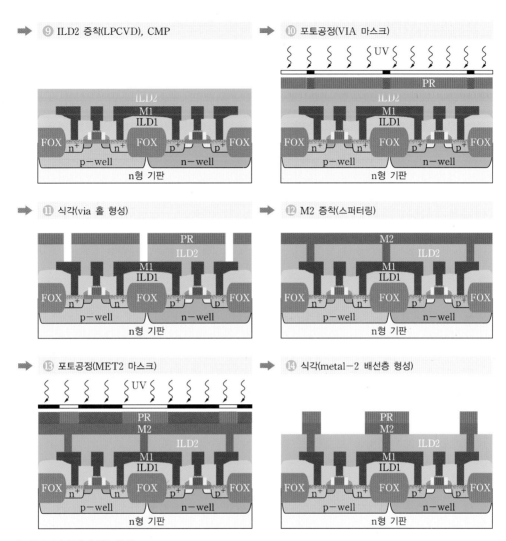

[그림 2-27] **금속배선층 형성**

❷ 황산 용액을 이용하여 식각하면, 산화물 위의 금속은 제거되고 실리사이드만 남는다. 고온 열처리과정을 거치면 TiSi가 $TiSi_2$로 변환되어 저항이 더욱 작은 실리사이드가 된다.

❸ LPCVD 방법으로 BPSG^{Boron Phosphorus Silicate Glass}를 증착하여 층간 절연막^{ILD : Inter-Layer Dielectric}을 형성한다. BPSG는 SiO_2에 붕소(B)와 인(P)이 첨가된 절연체로, 순수한 SiO_2보다 낮은 온도에서 융해되어 점성이 작아지는 성질을 가지기 때문에 증착된 절연막의 표면이 평탄화된다(2.2.6절 참조).

❹ PR을 도포한 후, CONT 마스크와 포토공정을 적용하여 컨택 홀의 PR 패턴을 형성한다.

❺ BPSG를 식각해서 금속이 들어갈 컨택 홀을 형성한 후, PR을 제거하고 표면을 세정한다.

❻ 스퍼터링 방법으로 metal-1 금속(Al)층을 증착한다.

❼ PR을 도포하고, MET1 마스크와 포토공정을 적용하여 metal-1 배선을 위한 PR 패턴을 형성한다.

❽ 식각을 통해 metal-1 배선층의 패턴을 형성한 후, PR을 제거하고 표면을 세정한다.

❾ 금속배선층 간 절연을 위해 BPSG를 LPCVD로 증착한 후, TEOS를 PECVD 방법으로 증착한다. metal-2 층의 계단 도포성을 향상시키기 위해 CMP로 표면을 평탄화한다. 이는 제조공정이 진행됨에 따라 표면에 요철이 심하게 형성되어 후속 증착 공정에 문제가 발생할 수 있으므로, 수십 nm 크기의 입자가 포함된 연마제를 이용하여 증착된 박막의 표면을 평탄하게 만드는 공정이다.

❿ PR을 도포한 후, VIA 마스크와 포토공정을 적용하여 via 홀의 PR 패턴을 형성한다.

⓫ 식각을 통해 via 홀을 형성시킨다. via 홀은 metal-1층과 metal-2층을 전기적으로 연결하는 역할을 한다.

⓬ 스퍼터링 방법으로 metal-2 금속(Al)층을 증착한다.

⓭ PR을 도포하고, MET2 마스크와 포토공정을 적용하여 metal-2 배선을 위한 PR 패턴을 형성한다.

⓮ 식각을 통해 metal-2 배선층의 패턴을 형성한 후, PR을 제거하고 표면을 세정한다.

6 PAD 개방 및 보호막 형성([그림 2-28])

마지막으로 PAD 개방과 보호막을 형성하는 과정이다.

❶ 층간 절연막 ILD3와 웨이퍼 표면을 보호하기 위한 보호막 절연체를 증착시킨다.

❷ PAD 마스크와 포토공정을 적용하여 PAD 개방을 형성한다. PAD는 IC가 패키징될 때 와이어 본딩을 위해 사용되는 구멍이다.

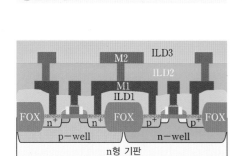
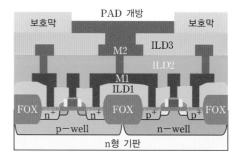

[그림 2-28] PAD 개방 및 보호막 형성

2.4 레이아웃 설계

실리콘 웨이퍼에 반도체 회로를 만드는 CMOS 일괄공정은 리소그래피, 이온주입, 확산, 증착 등의 반복적인 적용으로 이루어진다. 반도체 제조과정의 핵심인 리소그래피는 포토공정과 식각을 이용해 마스크에 있는 패턴을 웨이퍼로 옮기는 공정으로, 2.3절에서 설명한 twin-well CMOS 공정의 예에서는 총 16장의 마스크가 사용되었다. 마스크는 반도체 설계도면인 레이아웃^{layout}으로부터 만들어지며, 마스크에는 웨이퍼에 형성될 미세 구조물의 기하학적 패턴이 그려져 있다. 예를 들어, NWELL 마스크에는 n-well 영역의 패턴이 그려져 있고, ACTIVE 마스크에는 트랜지스터가 만들어지는 영역의 패턴이 그려져 있다. 각각의 마스크는 레이아웃의 해당 레이어^{layer}로부터 생성된다. 이 절에서는 레이아웃과 CMOS 제조공정 간의 관계와 레이아웃 설계 규칙에 대해 설명한다.

2.4.1 레이아웃

반도체 레이아웃은 기하학적 패턴(정사각형, 직사각형, 원 등)들과 여러 개의 레이어로 구성되는 배치 설계도로, 레이아웃의 기하학적 패턴은 마스크로 제작되어 리소그래피 공정에 사용된다. 특정 회로를 반도체 IC로 제작하기 위해서는 해당 회로를 레이아웃으로 변환하는 과정이 필요하며, 이를 레이아웃 설계^{layout design}라고 한다. 레이아웃 설계는 반도체 제조공정의 특성과 조건을 반영해야 하며, 올바른 레이아웃 설계를 위해서는 회로도 ↔ 레이아웃 도면 ↔ 웨이퍼에 형성되는 미세패턴의 관계를 잘 이해해야 한다.

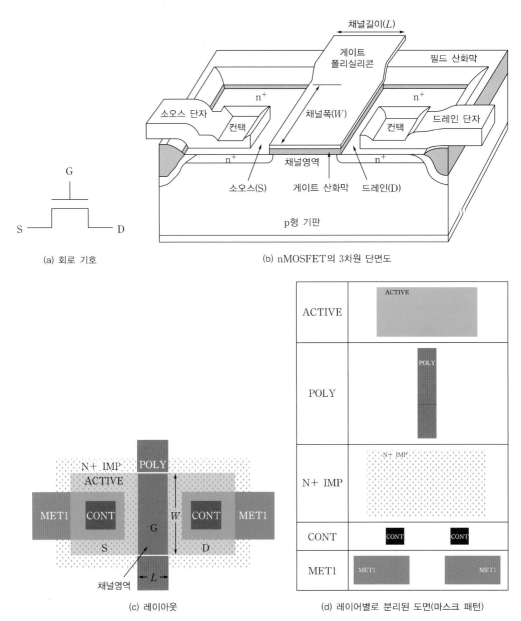

[그림 2-29] **nMOSFET의 단면도와 레이아웃 및 마스크 패턴**

먼저, 기본적인 소자인 nMOSFET의 레이아웃을 예로 들어 레이어별 마스크 패턴과 소자 형성 과정의 관계를 알아보자. [그림 2-29(a)]는 nMOSFET의 회로 기호이며, p형 실리콘 기판을 이용하여 제작된 단면도는 [그림 2-29(b)]와 같다. 게이트 산화막 위의 폴리실리콘이 게이트 단자를 형성하며, 그 양쪽에 n+로 도우핑된 소오스와 드레인이 형성되어 있다. 소오스와 드레인 사이의 간격이 트랜지스터의 채널길이 L이고, 게이트 폴리실리콘의 폭이 트랜지스터의 채널폭 W이다. 소오스와 드레인 사이에 폴리실리콘이 덮여 있는 부분이 채널영역이다.

[그림 2-29(b)]의 nMOSFET를 제작하기 위한 레이아웃은 [그림 2-29(c)]와 같다. 트랜지스터가 만들어지는 영역을 표시하는 ACTIVE, 게이트 단자를 형성하기 위한 POLY,

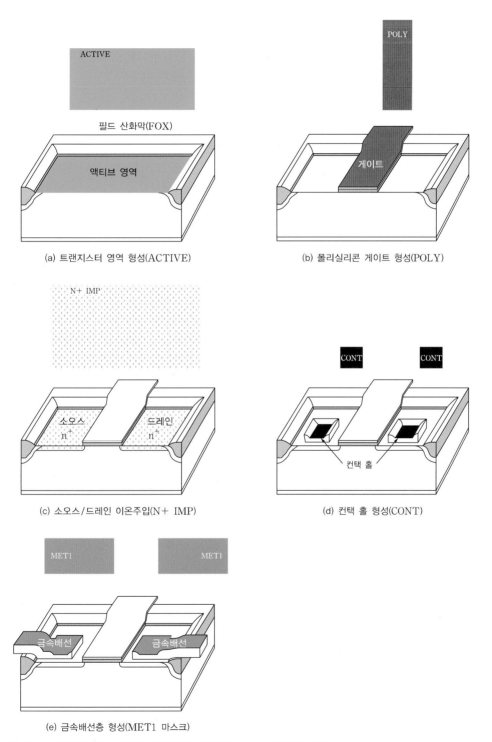

(a) 트랜지스터 영역 형성(ACTIVE)

(b) 폴리실리콘 게이트 형성(POLY)

(c) 소오스/드레인 이온주입(N+ IMP)

(d) 컨택 홀 형성(CONT)

(e) 금속배선층 형성(MET1 마스크)

[그림 2-30] 레이아웃의 레이어별 패턴(마스크)으로부터 소자가 형성되는 과정

그리고 소오스/드레인 형성을 위한 5가 불순물의 이온주입 영역을 나타내는 N+ IMP, 컨택 홀을 형성하기 위한 CONT, 그리고 금속배선을 형성하기 위한 MET1 등 5개의 레이어로 구성된다. ACTIVE와 POLY가 교차하는 부분에 트랜지스터가 형성되며, 두 레이어의 중첩 부분이 채널영역이 된다. POLY의 폭이 트랜지스터의 채널길이 L이며, ACTIVE의 높이가 트랜지스터의 채널폭 W이다. 레이아웃으로부터 각 레이어의 패턴을 분리하여 나타내면 [그림 2-29(d)]와 같으며, 레이어별로 마스크가 제작된다.

[그림 2-30]은 레이아웃의 레이어별 패턴(마스크)으로부터 소자가 형성되는 과정을 보여주고 있다. [그림 2-30(a)]는 ACTIVE 마스크에 의해 트랜지스터 영역이 형성된 상태이며, 액티브 영역 둘레에는 소자 간 격리를 위해 두꺼운 필드 산화막이 형성된다. [그림 2-30(b)]는 POLY 마스크에 의해 MOSFET의 폴리실리콘 게이트가 형성된 상태이며, 폴리실리콘 게이트 좌우의 액티브 영역은 트랜지스터의 소오스와 드레인이 만들어지는 곳이다. 이와 같이 폴리실리콘 게이트를 형성하면서 자동적으로 트랜지스터의 소오스/드레인 영역이 확정되므로, 이 공정을 자기정렬$^{self-aligned}$ 공정이라고 한다. [그림 2-30(c)]는 N+ IMP 마스크에 의해 5가 불순물이 이온주입되어 소오스와 드레인이 형성된 상태를 보이고 있다. ACTIVE, POLY, N+ IMP의 3개 마스크에 의해 MOSFET의 기본적인 구조가 형성되었다. [그림 2-30(d)]는 CONT에 의해 컨택 홀$^{contact\ hole}$이 형성된 상태이다. 컨택 홀은 소오스/드레인에 금속을 연결하기 위한 구멍이다. [그림 2-30(e)]는 MET1 마스크에 의해 금속배선층이 형성된 상태이다.

[그림 2-29]와 [그림 2-30]에서 볼 수 있듯이, 레이아웃의 레이어별 패턴은 마스크로 제작되고, 리소그래피 공정을 통해 실리콘 기판으로 전사되어 소자가 형성된다. 레이아웃은 마스크를 만들기 위한 설계도면이며, 회로 설계 결과를 반도체 제조공정으로 옮기는 매개 역할을 한다. CMOS 인버터 회로를 예로 들어서 레이아웃에 대해 상세히 알아보자.

CMOS 인버터 회로는 [그림 2-31(a)]와 같이 pMOSFET와 nMOSFET로 구성된다. pMOSFET의 소오스(❶)는 전원(V_{DD})에 연결되고, nMOSFET의 소오스(❷)는 접지(GND)로 연결된다. 입력은 두 트랜지스터의 게이트(❸, ❹)로 인가되며, 출력은 두 트랜지스터의 드레인(❺, ❻) 접점에서 얻어진다. 인버터 회로의 올바른 동작을 위해서는 pMOSFET의 기판(n-well, ❼)이 전원 V_{DD}로 연결되어야 하는데, 이를 n-well 컨택이라고 한다. 마찬가지로, nMOSFET의 기판(p-well, ❽)은 접지로 연결되어야 하며, 이를 p-well 컨택이라고 한다(4장 참조).

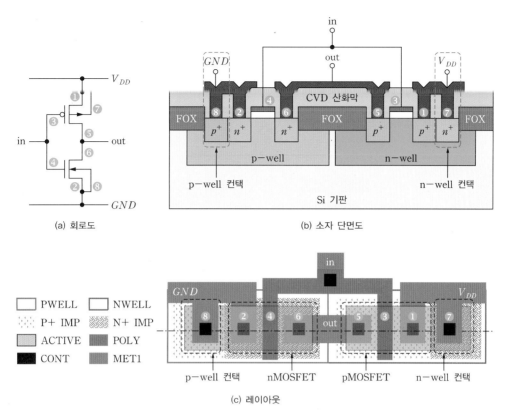

CMOS 인버터의 소자 단면도와 레이아웃

CMOS 인버터의 단면도는 [그림 2-31(b)]와 같으며, twin-well CMOS 공정으로 설계한 CMOS 인버터의 레이아웃은 [그림 2-31(c)]와 같다. 소자 단면도는 레이아웃의 점선대로 자른 단면을 보인 것이다. 레이아웃에 표시되었듯이, n-well 내부의 ACTIVE와 POLY가 교차되는 부분에는 pMOSFET가 만들어지며, p-well 내부의 ACTIVE와 POLY가 교차되는 부분에는 nMOSFET가 만들어진다. n-well 컨택을 위해 n-well 내에 n+ 도우핑 영역을 형성해야 하며, p-well 내에는 p-well 컨택을 위해 p+ 도우핑 영역을 형성해야 한다. 두 트랜지스터의 게이트는 폴리실리콘으로 직접 연결되어 있으며, CONT를 통해 MET1과 POLY가 연결되어 입력 in이 인가된다. 두 트랜지스터의 드레인은 CONT를 통해 MET1과 연결되어 출력 out이 얻어진다. 회로도-레이아웃-소자 난면도에 표시된 번호 사이의 상호 관계를 통해 레이아웃 도면을 잘 이해하기 바란다.

레이아웃으로부터 마스크가 제작되고, 마스크를 사용하여 반도체 IC가 만들어지므로, 레이아웃 면적이 크면 칩의 크기도 커져서 경제성이 떨어진다. 레이아웃 설계 시에는 면적을 최소화하면서, 동시에 소오스/드레인 접합 정전용량과 배선에 의한 정전용량도 최소화되도록 여러 가지를 고려해야 한다. 예를 들어, MOSFET의 채널폭이 큰 경우에 [그림

2-32]와 같이 여러 가지 형태로 레이아웃을 설계할 수 있다. [그림 2-32(a)]의 직선형 구조는 주변의 다른 트랜지스터들과 조화를 이루지 못해 낭비되는 면적이 생길 수 있으며, [그림 2-32(b)]의 도넛 구조의 경우에는 소오스/드레인 접합 정전용량이 커지는 단점이 있다. 채널폭이 큰 경우에는 [그림 2-32(c)]의 같이 채널폭이 작은 트랜지스터를 병렬로 연결하여 구현하는 병렬형 레이아웃 구조가 일반적으로 많이 사용된다.

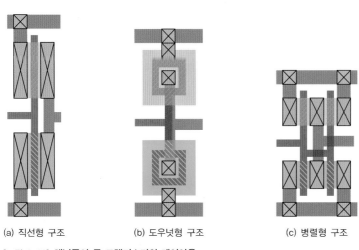

(a) 직선형 구조   (b) 도우넛형 구조   (c) 병렬형 구조

[그림 2-32] **채널폭이 큰 트랜지스터의 레이아웃**

MOSFET의 소오스/드레인을 배치하는 형태에 따라서도 레이아웃 모양이 달라질 수 있다. [그림 2-33]은 CMOS 2-입력 NAND 게이트의 레이아웃 예이다. [그림 2-33(a)]는 소오스/드레인이 수평 방향으로 배치된 레이아웃이고, [그림 2-33(b)]는 수직 방향으로 배치된 레이아웃이다. 수평형 배치는 MOSFET들의 채널폭이 비슷한 경우나 다중 입력 게이트에 적합하며, 수직형 배치는 채널폭이 다양한 MOSFET들이 혼재되어 있는 경우와 다중 출력을 갖는 회로에 적합하다.

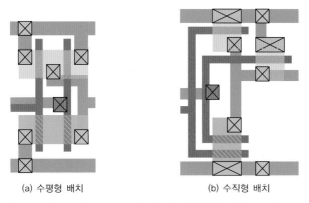

(a) 수평형 배치   (b) 수직형 배치

[그림 2-33] **트랜지스터 소오스/드레인의 배치 형태에 따른 2-입력 NAND 게이트 레이아웃 예**

2.4.2 스틱 다이어그램

레이아웃에서 트랜지스터의 배치 형태는 소자 간의 연결을 위한 배선의 복잡도, 레이아웃 면적, 출력노드의 접합 정전용량 등에 영향을 미치므로, 레이아웃 면적과 기생 커패시턴스 등이 최소화되도록 레이아웃을 설계해야 한다. 최적화된 레이아웃을 얻기 위해 회로도를 레이아웃으로 변환하는 중간 단계로 스틱 다이어그램stick diagram이 사용된다. 스틱 다이어그램은 트랜지스터의 배치, 배선의 형태 그리고 레이아웃을 구성하는 레이어들을 색선color line으로 기호화하여 개략적으로 나타낸 배치도로, 심볼릭 레이아웃symbolic layout이라고도 한다. 예를 들어, [그림 2-34]는 CMOS 인버터의 회로도 → 스틱 다이어그램 → 레이아웃의 설계과정을 보이고 있다. 그림에서 알 수 있듯이 스틱 다이어그램 상의 트랜지스터 배치와 소자 간 연결 형태가 레이아웃에 그대로 반영되었다. 이와 같이 스틱 다이어그램을 이용하면, 레이아웃의 최적화와 함께 레이아웃 설계에 소요되는 시간을 단축할 수 있다.

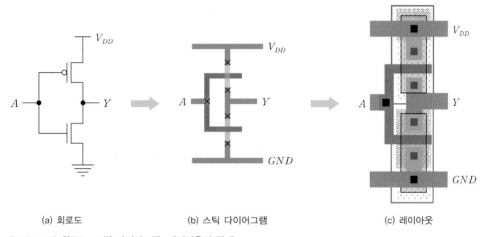

(a) 회로도   (b) 스틱 다이어그램   (c) 레이아웃

[그림 2-34] 회로도-스틱 다이어그램-레이아웃의 관계

스틱 다이어그램에는 회로도 상의 소자 형태와 연결 정보, 그리고 레이아웃 상의 레이어 정보를 함께 표현해야 한다. [그림 2-35]는 스틱 다이어그램의 레이어 표시와 연결 규칙의 예를 나타낸 것이다. 스틱 다이어그램에 사용되는 색선은 레이아웃 상의 레이어를 추상화하여 나타낸다. 예를 들어, 레이아웃에서의 ACTIVE 레이어와 N+ IMP 레이어는 스틱 다이어그램에서 N+ ACT로 추상화되어 표시된다. 반면, 레이아웃에서의 n-well과 p-well 레이어는 스틱 다이어그램에 표현하지 않는다. [그림 2-35(b)]와 같이 동일 레이어 스틱이 교차 또는 접촉되면 레이아웃 상에서 동일 레이어가 연결됨을 나타낸다. 또한 [그림 2-35(c)]와 같이 서로 다른 레이어 스틱의 교차 또는 접촉 지점에 컨택 심볼이 있으면, 레이아웃 상에서 두 레이어가 연결됨을 나타낸다. [그림 2-35(d)]와 같이 POLY 와 N+ ACT 스틱이 교차되면 레이아웃 상에서 nMOSFET가 형성됨을 나타내며, [그림

2-35(e)]와 같이 POLY와 P+ ACT 스틱이 교차되면 레이아웃 상에서 pMOSFET가 형성됨을 나타낸다.

스틱 다이어그램은 트랜지스터의 크기, 연결 도선의 폭과 길이, 각 패턴의 정확한 위치 등에 대한 정보는 나타내지 않으며, 레이아웃을 구성하는 패턴의 레이어 정보, 상대적인 위치, 연결 정보만 나타낸다. 스틱 다이어그램은 소자나 패턴의 크기에 관한 정보를 포함하지 않으므로 스틱 다이어그램의 크기가 실제 레이아웃의 상대적인 크기를 나타내지 않는다. 그러나 스틱 다이어그램 상의 스틱 구조와 컨택 수 등은 레이아웃에 동일하게 구현되므로 복잡한 구조의 스틱 다이어그램에 의한 레이아웃은 면적이 커지게 된다. 따라서 주어진 회로의 스틱 다이어그램은 단순한 스틱 구조와 최소의 컨택 수를 갖도록 만들어야 한다.

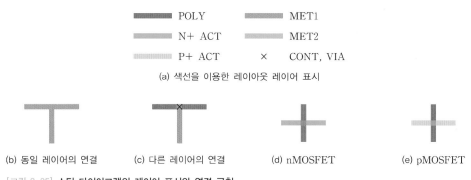

(a) 색선을 이용한 레이아웃 레이어 표시

(b) 동일 레이어의 연결 　　(c) 다른 레이어의 연결 　　(d) nMOSFET 　　(e) pMOSFET

[그림 2-35] **스틱 다이어그램의 레이어 표시와 연결 규칙**

예제　2-1

[그림 2-36]은 2-입력 NAND 게이트와 NOR 게이트의 CMOS 회로도이다. MOSFET의 소오스/드레인이 수평으로 배치되는 경우와 수직으로 배치되는 경우의 스틱 다이어그램을 그려라.

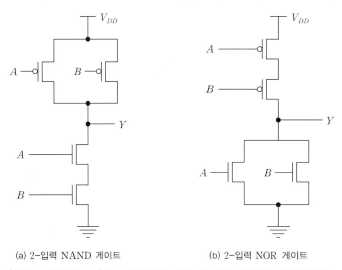

(a) 2-입력 NAND 게이트 　　　　(b) 2-입력 NOR 게이트

[그림 2-36] **[예제 2-1]의 2-입력 NAND 게이트와 NOR 게이트의 CMOS 회로도**

MOSFET의 소오스/드레인이 수평으로 배치되는 경우와 수직으로 배치되는 경우의 스틱 다이어그램의 예는 [그림 2-37]과 같다. 소오스/드레인이 수평으로 배치된 경우의 스틱 다이어그램의 크기가 수직으로 배치되는 경우에 비해 싱대긱으고 길이 보여지민, 스틱 다이어그램은 실제 레이아웃 면적의 상대적인 크기를 나타내지는 않는다. 그러나 [그림 2-37]에서 소오스/드레인이 수직으로 배치되는 경우가 다소 복잡한 스틱 구조를 가지므로, 레이아웃 면적도 실제로 커진다.

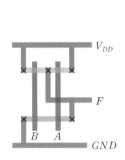

■ 소오스/드레인이 수평으로 배치된 경우

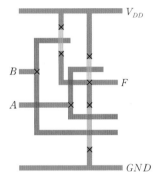

■ 소오스/드레인이 수직으로 배치된 경우

(a) 2-입력 NAND 게이트의 스틱 다이어그램 예

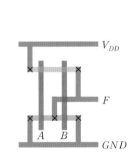

■ 소오스/드레인이 수평으로 배치된 경우

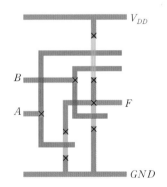

■ 소오스/드레인이 수직으로 배치된 경우

(b) 2-입력 NOR 게이트의 스틱 다이어그램 예

[그림 2-37] [예제 2-1]의 스틱 다이어그램의 예

2.4.3 레이아웃 설계 규칙

레이아웃으로부터 마스크가 제작되고, 마스크를 사용하여 반도체 IC가 만들어지므로, 레이아웃 설계 시에는 반도체 제조공정의 특성이 잘 반영되어야 한다. 예를 들어, MOSFET의 게이트, 소오스, 드레인을 자기정렬$^{self-align}$ 공정으로 만드는 과정을 생각해보자. 2.3

절의 CMOS 일괄공정에서 설명한 바와 같이, 게이트 산화막 위에 폴리실리콘을 증착한 후, 리소그래피 공정을 통해 게이트 영역의 폴리실리콘만 남기고 나머지 부분은 식각으로 제거한다. 그러나 실제의 리소그래피와 폴리실리콘 식각과정에서는 여러 가지 공정상의 오차들이 나타날 수 있기 때문에, MOSFET가 올바로 형성되기 위해서는 공정상의 오차들에 대해 내성^{tolerance}을 갖도록 레이아웃이 설계되어야 한다.

[그림 2-38(a)]와 같이 ACTIVE와 POLY가 교차하여 MOSFET가 형성되는 부분에서는 ACTIVE를 교차하는 POLY가 2λ(λ는 공정에서 정해지는 값)만큼 확장되어 레이아웃이 설계되어야 한다. 반약 [그림 2-38(b)]와 같이 ACTIVE와 POLY가 교차하는 부분에서 POLY가 2λ만큼 확장되지 않은 경우에는 [그림 2-38(c)]와 같이 소오스와 드레인이 연결된 상태로 만들어질 수 있으며, 그 결과 이 소자는 MOSFET로 동작할 수 없게 된다. 이와 같이 레이아웃 설계과정에서 지켜야하는 여러 가지 규칙들을 레이아웃 설계 규칙$^{layout\ design\ rule}$이라고 한다.

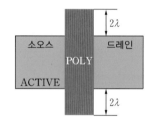

(a) ACTIVE를 교차하는 POLY의 확장 규칙

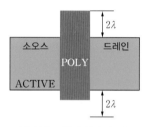

(b) 설계 규칙이 위반된 경우

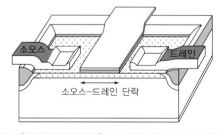

소오스-드레인 단락

(c) 설계 규칙이 위반된 레이아웃으로 만들어진 소자의 단면도

[그림 2-38] MOSFET 형성을 위한 레이아웃 설계 규칙의 예

2.3절에서 설명한 바와 같이, 반도체 IC는 매우 복잡하고 많은 과정을 거쳐 만들어지므로, 다양한 형태의 오차와 현상들이 발생할 수 있다. 예를 들어, 포토공정의 마스크 정렬 오차, 식각공정의 과잉식각$^{over-etching}$과 과소식각$^{under-etching}$, 소오스/드레인의 측면 확산, 표면의 요철에 의한 오차 등이 제작된 회로에 영향을 미칠 수 있다. 반도체 제조공정에서 발생할 수 있는 다양한 오차들이 제작된 회로에 영향을 미치지 않도록 레이아웃 설계과정

에서 고려해야 하는 규칙들을 레이아웃 설계 규칙으로 정의한다. 크게 나누어 동일 레이어의 패턴들이 지켜야 하는 레이어 내 규칙$^{intra-layer\ rules}$과 서로 다른 레이어의 패턴들이 지켜야하는 레이어 간 규칙$^{inter-layer\ rules}$으로 구분되며, 패턴의 최소 크기와 패턴 간의 최소 간격에 관한 규칙들로 구성된다. 레이아웃 설계 규칙의 구체적인 내용은 반도체 제조공정에 따라 다르다. 레이아웃 설계 규칙의 주요 내용을 요약하면 [표 2-5]와 같다.

[표 2-5] 레이아웃 설계 규칙의 주요 내용

마스크	설계 규칙	
WELL	• 최소 폭 • 전위가 다른 두 well 사이의 간격	• 전위가 같은 두 well 사이의 간격 • n-well과 p-well 사이의 간격
ACTIVE	• 최소 폭 • p+(n+)에 대한 n(p)-well의 중첩 • n(p)-well에서 p+와 n+의 간격	• 최소 간격 • n+(p+)에 대한 n(p)-well의 중첩 • 게이트 폴리실리콘의 확장
POLY	• 최소 폭 • ACTIVE와의 간격	• 최소 간격 • 게이트 폴리실리콘의 ACTIVE에 대한 확장
이온주입(p+/n+)	• 최소 폭 • 컨택에 대한 중첩	• 액티브 영역에 대한 중첩 • n+(p+)와 채널 사이의 간격
contact	• 크기 • ACTIVE/POLY의 중첩 • 게이트 폴리실리콘과의 간격	• 최소 간격 • metal-1의 중첩
metal-1	• 최소 폭 • 최소 간격	
via	• 크기 • metal-1과 metal-2의 중첩	• 최소 간격
metal-2	• 최소 폭 • 최소 간격	

핵심포인트 **레이아웃 설계**

- 레이아웃은 마스크를 만들기 위한 설계도면이며, 회로 설계 결과를 반도체 제조공정으로 옮기는 매개 역할을 한다. 올바른 레이아웃 설계를 위해서는 회로도 ↔ 레이아웃 도면 ↔ 웨이퍼에 형성되는 미세패턴의 관계를 이해해야 한다.
- 회로의 레이아웃 면적에 의해 칩의 크기가 결정되므로, 레이아웃 설계 시에는 면적이 최소화되고, 소오스/드레인 접합 정전용량과 배선에 의한 정전용량이 최소화되도록 설계해야 한다.
- 레이아웃 설계 규칙은 반도체 제조공정에서 나타날 수 있는 오차들이 제작된 회로에 영향을 미치지 않도록 레이아웃 설계에서 고려해야 하는 규칙들로 정의된다.
- 스틱 다이어그램은 트랜지스터의 배치, 배선의 형태를 기호화하여 나타낸 도면이며, 스틱 다이어그램상의 트랜지스터 배치와 소자간 연결 형태가 레이아웃에 반영되어 레이아웃의 최적화와 레이아웃 설계에 소요되는 시간을 단축할 수 있다.

2.5 레이아웃 설계 실습

실습 2-1 CMOS 2-입력 NAND 게이트의 레이아웃

[그림 2-39]의 CMOS 2-입력 NAND 게이트 회로의 레이아웃을 n-well CMOS 공정으로 설계하라. 단, $L_n = L_p = 0.35\,\mu\mathrm{m}$ 이고, $W_n = 1.2\,\mu\mathrm{m}$, $W_p = 2.4\,\mu\mathrm{m}$ 이다.

■ 레이아웃 결과

n-well CMOS 공정으로 설계된 CMOS 2-입력 NAND 게이트의 레이아웃은 [그림 2-40]과 같다.

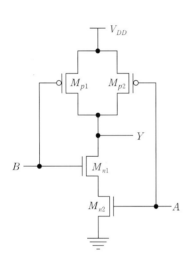

[그림 2-39] [실습 2-1]의 회로

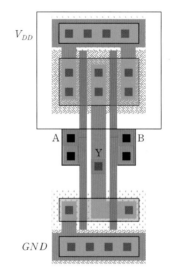

[그림 2-40] CMOS 2-입력 NAND 게이트의 레이아웃

실습 2-2 CMOS 2-입력 NOR 게이트의 레이아웃

[그림 2-41]의 CMOS 2-입력 NOR 게이트 회로의 레이아웃을 n-well CMOS 공정으로 설계하라. 단, $L_n = L_n = 0.35\,\mu\text{m}$ 이고, $W_n = 1.2\,\mu\text{m}$, $W_n = 2.4\,\mu\text{m}$ 이다.

■ 레이아웃 결과

n-well CMOS 공정으로 설계한 CMOS 2-입력 NOR 게이트의 레이아웃은 [그림 2-42]와 같다.

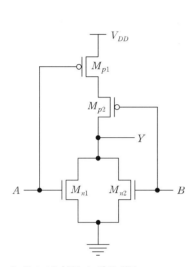

[그림 2-41] [실습 2-2]의 회로

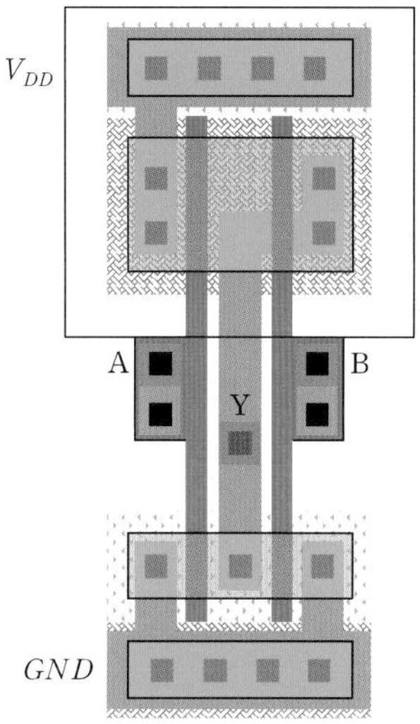

[그림 2-42] CMOS 2-입력 NOR 게이트의 레이아웃

실습과제 2-1 [그림 2-43(a)], [그림 2-43(b)]는 2-입력 XOR 게이트의 회로도이다. 각 회로에 대해 스틱 다이어그램을 그리고, 레이아웃을 설계하여 면적을 비교하라.

(a) (b)

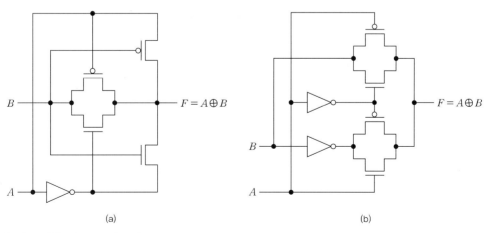

[그림 2-43] [실습과제 2-1]의 회로

실습과제 2-2 [그림 2-44(a)], [그림 2-44(b)]의 두 회로는 기능이 동일하며, 트랜지스터 배치만 다르다. 회로도 상의 트랜지스터 배치 순서를 적용한 스틱 다이어그램을 적용하여 레이아웃을 설계하고, 트랜지스터 배치에 따른 레이아웃의 차이를 설명하라.

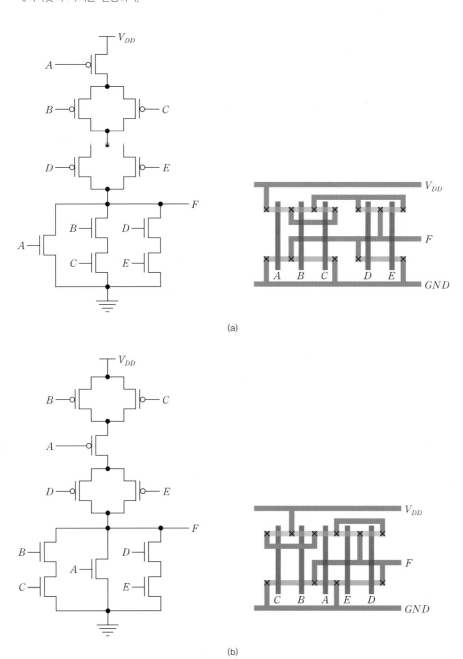

(a)

(b)

[그림 2-44] [실습과제 2-2]의 회로

■ 반도체 소자의 제자에 사용되는 단결정 실리콘 웨이퍼는 이산화규소(SiO_2)를 정제하여 11N(99.99999999999%) 정도의 순도를 갖도록 만들어지며, 이를 전자소자급 실리콘$^{EG-Si}$이라고 한다.

■ 단결정 실리콘 잉곳을 성장시키는 방법으로는 초크랄스키 인상법, 용융대역법 등이 있으며, 초크랄스키 인상법이 가장 많이 사용된다.

■ 단결정 실리콘 웨이퍼는 플랫면을 이용하여 결정 방향성과 도우핑 형태를 구분한다.

■ 실리콘 산화막(SiO_2)은 MOSFET의 게이트 산화막, 커패시터의 유전체, 소자 간 전기적인 격리를 위한 필드 산화막$^{field\ oxide}$ 등으로 사용되며, 열산화 또는 화학적 기상증착방법으로 형성된다.

■ 에피택시^{epitaxy}공정 : 기판 위에 고순도 단결정 박막을 성장시키는 공정으로, 기판과 성장되는 박막의 물질 조성에 따라 동종 에피택시와 이종 에피택시로 구분된다.

■ 열산화$^{thermal\ oxidation}$공정 : 실리콘 웨이퍼를 산소에 노출시킨 상태에서 열에너지를 가해 웨이퍼 표면에 실리콘 산화막을 형성시키는 공정이며, 산화 분위기에 따라 습식^{wet} 산화와 건식^{dry}산화로 구분된다.
• 습식산화 : 산화막 형성속도는 빠르나, 산화막의 특성이 건식산화보다 나쁘다.
• 건식산화 : 산화막 형성속도는 느리나, 산화막의 특성이 좋고, 두께를 정밀하게 조절할 수 있어 MOSFET의 게이트 산화막 형성에 사용된다.

■ 식각^{etching}공정 : 기판에 덮여있는 산화실리콘, 폴리실리콘, 금속 등의 일부 영역을 선택적으로 제거하는 공정으로, 기판 위에 회로 패턴을 만드는 리소그래피의 핵심 공정이다. 식각반응의 형태에 따라 습식식각과 건식식각으로 구분된다.
• 습식식각 : 화학용액을 이용하여 보호막이 덮여있지 않은 부분을 분해하여 제거하는 공정으로, 등방성 식각 특성을 갖는다.
• 건식식각 : 플라즈마나 가속된 이온을 이용해 막을 선택적으로 제거하는 공정이며, 이방성 식각 특성을 갖는다. 플라즈마 식각, 스퍼터 식각, 반응성 이온식각 등이 있다.

- **이온주입**^{ion implantation}**공정** : 불순물 원자를 이온상태로 가속시켜 기판 내부로 강제 주입하는 공정으로, MOSFET의 소오스/드레인 형성, 문턱전압 조정을 위한 채널 이온주입, 필드 V_T 이온주입 등에 사용된다.
  - 이온주입 후 열처리를 통해 격자결함 등의 손상을 복원한다.

- **열확산**^{thermal diffusion}**공정** ; 물질의 농도가 높은 쪽에서 낮은 쪽으로 입자가 퍼져나가는 현상을 이용하여 기판 내부로 불순물을 주입하는 공정으로, 이온주입공정과 함께 도우핑 영역을 형성하기 위해 사용된다. 수직 방향과 측면 방향으로 확산이 일어나 등방성 불순물 분포를 갖는다.

- **증착**^{deposition}**공정** : 기판 위에 금속이나 화합물의 박막을 도포하는 공정으로, 폴리실리콘, 금속, 절연체 등을 형성하는 데 사용된다. 증착되는 물질에 따라 화학적 기상증착^{CVD}과 물리적 기상증착^{PVD}로 구분된다.
  - CVD : 원소 가스의 화학반응으로 형성된 입자가 표면에 쌓이도록 하여 박막을 형성하는 방법으로, 에피^{epi}층, 폴리실리콘, 산화실리콘(SiO_2), 질화실리콘(Si_3N_4) 등을 증착하기 위해 사용된다.
  - PVD : 진공, 플라즈마 등의 물리적인 제어를 이용하여 금속 박막을 형성하는 방법으로, 진공 증착, 스퍼터링, 분자선 에피택시 등이 사용된다.

- **리소그래피**^{lithography}**공정** : 마스크에 그려져 있는 레이아웃 패턴을 감광물질과 광원을 이용해 실리콘 기판에 옮기고, 식각공정을 통해 미세패턴을 형성하는 공정이다.
  - 자외선을 광원으로 사용하는 광 리소그래피 공정과 전자빔을 이용하여 초정밀 미세패턴을 형성하는 이온빔 리소그래피로 나뉜다.

- CMOS 공정은 well 형태에 따라 n-well, p-well, twin-well 공정으로 구분된다.
  - n-well CMOS 공정 : p형 기판에 n-well을 만들고, p형 기판에는 nMOSFET, n-well에는 pMOSFET를 만든다.
  - p-well CMOS 공정 : n형 기판에 p-well을 만들고, n형 기판에는 pMOSFET, p-well에는 nMOSFET를 만든다.
  - twin-well CMOS 공정 : n-well과 p-well을 모두 사용하며, n-well에는 pMOSFET, p-well에는 nMOSFET를 만든다.

- 2층 금속배선을 갖는 CMOS 일괄공정의 순서와 마스크의 예는 다음과 같다.
  1 twin-well 형성 : PWELL, NWELL
  2 트렌치 및 FOX 형성 : ACTIVE, FIELD IMP
  3 채널 이온주입 : PCH IMP, NCH IMP
  4 MOSFET 형성 : POLY, LDDP IMP, LDDN IMP, P+ IMP, N+ IMP
  5 금속배선층 형성 : CONT, MET1, VIA, MET2
  6 PAD 개방 및 보호막 형성 : PAD

- 반도체 레이아웃은 기하학적 패턴과 다수 개의 레이어로 구성되는 배치 설계도로, 마스크로 제작되어 리소그래피 공정에 사용된다.

- 레이아웃 설계 규칙은 반도체 제조공정에서 나타날 수 있는 오차들이 제작된 회로에 영향을 미치지 않도록 레이아웃 설계에서 고려해야 하는 규칙들로 정의된다.

- 스틱 다이어그램stick diagram은 트랜지스터의 배치, 배선의 형태와 레이아웃을 구성하는 레이어들을 색선color line으로 기호화하여 나타낸 도면이다.
  • 레이아웃을 구성하는 패턴의 레이어 정보와 상대적인 위치, 연결 정보만 나타낸다.
  • 트랜지스터의 크기, 연결 도선의 폭과 길이, 각 패턴의 정확한 위치 등에 대한 정보는 나타내지 않는다.

2.1 반도체 IC 제작에는 다결정 실리콘^{polysilicon} 기판이 사용된다. (O, X)

2.2 p-well CMOS 공정에서 nMOSFET는 p-well 안에 만들어진다. (O, X)

2.3 다음의 화학반응식에서 괄호 안에 적합한 분자식을 써라.

$$SiH_4 + O_2 \rightarrow (\qquad\qquad) + 2H_2$$

2.4 습식식각은 등방성 패턴을 형성한다. (O, X)

2.5 음성 포토레지스트는 빛을 받은 부분이 현상액에 의해 제거된다. (O, X)

2.6 스틱 다이어그램에는 소자의 상대적인 크기와 위치 정보가 포함된다. (O, X)

2.7 다음 중 단결정 실리콘 잉곳의 성장방법으로 적합한 것은?

　　㉮ 리소그래피 공정
　　㉯ 초크랄스키 인상법
　　㉰ 화학적 기상증착
　　㉱ 물리적 기상증착

2.8 [그림 2-45]와 같은 플랫면을 갖는 웨이퍼의 형태는?

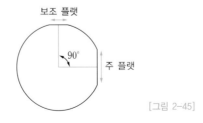

[그림 2-45]

　　㉮ ⟨100⟩ p형　　　㉯ ⟨111⟩ p형　　　㉰ ⟨111⟩ n형　　　㉱ ⟨100⟩ n형

2.9 다음의 반응식이 나타내는 반도체 제조공정은 무엇인가?

$$Si + 2H_2O \rightarrow SiO_2 + 2H_2$$

㉮ 식각공정   ㉯ PVD 공정
㉰ 산화공정   ㉱ 에피택시공정

2.10 열산화에서 산화막 성장률에 영향을 미치는 요인이 **아닌** 것은?

㉮ 온도   ㉯ 산화 분위기(습식 또는 건식)
㉰ 웨이퍼 직경   ㉱ 압력

2.11 식각공정에 대한 설명으로 **틀린** 것은?

㉮ 스퍼터 식각은 건식식각이다.
㉯ 건식식각은 미세 패턴 구현이 용이하다.
㉰ 습식식각은 식각속도가 빨라 작업성이 좋다.
㉱ 플라즈마 식각은 등방성 식각 특성을 갖는다.

2.12 다음의 반응식이 나타내는 반도체 제조공정은 무엇인가?

$$SiO_2 + 4HF \rightarrow SiF_4 + 2H_2O$$

㉮ 식각공정   ㉯ PVD 공정
㉰ 산화공정   ㉱ 에피택시공정

2.13 다음 중 이온주입공정에 대한 설명으로 **틀린** 것은?

㉮ 격자손상을 유발할 수 있다.
㉯ 불순물 주입량을 정밀하게 제어할 수 있다.
㉰ 불순물의 수평 확산이 적어 미세공정에 유리하다.
㉱ 넓은 범위의 불순물 농도 구현에 적합하지 않다.

2.14 다음 중 열확산공정에 대한 설명으로 맞는 것은?

㉮ 등방성 불순물 분포를 갖는다.
㉯ 넓은 범위의 불순물 농도 구현에 적합하다.
㉰ 불순물 주입량을 정밀하게 제어할 수 있다.
㉱ 불순물 농도와 접합 깊이의 독립적인 제어가 쉽다.

2.15 다음의 반응식이 나타내는 반도체 제조공정은 무엇인가?

$$3SiH_4 + 4NH_3 \rightarrow Si_3N_4 + 12H_2$$

㉮ PVD 공정   ㉯ CVD 공정
㉰ 스퍼터링 공정   ㉱ 산화공정

2.16 금속배선층 간 절연막 형성을 위한 재료로 사용되지 **않는** 것은?

㉮ BPSG^{Boron Phosphorus Silicate Glass}   ㉯ 모노실란(SiH_4)
㉰ 질화실리콘(Si_3N_4)   ㉱ TEOS($Si(C_2H_5O)_4$)

2.17 반도체 제조공정에 대한 설명 중 **틀린** 것은?

㉮ 식각공정은 산화막, 금속막 등을 선택적으로 제거하는 공정이다.
㉯ 산화공정은 실리콘을 산소와 결합시켜 절연체 막을 형성하는 공정이다.
㉰ 증착공정은 금속이나 화합물의 얇은 막을 입히는 공정이다.
㉱ 확산공정은 불순물 원자를 이온상태로 가속시켜 기판 내부에 주입하는 공정
이다.

2.18 리소그래피 공정에 의해 산화막 패턴을 형성하는 과정의 올바른 순서는?

❶ 식각   ❷ 노광   ❸ 현상   ❹ 마스크 정렬   ❺ 포토레지스트 도포

㉮ ❺ → ❹ → ❸ → ❷ → ❶   ㉯ ❺ → ❷ → ❸ → ❹ → ❶
㉰ ❺ → ❸ → ❹ → ❶ → ❷   ㉱ ❺ → ❹ → ❷ → ❸ → ❶

2.10 다음 중 CMOS 공정에 대한 설명으로 **틀린** 것은?

㉮ n-well CMOS 공정에는 p형 기판이 사용된다.

㉯ p-well CMOS 공정에서 nMOSFET는 기판에 만들어진다.

㉰ twin-well CMOS에서는 p-well과 n-well이 모두 형성된다.

㉱ n-well CMOS 공정에서 pMOSFET는 n-well 안에 만들어진다.

2.20 다음 중 필드 이온주입의 목적은?

㉮ MOSFET의 문턱전압 조정   ㉯ LDD 형성

㉰ 소자 간의 전기적인 격리   ㉱ 소오스/드레인 형성

2.21 다음 중 MOSFET의 게이트 전극으로 사용되는 것은?

㉮ 금속   ㉯ 산화실리콘   ㉰ 질화실리콘   ㉱ 폴리실리콘

2.22 다음 중 CMOS 공정 순서상 폴리실리콘 증착 이후에 이루어지는 것은?

㉮ well 형성   ㉯ 소오스/드레인 이온주입

㉰ 채널 이온주입   ㉱ 필드 산화막 형성

2.23 [그림 2-46]은 CMOS 소자의 단면도이다. 각 영역에 대한 설명으로 **틀린** 것은?

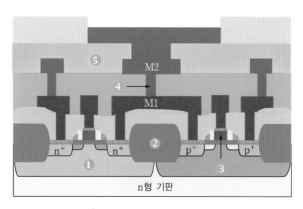

[그림 2-46]

㉮ 영역 ❶은 n-well이다.   ㉯ 영역 ❷는 필드 산화막이다.

㉰ 영역 ❸은 폴리실리콘 게이트이다.   ㉱ 영역 ❹는 VIA 홀이다.

2.24 [그림 2-46]에서 영역 ❷에 대한 설명으로 **틀린** 것은?

㉮ 트랜지스터가 형성되지 않는 영역이다.

㉯ ACTIVE 마스크를 이용하여 영역을 형성한다.

㉰ 소자 간의 전기적인 격리 역할을 한다.

㉱ 컨택 홀과 금속을 통해 접지(GND) 또는 전원(VDD)로 연결된다.

2.25 [그림 2-46]에서 영역 ❺의 형성에 사용되지 **않는** 공정은?

㉮ LPCVD Low Pressure Chemical Vapor Deposition

㉯ PECVD Plasma Enhanced Chemical Vapor Deposition

㉰ LOCOS Local Oxidation of Silicon

㉱ CMP Chemical Mechanical Polishing

2.26 다음 중 CMOS 일괄 공정 순서로 맞는 것은?

㉮ twin-well 형성 → 채널 이온주입 → FOX 형성 → MOSFET 형성
 → 금속배선층 형성

㉯ twin-well 형성 → FOX 형성 → 채널 이온주입 → MOSFET 형성
 → 금속배선층 형성

㉰ twin-well 형성 → FOX 형성 → MOSFET 형성 → 채널 이온주입
 → 금속배선층 형성

㉱ twin-well 형성 → 채널 이온주입 → MOSFET 형성 → FOX 형성
 → 금속배선층 형성

2.27 [그림 2-47]과 같이 POLY 영역이 ACTIVE 영역보다 2λ 확장되어야 하는 레이아웃 설계 규칙이 위반된 경우에 대한 설명으로 맞는 것은?

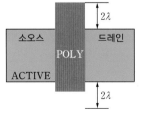

[그림 2-47]

㉮ 소오스 드레인이 단락될 수 있다.

㉯ 레이아웃보다 큰 채널폭의 MOSFET가 형성될 수 있다.

㉰ 공핍형 MOSFET가 형성될 수 있다.

㉱ 레이아웃보다 큰 채널길이의 MOSFET가 형성될 수 있다.

2.28 [그림 2 48]은 CMOS 인버터의 레이아웃 도면이다. 각 영역에 대한 설명으로 맞는 것은?

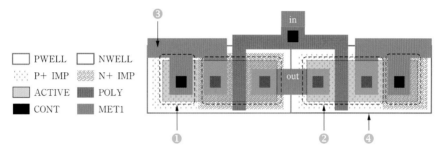

PWELL   NWELL
P+ IMP   N+ IMP
ACTIVE   POLY
CONT   MET1

[그림 2-48]

㉮ 영역 ❶은 n-well 컨택이다.   ㉯ 영역 ❷는 n채널 MOSFET이다.

㉰ 영역 ❸은 GND(접지)이다.   ㉱ 영역 ❹는 p-well이다.

2.29 ACTIVE 레이어에 대한 레이아웃 설계 규칙이 적용되지 않는 마스크 레이어는?

㉮ NWELL   ㉯ POLY   ㉰ P+ IMP   ㉱ MET1

2.30 [그림 2-49]의 레이아웃 도면에 대한 설명으로 **틀린** 것은?

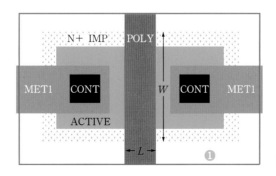

[그림 2-49]

㉮ n채널 MOSFET가 만들어진다.

㉯ 채널길이는 POLY 영역의 폭 L이다.

㉰ 채널폭은 N+ IMP 영역의 높이 W이다.

㉱ 영역 ❶은 p-well 또는 p형 기판이다.

2-31 [그림 2-50]의 CMOS 회로에 대해 스틱 다이어그램을 그려라. 단, 1층 금속 배선을 사용한다.

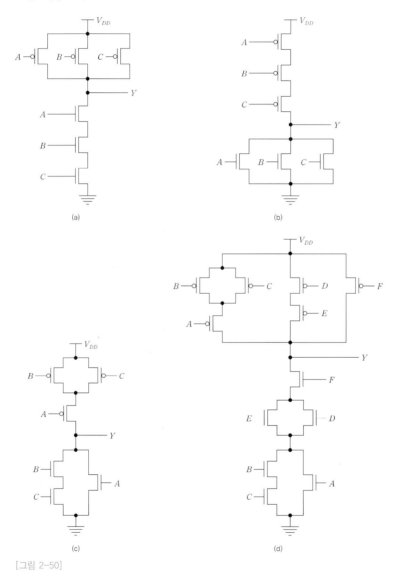

[그림 2-50]

2.32 [그림 2-51]은 2 입력 NOR 게이트 회로에 대한 스틱 다이어그램이며, 두 스틱 다이어그램에 의한 레이아웃의 면적은 같다. 둘 중 어느 것이 더 좋은지와 그 이유를 설명하라.

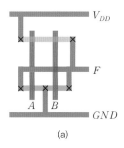
(a)

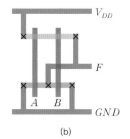
(b)

[그림 2-51]

2.33 [그림 2-52]의 레이아웃이 나타내는 회로의 회로도를 그려라.

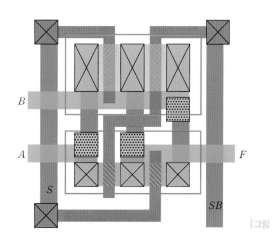

[그림 2-52]

2.34 [그림 2-53]의 레이아웃은 6-트랜지스터 SRAM 셀의 레이아웃이다. 회로도를 그려라.

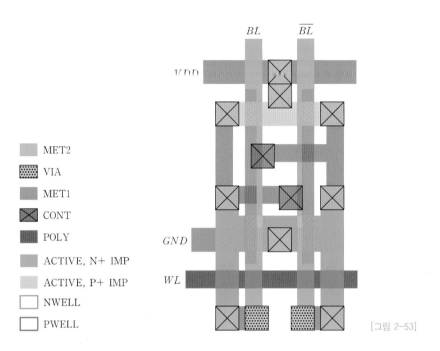

[그림 2-53]

MOSFET 및 기생 RC의 영향
MOSFET and Parasitic RC Effects

전계효과 트랜지스터(FET : Field Effect Transistor)는 제어단자(게이트)에 인가되는 전압에 의해 형성된 전계(electric field)의 세기에 의해 전류가 제어되는 소자이다. FET의 일종인 MOSFET (Metal−Oxide−Semiconductor FET)는 제어단자를 실리콘 산화막(SiO₂)으로 절연시키며, 증가형 (enhancement type)과 공핍형(depletion type)으로 구분된다. MOSFET는 작은 면적으로 만들 수 있고, 제조공정이 비교적 간단할 뿐 아니라, 소자 사이의 절연이 쉽고, 게이트 단자가 산화막으로 절연되어 있어 누설전류가 작아 기억소자와 스위칭 소자로서 우수한 특성을 가지고 있다. 특히 CMOS(Complementary MOS) 소자는 소비전력이 매우 작아서 고집적 디지털 및 아날로그 집적회로(IC : Integrated Circuit)에 가장 많이 사용된다. 컴퓨터, 스마트폰, 디지털 TV 등에 사용되고 있는 대부분의 반도체 IC들은 MOSFET를 기본으로 만들어지므로, MOSFET의 특성에 대해 잘 이해하는 것이 매우 중요하다.

3.1 MOS 구조

MOS $^{Metal−Oxide−Semiconductor}$는 [그림 3−1(a)]와 같이 금속−산화막−반도체의 구조로 만들어지며, MOS 커패시터와 MOSFET가 만들어지는 기본 구조이다. 금속은 게이트 전극으로 사용되며, 산화막은 산화실리콘(SiO₂)으로 만들어지는 절연체이다. 또한 반도체는 p형 또는 n형 기판이다. 전압이 인가되지 않은 열적 평형$^{thermal equilibrium}$상태에서 MOS 구조의 에너지 대역도는 [그림 3−1(b)]와 같다. 금속(게이트)과 p형 반도체(기판)의 일함수$^{work function}$ 차이로 인해 기판 표면 근처에서 에너지 밴드가 휘어져 전위차가 발생하며, 기판 표면 근처에 정공이 결핍된 공핍영역$^{depletion region}$ 또는 공간전하영역$^{space charge region}$이 형성된다.

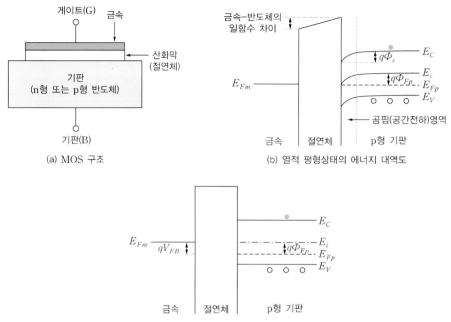

(a) MOS 구조

(b) 열적 평형상태의 에너지 대역도

(c) 밴드 평탄화 전압 V_{FB}가 인가된 상태의 에너지 대역도

[그림 3-1] MOS 구조와 에너지 대역도

열적 평형상태에서는 금속의 페르미Fermi 준위 E_{Fm}과 p형 반도체의 페르미 준위 E_{Fp}가 일직선상에 위치한다. 진성 반도체intrinsic semiconductor의 페르미 준위 E_i는 금지대역의 중앙에 위치하며, p형 반도체의 페르미 준위 E_{Fp}는 가전자대역에 가깝게 위치한다. p형 반도체의 벌크전위bulk potential $q\Phi_{Fp} = E_{Fp} - E_i$는 기판에 억셉터 불순물이 도우핑된 정도를 나타낸다. $|q\Phi_{Fp}|$가 클수록 억셉터 불순물이 많이 도우핑되어 기판의 정공 농도가 크다. 표면전위surface potential Φ_s는 실리콘 표면에서 에너지 밴드가 휘어진 정도를 나타낸다. 에너지 밴드가 아래쪽으로 휘면 $\Phi_s > 0$이며, p형 기판의 다수 캐리어 정공이 공핍되거나 소수 캐리어 전자가 축적된 상태를 나타낸다. [그림 3-1(c)]는 금속과 p형 반도체의 일함수 차이 Φ_{ms}에 대응되는 밴드 평탄화 전압flat-band voltage $V_{FB} = \Phi_{ms}$를 게이트에 인가하여 에너지 대역이 평탄화된 상태를 보이고 있다.

p형 기판의 MOS 구조는 게이트에 인가되는 전압의 극성과 크기에 따라 다음과 같이 동작한다. [그림 3-2(a)]와 같이 게이트에 음negative의 전압 $V_{GB} < 0$이 인가된 경우에는 게이트 산화막과 실리콘 기판의 계면에 기판의 다수 캐리어인 정공이 모여 기판의 다른 영역보다 정공의 농도가 높은 축적accumulation층이 형성되는데, 이를 축적상태라고 한다.

[그림 3-2(b)]는 축적상태의 에너지 대역도를 보이고 있다. 음의 게이트 전압에 의해 산화막과 기판 표면에 전압강하가 유도되어 에너지 대역이 휘어진다. 또한 기판 표면에서의 페르미 준위 차이($E_i - E_{Fp}$)가 기판 내부보다 크므로, 게이트 산화막과 실리콘 계면에 정공이 모이게 된다. 기판 표면에 모인 정공들은 게이트 산화막에 의해 차단되어 금속으로 전도되지 못하고 축적상태를 유지한다. 게이트에 인가되는 음의 전압에 의해 금속의 자유전자들은 금속과 게이트 산화막 계면에 모여 축적되며, [그림 3-2(c)]와 같은 전하 분포를 갖는다.

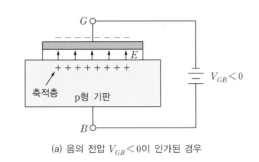

(a) 음의 전압 $V_{GB} < 0$이 인가된 경우

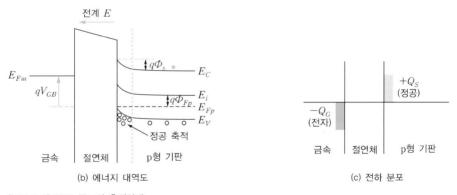

(b) 에너지 대역도   (c) 전하 분포

[그림 3-2] **MOS 구조의 축적상태**

[그림 3-3(a)]와 같이 게이트에 양^{positive}의 전압 $V_{GB} > 0$(단, $0 < V_{GB} < V_{Tn}$)이 인가되는 경우에는 게이트 전압에 의해 게이트 산화막과 실리콘 계면에 존재하던 정공이 밀려나고 이온화된 음의 억셉터가 존재하는 공핍영역이 형성되며, 이를 공핍상태라고 한다. 특정 임계전압 V_{Tn}은 기판 실리콘의 도우핑 농도, 게이트 산화막의 두께, 게이트 전극의 물질 등에 의해 결정된다(3.2.2절 참조). [그림 3-3(b)]는 공핍상태의 에너지 대역도를 보이고 있다. 양의 게이트 전압에 의해 게이트 산화막과 기판 표면에 전압강하가 유도되며, 기판 표면의 페르미 준위는 $q\phi_s$만큼 아래쪽으로 휘게 된다. 게이트에 인가되는 양의 전압에 의해 금속과 산화막 계면에는 양의 전하가 형성되고, 기판의 공간전하영역에는 이온화된 음의 억셉터가 존재하여 [그림 3-3(c)]와 같은 전하 분포를 갖는다.

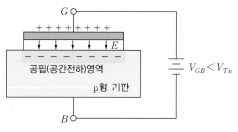

(a) 양의 전압 $0 < V_{GB} < V_{Tn}$이 인가된 경우

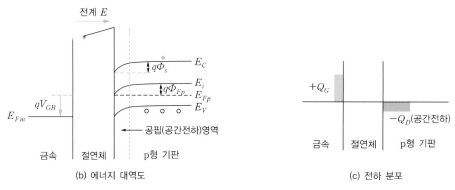

(b) 에너지 대역도   (c) 전하 분포

[그림 3-3] MOS 구조의 공핍상태

[그림 3-4(a)]와 같이 게이트에 양의 전압 $0 < V_{Tn} < V_{GB}$가 인가되는 경우에는 게이트 전압으로 인해 형성된 전계에 의해 기판의 소수 캐리어 전자가 산화막과 기판 실리콘의 계면으로 끌려오게 되며, 기판 표면에는 기판의 다수 캐리어 정공보다 소수 캐리어 전자가 많아지는 반전층$^{inversion\ layer}$이 형성된다. 이를 반전상태라고 하며, 반전층의 캐리어 농도는 게이트 전압의 크기에 따라 달라진다. 반전층이 형성되기 시작하는 임계 게이트 전압을 MOS 구조의 문턱전압$^{threshold\ voltage}$ V_{Tn}이라고 한다.

[그림 3-4(b)]는 반전상태의 에너지 대역도를 보이고 있다. 임계 게이트 전압 V_{Tn}보다 큰 양의 게이트 전압 V_{GB}에 의해 에너지 대역이 공핍상태보다 더욱 휘어진다. 기판 표면에서 페르미 준위 E_{Fp}가 진성 반도체의 페르미 준위 E_i보다 위에 있는데, 이는 산화막과 실리콘 계면에 기판의 소수 캐리어 전자가 모여 반전층이 형성됨을 의미한다. 게이트에 인가된 양의 전압에 의해 금속과 게이트 산화막 계면에는 양의 전하가 형성되고, 기판에는 반전 캐리어와 이온화된 음의 억셉터가 존재하여 [그림 3-4(c)]와 같은 전하 분포를 갖는다. 이와 같이 MOS 구조에서 게이트 전압의 극성과 크기에 따라 게이트 산화막과 기판 실리콘 계면의 캐리어가 바뀌는 현상이 바로 MOSFET의 기본 동작 원리이다.

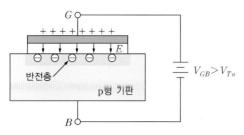

(a) 양의 전압 $0 < V_{Tn} < V_{GB}$이 인가된 경우

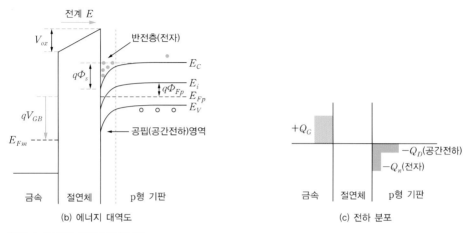

(b) 에너지 대역도

(c) 전하 분포

[그림 3-4] **MOS 구조의 반전상태**

MOS 구조

- MOS 구조는 게이트에 인가되는 전압의 극성과 크기에 따라 축적, 공핍, 반전상태가 된다.
- p형 기판의 MOS 구조에 음의 게이트 전압 $V_{GB} < 0$이 인가되면, 게이트 산화막과 실리콘 기판의 계면에 정공이 모여 축적층이 형성된다.
- p형 기판의 MOS 구조에 게이트 전압 $0 < V_{GB} < V_{Tn}$이 인가되면, 게이트 산화막과 실리콘 기판의 계면에 정공이 밀려나 공핍영역이 형성된다.
- p형 기판의 MOS 구조에 게이트 전압 $0 < V_{Tn} < V_{GB}$가 인가되면, 게이트 산화막과 기판의 계면에 소수 캐리어 전자가 모이는 반전층이 형성된다.

참고 **반도체의 에너지 대역**

MOSFET, 다이오드, BJT 등 대부분의 반도체 소자는 n형 반도체와 p형 반도체의 접합을 기본으로 하며, 이러한 반도체 소자의 동작을 이해하는 데에는 에너지 대역이라는 개념이 사용된다. [그림 3-5]는 진성 반도체와 불순물 반도체의 에너지 대역도를 보여준다. 에너지 대역에서 페르미 준위는 중요한 의미를 갖는다.

- 진성 반도체([그림 3-5(a)]) : 열적 평형상태에서 진성 반도체의 페르미 준위 E_i는 금지대역 중앙에 위치하는데, 이는 전자와 정공의 농도가 같음을 의미한다.

- n형 반도체([그림 3-5(b)]) : n형 반도체의 페르미 준위 E_{Fn}은 전도대역의 최저 에너지 준위 E_C에 가깝게 위치하는데, 이는 도우너^{donor} 불순물이 주입되어 전자의 농도가 정공의 농도보다 크다는 것을 의미한다. 도우너 불순물의 농도가 클수록 페르미 준위 E_{Fn}은 E_C에 가까워지며, n형 반도체의 벌크전위 $q\Phi_n = E_{Fn} - E_i$는 도우너 불순물의 도우핑 정도를 나타낸다.

- p형 반도체([그림 3-5(c)]) : p형 반도체의 페르미 준위 E_{Fp}은 가전자대역의 최고 에너지 준위 E_V에 가깝게 위치하는데, 이는 억셉터^{acceptor} 불순물이 주입되어 정공의 농도가 전자의 농도보다 크다는 것을 의미한다. 억셉터 불순물의 농도가 클수록 페르미 준위 E_{Fp}는 E_V에 가까워지며, p형 반도체의 벌크전위 $q\Phi_p = E_{Fp} - E_i$는 억셉터 불순물의 도우핑 정도를 나타낸다.

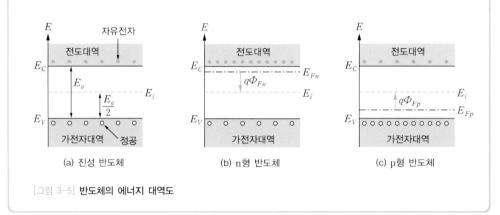

[그림 3-5] 반도체의 에너지 대역도

3.2 증가형 MOSFET의 구조 및 특성

MOSFET는 3.1절에서 설명한 MOS 구조를 기본으로 가지며, 게이트에 인가되는 전압에 의해 소오스와 드레인 사이의 전류 흐름이 제어되는 소자이다. 제작 방법과 동작 방식에 따라서는 증가형^{enhancement} MOSFET와 공핍형^{depletion} MOSFET로 구분되며, 소오스/드레인과 기판의 도우핑 형태에 따라서는 n채널 MOSFET와 p채널 MOSFET로 구분된다. MOSFET의 전류는 게이트-소오스 전압 V_{GS}와 드레인-소오스 전압 V_{DS}에 따른 동작 모드와 문턱전압, 채널길이, 채널폭 등의 파라미터에 영향을 받는다.

이 절에서는 증가형 MOSFET의 구조와 문턱전압, 그리고 전압-전류 특성을 설명한다. 특히 n채널 MOSFET를 중심으로 설명하는데, p채널 MOSFET에서는 전압의 극성과 전류의 방향이 n채널과 반대가 됨을 명심해야 한다. 이 책에서 공핍형이라는 명시가 없는 경우에는 증가형 MOSFET를 나타낸다.

3.2.1 증가형 MOSFET의 구조

증가형 MOSFET의 구조는 [그림 3-6]과 같으며, 게이트[gate], 소오스[source], 드레인[drain], 기판[substrate]의 4개 단자를 갖는다. 기판과 소오스/드레인이 도우핑 형태에 따라 n채널 MOSFET와 p채널 MOSFET로 구분되는데, n채널 MOSFET의 구조는 [그림 3-6(a)]와 같다. p형 기판에 도우너 불순물(P, As 등)을 높은 농도로 주입한 n^+ 영역을 소오스/드레인이라고 하며, 이곳에 금속 전극을 연결하여 소오스/드레인 단자를 만든다. 소오스와 드레인 사이의 실리콘(기판) 영역을 채널[channel]영역이라고 한다. 채널영역 위에는 얇은 게이트 산화막을 형성하고, 그 위에 폴리실리콘[polysilicon]을 덮어 게이트 전극을 만든다. 게이트 산화막은 우수한 절연체로, 실리콘을 산화시킨 산화실리콘(SiO_2)으로 만들어진다. 초기의 MOSFET에서는 게이트 전극으로 금속을 사용하였으나, 오늘날에는 불순물이 매우 많이 도우핑된 폴리실리콘이 사용된다.

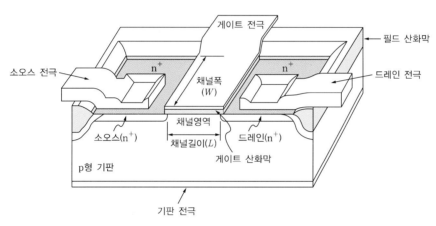

(a) n채널 MOSFET(nMOS)

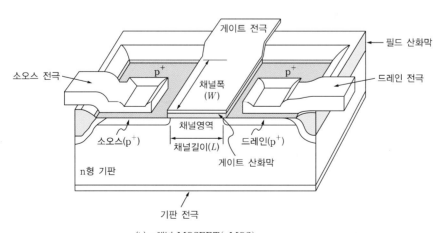

(b) p채널 MOSFET(pMOS)

[그림 3-6] 증가형 MOSFET의 구조

[그림 3-6]에 표시된 바와 같이, 소오스와 드레인 사이의 간격을 채널길이(L)라고 하며, 소오스/드레인의 폭을 채널폭(W)이라고 한다. 채널길이와 채널폭, 게이트 산화막의 두께 등은 MOSFET의 전압-전류 특성에 영향을 미치는 중요한 요소이다. MOSFET의 소오스/드레인 및 채널영역의 둘레에는 두꺼운 필드 산화막^{FOX : field oxide}이 둘러싸고 있으며, 이는 MOSFET 소자들을 전기적으로 격리시키는 역할을 한다.

증가형 p채널 MOSFET의 구조는 [그림 3-6(b)]와 같으며, 기판과 소오스/드레인의 도우핑 형태가 n채널 MOSFET와 반대이다. 이때 MOSFET의 소오스/드레인 영역과 기판의 노우-씽 냉태가 시노 빈내임에 유의해야 한다. 일반식으노 증가형 n재널 MOSFET를 간략히 nMOS로 표기하며, 증가형 p채널 MOSFET는 pMOS로 표기한다.

MOSFET는 게이트, 소오스, 드레인, 그리고 기판의 4개 단자를 가지며, 증가형 MOSFET는 [그림 3-7]과 같은 기호로 표현한다. 일반적으로 기판 단자 또는 소오스 단자의 화살표 방향으로 n채널과 p채널을 구분한다. 디지털 회로에서 nMOS의 p형 기판은 접지로 연결되고, pMOS의 n형 기판은 전원으로 연결되므로, 기판 단자를 생략하는 것이 일반적이며, 소오스 단자의 화살표 대신에 게이트 단자 쪽에 동그라미의 유무에 따라 pMOS와 nMOS를 구분하기도 한다. pMOS와 nMOS의 전압 극성은 서로 반대로 표시한다.

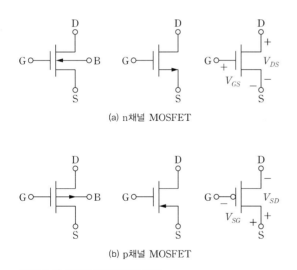

(a) n채널 MOSFET

(b) p채널 MOSFET

[그림 3-7] 증가형 MOSFET의 기호

3.2.2 증가형 MOSFET의 문턱전압

MOSFET의 문턱전압은 채널을 강반전$^{strong\ inversion}$ 상태로 만들기 위해 필요한 최소 게이트 전압으로 정의되며, 트랜지스터의 전압-전류 특성에 영향을 미치는 중요한 요소이다. 강반전 상태란 채널영역에 형성된 반전층의 캐리어 농도가 기판에 도우핑된 다수 캐리어 농도와 같아진 상태를 의미하며, 강반전 상태에서 실리콘 기판의 표면전위는 $\phi_s = 2\Phi_F$ 가 된다. 여기서 ϕ_F는 실리콘 기판의 벌크전위를 나타내며, 기판의 불순물 도우핑 농도와 관련 있다.

[그림 3-8(a)]는 n채널 MOSFET의 소오스와 기판이 접지되어 $V_{SB} = 0$인 상태에서 게이트에 양의 전압 $V_{GB} = V_{Tn0}$이 인가된 경우를 보이고 있다. [그림 3-8(b)]는 게이트 전압 V_{GB}에 의해 실리콘 기판의 표면전위가 $\phi_s = 2|\Phi_{Fp}|$로 강반전된 상태일 때의 에너지 대역도를 보이고 있다. 게이트 전압 V_{GB}는 게이트 산화막에 걸리는 전압 V_{ox}, 기판 표면을 강반전 상태로 만들기 위한 전압($\phi_s = 2|\Phi_{Fp}|$), 그리고 게이트와 실리콘 기판의 일함수 차이를 보상하기 위한 밴드 평탄화 전압 V_{FB}로 구성된다. 따라서 기판 바이어스가 $V_{SB} = 0$인 n채널 MOSFET의 문턱전압 V_{Tn0}은 식 (3.1)과 같이 표현된다.

$$V_{Tn0} = V_{FB} + V_{ox} + 2|\Phi_{Fp}|$$

(3.1)

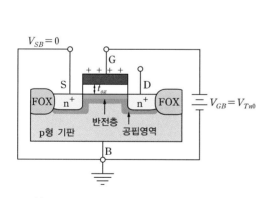

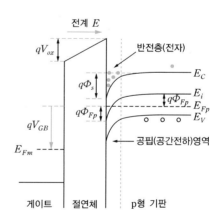

(a) $V_{SB} = 0$, $V_{GB} = V_{Tn0}$이 인가된 경우   (b) 강반전 상태($\phi_s = 2|\Phi_{Fp}|$)의 에너지 대역도

[그림 3-8] **n채널 MOSFET의 문턱전압**

대역 평탄화 전압 V_{FB}는 게이트 전극과 실리콘 기판의 일함수 차이 Φ_{ms}와 산화막-기판 계면에 존재하는 전하량 Q_{SS}로 인한 전위차를 나타내며, 식 (3.2)와 같이 표현된다. 계면 전하량 Q_{SS}는 게이트 산화막과 실리콘 기판의 계면에서 공유결합의 깨짐^{dangling}

bond이나 갇힌전하$^{trapped\ charge}$에 의한 고정전하$^{fixed\ charge}$를 나타낸다. C_{ox}는 게이트 산화막의 단위면적당 커패시턴스를 나타내며, 식 (3.3)과 같이 정의된다. ϵ_{ox}는 게이트 산화막의 상대유전율(실리콘 산화막의 경우 $\epsilon_{ox} \simeq 3.9$)이고, t_{ox}는 게이트 산화막의 두께이다.

$$V_{FB} = \Phi_{ms} - \frac{Q_{SS}}{C_{ox}} \tag{3.2}$$

$$C_{ox} \equiv \frac{\epsilon_0 \epsilon_{ox}}{t_{ox}} \tag{3.3}$$

식 (3.1)에서 게이트 산화막에 걸리는 전압 V_{ox}는 게이트 단자와 실리콘 기판이 MOS 커패시터의 전극으로 작용하는 커패시터 양단의 전압강하를 나타내며, 식 (3.4)와 같이 표현된다. $Q_{D(\max)}$는 게이트에 인가되는 양의 전압에 의해 p형 기판의 공핍영역 폭이 최대가 될 때의 공핍영역의 전하량을 나타낸다.

$$V_{ox} = \frac{|Q_{D(\max)}|}{C_{ox}} \tag{3.4}$$

식 (3.4)에서 채널영역의 공핍영역 전하량은 $Q_{D(\max)} = q N_A x_{D(\max)}$로 표현되고, 공핍영역의 최대 폭은 $x_{D(\max)} = \sqrt{4\epsilon_0 \epsilon_{si} |\Phi_{Fp}| / (q N_A)}$로 표현되는데, 이때 N_A는 p형 기판의 억셉터 불순물 농도를 나타낸다. 이를 식 (3.4)와 식 (3.1)에 대입하여 정리하면 식 (3.5)와 같이 표현할 수 있으며, ϵ_{si}는 실리콘의 유전상수($\simeq 11.8$)를 나타낸다. 파라미터 γ_n은 식 (3.6)과 같이 정의된다.

$$V_{Tn0} = V_{FB} + \gamma_n \sqrt{2|\Phi_{Fp}|} + 2|\Phi_{Fp}| \tag{3.5}$$

$$\gamma_n \equiv \frac{\sqrt{2q\epsilon_0 \epsilon_{si} N_A}}{C_{ox}} \tag{3.6}$$

식 (3.5)에서 p형 실리콘 기판의 벌크전위 Φ_{Fp}는 식 (3.7)과 같이 주어진다. N_A는 p형 기판의 억셉터 불순물 농도이며, $n_i = 1.5 \times 10^{10}\,\mathrm{cm}^{-3}$은 상온에서 진성 반도체의 캐리어 농도를, V_T는 열전압$^{thermal\ voltage}$(상온에서 $V_T = 26\,\mathrm{mV}$)을 나타낸다.

$$\Phi_{Fp} = - V_T \ln\left(\frac{N_A}{n_i}\right) \tag{3.7}$$

식 (3.5) ~ 식 (3.7)로부터, 증가형 MOSFET의 문턱전압은 게이트 전극의 물질(V_{FB})과 기판의 도우핑 농도(N_A), 게이트 산화막의 두께(t_{ox}) 등의 영향을 받음을 알 수 있다. 또한 문턱전압은 온도와 소오스–기판 바이어스 전압에 의해서도 영향을 받으며, 채널 이온 주입을 통해 조정할 수 있다.

증가형 p채널 MOSFET의 문턱전압 V_{Tp0}은 식 (3.8)과 같이 표현되며, 음의 값을 갖는다. γ_p는 식 (3.9)와 같이 정의되고, n형 실리콘 기판의 벌크전위 Φ_{Fn}은 식 (3.10)으로 주어지며, N_D는 n형 기판의 도우너 불순물 농도를 나타낸다.

$$V_{Tp0} = V_{FB} - \gamma_p \sqrt{2\Phi_{Fn}} - 2\Phi_{Fn} \tag{3.8}$$

$$\gamma_p \equiv \frac{\sqrt{2q\epsilon_0\epsilon_{si}N_D}}{C_{ox}} \tag{3.9}$$

$$\Phi_{Fn} = V_T \ln\left(\frac{N_D}{n_i}\right) \tag{3.10}$$

예제 3-1

MOSFET에서 게이트 산화막(SiO_2)의 두께는 $t_{ox} = 18\text{Å}$이고, p형 실리콘 기판의 억셉터 불순물 농도가 $N_A = 2 \times 10^{12}\,\text{cm}^{-3}$일 때, T = 300K에서 문턱전압을 구하라. 단, 대역 평탄화 전압은 $V_{FB} = 0.055\,\text{V}$이고, 소오스–기판 바이어스 전압은 $V_{SB} = 0\,\text{V}$이다.

풀이

식 (3.7)로부터 p형 실리콘 기판의 벌크전위 Φ_{Fp}를 계산하면 다음과 같다.

$$\Phi_{Fp} = -V_T \ln\left(\frac{N_A}{n_i}\right) = -26 \times \ln\left(\frac{2 \times 10^{12}}{1.5 \times 10^{10}}\right) = -127.21\,\text{mV}$$

단위면적당 게이트 산화막 커패시턴스를 계산하면 다음과 같다.

$$C_{ox} = \frac{\epsilon_0\epsilon_{ox}}{t_{ox}} = \frac{8.85 \times 10^{-14} \times 3.9}{18 \times 10^{-8}} = 1.92 \times 10^{-6}\,\text{F/cm}^2$$

식 (3.6)으로부터 γ_n는 다음과 같이 계산된다.

$$\gamma_n \equiv \frac{\sqrt{2q\epsilon_0\epsilon_{si}N_A}}{C_{ox}} = \frac{\sqrt{2 \times 1.6 \times 10^{-19} \times 11.8 \times 8.85 \times 10^{-14} \times 2 \times 10^{12}}}{1.92 \times 10^{-6}} = 4.26 \times 10^{-4}\,\text{V}^{1/2}$$

계산된 값을 식 (3.5)에 대입하면 문턱전압은 다음과 같다.

$$V_{Tn0} = V_{FB} + \gamma_n \sqrt{2|\Phi_{Fp}|} + 2|\Phi_{Fp}|$$

$$= 0.055 + 4.26 \times 10^{-4} \times \sqrt{2 \times 127.21 \times 10^{-3}} + 2 \times 127.21 \times 10^{-3} = 0.31\,\text{V}$$

MOSFET에서는 소오스-기판의 역바이어스 전압에 의해 문턱전압이 증가하는 현상이 나타나는데, 이를 기판 바이어스 효과$^{body\ bias\ effect}$라고 한다. [그림 3-9(a)]와 같이 n채널 MOSFET에 소오스-기판 전압인 $V_{SB} > 0$을 증가시키면, 소오스-기판 pn 접합에 역방향 바이어스가 증가하여 공핍영역의 폭이 증가하고, 반전층의 전하량이 감소한다. 이는 MOSFET의 문턱전압의 증가로 나타난다. 기판 바이어스 효과를 고려한 문턱전압은 식 (3.11)과 같이 ΔV_{Tn}만큼 증가한다.

$$V_{Tn} = V_{Tn0} + \Delta V_{Tn} = V_{Tn0} + \gamma_n \left(\sqrt{2|\Phi_{Fp}| + V_{SB}} - \sqrt{2|\Phi_{Fp}|} \right) \qquad (3.11)$$

이때 V_{Tn0}는 $V_{SB} = 0$인 경우의 문턱전압을 나타낸다. [그림 3-9(b)]는 기판 역바이어스 전압($V_{SB} > 0$)의 증가에 따른 문턱전압의 변화를 보이고 있다. $V_{BS} = 0$일 때의 문턱전압 V_{Tn0}에 비하면, 소오스-기판 역바이어스 전압의 증가에 따라 문턱전압이 증가($V_{Tn0} < V_{Tn1} < V_{Tn2}$)한다. 따라서 특정 게이트-소오스 전압 V_{GS1}에 대해 드레인 전류가 감소($I_{D0} > I_{D1} > I_{D2}$)함을 알 수 있다.

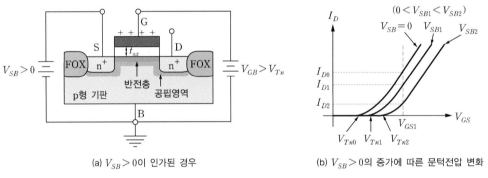

(a) $V_{SB} > 0$이 인가된 경우   (b) $V_{SB} > 0$의 증가에 따른 문턱전압 변화

[그림 3-9] 기판 바이어스 전압이 문턱전압에 미치는 영향

3.2.3 증가형 MOSFET의 전압－전류 특성

[그림 3-10]은 증가형 MOSFET의 각 단자에 흐르는 전류의 방향과 전압의 극성을 보이고 있다. 게이트 단자에 인가되는 전압의 극성과 크기에 따라 소오스-드레인 사이의 전류 흐름이 제어된다. 소오스는 전류를 운반하는 캐리어를 공급하고, 드레인은 소오스에서 공급된 캐리어가 채널영역을 지나 밖으로 방출되는 단자이다. n채널 MOSFET에서는 [그림 3-10(a)]와 같이 드레인 단자로 들어간 전류가 소오스 단자로 나간다. 반면, p채널 MOSFET에서는 [그림 3-10(b)]와 같이 소오스 단자로 들어간 전류가 드레인 단자로

나간다. MOSFET의 전류는 소오스와 드레인 사이에 흐르며, 소오스/드레인과 기판 사이에는 전류가 흐르지 않는다. 또한 MOSFET의 게이트 단자는 산화막으로 절연되어 있으므로, 게이트 단자에도 전류가 흐르지 않는다. MOSFET의 소오스와 드레인 사이에 흐르는 전류는 전자(n채널) 또는 정공(p채널) 단일 캐리어에 의해 형성되는 단극성^{unipolar} 전류이다. MOSFET의 각 단자 사이의 전압은 n채널과 p채널에서 서로 반대 극성으로 표시된다. n채널 MOSFET의 게이트 단자와 소오스 단자 사이의 전압은 $v_{GS} = v_G - v_S$로 표시하는데, 이는 소오스 단자의 전압 v_S를 기준으로 한 게이트 단자의 전압 v_G를 나타낸다. p채널 MOSFET의 게이트 단자와 소오스 단자 사이의 전압은 $v_{SG} = v_S - v_G$로 표시하는데, 이는 게이트 단자의 전압 v_G를 기준으로 한 소오스 단자의 전압 v_S를 나타낸다.

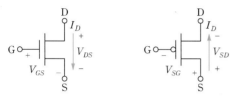

(a) n채널 MOSFET   (b) p채널 MOSFET

[그림 3-10] 증가형 MOSFET의 전류 방향과 전압 극성

n채널 MOSFET를 예로 들어 전압-전류 특성을 알아보자. MOSFET는 게이트에 인가되는 전압에 따라 차단모드와 도통^{on}상태로 동작한다. 게이트 전압이 문턱전압보다 크면 채널이 형성되는데, 이 상태에서 드레인 전압이 소오스 전압보다 크면, MOSFET에 전류가 흐르는 도통상태가 된다. 도통된 MOSFET의 동작은 드레인-소오스 전압 V_{DS}에 따라 선형모드와 포화모드로 구분된다. MOSFET의 게이트 전극은 게이트 산화막에 의해 기판과 절연되어 있으므로, 게이트 단자에 흐르는 전류는 이상적으로 0임에 유의한다.

■ 차단모드($V_{GS} < V_{Th}$인 경우)

증가형 n채널 MOSFET에서 소오스-기판, 드레인-기판 사이에는 pn 접합이 형성되어 있으며, 이들 pn 접합은 항상 역방향 바이어스 상태가 되어야 한다. [그림 3-11]에서 소오스 단자와 기판 단자가 연결되어 $V_{SB} = 0\,\mathrm{V}$인 상태이고, 드레인 단자와 소오스 단자 사이에 $V_{DS} > 0$이 인가되고 있으므로, 소오스/드레인과 기판 사이에는 전류가 흐르지 않는다. 게이트 단자에 문턱전압 V_{Th}보다 작은 전압($V_{GS} < V_{Th}$)이 인가되면, [그림 3-11]과 같이 채널영역에 공핍층이 형성되고, 소오스 단자와 드레인 단자 사이에 전류가 흐르지 않아 드레인 전류는 $I_D = 0$이다. 이 상태를 차단모드라고 한다. MOSFET를 스위치로 사용하는 디지털 회로에서는 차단모드가 열린^{open} 스위치로 동작한다.

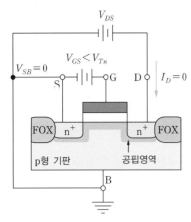

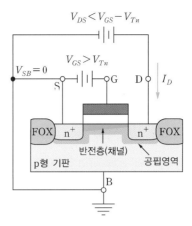

[그림 3-11] 증가형 n채널 MOSFET의 차단모드 동작　　　[그림 3-12] 증가형 n채널 MOSFET의 선형모드 동작

■ 선형모드($V_{GS} > V_{Tn}$이고, $V_{DS} < V_{GS} - V_{Tn}$인 경우)

문턱전압보다 큰 게이트 전압($V_{GS} > V_{Tn}$)이 인가되어 채널이 형성된 상태에서, 드레인-소오스 전압 $V_{DS} > 0$이 채널 형성에 기여하는 유효 게이트 전압($V_{GS} - V_{Tn}$)보다 작은 경우, MOSFET는 선형(또는 비포화)모드로 동작한다. 게이트-드레인 전압 V_{GD}가 문턱 전압보다 크므로($V_{GD} > V_{Tn}$), [그림 3-12]에서와 같이 드레인 근처까지 채널이 형성되며 V_{DS}로 인한 수평 전계에 의해 전자가 소오스에서 드레인으로 이동해 전류가 흐른다. 따라서 디지털 회로에서 선형모드는 닫힌^{closed} 스위치로 동작한다.

드레인 전류는 식 (3.12)와 같이 표현되며, 게이트 전압 V_{GS}와 드레인 전압 V_{DS}의 영향을 받는다. 파라미터 β_n은 식 (3.13)과 같이 정의되며, 전자의 이동도 μ_n, 단위면적당 게이트 산화막 커패시턴스($C_{ox} = \epsilon_0 \epsilon_{ox}/t_{ox}$), 그리고 트랜지스터의 채널폭 W_n과 채널길이 L_n에 의해 결정된다. 식 (3.13)에서 $k_n = \mu_n C_{ox}$는 전자의 이동도와 게이트 산화막의 커패시턴스 등 반도체 제조공정에 의해 결정되는 상수이므로, 공정이득$^{process\ gain}$ 파라미터라고 한다. 이 두 식으로부터 회로 설계자는 MOSFET의 채널폭을 통해 전류량을 조절할 수 있다.

$$I_D = \beta_n \left[(V_{GS} - V_{Tn}) V_{DS} - \frac{1}{2} V_{DS}^2 \right] \ \ (단, \ V_{DS} < V_{GS} - V_{Tn}) \qquad (3.12)$$

$$\beta_n \equiv \mu_n C_{ox} \left(\frac{W_n}{L_n} \right) = k_n \left(\frac{W_n}{L_n} \right) \qquad (3.13)$$

선형모드의 드레인 전압-전류 특성은 [그림 3-13(a)]와 같다. 여기서 게이트 전압 V_{GS}와 드레인 전압 V_{DS}가 증가할수록 드레인 전류가 증가함을 볼 수 있다. [그림 3-13(a)]

에서 점선 원으로 표시된 작은 V_{DS} 영역을 확대하여 그리면 [그림 3-13(b)]와 같다. 그림에서 볼 수 있듯이, 작은 V_{DS} 영역에서 드레인 전류 I_D는 직선으로 근사될 수 있으며, 기울기의 역수는 선형모드로 동작하는 MOSFET의 채널저항이 된다. 식 (3.12)를 V_{DS}에 대해 미분한 후, $V_{DS} \ll V_{GS} - V_{Tn}$을 만족하는 작은 V_{DS} 영역에 대해 근사시키면, 선형모드의 채널저항 R_{on}은 식 (3.14)와 같이 정의된다. 선형모드의 채널저항은 β_n에 반비례하므로, MOSFET의 채널폭을 증가시키면 채널저항이 작아짐을 알 수 있다.

$$R_{on} \equiv \left(\frac{dI_D}{dV_{DS}} \right)^{-1} = \frac{1}{\beta_n \left[\left(V_{GS} - V_{Tn} \right) - V_{DS} \right]} \simeq \frac{1}{\beta_n \left(V_{GS} - V_{Tn} \right)} \qquad (3.14)$$

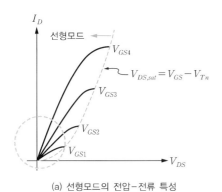

(a) 선형모드의 전압-전류 특성

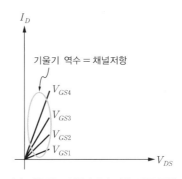

(b) 작은 V_{DS} 영역에서의 전압-전류 특성

[그림 3-13] **선형모드의 드레인 전압-전류 특성**

예제 3-2

증가형 n채널 MOSFET가 $\beta_n = 240\,\mu\text{A}/\text{V}^2$이 되기 위해 필요한 채널폭과 채널길이의 비 (W_n / L_n)를 구하라. 단, 전자의 이동도는 $\mu_n = 350\,\text{cm}^2/\text{V} \cdot \text{s}$, 게이트 산화막의 두께는 $t_{ox} = 100\,\text{Å}$이다.

풀이

식 (3.13)으로부터 공정이득 파라미터 k_n을 계산하면 다음과 같다.

$$k_n = \mu_n C_{ox} = \frac{\mu_n \epsilon_0 \epsilon_{ox}}{t_{ox}} = \frac{350 \times 8.85 \times 10^{-14} \times 3.9}{100 \times 10^{-8}} = 120.8\,\mu\text{A}/\text{V}^2$$

따라서 $\beta_n = k_n \left(W_n / L_n \right)$으로부터 다음과 같이 계산된다.

$$\frac{W_n}{L_n} = \frac{\beta_n}{k_n} = \frac{240}{120.8} \simeq 2.0$$

■ 포화모드($V_{GS} > V_{Th}$이고, $V_{DS} \geq V_{GS} - V_{Th}$인 경우)

게이트 전압이 문턱전압보다 커서 채널이 형성된 상태($V_{GS} > V_{Th}$)에서, 드레인 전압이 증가하여 $V_{DS} \geq V_{GS} - V_{Th}$이 되면, [그림 3-14]와 같이 드레인 근처에서 채널이 없어지는 핀치-오프$^{\text{pinch-off}}$ 현상이 발생한다. 채널 핀치-오프란 게이트 전압에 의한 수직 전계와 드레인 전압에 의한 수평 전계가 서로 상쇄되어, 드레인 근처에서 채널이 형성되지 못하는 상태를 말한다. 채널 핀치-오프가 발생하는 임계 드레인-소오스 전압을 드레인-소오스 포화전압 $V_{DS,sat}$로 표현한다.

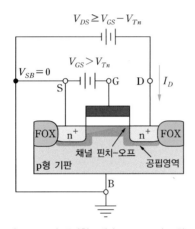

[그림 3-14] 증가형 n채널 MOSFET의 포화모드 동작

채널이 핀치-오프된 상태에서 전자가 채널의 끝에 도달하면, 드레인 부근의 강한 전계에 의해서 전자가 빠르게 드레인으로 끌려가게 된다. 2차 효과를 무시하는 이상적인 경우, 채널 핀치-오프 상태에서는 드레인 전압이 증가해도 드레인 전류는 일정하게 유지된다. 따라서 포화^{saturation}모드라고 한다. 포화모드에서 드레인 전류는 드레인 전압에는 무관하고 게이트 전압에만 영향을 받으며, 식 (3.15)와 같이 표현된다. MOSFET가 증폭기로 사용되는 경우에는 동작점이 포화영역 내에 설정되며, 스위치로 사용되는 경우에는 닫힌 스위치(선형모드)와 열린 스위치(차단모드) 사이를 과도기적으로 거쳐 간다. 선형모드와 포화모드의 경계조건인 $V_{DS,sat} = V_{GS} - V_{Th}$을 식 (3.15)에 대입하면, 드레인 포화전류 $I_{D,sat}$는 식 (3.16)과 같다.

$$I_D = \beta_n \left[\frac{1}{2} \left(V_{GS} - V_{Th} \right)^2 \right] \quad (\text{단}, \ V_{DS} \geq V_{GS} - V_{Th}) \tag{3.15}$$

$$I_{D,sat} = \frac{1}{2} \beta_n V_{DS,sat}^2 \tag{3.16}$$

식 (3.12)와 식 (3.15)가 나타내는 증가형 n채널 MOSFET의 전압-전류 특성은 [그림 3-15]와 같다. 차단모드의 드레인 전류는 0이고, 선형모드에서 드레인 전류는 게이트 전압과 드레인 전압에 모두 영향을 받으며, 포화모드의 드레인 전류는 게이트 전압에 의해서만 영향을 받는다. [그림 3-15]에서 점선으로 표시된 포물선은 선형모드와 포화모드의 경계로, $V_{DS,sat} = V_{GS} - V_{Tn}$인 값들의 궤적을 나타낸다.

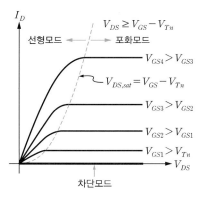

[그림 3-15] 증가형 n채널 MOSFET의 전압-전류 특성(2차 효과를 무시한 경우)

증가형 p채널 MOSFET의 동작모드에 따른 전압-전류 특성은 [그림 3-16]과 같다. 이를 n채널 MOSFET와 비교하면, 전류의 방향과 전압의 극성이 반대가 된다. [표 3-1]은 증가형 MOSFET의 전압-전류 특성을 요약한 것이다.

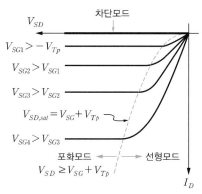

[그림 3-16] 증가형 p채널 MOSFET의 전압-전류 특성(2차 효과를 무시한 경우)

[표 3-1] 증가형 MOSFET의 전압-전류 특성

동작모드	n채널 MOSFET [$V_{Tn} > 0$, $\beta_n = \mu_n C_{ox}(W_n/L_n)$]			
	전압 조건		드레인 전류	응용
차단	$V_{GS} < V_{Tn}$	–	$I_D = 0$	열린 스위치
비포화	$V_{GS} \geq V_{Tn}$	$V_{DS} < V_{GS} - V_{Tn}$	$I_D = \beta_n \left[(V_{GS} - V_{Tn}) V_{DS} - \frac{1}{2} V_{DS}^2 \right]$	닫힌 스위치
포화		$V_{DS} \geq V_{GS} - V_{Tn}$	$I_D = \frac{1}{2} \beta_n (V_{GS} - V_{Tn})^2$	증폭기
동작모드	p채널 MOSFET [$V_{Tp} < 0$, $\beta_p = \mu_p C_{ox}(W_p/L_p)$]			
	전압 조건		드레인 전류	응용
차단	$V_{SG} < -V_{Tp}$	–	$I_D = 0$	열린 스위치
비포화	$V_{SG} \geq -V_{Tp}$	$V_{SD} < V_{SG} + V_{Tp}$	$I_D = \beta_p \left[(V_{SG} + V_{Tp}) V_{SD} - \frac{1}{2} V_{SD}^2 \right]$	닫힌 스위치
포화		$V_{SD} \geq V_{SG} + V_{Tp}$	$I_D = \frac{1}{2} \beta_p (V_{SG} + V_{Tp})^2$	증폭기

예제 3-3

증가형 n채널 MOSFET가 $V_{GS} = 1.5\,\text{V}$에서 포화모드로 동작한다. $I_{DS,sat} = 400\,\mu\text{A}$의 드레인 포화전류를 갖기 위해 필요한 채널폭과 채널길이의 비(W_n/L_n)를 구하라. MOSFET의 문턱전압은 $V_{Tn} = 0.3\,\text{V}$, 전자의 이동도는 $\mu_n = 80\,\text{cm}^2/\text{V} \cdot \text{s}$, 게이트 산화막의 두께는 $t_{ox} = 18\,\text{Å}$이다.

풀이

식 (3.13)으로부터 공정이득 파라미터 k_n을 계산하면 다음과 같다.

$$k_n \equiv \mu_n C_{ox} = \frac{\mu_n \epsilon_0 \epsilon_{ox}}{t_{ox}} = \frac{80 \times 8.85 \times 10^{-14} \times 3.9}{18 \times 10^{-8}} = 153.4\,\mu\text{A/V}^2$$

식 (3.15)로부터 드레인 전류는 식 (1)과 같이 표현된다.

$$I_D = \frac{1}{2} k_n \frac{W_n}{L_n} (V_{GS} - V_{Tn})^2 \tag{1}$$

식 (1)에 주어진 값을 대입하여 W_n/L_n를 구하면 다음과 같다.

$$\frac{W_n}{L_n} = \frac{2 I_{D,sat}}{k_n (V_{GS} - V_{Tn})^2} = \frac{2 \times 400 \times 10^{-6}}{153.4 \times 10^{-6} \times (1.5 - 0.3)^2} \simeq 3.6$$

3.2.4 증가형 MOSFET의 누설전류

3.2.3절에서는 2차 효과를 무시한 이상적인 경우의 MOSFET 전압–전류 특성을 설명하였다. 게이트 전압이 문턱전압보다 큰 도통된 상태에서만 드레인 전류가 흐르고, 차단모드에서는 MOSFET의 드레인 전류가 0이라고 하였다. 그러나 실제의 경우에는 여러 가지 요인에 의해 작은 양이지만 누설전류leakage current가 흐른다. 예를 들어, CMOS 인버터 회로에서 MOSFET의 누설전류 성분들은 [그림 3-17]과 같다.

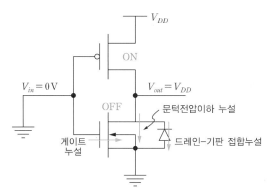

[그림 3-17] MOSFET의 누설전류 성분

인버터에 $V_{in} = 0\,\mathrm{V}$가 인가되어 출력은 $V_{out} = V_{DD}$이다. p채널 MOSFET는 도통on 상태이고, n채널 MOSFET는 개방off상태이다. 이상적인 경우를 가정하면, 개방상태의 n채널 MOSFET에 흐르는 전류는 0이다. 그러나 문턱전압이하sub-threshold 누설전류, 드레인과 기판 사이의 역방향 바이어스된 pn 접합에 흐르는 누설전류, 그리고 게이트 산화막을 통해 흐르는 누설전류 등의 성분들이 존재한다. 게이트 누설전류는 수 나노미터 이하의 얇은 게이트 산화막에서 발생하는 터널링 효과에 의한 누설전류이다. 이들 누설전류 성분들은 CMOS 회로의 정적 전력소모를 유발하는 원인이 되며, 동적dynamic 회로의 출력전압을 감소시켜 오동작을 유발한다(7.1.2절 참조).

MOSFET의 게이트–소오스 전압이 문턱전압보다 작은 차단모드($V_{GS} < V_{Tn}$)에서는 채널 영역에 소수의 반전 캐리어가 존재할 수 있는데, 이를 약반전weak inversion 상태라고 한다. 약반전 상태에서 드레인 전압이 인가되면 작은 양의 누설전류가 흐르며, 이를 문턱전압이하 누설전류라고 한다. 문턱전압이하 누설전류는 누설전류 성분들 중 가장 큰 부분을 차지하며, 식 (3.17)과 같이 게이트–소오스 전압 V_{GS}에 지수적으로 증가하는 특성을 갖는다. 문턱전압이 작은 단채널short channel 소자에 큰 영향을 미친다.

$$I_D = I_{D0}\exp\left(\frac{V_{GS} - V_{Tn}}{\eta V_T}\right)\left(1 - \exp\left(\frac{-V_{DS}}{V_T}\right)\right) \tag{3.17}$$

[그림 3-18]은 MOSFET의 게이트-소오스 전압 V_{GS}에 따른 드레인 전류의 특성이다. 이때 문턱전압이하 영역에서 드레인 전류가 V_{GS}에 대해 지수적으로 증가함을 볼 수 있다.

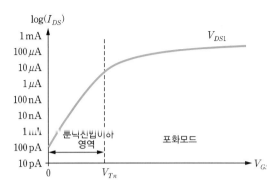

[그림 3-18] MOSFET의 게이트-소오스 전압에 따른 드레인 전류

MOSFET의 누설전류를 구성하는 또 다른 성분은 소오스/드레인과 기판 사이에 역바이어스된 pn 접합에 흐르는 접합 누설전류로, 식 (3.18)과 같이 모델링된다. I_S는 pn 접합의 역방향 포화전류, V_D는 pn 접합에 인가된 역방향 전압, 그리고 V_T는 온도전압을 나타낸다.

$$I_D = I_S \left(\exp\left(\frac{V_D}{V_T} \right) - 1 \right) \tag{3.18}$$

> **핵심포인트** **증가형 MOSFET의 구조 및 특성**
>
> - MOSFET의 문턱전압은 채널을 강반전 상태($\phi_s = 2\Phi_F$)로 만들기 위해 요구되는 최소 게이트 전압으로 정의되며, 트랜지스터의 전압-전류 특성에 영향을 미친다.
>   - 기판의 도우핑 농도가 클수록 기판의 벌크전위 ϕ_F가 커져 문턱전압이 커진다.
>   - 게이트 산화막 두께가 클수록 문턱전압이 커진다.
>   - 기판의 역바이어스 전압이 클수록 문턱전압이 커진다.
>   - 게이트 전극의 물질과 온도 등도 문턱전압에 영향을 미친다.
> - MOSFET는 게이드 진압의 극성과 크기에 따라 소오스-드레인의 진류 흐름을 제어하는 소자로, 채널폭과 채널길이의 비(W/L)로 전류를 조절할 수 있다.
>   - 차단모드 : 열린 스위치
>   - 선형모드 : 닫힌 스위치
>   - 포화모드 : 증폭기
>   - 선형모드(닫힌 스위치)의 채널저항은 β_n에 반비례하므로, W/L가 클수록 작아진다.
> - MOSFET의 문턱전압이하 누설전류, 드레인-기판 접합 누설전류, 게이트 산화막 누설전류 성분들은 CMOS 회로의 정적 전력소모를 유발하는 요인이 된다.

3.3 공핍형 MOSFET의 구조 및 특성

공핍형[depletion] MOSFET의 구조는 [그림 3-6]의 증가형 MOSFET와 동일하나, 제조공 정에서 채널이 미리 만들어지는 점만 다르다. 공핍형 MOSFET의 구조는 [그림 3-19] 와 같으며, 제조공정에서 형성된 채널에 의해 소오스와 드레인이 연결되어 있다. 공핍 형 MOSFET의 소자 형태(n채널 또는 p채널)는 증가형 MOSFET와 동일하게 소오스/드 레인과 기판의 도우핑 형태에 의해 결정된다.

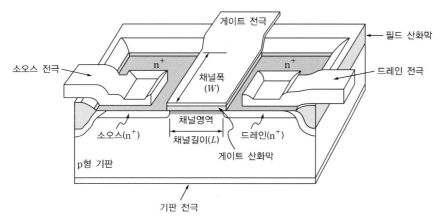

(a) 공핍형 n채널 MOSFET의 구조

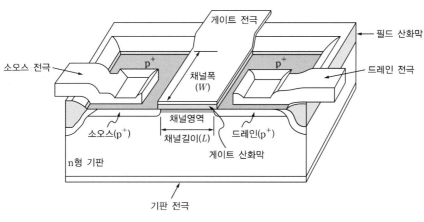

(b) 공핍형 p채널 MOSFET의 구조

[그림 3-19] **공핍형 MOSFET의 구조**

공핍형 MOSFET는 [그림 3-20]과 같은 기호로 나타내며, 미리 만들어져 있는 채널을 기 호에 표시하는 점이 증가형 MOSFET와 다르다. 기판 또는 소오스 단자의 화살표 방향으 로 n채널 또는 p채널을 구별하며, 이로부터 도우핑 형태를 알 수 있다.

(a) 공핍형 n채널 MOSFET   (b) 공핍형 p채널 MOSFET

[그림 3-20] **공핍형 MOSFET의 기호**

공핍형 MOSFET의 각 단자에 흐르는 전류와 전압의 극성은 [그림 3-10]의 증가형 MOSFET와 동일하다. 증가형 MOSFET과 같이 채널을 통해서만 전류가 흐르며, 소오스/드레인에서 기판으로는 전류가 흐르지 않아야 한다. 따라서 소오스/드레인-기판의 pn 접합은 항상 역방향 바이어스 상태가 되어야 하며, 이를 위해 공핍형 n채널 MOSFET의 기판(p형)에는 0 V 또는 음의 전압이 인가되어야 한다.

공핍형 MOSFET는 게이트 단자에 인가되는 전압의 극성과 크기에 따라서 동작이 달라진다. 게이트에 음의 전압이 인가되면 공핍형으로 동작하고, 양의 전압이 인가되면 증가형으로 동작한다. [그림 3-21]은 소오스와 기판을 접지시키고, 음의 게이트 전압 $V_{GS} < 0$ 을 인가하여 공핍형으로 동작하도록 구성된 예이다. 게이트에 음의 전압이 인가되면, 채널영역의 전자가 기판 아래쪽으로 밀려나고, 그 자리에 공핍층이 형성된다. 따라서 채널영역에 전자가 감소하여 드레인 전류가 감소한다. 게이트에 인가되는 음의 전압이 커질수록 공핍층이 확대되어 드레인 전류는 더욱 감소한다. 이와 같이 게이트 단자에 인가되는 음의 전압 크기로 드레인 전류를 조절하는 소자가 공핍형 MOSFET이다. 한편, 공핍형 n채널 MOSFET에 양의 게이트 전압이 인가되면, 기판의 소수 캐리어 전자가 채널영역으로 끌려와서 드레인 전류를 증가시키는 증가형 MOSFET로 동작한다.

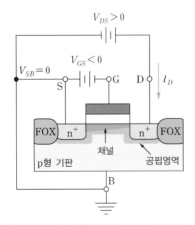

[그림 3-21] **공핍형 n채널 MOSFET의 동작**

음의 게이트 전압이 특정 임계값이 되면, 채널영역 전체가 공핍층으로 채워져 전류를 운반하는 캐리어가 없어지기 때문에 드레인 전류가 흐르지 못한다. 채널영역의 캐리어를 모두 제거하여 드레인 전류를 0으로 만들기 위해 필요한 최소 게이트 전압이 공핍형 MOSFET의 문턱전압이다. 반면에, 증가형 MOSFET의 문턱전압은 채널을 형성하기 위해 필요한 최소 게이트 전압이다. 이처럼 공핍형 MOSFET와 증가형 MOSFET의 문턱전압이 서로 반대 개념이라는 점에 유의한다. 공핍형 n채널 MOSFET의 문턱전압은 $V_{Tn} < 0$이고, p채널 MOSFET의 문턱전압은 $V_{Tp} > 0$이다.

공핍형 MOSFET의 전압-전류 특성은 [그림 3-22]와 같다. 증가형 n채널 MOSFET와 동일한 특성을 가지므로, 식 (3.12)와 식 (3.15)의 드레인 전류 수식을 동일하게 적용할 수 있다. [그림 3-22]에서 $V_{GS} = 0\,\text{V}$ 일 때의 드레인 전류를 드레인 포화전류 I_{DSS}라고 하며, 식 (3.15)로부터 식 (3.19)와 같이 주어진다. 드레인 포화전류 I_{DSS}는 MOSFET의 채널폭 W와 채널길이 L의 비에 의해 조정된다.

$$I_{DSS} = \frac{1}{2}\beta_n V_{Tn}^2 \tag{3.19}$$

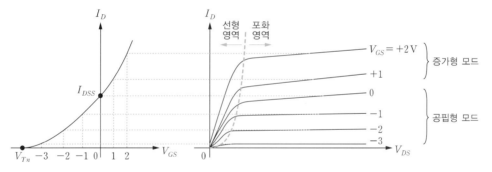

[그림 3-22] 공핍형 MOSFET의 전압-전류 및 전달 특성

3.4 MOSFET의 기생 커패시턴스

MOSFET에는 구조적인 특성과 제조공정상의 요인에 의해 기생 커패시턴스^{parasitic capacitance} 성분이 존재한다. 기생 커패시턴스는 디지털 회로의 동작속도에 영향을 미치며, 아날로그 회로에서는 주파수 특성에 영향을 미친다.

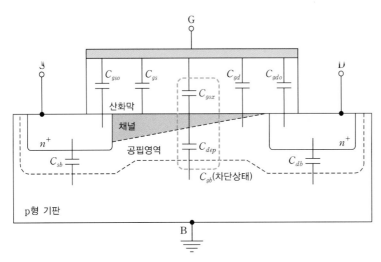

[그림 3-23] MOSFET의 기생 커패시턴스 성분

[그림 3-23]은 MOSFET에 존재하는 기생 커패시턴스 성분을 보이고 있다. C_{gs} 와 C_{gd} 는 게이트-채널의 커패시턴스 성분이다. C_{gso} 와 C_{gdo} 는 각각 게이트-소오스, 게이트-드레인 중첩^{overlap}에 의한 커패시턴스 성분으로, MOSFET의 제조공정에서 게이트 산화막이 소오스/드레인 영역과 중첩되어 발생되는 커패시턴스 성분이다. C_{sb} 와 C_{db} 는 각각 소오스-기판, 드레인-기판의 역방향 바이어스된 pn 접합의 커패시턴스를 나타낸다. C_{gox} 는 게이트 산화막에 의한 커패시턴스이고, C_{dep} 는 채널-공핍영역에 의한 커패시턴스이다. MOSFET의 각 단자를 기준으로 이러한 기생 커패시턴스들을 나타내면 [그림 3-24]와 같다. 여기서 소오스와 드레인 단자의 기생 커패시턴스는 중첩에 의한 커패시턴스를 포함하고 있다.

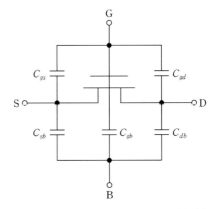

[그림 3-24] MOSFET 각 단자의 기생 커패시턴스 성분

3.4.1 게이트 커패시턴스

게이트-채널의 커패시턴스는 트랜지스터의 동작모드에 따라 달라진다. 트랜지스터가 차단모드(채널이 형성되지 않은 상태)이면, 게이트 산화막에 의한 커패시턴스 C_{gox} 와 채널-공핍영역의 커패시턴스 C_{dep} 가 직렬로 연결되어 게이트-기판 커패시턴스 C_{gb} 를 형성한다. 게이트 전압에 따른 게이트 커패시턴스는 [표 3-2]와 같이 근사적으로 표현할 수 있다. 차단영역에서는 채널이 형성되지 않으므로, 게이트와 기판 사이의 커패시턴스 C_{gb} 만 존재하는데, C_{gb} 는 단위면적당 게이트 산화막의 커패시턴스 C_{ox}, MOSFET의 채널폭과 채널길이에 의해 결정된다. 선형모드로 동작하는 경우에는 게이트 커패시턴스를 게이트-소오스 커패시턴스 C_{gs} 와 게이트-드레인 커패시턴스 C_{gd} 의 합으로 근사화할 수 있다. 포화모드에서는 채널의 드레인 쪽이 핀치-오프되므로 게이트-소오스 커패시턴스 C_{gs} 만 존재하며, 선형모드 커패시턴스의 약 2/3로 근사화할 수 있다.

[표 3-2] MOSFET의 동작모드에 따른 게이트 커패시턴스($C_0 = C_{ox}WL$)

게이트 커패시턴스	차단모드	선형모드	포화모드
C_{gb}	$\approx C_0$	0	0
C_{gs}	0	$\dfrac{C_0}{2}$	$\dfrac{2C_0}{3}$
C_{gd}	0	$\dfrac{C_0}{2}$	0
$C_g = C_{gs} + C_{gd} + C_{gb}$	C_0	C_0	$\dfrac{2C_0}{3}$

[표 3-2]로부터 MOSFET의 동작모드에 따른 게이트 커패시턴스는 [그림 3-25]와 같이 나타낼 수 있다. 이때 열린 스위치 상태(차단모드)의 게이트 커패시턴스 C_{gb} 와 닫힌 스위치 상태(선형모드)의 게이트 커패시턴스 $C_{gs} + C_{gd}$ 는 같다($C_{gb} = C_{gs} + C_{gd}$). 디지털 회로에서 MOSFET는 차단모드(열린 스위치)와 선형모드(닫힌 스위치)로 사용되므로, 게이트 커패시턴스는 식 (3.20)과 같이 표현된다. 여기서 $C_{ox} = \epsilon_0\epsilon_{ox}/t_{ox}$ 는 단위면적당 게이트 산화막의 커패시턴스를 나타내며, t_{ox} 는 게이트 산화막의 두께를 나타낸다.

$$C_g = C_{ox}(W \times L) \tag{3.20}$$

디지털 회로에서는 MOSFET의 채널길이를 최소 크기로 만들므로, 채널길이 L 을 공정에 따라 고정된 상수로 취급할 수 있다. 따라서 식 (3.20)은 식 (3.21)과 같이 다시 표현할 수 있다. 여기서 C_g^* 는 단위채널폭당 게이트 산화막 커패시턴스를 나타내며, 식 (3.22)와 같이 정의된다. 예를 들어, $0.18\,\mu m$ 공정에서 C_g^*는 $1.5 \sim 2.0\,\text{fF}$ 정도의 값을 갖는다.

$$C_g = C_g^* \times W \tag{3.21}$$

$$C_g^* = C_{ox} \times L = \frac{\epsilon_0\,\epsilon_{ox}}{t_{ox}} \times L \tag{3.22}$$

[그림 3-23]에서 보는 바와 같이 MOSFET는 게이트와 소오스/드레인의 중첩^{overlap}과 주변전계$^{\text{fringing field}}$에 의한 커패시턴스 성분 C_{gso}와 C_{gdo}를 가지는데, 그 값은 식 (3.23)과 같이 채널폭에 비례한다. 식 (3.23)에서 첨자 x는 드레인(d) 또는 소오스(s)를 나타낸다. 단위길이당 중첩 커패시턴스 C_{gxo}^*는 제조공정에서 결정되며, $0.2 \sim 0.4\,\text{fF}/\mu m$ 범위의 값이다.

$$C_{gxo} = C_{gxo}^* \times W \tag{3.23}$$

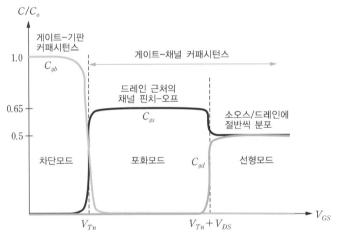

[그림 3-25] MOSFET의 게이트 전압에 따른 커패시턴스

예제 3-4

채널길이가 $L = 90\,\text{nm}$이고, 채널폭이 $W = 270\,\text{nm}$인 MOSFET의 단위채널폭당 게이트 커패시턴스 C_g^*와 게이트 커패시턴스 C_g의 값을 구하라. 단, 게이트 산화막의 두께는 $t_{ox} = 20\,\text{Å}$이며, 중첩 커패시턴스의 영향은 무시한다.

풀이

단위채널폭당 게이트 커패시턴스 C_g^*는 식 (3.22)로부터 다음과 같이 계산된다.

$$C_g^* = C_{ox} \times L = \frac{\epsilon_0\,\epsilon_{ox}}{t_{ox}} \times L = \frac{8.85 \times 10^{-12} \times 3.9}{20 \times 10^{-10}} \times 90 \times 10^{-9} = 1.55\,\text{fF}/\mu m$$

따라서 게이트 커패시턴스는 식 (3.21)로부터 다음과 같이 얻을 수 있다.

$$C_g = C_g^* \times W = 1.55 \times 0.27 = 0.42 \, \text{fF}$$

3.4.2 소오스/드레인 접합 커패시턴스

MOSFET의 소오스/드레인-기판(또는 well)은 역방향 바이어스된 pn 접합을 형성하므로, [그림 3-23]에서 보듯이 접합 커패시턴스junction capacitance 성분 C_{sb}와 C_{db}가 존재한다. 소오스/드레인 접합 커패시턴스는 [그림 3-26]과 같이 소오스/드레인의 밑면적에 의한 성분과 둘레에 의한 성분으로 구분할 수 있으며, 식 (3.24)와 같이 표현된다. 식 (3.24)에서 첨자 x는 드레인(d) 또는 소오스(s)를 나타낸다.

$$C_{xb} = C_{ja} \times A_x + C_{jp} \times P_x \tag{3.24}$$

식 (3.24)에서 C_{ja}는 소오스/드레인 밑면과 기판 pn 접합의 단위면적당 커패시턴스를 나타내며, 소오스/드레인의 밑면적은 $A_x = W \times D$로 주어진다. C_{jp}는 소오스/드레인 옆면과 기판 pn 접합의 단위길이당 커패시턴스를 나타내며, 소오스/드레인의 둘레는 $P_x = 2(W + D)$로 주어진다.

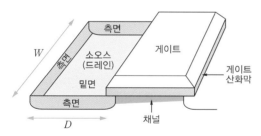

[그림 3-26] 소오스/드레인 접합 커패시턴스

pn 접합의 커패시턴스는 공간전하영역의 폭과 관련이 있으며, 공간전하영역의 폭은 pn 접합의 바이어스 전압과 도우핑 농도와 연관된다. 식 (3.24)에서 C_{ja}는 다음과 같이 표현된다.

$$C_{ja} = \frac{C_{ja0}}{\left(1 + \dfrac{|V_{xb}|}{\Phi_b}\right)^{M_{jn}}} \tag{3.25}$$

식 (3.25)에서 C_{ja0}는 영 바이어스zero bias 상태에서 pn 접합 밑면의 단위면적당 커패시

턴스를 나타낸다. M_{ja}는 pn 접합 밑면의 농도 경사$^{\text{junction grading}}$를 나타내는 상수로, 통상 $0.3 \sim 0.5$ 범위의 값을 갖는다. 이들 파라미터는 모두 제조공정에 의해 결정된다. $|V_{xb}|$는 소오스/드레인-기판의 역방향 전압의 크기를 나타내며, Φ_b는 pn 접합의 고유전위$^{\text{built-in potential}}$로 식 (3.26)과 같이 정의된다. 여기서 V_T는 열전압이고, N_A, N_D는 각각 기판과 소오스/드레인의 불순물 도우핑 농도를 나타내며, $n_i = 1.5 \times 10^{10}\,\text{cm}^{-3}$은 상온에서 진성 반도체의 캐리어 농도를 나타낸다.

$$\Phi_b = V_T \ln\left(\frac{N_A N_D}{n_i^2}\right) \tag{3.26}$$

식 (3.24)에서 C_{jp}도 식 (3.25)와 유사한 형태로 식 (3.27)과 같이 표현된다. C_{jp0}은 영 바이어스 상태에서 pn 접합 측면의 단위길이당 커패시턴스를 나타내며, M_{jp}는 pn 접합 측면의 농도 경사를 나타내는 상수이다.

$$C_{jp} = \frac{C_{jp0}}{\left(1 + \dfrac{|V_{xb}|}{\Phi_b}\right)^{M_{jp}}} \tag{3.27}$$

식 (3.25)와 식 (3.27)에서 볼 수 있듯이, 소오스/드레인 접합 커패시턴스는 pn 접합에 인가되는 전압 $|V_{xb}|$와 관련 있으므로 계산이 다소 복잡하다. 일반적으로 디지털 회로의 시뮬레이션에서는 MOSFET의 스위칭 전압 범위인 $|V_{xb}| = 0\,\text{V}$와 $|V_{xb}| = V_{DD}$에 대한 평균값이 사용된다. 소오스/드레인 접합 커패시턴스 C_{xb}는 공정에 따라 다르며, 단위채널폭당 $1 \sim 2\,\text{fF}/\mu\text{m}$의 값을 갖는다.

핵심포인트　**MOSFET의 기생 커패시턴스**
- MOSFET는 게이트 산화막에 의한 커패시턴스 성분과 소오스/드레인의 접합 커패시턴스 성분을 가지며, 디지털 회로의 스위칭 속도에 영향을 미친다.
- 게이트 커패시턴스는 게이트 산화막의 유전율 및 두께, 채널길이, 채널폭, 소오스/드레인 중첩, 게이트 전압 등에 영향을 받는다.
- 접합 커패시턴스는 소오스/드레인 면적 및 둘레, 접합의 역바이어스 전압, 기판과 소오스/드레인의 도우핑 농도 등에 영향을 받는다.

3.5 기생 RC의 영향

반도체 집적회로에서 소자 사이의 전기적 연결을 위해 사용되는 금속배선(도선)은 저항, 커패시턴스, 인덕턴스 등의 기생^{parasitic} 성분을 가지며, 이들 기생 성분은 회로의 동작속도, 전력소모, 전압강하 등에 영향을 미친다. 특히 반도체 제조공정이 $0.1\mu m$ 이하로 미세화됨에 따라 논리 게이트의 지연은 줄어드는 반면에, 배선에 의한 지연시간은 오히려 증가하는 경향이 있다. 칩의 기능이 복잡해짐에 따라 집적되는 소자가 증가하고, 칩의 크기도 커지면서 배선의 길이가 증가하여 배선에 의한 지연시간이 증가한다. 이 절에서는 금속배선이 갖는 기생 저항 및 커패시턴스 성분과, 이들이 회로의 동작속도에 미치는 영향을 예측하기 위한 지연시간 모델링에 대해 설명한다.

3.5.1 도체의 저항

[그림 3-27]과 같이 두께가 h이고, 길이와 폭이 각각 l과 w인 도체의 전기적인 저항값 R은 식 (3.28)과 같이 모델링된다. 이때 ρ는 도체의 고유저항^{resistivity}을 나타낸다.

$$R = \frac{\rho}{h}\left(\frac{l}{w}\right) = R_S \left(\frac{l}{w}\right) \tag{3.28}$$

식 (3.28)에서 $R_S \equiv \rho/h$는 도체의 면저항^{sheet resistance}을 나타내며, 단위는 $\Omega/\square$ 이다. 면저항은 도체의 물질(알루미늄, 폴리실리콘, 확산영역 등), 두께, 집적회로 제조공정에 따라 달라진다. [표 3-3]은 도체의 면저항 값의 예를 보이고 있다.

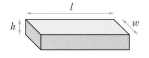

[그림 3-27] **도체의 저항**

[표 3-3] **도체의 면저항 값의 예**

도 체	값[$\Omega/\square$]
금속 1/금속 2	0.08/0.05
금속 3	0.04
폴리실리콘	20
확산	25
웰^{well}	1 ~ 2K

[그림 3-28]의 도체 패턴에 대해 저항값 R_A, R_B, R_C의 관계를 구하라.

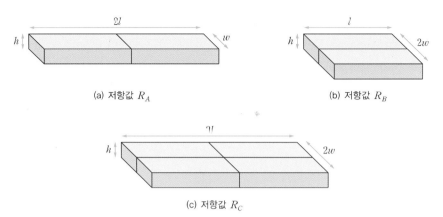

(a) 저항값 R_A

(b) 저항값 R_B

(c) 저항값 R_C

[그림 3-28] [예제 3-5]의 도체 패턴

풀이

식 (3.28)을 이용하여 각 도체의 저항값을 계산하면 다음과 같다.

$$R_A = R_S\left(\frac{2l}{w}\right) = 2R_S \times \left(\frac{l}{w}\right)$$

$$R_B = R_S\left(\frac{l}{2w}\right) = \frac{1}{2}R_S \times \left(\frac{l}{w}\right)$$

$$R_C = R_S\left(\frac{2l}{2w}\right) = R_S \times \left(\frac{l}{w}\right)$$

따라서 $R_A : R_B : R_C = 2 : \frac{1}{2} : 1$의 관계를 갖는다. 다시 말하면, [그림 3-28(a)]와 같이 도체의 길이를 늘이면 저항값이 커지고, [그림 3-28(b)]와 같이 도체의 폭을 넓히면 저항값이 작아지며, [그림 3-28(c)]와 같이 도체의 길이와 폭을 함께 증가시키면 저항값에는 변화가 없다.

3.5.2 금속배선의 커패시턴스 성분

소자 간 연결을 위한 금속배선의 커패시턴스 성분은 [그림 3-29]와 같이 모델링된다. 여기에는 도체아 기판 사이이 평행판parallel plate 커패시턴스 성분 C_{pp}와 인접한 두 도체 사이의 상호 커패시턴스 성분 C_{intw}, 그리고 도체의 주변전계효과fringing field effect에 의한 커패시턴스 성분 C_{frg} 등이 존재한다. 따라서 도체와 기판 사이의 총 커패시턴스는 식 (3.29)와 같이 이들 세 성분의 합으로 표현된다.

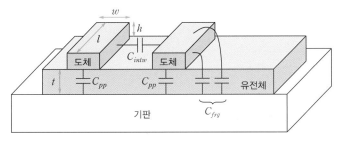

[그림 3-29] 금속배선의 커패시턴스 성분

평행판 커패시턴스 성분 C_{pp}는 식 (3.30)과 같이 모델링되는데, 도체의 밑면적($w \times l$)과 유전체의 상대유전율(ϵ_{di})에 비례하고, 기판과 도체 사이의 유전체 두께(t)에 반비례한다. 인접한 두 도체 사이의 상호 커패시턴스 성분 C_{intw}는 도체의 옆면적에 비례하고, 두 도체 사이의 거리에 반비례 관계를 갖는다.

한편, 도체에서 나오는 전계가 휘어지거나 퍼지는 현상에 의해 도체의 옆면과 윗면에서 나온 전계가 기판으로 도달하는 현상을 주변전계효과라고 한다. 이로 인한 커패시턴스 성분이 주변전계효과 커패시턴스 C_{frg}로, 이 값은 유전체가 두꺼울수록 감소한다. C_{frg}를 C_{pp}에 포함시켜 고려하는 경우에는 주변전계효과에 의해 평행판 커패시터의 유효 면적이 증가되는 효과가 나타난다.

$$C_{w-total} = C_{pp} + C_{frg} + C_{intw} \qquad (3.29)$$

$$C_{pp} = \left(\frac{\epsilon_0 \epsilon_{di}}{t}\right)(w \times l) \qquad (3.30)$$

3.5.3 RC 지연모델

금속배선(도선)에 의한 지연시간 모델링에는 분포^{distributed} RC 모델 또는 집중^{lumped} RC 모델이 적용된다. 게이트의 지연시간 τ_g와 배선의 지연시간 τ_w가 비슷한 크기를 갖는 경우($\tau_g \simeq \tau_w$)에는 분포 RC 지연모델이 사용된다. 분포 RC 모델에서는 도선이 n개의 작은 조각^{segment}들로 구성되며, 각각의 도선 조각이 저항 성분 R_i와 커패시턴스 C_i를 갖는 것으로 모델링한다. [그림 3-30]은 분포 RC 모델을 나타낸다. 여기서 커패시턴스 C_i는 도선과 접지 사이의 커패시턴스를 나타내며, 도선의 인덕턴스 성분은 무시한다.

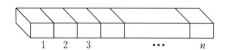

(a) 도선의 세그먼트 분할(세그먼트 개수 : n)

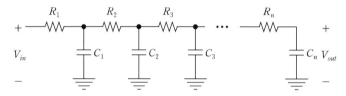

(b) 세그먼트의 저항 및 커패시턴스 모델

[그림 3-30] **분포 RC 모델**

배선의 R과 C에 의한 지연시간 예측을 위해 엘모어^{Elmore} 지연모델이 가장 일반적으로 사용되데, 이 모델은 배선의 기생 인덕턴스를 무시하는 경우에만 적용된다. 엘모어 지연모델은 n개의 세그먼트로 구성되는 도선의 지연시간 τ_w를 식 (3.31)과 같이 각 세그먼트가 갖는 RC 지연의 합으로 모델링한다.

$$\tau_w = \sum_{i=1}^{n}\left(R_i \sum_{k=i}^{n} C_k\right) = \sum_{k=1}^{n}\left(C_k \sum_{i=1}^{k} R_i\right) = \left[\frac{n(n+1)}{2}\right] \times R\,C \tag{3.31}$$

식 (3.31)에서 세그먼트의 개수 n이 매우 큰 경우(도선의 길이 l이 매우 큰 경우), 길이가 l인 도선의 지연시간은 식 (3.32)와 같이 다시 쓸 수 있다. l은 도선의 길이를 나타내고, r과 c는 각각 도선의 단위길이당 저항과 커패시턴스를 나타낸다.

$$\tau_w = \frac{r\,c\,l^2}{2} \tag{3.32}$$

식 (3.32)로부터, 도선에 의한 지연시간은 도선의 길이 l의 제곱에 비례하여 증가함을 알 수 있다. 도선의 길이가 2배로 증가하면, R과 C에 의한 지연시간은 4배로 커지게 된다.

배선에 의한 지연시간이 게이트의 지연시간에 비해 작은 경우($\tau_w < \tau_g$)에는 도선의 저항과 커패시턴스 성분이 한 곳에 집중되었다고 간주하는 집중 RC 모델이 사용된다. [그림 3-31(a)] ~ [그림 3-31(c)]는 집중 RC 모델을 보이고 있다. 한편, 배선에 의한 지연시간이 게이트의 지연시간에 비해 매우 작은 경우($\tau_w \ll \tau_g$)에는 배선의 저항 성분을 무시하고, [그림 3-31(d)]와 같이 커패시턴스 성분만 존재하는 용량성 노드로 모델링한다. 일반적으로 분포 RC 모델보다 집중 RC 모델에 의한 지연시간이 더 큰 값을 가지므로, 보수적인 지연시간 예측에는 집중 RC 모델이 사용된다.

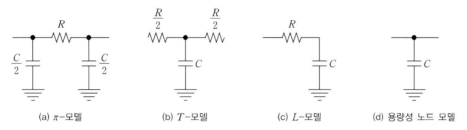

(a) π-모델 (b) T-모델 (c) L-모델 (d) 용량성 노드 모델

[그림 3-31] **집중 RC 모델**

예제 3-6

[그림 3-32]의 세 가지 경우에 대해 분포 RC 모델을 적용하여 총 지연시간을 구하고, (b)와 (c)의 경우에 대해 총 지연시간이 (a)의 경우보다 작아지기 위한 버퍼의 지연시간 t_{buf}의 조건을 구하라. 단, 도선의 단위길이당 저항과 커패시턴스는 각각 $r = 0.05\,\Omega/\mu\text{m}$, $c = 1.2\,\text{fF}/\mu\text{m}$이다.

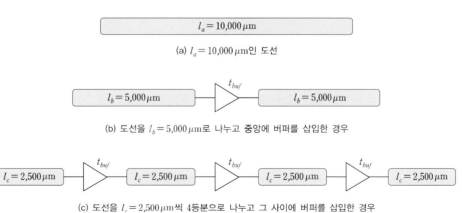

(a) $l_a = 10,000\,\mu$m인 도선

(b) 도선을 $l_b = 5,000\,\mu$m로 나누고 중앙에 버퍼를 삽입한 경우

(c) 도선을 $l_c = 2,500\,\mu$m씩 4등분으로 나누고 그 사이에 버퍼를 삽입한 경우

[그림 3-32] **[예제 3-6]의 세 가지 경우**

식 (3.32)에 주어진 값들을 대입하여 지연시간을 구하면 다음과 같다.

[그림 3-32(a)]의 지연시간은 다음과 같다.

$$t_{l(a)} = \frac{rcl_a^2}{2} = \frac{0.05 \times 1.2 \times 10^{-15} \times (10 \times 10^3)^2}{2} = 3.0 \, \text{ns}$$

[그림 3-32(b)]의 지연시간은 다음과 같다.

$$t_{l(b)} = \left(\frac{rcl_b^2}{2}\right) \times 2 + t_{buf} = \left(\frac{0.05 \times 1.2 \times 10^{-15} \times (5 \times 10^3)^2}{2}\right) \times 2 + t_{buf} = 1.5 \, \text{ns} + t_{buf}$$

따라서 지연시간이 $t_{buf} < 1.5 \, \text{ns}$ 인 버퍼를 삽입하면 $t_{l(b)} < t_{l(a)}$가 되어 전체 지연시간이 작아진다.

[그림 3-32(c)]의 지연시간은 다음과 같다.

$$t_{l(c)} = \left(\frac{rcl_c^2}{2}\right) \times 4 + 3t_{buf} = \left(\frac{0.05 \times 1.2 \times 10^{-15} \times (2.5 \times 10^3)^2}{2}\right) \times 4 + 3t_{buf} = 0.75 \, \text{ns} + 3t_{buf}$$

따라서 지연시간이 $t_{buf} < 0.75 \, \text{ns}$ 인 버퍼를 삽입하면 $t_{l(c)} < t_{l(a)}$가 되어 전체 지연시간이 작아진다.

핵심포인트 **기생 RC의 영향**

■ 전기적 연결을 위해 사용되는 금속배선은 저항, 커패시턴스, 인덕턴스 등의 기생 성분을 가지며, 회로의 동작속도, 전력소모, 전압강하 등에 영향을 미친다.

■ 배선에 의한 지연시간 모델링

• 분포 RC 모델 : 게이트의 지연시간 τ_g와 배선의 지연시간 τ_w가 비슷한 경우($\tau_g \simeq \tau_w$)에 적용되며, 지연시간은 도선의 길이 l의 제곱에 비례한다.

• 집중 RC 모델 : 배선의 지연시간이 게이트의 지연시간에 비해 작은 경우($\tau_w < \tau_g$)에는 도선의 저항과 커패시턴스 성분이 한 곳으로 집중되었다고 간주한다.

3.6 PSPICE 시뮬레이션 실습

실습 3-1 증가형 n채널 MOSFET의 전압-전류 특성

증가형 n채널 MOSFET를 PSPICE 시뮬레이션하여 드레인 전압-전류 특성($V_{DS}-I_D$)과 게이트 전압-드레인 전류 특성($V_{GS}-I_D$)을 확인하라. 단, 채널길이와 채널폭은 각각 $L_n = 0.35\,\mu\mathrm{m}$, $W_n = 1.2\,\mu\mathrm{m}$로 한다.

■ 시뮬레이션 결과

증가형 n채널 MOSFET의 전압-전류 특성을 시뮬레이션하기 위한 회로는 [그림 3-33]과 같다. $V_{GS} = 0 \sim 3.6\,\mathrm{V}$ 범위에서 $0.4\,\mathrm{V}$씩 변화시키며 $V_{DS} = 0 \sim 3.5\,\mathrm{V}$ 범위에서 DC sweep 해석으로 얻어진 전압-전류 특성은 [그림 3-34(a)]와 같다. MOSFET의 문턱전압 $V_{GS} = V_{Tn} \simeq 0.5\,\mathrm{V}$ 이하에서는 드레인 전류가 $I_D \simeq 0$으로, $V_{GS} > V_{Tn}$에서만 드레인 전류가 흐르는 것을 확인할 수 있다.

[그림 3-34(b)]는 $V_{DS} = 3.3\,\mathrm{V}$로 고정시킨 상태에서 $V_{GS} = 0 \sim 3.5\,\mathrm{V}$ 범위에서 $0.1\,\mathrm{V}$씩 변화시키며 DC sweep 해석으로 얻은 입력/출력 전달 특성이다. MOSFET의 문턱전압 $V_{GS} = V_{Tn} \simeq 0.5\,\mathrm{V}$ 근처에서 드레인 전류가 흐르기 시작함을 확인할 수 있다.

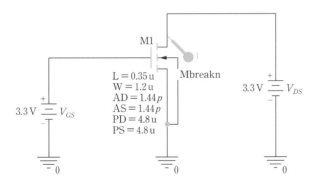

[그림 3-33] [실습 3-1]의 시뮬레이션 회로

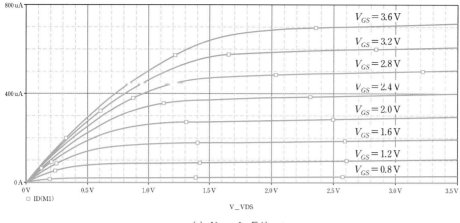

(a) $V_{DS} - I_D$ 특성

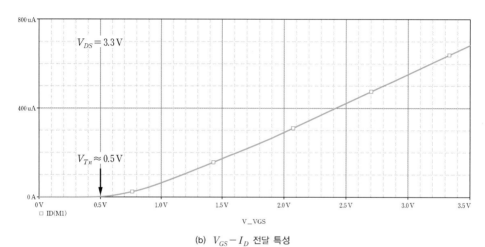

(b) $V_{GS} - I_D$ 전달 특성

[그림 3-34] [실습 3-1]의 시뮬레이션 결과

실습 3-2 증가형 p채널 MOSFET의 전압-전류 특성

증가형 p채널 MOSFET를 PSPICE 시뮬레이션하여 드레인 전압-전류 특성($V_{DS} - I_D$)과 게이트 전압-드레인 전류 특성($V_{GS} - I_D$)을 확인하라. 단, 채널길이와 채널폭은 각각 $L_p = 0.35\,\mu\mathrm{m}$, $W_p = 1.2\,\mu\mathrm{m}$로 한다.

■ 시뮬레이션 결과

증가형 p채널 MOSFET의 전압-전류 특성을 시뮬레이션하기 위한 회로는 [그림 3-35]와 같다. $V_{GS} = 0 \sim -3.5\,\mathrm{V}$ 범위에서 $-0.5\,\mathrm{V}$씩 변화시키며 $V_{DS} = 0 \sim -3.5\,\mathrm{V}$ 범위에서 DC sweep 해석으로 얻어진 전압-전류 특성은 [그림 3-36(a)]와 같다. MOSFET의 문턱전압 $V_{GS} = V_{Tp} \simeq -0.8\,\mathrm{V}$ 이상에서는 드레인 전류가 $I_D \simeq 0$으로, $V_{GS} < V_{Tp}$에서만 드레인 전류가 흐르는 것을 확인할 수 있다. 채널폭이 $W_n = W_p = 1.2\,\mu\mathrm{m}$로 동

일한 경우에, [그림 3-34(a)]의 n채널 MOSFET에 비해 p채널 MOSFET의 전류량이 약 40% 정도로 작음을 확인할 수 있다.

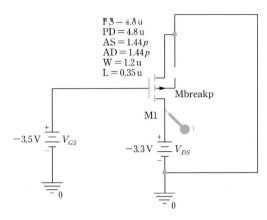

[그림 3-35] [실습 3-2]의 시뮬레이션 회로

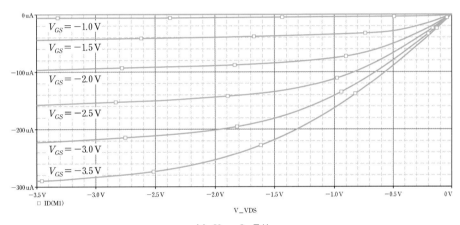

(a) $V_{DS} - I_D$ 특성

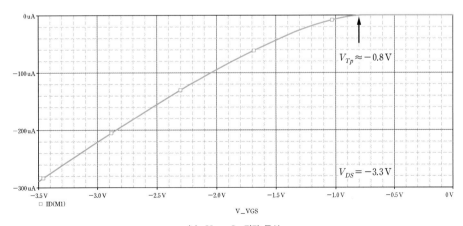

(b) $V_{GS} - I_D$ 전달 특성

[그림 3-36] [실습 3-2]의 시뮬레이션 결과

[그림 3-36(b)]는 $V_{DS} = -3.3\,\mathrm{V}$로 고정시킨 상태에서 $V_{GS} = 0 \sim -3.5\,\mathrm{V}$ 범위에서 $-0.1\,\mathrm{V}$씩 변화시키며 DC sweep 해석으로 얻어진 입력/출력 전달 특성이다. MOSFET의 문턱전압 $V_{GS} \simeq -0.8\,\mathrm{V}$ 근처에서 드레인 전류가 흐르기 시작함을 확인할 수 있다.

실습 3-3 증가형 n채널 MOSFET의 채널폭에 따른 드레인 전류

증가형 n채널 MOSFET의 채널폭을 $W_n = 1.2 \sim 3.2\,\mu\mathrm{m}$ 범위에서 $0.4\,\mu\mathrm{m}$씩 증가시키며 시뮬레이션하여, 채널폭에 따른 드레인 전류의 변화를 확인하라.

■ 시뮬레이션 결과

n채널 MOSFET의 채널폭을 파라미터로 설정하여 $W_n = 1.2 \sim 3.2\,\mu\mathrm{m}$ 범위에서 $0.4\,\mu\mathrm{m}$씩 증가시키며 얻은 드레인 전압-전류 특성($V_{DS} - I_D$)은 [그림 3-37]과 같다. 이 특성은 $V_{GS} = 3.3\,\mathrm{V}$로 고정시킨 상태에서 $V_{DS} = 0 \sim 3.5\,\mathrm{V}$의 범위에서 DC sweep 해석을 통해 얻은 것으로, 채널폭 W_n의 증가에 따라 포화모드의 드레인 전류가 선형적으로 증가함을 확인할 수 있다.

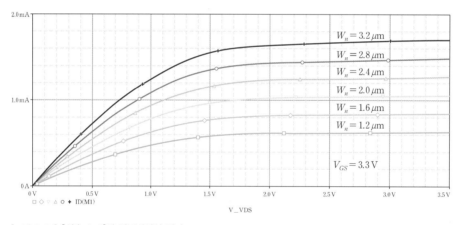

[그림 3-37] [실습 3-3]의 시뮬레이션 결과

실습 3-4 증가형 n채널 MOSFET의 기판 역바이어스 전압에 따른 문턱전압 영향

증가형 n채널 MOSFET의 기판 역바이어스 전압을 $V_{SB} = 0 \sim 4\,\mathrm{V}$ 범위에서 $1\,\mathrm{V}$씩 증가시키며 시뮬레이션하여 문턱전압의 변화를 관찰하라. 단, 채널길이와 채널폭은 각각 $L_n = 0.35\,\mu\mathrm{m}$, $W_n = 1.2\,\mu\mathrm{m}$로 한다.

■ 시뮬레이션 결과

n채널 MOSFET의 기판 바이어스가 문턱전압에 미치는 효과를 시뮬레이션하기 위한 회

로는 [그림 3-38(a)]와 같으며, 외부 기판단자를 갖는 4단자 Mbreakn 심볼이 사용되었다. n채널 MOSFET의 기판이 p형이므로, 기판에 음의 전압을 인가한다. $V_{DS} = 3.3\,\text{V}$로 고정시킨 상태에서, 소오스-기판 전압을 $V_{SB} = 0 \sim +4\,\text{V}$ 범위에서 $1\,\text{V}$씩 증가시키며 $V_{GS} = 0 \sim 3.5\,\text{V}$ 범위에서 DC sweep 해석으로 얻은 입력/출력 전달 특성은 [그림 3-38(b)]와 같다. $V_{SB} = 0\,\text{V}$인 경우의 문턱전압은 $V_{Tn0} \simeq 0.5\,\text{V}$이고, $V_{SB} = 1\,\text{V}$인 경우는 $V_{Tn1} \simeq 0.75\,\text{V}$, $V_{SB} = +4\,\text{V}$인 경우는 $V_{Tn4} \simeq 1.2\,\text{V}$로, 기판의 역바이어스 전압이 증가함에 따라 MOSFET의 문턱전압도 증가함을 확인할 수 있다.

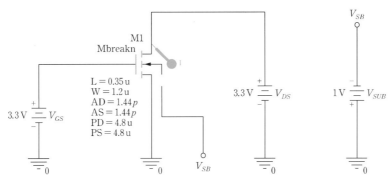

(a) 기판 바이어스 효과의 시뮬레이션 회로

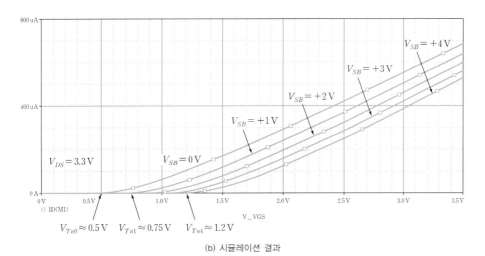

(b) 시뮬레이션 결과

[그림 3-38] **[실습 3-4]의 시뮬레이션 결과**

실습과제 3-1 채널길이와 채널폭이 각각 $L_n = 0.35\,\mu\text{m}$, $W_n = 1.2\,\mu\text{m}$인 증가형 n채널 MOSFET의 문턱전압 이하 누설전류 특성을 시뮬레이션으로 확인하라. [그림 3-18]과 같이 드레인 전류를 로그 스케일(log scale)로 표시하여, $V_{GS} < V_{Tn}$에서 드레인 전류가 게이트 전압에 지수적으로 증가함을 확인한다.

실습과제 3-2 증가형 p채널 MOSFET의 기판 역바이어스 전압을 $V_{SB} = 0 \sim -4\,\text{V}$ 범위에서 $-1\,\text{V}$씩 감소시키며 시뮬레이션하여 문턱전압의 변화를 관찰하라. 단, 채널길이와 채널폭은 각각 $L_p = 0.35\,\mu\text{m}$, $W_p = 1.2\,\mu\text{m}$로 한다.

- MOS$^{\text{Metal}-\text{Oxide}-\text{Semiconductor}}$는 금속-산화막-반도체의 구조를 가지며, MOS 커패시터와 MOSFET의 기본 구조이다.

- MOSFET는 게이트 전압에 의해 드레인 전류가 제어되는 전계효과형 트랜지스터이다. 동작 방식에 따라 증가형^{enhancement}과 공핍형^{depletion}으로 구분되며, 소오스/드레인과 기판의 도우핑 형태에 따라 n채널 MOSFET와 p채널 MOSFET로 구분된다.

- MOSFET의 문턱전압은 채널을 강반전$^{\text{strong inversion}}$ 상태로 만들기 위해 필요한 최소 게이트 전압으로, 기판의 도우핑 농도, 게이트 산화막의 두께, 게이트 전극의 물질, 기판 바이어스, 온도 등의 요인에 영향을 받는다.

- MOSFET의 동작은 전압 조건에 따라 차단, 선형, 포화모드로 구분되며, 디지털 회로에서는 차단모드(열린 스위치)와 선형모드(닫힌 스위치)가 사용된다.

- 증가형 n채널 MOSFET의 동작모드에 따른 전압-전류 특성은 다음과 같다. 드레인 전류를 채널폭과 길이의 비(W/L)로 조절할 수 있다.

  - 선형모드($V_{GS} > V_{Tn}$, $V_{DS} < V_{GS} - V_{Tn}$)

    : $I_D = \beta_n \left[\left(V_{GS} - V_{Tn} \right) V_{DS} - \dfrac{1}{2} V_{DS}^2 \right]$

  - 포화모드($V_{GS} > V_{Tn}$, $V_{DS} \geq V_{GS} - V_{Tn}$)

    : $I_D = \beta_n \left[\dfrac{1}{2} \left(V_{GS} - V_{Tn} \right)^2 \right]$

- MOSFET가 닫힌 스위치로 동작하는 선형모드의 채널저항은 β_n에 반비례한다.

  - $R_{on} \equiv \left(\dfrac{d I_D}{d V_{DS}} \right)^{-1} \simeq \dfrac{1}{\beta_n \left(V_{GS} - V_{Tn} \right)}$

- 공핍형 MOSFET는 증가형과 동일한 구조를 가지며, 제조공정에서 채널이 미리 만들어지는 점만 다르다. 공핍형 MOSFET는 게이트 전압으로 채널영역의 공핍층을 확대시켜 드레인 전류를 감소시키는 방식으로 동작한다.

- 실제의 MOSFET에는 문턱전압이하 누설전류, 드레인-기판 사이의 접합 누설전류, 게이트 산화막 누설전류 등이 존재하며, 이들 누설전류 성분들은 CMOS 회로의 정적 전력소모를 유발하는 원인이 된다.

- MOSFET에는 구소석인 요인에 의인 기생 끼패시던스 성분이 존재히며, 이는 디기털 회로의 스위칭 속도에 영향을 미친다. 기생 커패시턴스 성분은 게이트 산화막에 의한 커패시턴스 성분과 소오스/드레인의 접합 커패시턴스 성분으로 구성된다.

- 소자 사이의 전기적 연결을 위해 사용되는 금속배선(도선)은 저항, 커패시턴스, 인덕턴스 등의 기생parasitic 성분을 가지며, 이러한 기생 성분들은 회로의 동작속도, 전력소모, 전압강하 등에 영향을 미치므로 회로 설계과정에서 기생 성분에 의한 영향을 반드시 고려해야 한다.

- 도체의 두께, 길이, 폭, 고유저항이 각각 h, l, w, ρ인 경우에 저항값은 $R = \dfrac{\rho}{h}\left(\dfrac{l}{w}\right)$ $= R_S\left(\dfrac{l}{w}\right)$로, 면저항 $R_S \equiv \rho/h$에 비례한다.

- 금속배선의 기생 커패시턴스 성분으로는 도체와 기판 사이의 평행판parallel plate 커패시턴스 성분 C_{pp}와 인접한 두 도체 사이의 상호 커패시턴스 성분 C_{intw}, 그리고 도체의 주변전계효과fringing field effect에 의한 커패시턴스 성분 C_{frg} 등이 존재한다.
  - $C_{w-total} = C_{pp} + C_{intw} + C_{frg}$
  - $C_{pp} = \left(\dfrac{\epsilon_0\epsilon_{di}}{t}\right)(w \times l)$ (단, t는 유전체의 두께)

- 금속배선에 의한 지연시간 모델
  - 분포distributed RC 모델 : 게이트의 지연시간 τ_g와 배선의 지연시간 τ_w가 비슷한 크기를 갖는 경우($\tau_g \simeq \tau_w$)에 사용되며, 도선에 의한 지연시간은 도선의 길이 l의 제곱에 비례하여 증가한다.
  - 집중lumped RC 모델 : 배선의 지연시간이 게이트의 지연시간에 비해 작은 경우 ($\tau_w < \tau_g$)에는 도선의 저항과 커패시턴스 성분이 한 곳에 집중되었다고 간주한다.

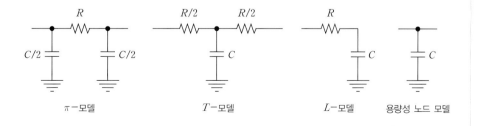

3.1 증가형 n채널 MOSFET의 문턱전압은 기판의 도우핑 농도와 무관하다. (O, X)

3.2 증가형 p채널 MOSFET의 문턱전압은 $V_{Tp} < 0$이다. (O, X)

3.3 MOSFET의 기생 커패시턴스는 디지털 회로의 동작속도를 느리게 만든다. (O, X)

3.4 MOSFET의 전류를 증가시키기 위해서는 (   )을 크게 설계한다.

3.5 전원전압 V_{DD}와 접지를 사용하는 디지털 회로에서 n채널 MOSFET의 기판은
(   )에 연결되고, p채널 MOSFET의 기판은 (   )에 연결되어야 한다.

3.6 다음 설명 중 **틀린** 것은?

㉮ n형 반도체의 페르미 준위는 가전자대역에 가깝게 위치한다.
㉯ 벌크전위가 클수록 불순물 도우핑 농도가 크다.
㉰ 진성 반도체의 페르미 준위는 금지대역 중앙에 위치한다.
㉱ 페르미 준위가 전도대역에 가깝게 위치할수록 전자의 농도가 커진다.

3.7 억셉터 불순물 농도가 $N_A = 2.5 \times 10^{13}\,\mathrm{cm}^{-3}$으로 도우핑되어 있는 p형 실리콘의
벌크전위 Φ_{Fp}는 얼마인가?

㉮ $-42\,\mathrm{mV}$ ㉯ $-84\,\mathrm{mV}$ ㉰ $-96\,\mathrm{mV}$ ㉱ $-193\,\mathrm{mV}$

3.8 [그림 3-39]의 에너지 대역을 갖는 MOS 구조에 대한 설명으로 **틀린** 것은?

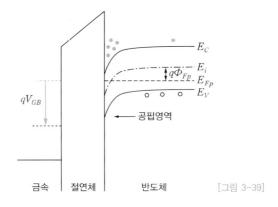

[그림 3-39]

㉮ 기판은 p형 반도체이다.
㉯ 게이트에 양의 전압이 인가된 상태이다.
㉰ 반전층의 캐리어는 정공이다.
㉱ 공핍영역은 음의 전하를 띄고 있다.

3.9 다음 중 n채널 MOSFET에 관한 설명 중 **틀린** 것은? 단, 2차 효과는 무시한다.

㉮ $V_{DS} > V_{GS} - V_{Tn}$ 이면 포화모드로 동작한다.
㉯ 포화모드의 드레인 전류는 V_{DS} 와 무관하게 일정하다.
㉰ 선형모드의 드레인 전류는 V_{GS} 와 무관하게 일정하다.
㉱ 차단모드의 드레인 전류는 0이다.

3.10 다음 중 n채널 MOSFET의 문턱전압에 영향을 미치는 요인이 **아닌** 것은?

㉮ 기판의 도우핑 농도   ㉯ 게이트 산화막의 두께
㉰ 전자의 이동도   ㉱ 게이트 전극의 물질

3.11 n채널 MOSFET에서 $V_{GB} > V_{Tn} > 0$ 의 전압이 인가되는 경우에 채널영역에 대한 설명으로 옳은 것은? 단, V_{GB} 는 게이트-기판의 전압, V_{Tn} 는 MOSFET의 문턱전압을 나타낸다.

㉮ 정공이 모여 반전층이 형성된다.
㉯ 정공이 모여 축적층이 형성된다.
㉰ 전자가 모여 반전층이 형성된다.
㉱ 전자가 모여 축적층이 형성된다.

3.12 다음의 n채널 MOSFET의 전압-전류 수식이 나타내는 동작모드는?

$$I_D = \beta_n \left[\left(V_{GS} - V_{Tn} \right) V_{DS} - \frac{1}{2} V_{DS}^2 \right]$$

㉮ 차단모드   ㉯ 선형모드
㉰ 포화모드   ㉱ 핀치-오프 모드

3.13 다음 중 MOSFET가 닫힌 스위치로 동작하는 모드는?

㉮ 차단모드　　　　　　　　　㉯ 선형모드

㉰ 포화모드　　　　　　　　　㉱ 펀치스루 모드

3.14 n채널 MOSFET의 선형모드 전류에 대한 설명으로 **틀린** 것은?

㉮ 채널폭이 클수록 큰 전류가 흐른다.

㉯ 문턱전압이 클수록 작은 전류가 흐른다.

㉰ 전자의 이동도가 클수록 큰 전류가 흐른다.

㉱ 게이트 산화막 두께가 두꺼울수록 큰 전류가 흐른다.

3.15 MOSFET의 누설전류에 대한 설명으로 **틀린** 것은?

㉮ 문턱전압이하 누설전류는 게이트–소오스 전압 V_{GS}와 무관하다.

㉯ 문턱전압이하 누설전류는 차단모드에서 흐르는 전류이다.

㉰ 누설전류는 CMOS 회로의 정적 전력소모를 유발한다.

㉱ 누설전류는 동적 회로의 출력전압 감소를 유발한다.

3.16 공핍형 n채널 MOSFET에 대한 설명으로 **틀린** 것은?

㉮ 드레인 전류를 0으로 만드는 문턱전압이 음의 값을 갖는다.

㉯ 소오스–기판 사이에는 역방향 바이어스가 인가되어야 한다.

㉰ 게이트–소오스 전압이 $V_{GS} = 0$일 때, 드레인 전류는 $I_D = 0$이다.

㉱ 드레인 전류는 소오스에서 드레인으로 이동하는 전자에 의해 흐른다.

3.17 다음 중 MOSFET의 게이트 커패시턴스에 영향을 미치지 **않는** 것은?

㉮ 채널길이　　　　　　　　　㉯ 채널폭

㉰ 게이트 산화막의 두께　　　㉱ 게이트 전극의 물질

3.18 다음 중 MOSFET의 소오스/드레인 접합 커패시턴스에 영향을 미치지 **않는** 것은?

㉮ 채널길이　　　　　　　　　㉯ 기판의 도우핑 농도

㉰ 기판 역바이어스 전압　　　㉱ 소오스/드레인의 면적

3.19 [그림 3-40]의 도체 패턴의 저항값은 얼마인가? 전류는 도체의 왼쪽에서 오른쪽으로 흐르며, 도체의 면저항은 $R_S = 0.05\,\Omega\,/\,\square$ 이다.

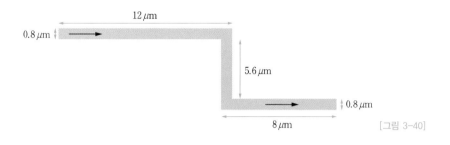

[그림 3-40]

㉮ $0.8\,\Omega$ ㉯ $1.25\,\Omega$ ㉰ $1.28\,\Omega$ ㉱ $1.6\,\Omega$

3.20 [그림 3-41]은 도체에 대한 집중 RC 모델의 등가회로이다. 도체에 의한 지연시간은 얼마인가? 단, $R_{AB} = 1.2\,\Omega$, $C_{AB} = 28\,\mathrm{fF}$이다.

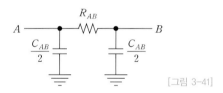

[그림 3-41]

㉮ $8.4\,\mathrm{fs}$ ㉯ $16.8\,\mathrm{fs}$ ㉰ $33.6\,\mathrm{fs}$ ㉱ $67.2\,\mathrm{fs}$

3.21 n^+ poly-Si 게이트를 갖는 nMOSFET에서 (a) $V_{SB} = 0\,\mathrm{V}$인 경우, (b) $V_{SB} = 2.5\,\mathrm{V}$인 경우의 문턱전압을 구하라. 단, p형 실리콘 기판의 억셉터 불순물 농도는 $N_A = 8 \times 10^{16}\,\mathrm{cm}^{-3}$이고, 게이트 산화막의 두께는 $t_{ox} = 50\,\text{Å}$이며, 게이트 산화막의 고정전하는 $Q_{SS} = q \times 4 \times 10^{11}\,\mathrm{C/cm^2}$이고, $\Phi_{ms} = -0.38\,\mathrm{V}$이다.

3.22 [연습문제 3.21]의 MOSFET에 도우너 불순물을 $Q_I = q \times 1.8 \times 10^{12}\,\mathrm{C/cm^2}$만큼 채널 이온주입했을 때의 문턱전압을 구하라. 단, $\Phi_{ms} = -0.38\,\mathrm{V}$이다.

3.23 $W/L = 4$인 pMOSFET에 $V_{SG} = 3.3\,\mathrm{V}$, $V_{SD} = 2.5\,\mathrm{V}$가 인가되는 경우에 동작모드를 결정하고, 드레인 전류 I_D값을 구하라. 단, pMOSFET의 문턱전압은 $V_{Tp} = -0.65\,\mathrm{V}$이고, $t_{ox} = 20\,\mathrm{nm}$, $\mu_p = 150\,\mathrm{cm^2/V \cdot sec}$이다.

3.24 게이트-소오스 전압이 $V_{GS} = 3.3\,\mathrm{V}$이고, 드레인-소오스 전압이 $V_{DS} = 0.5\,\mathrm{V}$인 nMOSFET의 채널폭 $W_n = 0.72, 0.90, 1.08\,\mu\mathrm{m}$에 대한 채널저항의 근삿값을 구하라. 단, 채널길이는 $L_n = 0.18\,\mu\mathrm{m}$, 문턱전압은 $V_{Tn} = 0.85\,\mathrm{V}$이며, 공정이득 파라미터는 $k_n = 180\,\mu\mathrm{A/V^2}$이다.

3.25 [그림 3-42]의 각 트랜지스터에 대해 동작모드를 판별하라. 단, 전원전압은 $V_{DD} = 3.3\,\mathrm{V}$이고, MOSFET의 문턱전압은 $V_{Tn} = |V_{Tp}| = 0.8\,\mathrm{V}$이다.

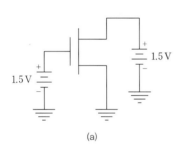

(a)

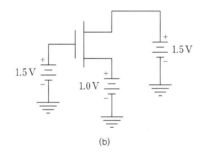

(b)

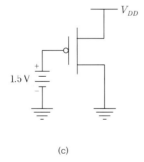

(c)

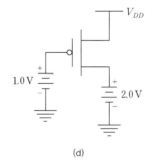

(d)

[그림 3-42]

3.26 nMOSFET 트랜지스터의 드레인 전압–전류($I_D - V_{DS}$) 특성 곡선을 $V_{GS} = 0 \sim$ 3.0 V 범위에서 0.5 V씩 변화시키면서 그려라. nMOSFET의 문턱전압은 $V_{Tn} =$ 0.65 V이고, 채널폭과 채널길이의 비는 $W/L = 3$이다. 전자의 이동도는 $\mu_n =$ $380\,\text{cm}^2/\text{V} \cdot \text{sec}$, 게이트 산화막 두께는 $t_{ox} = 120\,\text{Å}$이다. 단, MOSFET의 2차 효과는 무시한다.

3.27 채널길이가 $L = 130\,\text{nm}$인 nMOSFET의 단위채널폭($1\,\mu\text{m}$)당 게이트 산화막 커패시턴스 값과 $W = 0.6\,\mu\text{m}$인 트랜지스터의 게이트 커패시턴스 값을 구하라. 단, 게이트 산화막의 두께는 $t_{ox} = 30\,\text{Å}$이다.

3.28 nMOSFET의 기판이 접지된 상태에서 드레인–기판의 pn 접합에 전압 $V_{DB} =$ 2.5 V가 인가되어 있다. 드레인 밑면의 단위면적당 접합 커패시턴스 C_{ja}와 드레인 둘레의 단위길이당 접합 커패시턴스 C_{jp}를 구하라. 단, $C_{ja0} = 0.45\,\text{fF}/\mu\text{m}^2$, $C_{jp0} = 0.25\,\text{fF}/\mu\text{m}$, $M_{ja} = 0.4$, $M_{jp} = 0.15$이며, 상온에서 고유전위는 $\Phi_b =$ 0.73 V이다.

3.29 [그림 3–43]은 n채널 MOSFET의 레이아웃 도면이다.

(a) 채널영역의 게이트 커패시턴스 C_g를 구하라.

(b) 드레인 접합 커패시턴스 C_d을 구하라. 단, 게이트 산화막의 두께는 $t_{ox} =$ 10 nm이고, $C_{ja} = 0.1\,\text{fF}/\mu\text{m}^2$, $C_{jp} = 0.25\,\text{fF}/\mu\text{m}$이다.

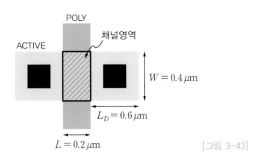

[그림 3–43]

3.30 [그림 3-44(a)]의 도선 패턴에 대해 집중 RC 모델을 적용한 기생 저항과 커패시턴스는 [그림 3-44(b)]와 같다. 각 경로의 지연시간 τ_{AB}, τ_{BC}, τ_{BD}을 구하라. 단, 도선의 단위길이당 저항값과 커패시턴스 값은 각각 $r = 0.008\,\Omega/\mu\mathrm{m}$, $c = 0.12\,\mathrm{fF}/\mu\mathrm{m}$이고, 노드 C와 노드 D의 부하 커패시턴스는 각각 $C_C = 35\,\mathrm{fF}$, $C_D = 50\,\mathrm{fF}$이다.

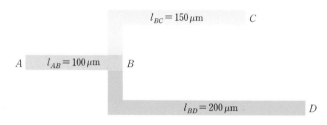

(a) 도선 패턴

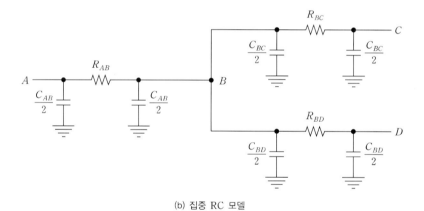

(b) 집중 RC 모델

[그림 3-44]

CMOS 인버터

CMOS Inverter

인버터(inverter)는 논리값을 반전시키는 기능을 수행하는 가장 기본적인 논리 게이트이다. 인버터 회로의 구조와 동작 특성에 대한 명확한 이해는 NAND, NOR, XOR 등의 논리 게이트뿐만 아니라 인코더, 디코더, 가산기 등 복잡한 디지털 회로의 이해와 설계를 위한 기초가 된다. 이 장에서는 CMOS, nMOS 및 pseudo nMOS 인버터의 구조와 DC 특성, 스위칭 특성, 전력소모 특성 등을 이해하고, 회로 설계 시에 고려해야 하는 요소들을 알아본다. 또한 다단 CMOS 인버터 버퍼의 지연시간 모델링과 최적 설계조건에 대해 알아본다.

4.1 MOS 인버터의 구조 및 특성 파라미터

인버터는 디지털 논리회로를 구성하는 가장 기본적인 논리 게이트이다. MOSFET로 구성되는 MOS 인버터는 부하소자의 형태에 따라 nMOS, pseudo nMOS, CMOS 인버터로 구분되며, 서로 다른 동작 특성을 갖는다. 인버터를 포함한 논리 게이트의 동작 특성은 DC 특성과 스위칭 특성으로 구분하여 특성 파라미터로 나타낸다. DC 특성은 시간의 변화에 대한 고려 없이 입력전압의 변화에 따른 출력전압의 변화를 나타낸다. 한편, 스위칭 특성은 시간의 변화에 따른 출력전압의 변화를 나타낸다. 이 절에서는 MOS 인버터의 DC 특성과 스위칭 특성 파라미터에 대해 설명한다. 이러한 특성 파라미터는 인버터뿐만 아니라 논리 게이트에도 유사하게 정의되고, 회로의 동작 특성 분석과 회로 설계에 기본적으로 적용되므로, 이를 충분히 이해할 필요가 있다.

4.1.1 MOS 인버터의 일반적인 구조

MOS 인버터는 [그림 4-1(a)]와 같이 전원(V_{DD})과 접지(GND) 사이에 부하소자[load]와 구동소자[driver]가 수직으로 연결된 구조를 갖는다. 구동소자로는 증가형 nMOS가 사용되며, 부하소자로는 증가형 pMOS 또는 공핍형 nMOS가 사용된다. 인버터의 입력은 구동소자의 게이트(부하소자의 게이트)에 인가되며, 출력은 부하소자와 구동소자의 접점에서 얻어진다. MOS 인버터는 논리값 0 입력에 대해 논리값 1을 출력하고, 반대로 논리값 1 입력에 대해 논리값 0을 출력함으로써 입력 논리값을 반전시켜 출력하는 기능을 가진다. 인버터의 회로 기호와 진리표는 각각 [그림 4-1(b)], [그림 4-1(c)]와 같다.

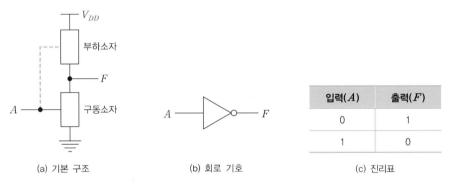

입력(A)	출력(F)
0	1
1	0

(a) 기본 구조   (b) 회로 기호   (c) 진리표

[그림 4-1] MOS 인버터의 기본 구조 및 회로 기호와 진리표

MOS 인버터는 부하소자의 형태에 따라 [그림 4-2]와 같이 세 가지로 구분된다. [그림 4-2(a)]는 증가형 pMOS가 부하소자로 사용된 CMOS 인버터 회로로, 입력신호가 구동소자(nMOS)와 부하소자(pMOS)의 게이트에 인가된다. 입력이 $A = 0$이면, pMOS가 도통되어 출력노드가 전원전압 V_{DD}로 연결되고, nMOS는 개방되어 출력은 $F = 1$이 된다. pMOS가 도통되면 출력을 전원전압 V_{DD}로 끌어 올리는 동작이 일어나므로, pMOS 부하소자를 풀업[pull-up] 소자라고 부른다. 반면, 입력이 $A = 1$이면, nMOS가 도통되어 출력노드가 접지로 연결되고, pMOS는 개방되어 출력은 $F = 0$이 된다. nMOS가 도통되면 출력을 접지로 끌어 내리는 동작이 일어나므로, nMOS 구동소자를 풀다운[pull-down] 소자라고 부른다.

[그림 4-2(b)]는 공핍형 nMOS가 부하소자로 사용된 nMOS 인버터 회로이며, [그림 4-2(c)]는 게이트가 접지에 연결된 증가형 pMOS가 부하소자로 사용된 pseudo nMOS 인버터 회로이다. 이들 두 인버터는 입력신호가 구동(풀다운)소자의 게이트로만 인가되며, 부하(풀업)소자는 항상 도통상태에 있는 점이 CMOS 인버터와의 차이점이다.

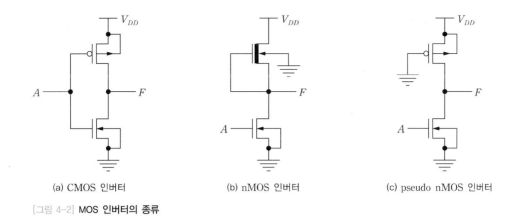

(a) CMOS 인버터   (b) nMOS 인버터   (c) pseudo nMOS 인버터

[그림 4-2] MOS 인버터의 종류

4.1.2 MOS 인버터의 DC 특성

회로에 인가되는 입력전압의 변화에 따른 출력전압의 변화를 전압 전달 특성[VTC : Voltage Transfer Characteristic] 또는 DC 전달 특성이라고 한다. [그림 4-3]은 MOS 인버터의 일반적인 VTC 곡선으로, x축을 입력전압(V_{in})으로 하고 y축을 출력전압(V_{out})으로 하여 그려진다. 인버터의 입력전압이 0에 가까우면, 출력전압은 전원전압에 가까운 큰 값(논리값 1)이 된다. 반대로 입력전압이 전원전압에 가까운 큰 값이면, 출력전압은 0 V 에 가까운 작은 값(논리값 0)이 되어 입력과 출력의 논리값이 서로 반전 관계를 갖는다.

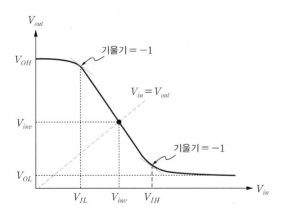

[그림 4-3] MOS 인버터의 일반적인 VTC 곡선

[그림 4-3]의 VTC 곡선에서 인버터의 DC 전달 특성에 관계되는 몇 가지 파라미터들이 정의된다. VTC 곡선의 y축에서는 인버터의 출력전압과 관련된 파라미터들이 정의된다. 논리값 1에 대한 정상상태의 출력전압 V_{OH}와 논리값 0에 대한 정상상태의 출력전압 V_{OL}이 정의되는데, 이때 V_{OH}와 V_{OL}의 차이를 논리 스윙[logic swing]이라고 한다. 일반적

으로 V_{OH}가 전원전압 V_{DD}에 가까울수록, V_{OL}이 0 V (접지)에 가까울수록 좋은 DC 특성을 나타낸다. 한편, VTC 곡선의 x축에서는 인버터의 입력전압과 관련된 파라미터가 정의된다. 인버터에서 논리값 0으로 인식될 수 있는 최대 입력전압을 V_{IL}이라고 하며, 논리값 1로 인식될 수 있는 최소 입력전압을 V_{IH}라고 정의한다. [그림 4-3]에서 보는 바와 같이, V_{IL}과 V_{IH}는 VTC 곡선의 기울기가 -1인 점에서 정의된다. VTC 곡선에서 입력전압과 출력전압이 같아지는 점을 스위칭 문턱전압^{switching threshold voltage} V_{inv}로 정의한다.

일반적으로 디지털 회로의 전압은 여러 가지 요인들(회로 구성, 전원전압 및 접지의 변동, 신호 간 간섭 등)에 의해 이상적인 값에서 벗어나 변동할 수 있는데, 이와 같은 전압변동은 회로 동작에 전기적인 잡음으로 작용한다. 논리 게이트가 전기적인 잡음의 영향에 얼마나 둔감한지는 잡음여유^{noise margin}로 모델링한다.

[그림 4-4]와 같이 동일한 특성을 갖는 두 개의 인버터가 직렬로 연결된 경우를 생각해 보자. 두 번째 인버터가 올바로 동작하기 위해서는 $INV1$의 출력전압 파라미터 V_{OL}, V_{OH}와 $INV2$의 입력전압 파라미터 V_{IL}, V_{IH} 사이에 식 (4.1)의 조건이 충족되어야 한다.

$$V_{OL} < V_{IL} \qquad\qquad (4.1a)$$

$$V_{OH} > V_{IH} \qquad\qquad (4.1b)$$

$INV1$의 V_{OL}이 $INV2$의 V_{IL}보다 작아야 하며, $INV1$의 V_{OH}가 $INV2$의 V_{IH}보다 커야 정상적인 논리 동작이 가능하다. 이를 토대로 인버터의 잡음여유를 [그림 4-4]와 같이 나타낼 수 있으며, 논리값 0에 대한 잡음여유 NM_L과 논리값 1에 대한 잡음여유 NM_H를 식 (4.2)와 같이 정의할 수 있다. 인버터의 논리 동작이 정상적으로 수행되기 위해서는 잡음여유가 0보다 커야 하며, 잡음여유가 클수록 전압 변동에 대한 영향을 적게 받아 회로가 안정적으로 동작할 수 있다.

$$NM_L = V_{IL} - V_{OL} \qquad\qquad (4.2a)$$

$$NM_H = V_{OH} - V_{IH} \qquad\qquad (4.2b)$$

식 (4.2)로부터 V_{OL}이 0 V에 가까울수록 논리값 0에 대한 잡음여유가 커지고, V_{OH}가 전원전압 V_{DD}에 가까울수록 논리값 1에 대한 잡음여유가 커짐을 알 수 있다. 또한 V_{IL}과 V_{IH}가 논리 스윙 범위의 중앙에 가까울수록 잡음여유가 커짐을 알 수 있다.

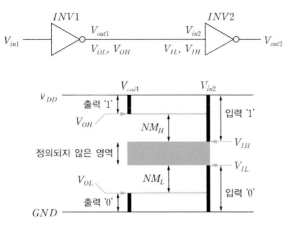

[그림 4-4] 인버터의 잡음여유

4.1.3 MOS 인버터의 스위칭 특성

4.1.2절에서 설명한 DC 전달 특성은 시간에 대한 고려 없이 입력전압과 출력전압의 관계를 나타낸다. 회로의 특성을 나타내는 또 다른 관점은 시간에 따른 신호의 변화를 고찰하는 것이며, 이를 스위칭 특성이라고 한다. 일반적으로 논리 게이트의 스위칭 특성은 입력신호의 변화에 대해 회로가 얼마나 빨리 반응하는가를 나타내며, 디지털 회로의 동작속도를 결정하는 요소이다. 스위칭 특성은 부하 커패시턴스가 충전 또는 방전되는 데 소요되는 시간에 의해 결정된다. 이 절에서 정의되는 스위칭 특성 파라미터는 일반적으로 논리 게이트와 디지털 회로의 스위칭 특성을 나타내는 데 사용된다.

MOS 인버터의 스위칭 특성 파라미터들은 [그림 4-5]와 같으며, 다음과 같이 정의된다.

- 하강시간(t_f) : 출력전압이 스윙 범위의 90%에서 10%까지 하강하는 데 소요되는 시간
- 상승시간(t_r) : 출력전압이 스윙 범위의 10%에서 90%까지 상승하는 데 소요되는 시간
- 전달지연시간(t_p) : 입력신호가 정상상태의 50%에 도달한 시점부터 출력신호가 50%에 도달하기까지 소요되는 시간

전달지연시간에서 입력과 출력신호의 50%를 기준으로 삼은 이유는 인버터(또는 논리 게이트)의 스위칭 문턱전압이 출력전압 스윙 범위의 중앙에 위치한다는 가정에 의한 것이다. 전달지연은 다음과 같이 2개의 파라미터로 구분되며, 하강 전달지연시간과 상승 전달지연시간 중 큰 값 또는 평균값을 인버터의 전달지연시간으로 사용한다. 하강시간과 하강 전달지연시간은 구동소자의 특성과 출력단 부하 커패시턴스의 영향을 받으며, 상승시간과 상승 전달지연시간은 부하소자의 특성과 출력단 부하 커패시턴스의 영향을 받는다.

- 하강 전달지연시간(t_{pHL}) : 출력이 논리값 1에서 논리값 0으로 하강하는 경우의 전달 지연시간
- 상승 전달지연시간(t_{pLH}) : 출력이 논리값 0에서 논리값 1로 상승하는 경우의 전달 지연시간

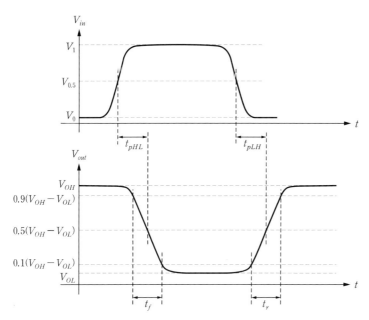

[그림 4-5] 인버터의 스위칭 특성 파라미터

핵심포인트 **MOS 인버터의 특성 파라미터**
- DC 전달 특성은 입력전압의 변화에 따른 출력전압의 변화를 나타내며, $V_{OH} = V_{DD}$이고 $V_{OL} = 0\,V$인 경우에 논리 스윙과 잡음여유가 최대가 된다.
- 스위칭 특성은 입력신호의 변화에 대한 회로의 반응속도를 나타내며, 부하 커패시턴스의 충전/방전에 소요되는 시간에 의해 결정된다.
- 하강시간은 하강 전달지연시간에, 상승시간은 상승 전달지연시간에 영향을 미친다.

4.2 CMOS 인버터

이 절에서는 CMOS 디지털 회로를 구성하는 가장 기본적인 논리 게이트인 CMOS 인버터의 구조와 동작 원리, DC 특성과 스위칭 특성, 전력소모 특성 등을 이해하고, 회로 설계에서 고려해야 하는 요소들을 알아본다.

CMOS 인버터는 [그림 4-6(a)]와 같이 구성되며, 증가형 pMOS가 부하소자로 사용되고, 증가형 nMOS가 구동소자로 사용된다. pMOS의 소오스는 전원 V_{DD}에 연결되고, nMOS의 소오스는 접지에 연결되며, 출력은 부하소자와 구동소자의 드레인 전점에서 얻어진다. pMOS의 기판은 V_{DD}에 연결되고, nMOS의 기판은 접지에 연결되어야 인버터 회로가 올바로 동작할 수 있다. [그림 4-6(b)]는 p-well CMOS 공정으로 제작된 CMOS 인버터의 단면도이다. pMOS는 n형 기판에 만들어지며, nMOS는 p-well 안에 만들어진다. n형 기판은 n⁺ 확산영역을 통해 V_{DD}로 연결되는데, 이를 기판 컨택substrate contact이라고 한다. p-well은 p⁺ 확산영역을 통해 접지로 연결되며, 이를 웰 컨택well contact이라고 한다. 기판 컨택에 의해 n형 기판과 pMOS 소오스/드레인의 pn 접합에 역방향 바이어스가 인가되고, 웰 컨택에 의해 p-well과 nMOS 소오스/드레인의 pn 접합에 역방향 바이어스가 인가되어 pMOS와 nMOS가 올바로 동작할 수 있게 된다.

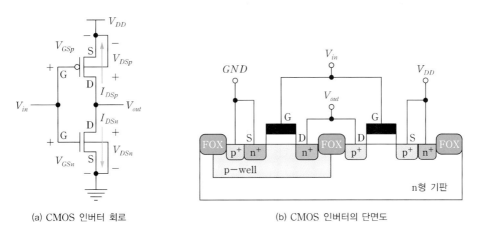

(a) CMOS 인버터 회로   (b) CMOS 인버터의 단면도

[그림 4-6] CMOS 인버터 회로와 단면도

CMOS 인버터의 동작을 개략적으로 살펴보면 다음과 같다. 입력 V_{in}이 논리값 0(0 V)인 경우에 pMOS는 도통되고 nMOS는 차단상태가 되어, 출력전압은 $V_{out} = V_{DD}$가 된다. 논리값 1의 출력전압은 $V_{OH} = V_{DD}$가 되며, 부하소자가 도통되어 출력에서 논리값 1이 얻어지므로 부하소자인 pMOS를 풀업pull-up 소자라고 한다. 한편, 입력 V_{in}이 논리값 1(V_{DD})인 경우에, pMOS는 차단상태가 되고 nMOS는 도통되어, 출력전압은 $V_{out} = 0\,V$가 된다. 논리값 0의 출력전압은 $V_{OL} = 0\,V$가 되며, 구동소자가 도통되어 출력에 논리값 0이 얻어지므로 구동소자인 nMOS를 풀다운pull-down 소자라고 한다.

4.2.1 CMOS 인버터의 DC 특성

CMOS 인버터의 DC 전달 특성은 pMOS와 nMOS의 전압-전류 특성으로부터 얻을 수 있다. CMOS 인버터를 구성하는 pMOS와 nMOS의 전압-전류 특성 곡선은 [그림 4-7]과 같다. 이때 pMOS와 nMOS의 전류와 전압의 극성이 반대임에 유의한다. [그림 4-6(a)]의 회로에서 식 (4.3)~식 (4.6)의 관계를 얻을 수 있다. 인버터의 출력전압 V_{out}는 nMOS의 드레인-소오스 전압 V_{DSn}이며, 입력전압 V_{in}은 nMOS의 게이트-소오스 전압 V_{GSn}이다. pMOS의 드레인-소오스 전압에 V_{DD}를 더한 것이 인버터의 출력전압이며, pMOS의 게이트-소오스 전압 V_{GSp}는 입력전압 V_{in}에서 V_{DD}를 뺀 것이다. 또한 pMOS와 nMOS의 전류 방향은 서로 반대이지만, 캐리어 형태가 반대(정공과 전자)이므로 전류는 V_{DD}에서 접지로 흐른다.

$$V_{out} = V_{DSn} = V_{DSp} + V_{DD} \qquad (4.3)$$

$$V_{in} = V_{GSn} \qquad (4.4)$$

$$V_{GSp} = V_{in} - V_{DD} \qquad (4.5)$$

$$I_{DSn} = -I_{DSp} \qquad (4.6)$$

CMOS 인버터의 DC 전달 특성을 얻기 위해, pMOS와 nMOS의 전압-전류 특성 곡선을 중첩하여 나타내면 [그림 4-8(a)]와 같다. 식 (4.3)~식 (4.6)의 관계를 이용하여 pMOS와 nMOS의 전압-전류 특성 곡선을 인버터의 입력전압 V_{in}과 출력전압 V_{out}로 변환하여 반영하였다.

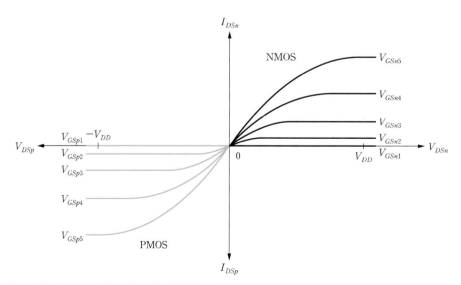

[그림 4-7] pMOS와 nMOS의 전압-전류 특성 곡선

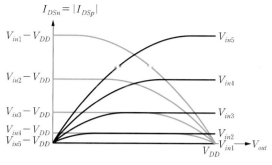

(a) 특성 곡선의 중첩

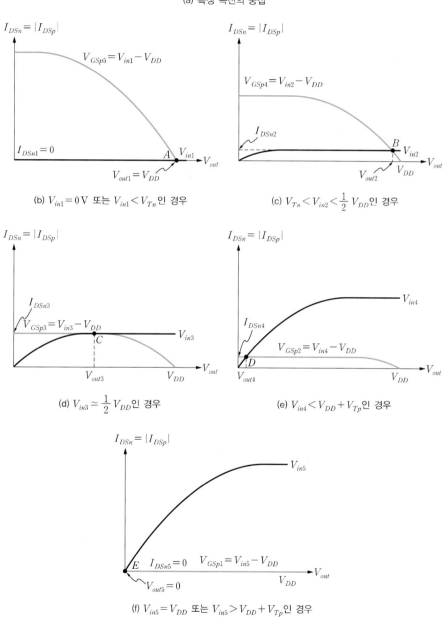

(b) $V_{in1} = 0\,\mathrm{V}$ 또는 $V_{in1} < V_{Tn}$인 경우

(c) $V_{Tn} < V_{in2} < \frac{1}{2}\,V_{DD}$인 경우

(d) $V_{in3} \simeq \frac{1}{2}\,V_{DD}$인 경우

(e) $V_{in4} < V_{DD} + V_{Tp}$인 경우

(f) $V_{in5} = V_{DD}$ 또는 $V_{in5} > V_{DD} + V_{Tp}$인 경우

[그림 4-8] **입력전압 V_{in}에 따른 CMOS 인버터의 동작**

[그림 4-8(a)]로부터, 입력전압 V_{in} 을 0 V 에서부터 V_{DD} 까지 변화시키면서 그에 따른 출력전압 V_{out} 의 변화를 관찰하면, CMOS 인버터의 DC 전달 특성 곡선을 얻을 수 있다. [그림 4-8(b)] ~ [그림 4-8(f)]는 5가지 입력전압에 대해 nMOS와 pMOS의 동작모드, 전류, 출력전압을 보이고 있으며, 이를 정리하면 [표 4-1]과 같다. 각 동작영역에서 입력전압과 출력전압의 관계는 다음과 같다.

- $V_{in1} = 0 \, \text{V}$ 또는 $V_{in1} < V_{Tn}$ 인 경우(A점) : pMOS는 선형모드이고, nMOS는 차단 모드이므로, 출력전압은 $V_{out} = V_{DD}$ 가 된다. 따라서 $V_{OH} = V_{DD}$ 이다.

- $V_{Tn} < V_{in2} < \frac{1}{2} V_{DD}$ 인 경우(B점) : pMOS는 선형모드이고, nMOS는 포화모드로 동작하며, 출력전압은 $\frac{1}{2} V_{DD} < V_{out} < V_{DD}$ 가 된다.

- $V_{in3} \simeq \frac{1}{2} V_{DD}$ 인 경우(C점) : pMOS와 nMOS가 모두 포화모드로 동작하며, 출력전압은 $V_{out} \simeq \frac{1}{2} V_{DD}$ 가 된다.

- $V_{in4} < V_{DD} + V_{Tp}$ 인 경우(D점) : pMOS는 포화모드이고, nMOS는 선형모드로 동작하며, 출력전압은 $V_{out} < \frac{1}{2} V_{DD}$ 가 된다.

- $V_{in5} = V_{DD}$ 또는 $V_{in5} > V_{DD} + V_{Tp}$ 인 경우(E점) : pMOS는 차단모드이고, nMOS는 선형모드에서 동작하므로, 출력전압은 $V_{out} = 0$ 이 된다. 따라서 $V_{OL} = 0 \, \text{V}$ 이다.

[표 4-1] 입력전압에 따른 CMOS 인버터의 동작 특성

구분	A점	B점	C점	D점	E점
[그림 4-8]	(b)	(c)	(d)	(e)	(f)
입력전압	$V_{in1} = 0$	$V_{Tn} < V_{in2} < \frac{1}{2} V_{DD}$	$V_{in3} \simeq \frac{1}{2} V_{DD}$	$V_{in4} < V_{DD} + V_{Tp}$	$V_{in5} = V_{DD}$
nMOS	차단	포화	포화	선형	선형
pMOS	선형	선형	포화	포화	차단
출력전압	V_{DD}	$\frac{1}{2} V_{DD} < V_{out} < V_{DD}$	$\simeq \frac{1}{2} V_{DD}$	$V_{out} < \frac{1}{2} V_{DD}$	0
전류	0	$I_d > 0$	$\simeq I_{max}$	$I_d > 0$	0

[그림 4-8(b)] ~ [그림 4-8(f)]로부터 CMOS 인버터의 DC 전달 특성 곡선을 그리면 [그림 4-9(a)]와 같다. 이때 논리값 1의 출력전압은 $V_{OH} = V_{DD}$ 이고, 논리값 0의 출력전압은 $V_{OL} = 0 \, \text{V}$ 이다. CMOS 인버터의 출력전압은 0V 에서 전원전압 V_{DD} 까지 스윙하므로, DC 특성은 트랜지스터의 크기와 무관하다. 이와 같은 회로를 무비율 논리회로

ratioless logic라고 한다. 참고로, 4.3절에서 설명되는 nMOS 인버터와 pseudo nMOS 인버터는 V_{OL}이 부하소자와 구동소자의 임피던스 비ratio에 영향을 받는 비율 논리회로ratioed logic이다. CMOS 인버터의 무비율 특성은 회로 설계를 간편하게 만드는 장점을 갖는다.

[그림 4-8(b)] ~ [그림 4-8(f)]로부터, CMOS 인버터의 입력전압에 따른 전류 특성은 [그림 4-9(b)]와 같다. A점과 E점에서는 각각 nMOS와 pMOS가 차단상태이므로 인버터에 흐르는 전류는 이상적으로 0이며, 매우 작은 누설전류만 흐른다. B점, C점, D점에서는 nMOS와 pMOS가 모두 도통상태에 있으므로 인버터에는 전류가 흐르며, nMOS와 pMOS가 모두 포화모드인 C점에서 가장 큰 전류가 흐른다.

[그림 4-9(b)]에서 보는 바와 같이, CMOS 인버터는 입력이 0(논리값 0) 또는 V_{DD}(논리값 1)를 유지하는 동안에는 정적static 전류가 0이다(누설에 의한 매우 작은 전류만 흐름). 논리값 1 → 논리값 0, 또는 논리값 0 → 논리값 1의 스위칭 과도기 동안([그림 4-9]에서 B점, C점, D점)에만 전류가 흐르므로, DC 전력소모는 이상적으로 0이다. 따라서 CMOS 인버터는 전력소모가 작다는 장점을 갖는다. 참고로, 4.3절에서 설명되는 nMOS와 pseudo nMOS 인버터는 입력이 논리값 1을 유지하는 동안에 DC 전력소모가 지속적으로 일어나는 단점이 있다.

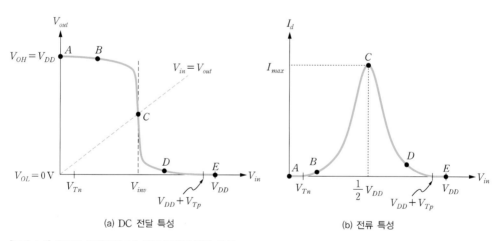

(a) DC 전달 특성   (b) 전류 특성

[그림 4-9] CMOS 인버터의 DC 전달 특성과 전류 특성

[그림 4-9(a)]의 입출력 전달 특성에서 기울기가 1인 직선과 VTC 곡선이 만나는 점의 입력전압을 인버터의 스위칭 문턱전압switching threshold voltage V_{inv}로 정의한다. 스위칭 문턱전압은 인버터의 출력이 논리값 0에서 논리값 1로, 또는 그 반대로 스위칭되는 임계 입력전압을 의미한다. C점에서의 스위칭 문턱전압 V_{inv}는 식 (4.7)과 같이 표현되며, nMOS와 pMOS의 β_n과 β_p는 각각 식 (4.8), 식 (4.9)와 같이 정의된다. 식 (4.8)과 식

(4.9)에서 k_n과 k_p는 각각 nMOS와 pMOS의 공정이득process gain 파라미터를 나타낸다.

$$V_{inv} = \frac{V_{DD} + V_{Tp} + V_{Tn}\sqrt{\beta_n/\beta_p}}{1 + \sqrt{\beta_n/\beta_p}} \tag{4.7}$$

$$\beta_n \equiv \frac{\mu_n \epsilon_0 \epsilon_{ox}}{t_{ox}}\left(\frac{W_n}{L_n}\right) = k_n\left(\frac{W_n}{L_n}\right) \tag{4.8}$$

$$\beta_p \equiv \frac{\mu_p \epsilon_0 \epsilon_{ox}}{t_{ox}}\left(\frac{W_p}{L_p}\right) = k_p\left(\frac{W_p}{L_p}\right) \tag{4.9}$$

식 (4.7) ~ 식 (4.9)로부터, CMOS 인버터의 스위칭 문턱전압은 nMOS와 pMOS의 β-비에 의해 결정됨을 알 수 있다. CMOS 인버터의 잡음여유를 최대로 만들고, VTC 곡선이 대칭성을 갖도록 하기 위해서는 $V_{inv} = \frac{1}{2}V_{DD}$가 되도록 설계해야 한다. pMOS와 nMOS의 문턱전압이 $V_{Tn} = |V_{Tp}|$라고 가정하면, 식 (4.7)로부터 $\beta_n = \beta_p$가 되어야 하며, 채널길이가 같다면($L_n = L_p$) 식 (4.10)을 만족하도록 설계해야 한다. 예를 들어, 전자의 이동도가 정공의 이동도보다 3배 크다면($\mu_n = 3\mu_p$), $W_p = 3W_n$으로 설계해야 한다.

$$\frac{W_p}{W_n} = \frac{\mu_n}{\mu_p} \tag{4.10}$$

CMOS 인버터의 β-비(β_n/β_p)에 따른 VTC 곡선의 변화는 [그림 4-10]과 같다. β_n/β_p가 증가할수록 VTC 곡선이 왼쪽으로 이동하면서, 스위칭 문턱전압이 감소함을 알 수 있다. 일반적으로 CMOS 인버터의 스위칭 문턱전압은 β-비의 작은 변화에 그리 민감하지 않으므로 $W_p/W_n \simeq 2 \sim 3$으로 설계하며, 면적을 줄이기 위해 최소 크기의 $W_p = W_n$로 설계하기도 한다.

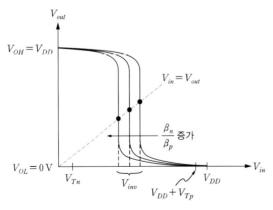

[그림 4-10] β-비에 따른 CMOS 인버터의 VTC 곡선 변화

예제 4-1

CMOS 인버터의 스위칭 문턱전압을 $V_{inv}=1.3\,\mathrm{V}$로 만들기 위한 pMOS와 nMOS의 채널폭 비(W_p/W_n)를 구하라. pMOS와 nMOS의 채널길이는 같고($L_n=L_p$), 전자와 정공의 이동도는 각각 $\mu_n=150\,\mathrm{cm^2/V\cdot s}$, $\mu_p=60\,\mathrm{cm^2/V\cdot s}$이다. 전원전압은 $V_{DD}=2.5\,\mathrm{V}$이고, pMOS와 nMOS의 문턱전압은 각각 $V_{Tn}=0.3\,\mathrm{V}$, $V_{Tp}=-0.4\,\mathrm{V}$이다.

풀이

주어진 값들을 식 (4.7)에 대입하면 다음과 같다.

$$V_{inv}=\frac{V_{DD}+V_{Tp}+V_{Tn}\sqrt{\beta_n/\beta_p}}{1+\sqrt{\beta_n/\beta_p}}=\frac{2.5-0.4+0.3\sqrt{\beta_n/\beta_p}}{1+\sqrt{\beta_n/\beta_p}}=1.3 \qquad (1)$$

식 (1)을 정리하면 $\sqrt{\beta_n/\beta_p}=0.8$이 되며, 식 (4.8)과 식 (4.9)를 적용하여 채널폭의 비 W_p/W_n을 구하면 다음과 같다.

$$\frac{W_p}{W_n}=\frac{\mu_n}{\mu_p}\times\frac{1}{(0.8)^2}=\frac{2.5}{0.64}=3.9$$

핵심포인트 CMOS 인버터의 DC 특성

- $V_{OH}=V_{DD}$, $V_{OL}=0$인 무비율 논리이므로, 트랜지스터 크기와 무관한 DC 특성을 가져 설계가 용이하고 잡음여유가 크다.
  - 출력이 논리값 0 또는 1을 유지하는 정상상태에는 이상적으로 전류가 0이므로, DC 전력소모가 작아 저전력에 적합하다.
- CMOS 인버터의 β_n/β_p가 증가할수록 VTC 곡선이 왼쪽으로 이동하여 스위칭 문턱전압이 감소한다.
  - 전자와 정공의 이동도를 고려하여 $W_p/W_n\simeq 2\sim3$으로 설계하며, 면적을 줄이기 위해 최소 크기의 $W_p=W_n$로 설계하기도 한다.

4.2.2 CMOS 인버터의 스위칭 특성

논리 게이트의 스위칭 특성은 입력신호의 변화에 대해 회로가 얼마나 빨리 반응하는가를 나타내며, 부하 커패시턴스의 충전 또는 방전에 소요되는 시간으로 회로의 동작속도를 결정하는 요소이다. 이 절에서는 CMOS 인버터의 하강시간, 상승시간, 전달지연시간 등의 스위칭 특성을 설명한다. CMOS 인버터의 스위칭 특성을 확장하여 CMOS 논리 게이트나 임의의 CMOS 논리회로에도 유사하게 적용할 수 있다.

■ 하강시간

인버터의 하강시간은 논리값 1이 입력되는 경우에 발생한다. 논리값 1이 입력되면, [그림 4-11]과 같이 nMOS는 도통상태가 되어 등가저항 R_n으로 모델링되고, pMOS는 차단상태가 된다. 하강시간은 부하 커패시턴스 C_L에 충전된 전하가 도통된 nMOS를 통해 접지로 방전되는 데 소요되는 시간을 나타낸다. 계단^{step} 입력을 가정하면, CMOS 인버터의 하강시간은 근사적으로 식 (4.11)과 같이 모델링된다. β_n은 식 (4.8)로 정의되며, m은 전원전압 V_{DD}와 nMOS의 문턱전압에 따라 결정되는 상수값이다. $V_{DD} = 3 \sim 5\,\text{V}$와 $V_{Tn} = 0.5 \sim 1.0\,\text{V}$에 대해 $m = 3 \sim 4$ 범위의 값을 갖는다.

$$t_f \simeq \frac{m\,C_L}{\beta_n\,V_{DD}} = \frac{m\,C_L}{k_n\,V_{DD}}\left(\frac{L_n}{W_n}\right) \tag{4.11}$$

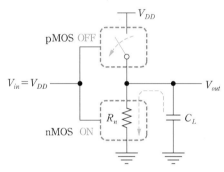

[그림 4-11] CMOS 인버터 하강시간 등가모델($V_{in} = V_{DD}$인 경우)

식 (4.11)로부터 nMOS의 β_n, 전원전압 V_{DD}, 그리고 출력노드의 용량성 부하 C_L 등이 CMOS 인버터의 하강시간에 영향을 미침을 알 수 있다. 인버터의 하강시간을 줄이기 위해서는 부하 커패시턴스 C_L을 최소화해야 하며, nMOS의 채널폭을 크게 하거나 채널길이를 작게 해야 한다. 전원전압 V_{DD}가 클수록 하강시간은 짧아지지만, 전원전압은 시스템에서 결정되는 요소이고, 회로의 전력소모를 증가시키는 요인이므로 바람직한 방법이 아니다. 일반적으로 회로 설계자는 nMOS의 채널폭(W_n)을 조정하여 하강시간을 조정한다.

■ 상승시간

인버터의 상승시간은 논리값 0이 입력되는 경우에 발생한다. 논리값 0이 입력되면, [그림 4-12]와 같이 pMOS는 모동싱대가 되어 등기지형 R_p로 모델링되고, nMOS는 차단상태가 된다. 상승시간은 도통된 pMOS를 통해 부하 커패시턴스 C_L을 충전하는 데 소요되는 시간을 나타낸다. 계단 입력을 가정하면, CMOS 인버터의 상승시간은 근사적으로 식 (4.12)와 같이 모델링된다. β_p는 식 (4.9)로 정의되며, m은 전원전압 V_{DD}와 pMOS의 문턱전압에 따라 결정되는 상수값이다.

$$t_r \simeq \frac{m\,C_L}{\beta_p\,V_{DD}} = \frac{m\,C_L}{k_p\,V_{DD}}\left(\frac{L_p}{W_p}\right) \tag{4.12}$$

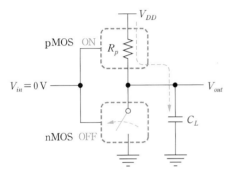

[그림 4-12] CMOS 인버터 상승시간 등가모델($V_{in} = 0\,\text{V}$인 경우)

식 (4.12)로부터 pMOS의 β_p, 전원전압 V_{DD}, 그리고 출력단에 존재하는 용량성 부하 C_L 등이 CMOS 인버터의 상승시간에 영향을 미침을 알 수 있다. 따라서 인버터의 상승시간을 줄이기 위해서는 부하 커패시턴스 C_L을 최소화해야 하며, pMOS의 채널폭을 크게 하거나 채널길이를 작게 해야 한다. 전원전압 V_{DD}가 클수록 상승시간이 짧아지지만, 전원전압은 시스템에서 결정되는 요소이고, 회로의 전력소모를 증가시키므로 바람직한 방법이 아니다. 일반적으로 회로 설계자는 pMOS의 채널폭(W_p)을 조정하여 상승시간을 조정한다.

상승시간과 하강시간 중 하나는 매우 크고 다른 하나는 매우 작아서 인버터 출력의 스위칭 특성이 비대칭이면, 둘 중 큰 값에 의해 회로의 동작속도가 느려진다. 따라서 상승시간과 하강시간이 같으면서도 최소가 되도록 설계하는 것이 회로의 동작속도를 최적화할 수 있는 방법이다. CMOS 인버터의 상승시간과 하강시간이 같아지도록 만들기 위해서는 식 (4.11)의 하강시간과 식 (4.12)의 상승시간이 같아지도록 설계해야 한다. 즉, 식

(4.13)의 관계가 성립한다.

$$\frac{m\,C_L}{k_n\,V_{DD}}\left(\frac{L_n}{W_n}\right) = \frac{m\,C_L}{k_p\,V_{DD}}\left(\frac{L_p}{W_p}\right) \tag{4.13}$$

일반적으로 nMOS와 pMOS의 채널길이를 같게 만들므로($L_p = L_n$), 식 (4.13)을 간략화하면 식 (4.14)의 관계가 얻어진다. 이때 전자와 정공의 이동도 차이를 고려하여 nMOS와 pMOS의 채널폭을 결정하면, 상승시간과 하강시간이 같아지도록 설계할 수 있다. 통상적으로 전기의 이동도가 정공의 이동도보다 2.5 ~ 3배 정도 크므로, 이를 반영하여 pMOS의 채널폭 W_p를 nMOS의 채널폭 W_n보다 약 2.5 ~ 3배 정도 크게 설계하면 된다.

$$\frac{W_p}{W_n} = \frac{\mu_n}{\mu_p} \tag{4.14}$$

식 (4.11)과 식 (4.12)로부터 CMOS 인버터의 고속 동작을 위한 방법을 찾을 수 있다. 첫째, pMOS와 nMOS의 채널폭을 크게 만들면 속도를 빠르게 할 수 있다. 그러나 채널폭이 커지면 트랜지스터의 게이트 커패시턴스와 소오스/드레인 접합 커패시턴스도 함께 증가하므로, 시뮬레이션을 통해 적절한 값을 선택해야 한다. MOSFET의 커패시턴스 성분에 대해서는 3.4절을 참조한다. 둘째, 전원전압 V_{DD}를 크게 하면 동작속도를 빠르게 할 수 있다. 그러나 전원전압은 시스템이나 공정에서 결정되는 요소이고, 또한 전력소모에 영향을 미치므로(4.2.3절), 동작속도 개선을 위해 전원전압을 크게 하는 것은 바람직하지 않다. 셋째, 인버터의 고속 동작을 위해서는 출력단에 존재하는 부하 커패시턴스 C_L을 최소화해야 하는데, 이는 전력소모에도 영향을 미치므로 설계자가 이를 주의 깊게 고려해야 한다.

[그림 4-13]과 같이 두 개의 인버터가 직렬로 연결된 경우에, 부하 커패시턴스 C_L은 크게 세 가지 성분으로 구성된다. C_{dn1}, C_{dp1}은 각각 nMOS와 pMOS의 드레인-기판 사이의 접합 커패시턴스로, 인버터 자체의 출력 커패시턴스를 나타낸다. 이를 자기부하^{self loading}라고 한다. C_{gn2}, C_{gp2}는 각각 다음 단 인버터의 nMOS와 pMOS의 게이트 커패시턴스이다. C_W는 두 인버터 사이를 연결하는 배선의 커패시턴스이다. 따라서 첫 번째 인버터의 부하 커패시턴스 C_L은 식 (4.15)와 같이 주어지며, 인버터의 고속 동작을 위해서는 이들 커패시턴스 성분들이 최소화되도록 설계해야 한다.

$$C_L = \left(C_{dn1} + C_{dp1}\right) + C_w + \left(C_{gn2} + C_{gp2}\right) \tag{4.15}$$

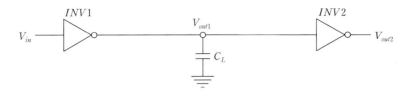

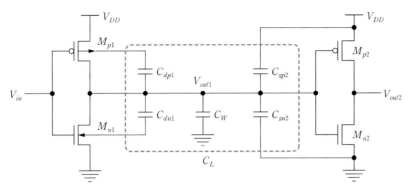

[그림 4-13] **부하 커패시턴스 C_L의 성분**

예제 **4-2**

CMOS 인버터의 상승시간과 하강시간이 $t_r = t_f \simeq 0.15\,\text{ns}$ 가 되도록 트랜지스터의 채널폭 W_n 과 W_p를 구하라. 부하 커패시턴스는 $C_L = 50\,\text{fF}$이고, nMOS와 pMOS의 공정이득 파라미터 는 각각 $k_n = 100\,\mu\text{A/V}^2$, $k_p = 40\,\mu\text{A/V}^2$이다. 채널길이는 $L_n = L_p = 0.4\,\mu\text{m}$이고, 전원전압 은 $V_{DD} = 3.3\,\text{V}$, $m = 3$이다.

풀이

주어진 파라미터 값들을 식 (4.11)에 대입하면

$$t_f \simeq \frac{m\,C_L}{\beta_n\,V_{DD}} = \frac{m\,C_L}{k_n\,V_{DD}}\left(\frac{L_n}{W_n}\right) = \frac{3 \times 50 \times 10^{-15}}{100 \times 10^{-6} \times 3.3}\left(\frac{0.4 \times 10^{-6}}{W_n}\right) \simeq 0.15 \times 10^{-9}$$

이므로, nMOS의 채널폭 W_n은 $W_n \approx 1.2\,\mu\text{m}$이 된다. $k_n = 100\,\mu\text{A/V}^2$, $k_p = 40\,\mu\text{A/V}^2$로부 터 전자와 정공의 이동도 비는 다음과 같다.

$$\frac{k_n}{k_p} = \frac{\mu_n}{\mu_p} = \frac{100}{40} = 2.5$$

따라서 식 (4.14)로부터 pMOS의 채널폭 W_p는 다음과 같이 계산된다.

$$W_p = \frac{\mu_n}{\mu_p} \times W_n = 2.5 \times 1.2 = 3.0\,\mu\text{m}$$

■ 전달지연

전달지연시간은 입력신호가 정상상태의 50%에 도달한 시점부터 출력신호가 50%에 도달하기까지 소요되는 시간으로 정의되며, 출력이 논리값 1에서 논리값 0으로 하강하는 경우의 하강 전달지연시간(t_{pHL})과, 출력이 논리값 0에서 논리값 1로 상승하는 경우의 상승 전달지연시간(t_{pLH})으로 구분된다.

[그림 4-14]와 같이 출력단에 $C_L = C_{int} + C_{ext}$의 커패시턴스가 존재하는 경우를 생각해 보자. $C_{int} = C_{dn} + C_{dp}$는 nMOS와 pMOS의 드레인 접합 커패시턴스의 합으로, 인버터의 고유출력 커패시턴스intrinsic output capacitance를 나타내며, 자기부하self-loading라고도 한다. C_{ext}는 인버터가 구동하는 외부의 부하 커패시턴스로, 배선에 의한 커패시턴스와 인버터가 구동하는 다음 단 회로의 입력 커패시턴스의 합을 나타낸다.

인버터 입력의 상승/하강시간이 매우 작아서 전달지연시간에 미치는 영향을 무시(이상적인 계단 입력을 가정)하면, 인버터의 출력이 50%에 도달하기까지 소요되는 전달지연시간 t_{pd}는 $V(t_{pd}) = 0.5 V_o = V_o e^{-t_{pd}/RC_L}$으로부터 $t_{pd} = \ln(2)RC_L = 0.69RC_L$이 된다. 하강 전달지연시간($t_{pHL}$)은 도통된 nMOS의 등가저항 R_n의 영향을 받고, 상승 전달지연시간은 도통된 pMOS의 등가저항 R_p의 영향을 받으므로, 하강과 상승 전달지연시간은 각각 식 (4.16a)와 식 (4.16b)로 표현된다.

$$t_{pHL} \simeq 0.69\, R_n C_L \tag{4.16a}$$

$$t_{pLH} \simeq 0.69\, R_p C_L \tag{4.16b}$$

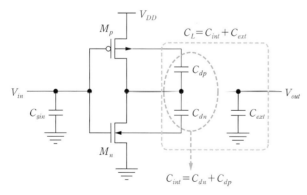

[그림 4-14] CMOS 인버터의 입력 및 부하 커패시턴스 성분

도통된 nMOS와 pMOS의 등가저항 R_n과 R_p는 각각 β_n과 β_p에 반비례 관계를 가지므로, 채널폭과 캐리어 이동도에 대해서도 반비례 관계를 갖는다. nMOS의 채널폭을 크게 만들면 도통된 nMOS의 등가저항 R_n이 작아져 하강 전달지연시간이 작아지며 pMOS의 채널폭을 크게 만들면 도통된 pMOS의 등가저항 R_p가 작아져 상승 전달지연시간이 작아진다. nMOS와 pMOS의 크기를 같게 만들면($L_n = L_p$, $W_n = W_p$), 캐리어의 이동도 차이에 의해 상승 전달지연시간이 하강 전달지연시간보다 커지게 된다($t_{pLH} > t_{pHL}$).

한편, CMOS 인버터의 전달지연시간 t_{pd}는 상승 전달지연시간과 하강 전달지연시간의 평균값으로, 식 (4.17)과 같이 정의할 수 있다.

$$t_{pd} \equiv \frac{t_{pHL} + t_{pLH}}{2} \simeq 0.345\,(R_n + R_p)\,C_L \tag{4.17}$$

상승 전달지연시간과 하강 전달지연시간이 같아지도록 $\beta_n = \beta_p$로 설계하면 $R_{eq} \equiv R_n = R_p$가 되므로, CMOS 인버터의 전달지연시간은 식 (4.18)과 같으며, $k \simeq 0.69$이고 $t_{pd0} \equiv kR_{eq}C_{int}$이다. 이때 $t_{pd0} = kR_{eq}C_{int}$는 부하 커패시턴스에 무관한 인버터 자체의 고유지연intrinsic delay을 나타낸다. 식 (4.18)의 CMOS 인버터 전달지연시간을 외부 부하 커패시턴스 C_{ext}에 대한 그래프로 나타내면 [그림 4-15]와 같다.

$$t_{pd} = kR_{eq}C_L = kR_{eq}(C_{int} + C_{ext}) = t_{pd0}\left(1 + \frac{C_{ext}}{C_{int}}\right) \tag{4.18}$$

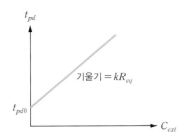

[그림 4-15] 외부 부하 커패시턴스 C_{ext}에 대한 CMOS 인버터의 전달지연시간

인버터를 구성하는 트랜지스터의 채널폭(전류 구동 능력)이 전달지연에 미치는 영향을 알아보자. 채널폭이 최소 크기인 인버터의 트랜지스터 등가저항과 고유출력 커패시턴스를 각각 R_{ref}와 C_{ref}라고 하면, 채널폭이 S배인 트랜지스터의 등가저항은 $R_{eq} = R_{ref}/S$로 감소하고, 고유출력 커패시턴스는 $C_{int} = SC_{ref}$로 증가한다. R_{ref}와 C_{ref}를 이용하여 식 (4.18)을 다음과 같이 다시 표현할 수 있다.

$$t_{pd} = k\left(\frac{R_{ref}}{S}\right)(S\,C_{ref})\left(1 + \frac{C_{ext}}{S\,C_{ref}}\right) = t_{pd0}\left(1 + \frac{C_{ext}}{S\,C_{ref}}\right) \qquad (4.19)$$

식 (4.19)에서 $t_{pd0} \equiv kR_{eq}C_{int} = kR_{ref}C_{ref}$는 외부 부하 커패시턴스 C_{ext}와 인버터를 구성하는 트랜지스터의 크기에 무관한 고유지연을 나타내며, 제조공정과 레이아웃에 의해 결정된다. 식 (4.19)에서 스케일 인수 S를 크게 만들수록 전달지연시간을 줄일 수 있으나, 인버터의 입력 게이트 커패시턴스 C_{gin}도 함께 증가하므로, 일정 크기 이상에서는 진달지연이 거의 감소하지 않는다.

인버터의 유효 팬-아웃^{effective fan-out}을 $f \equiv C_{ext}/C_{gin}$으로 정의하면, 식 (4.18)은 식 (4.20)과 같이 표현된다. 이때 $\eta \equiv C_{int}/C_{gin}$는 제조공정에 따라 고정된 값을 갖는다.

$$t_{pd} = t_{pd0}\left(1 + \frac{f}{\eta}\right) \qquad (4.20)$$

유효 팬-아웃 f는 인버터의 전류 구동 능력을 고려한 상대적인 부하 커패시턴스 크기를 나타내며, 인버터의 전달지연시간은 유효 팬-아웃 f에 비례한다. 다른 조건들이 동일한 상태에서 트랜지스터의 채널폭과 게이트 커패시턴스 C_{gin}은 비례하므로, 트랜지스터의 채널폭이 클수록 유효 팬-아웃 f가 감소하여 인버터의 전달지연시간이 작아진다.

핵심포인트 **CMOS 인버터의 스위칭 특성**

- 상승(하강)시간은 pMOSFET(nMOSFET)의 채널폭, 정공(전자)의 이동도, 전원전압에 반비례하며, 부하 커패시턴스에 비례한다.
  - $t_f = t_r$이 되기 위해서는 전자와 정공의 이동도 차이를 고려하여 pMOS와 nMOS의 채널폭을 결정한다.
- CMOS 인버터의 고속 동작을 위한 방법
  - 트랜지스터의 채널폭이 클수록 동작속도가 빠르나, 채널폭이 커지면 게이트 및 소오스/드레인 접합 커패시턴스도 함께 증가한다.
  - 전원전압 V_{DD}가 클수록 동작속도가 빠르나, 전원전압은 시스템이나 공정에서 결정되는 요소이고 또한 전력소모에 영향을 미치는 요인이다.
  - 외부 부하 커패시턴스 C_{ext}가 작을수록 동작속도가 빠르다.
- 전달지연시간은 인버터 자체의 고유지연시간과 유효 팬-아웃 $f \equiv C_{ext}/C_{gin}$에 비례하는 지연시간의 합으로 주어진다.
  - 트랜지스터의 채널폭이 클수록 유효 팬-아웃 f가 감소하여 인버터의 전달지연시간이 작아진다.

4.2.3 CMOS 인버터의 전력소모 특성

디지털 회로의 전력소모는 회로의 스위칭과 무관하게 일어나는 정적[static] 전력소모와, 회로의 스위칭 과정에서 소비되는 동적[dynamic] 전력소모로 구분된다. 정상상태의 CMOS 인버터는 pMOS와 nMOS 중 하나는 차단상태에 있으므로, 전원에서 접지로 도전경로가 형성되지 않아 정적 전력소모는 이상적으로 0이다. 그러나 실제 회로에서는 MOS 트랜지스터의 누설전류와 문턱전압이하 누설전류 등에 의한 정적 전력소모가 유발되며, 그 값은 동적 전력소모에 비해 상대적으로 작은 양이다. CMOS 회로의 전력소모는 대부분 스위칭 동작에서 유발된다. 동적 전력소모는 소자의 스위칭 과정에서 발생되는 스위칭 전력소모 성분과, 전원-접지 사이의 과도 단락전류에 의한 전력 소비 성분으로 구성된다. 스위칭 전력소모는 용량성 부하 C_L을 논리 스윙 V_{DD}만큼 충전/방전시키는 과정에서 소비되는 에너지의 한 주기(T_p) 평균값이며, 식 (4.21)과 같이 모델링된다.

$$P_d = \frac{1}{T_p}\left[\int_0^{T_p/2}\left(V_{out}\times i_n(t)\right)dt + \int_{T_p/2}^{T_p}\left((V_{DD}-V_{out})\times i_p(t)\right)dt\right]$$

$$= \alpha C_L f_p V_{DD}^2$$
(4.21)

스위칭 전력소모는 용량성 부하 C_L, 동작 주파수 f_p, 그리고 전원전압의 제곱에 비례한다. 식 (4.21)에서 α는 스위칭 활동인자[switching activity factor]로, 입력신호의 한 주기(또는 클록신호의 한 주기) 동안에 출력이 논리값 0에서 논리값 1로 천이되는 확률을 나타낸다. 의사천이[spurious transition][1]를 무시하는 경우, CMOS 인버터에서 입력신호 한 주기 동안 한 번의 출력 천이가 일어나므로 $\alpha = 1$이다. 회로의 구조와 형태에 따라 α는 $0 < \alpha \le 1$ 범위의 값을 가지며, 회로의 의사천이에 의한 스위칭도 α에 반영된다. 회로의 동작속도가 수백 MHz 이상으로 빨라짐에 따라 스위칭 전력소모가 큰 비중을 차지한다.

과도 단락전류에 의한 전력소모는 인버터의 출력이 논리값 0에서 논리값 1로, 또는 그 반대로 천이하는 과정에서 pMOS와 nMOS가 동시에 도통되는 기간에 흐르는 전류에 의한 전력소모이며, 식 (4.22)와 같이 모델링된다.

$$P_{SC} = V_{DD}I_{mean} \simeq \frac{\beta_n}{12}(V_{DD}-2V_{Tn})^3 \times \frac{t_{rf}}{T_p}$$
(4.22)

식 (4.22)에서 상승시간과 하강시간이 같다고($t_r = t_f = t_{rf}$) 가정하였으며, 인버터의 상승, 하강시간을 짧게 할수록 과도 단락전류에 의한 전력소모가 작아짐을 알 수 있다.

---

[1] 의사천이란 회로의 논리값이 결정되는 과정에서 불필요하게 발생되는 스위칭 동작을 말하며, 신호전달경로의 지연 차이에 의해 발생하여 회로의 동적 전력소모를 증가시키는 요인이 된다.

식 (4.21)과 식 (4.22)로부터 CMOS 인버터의 스위칭 전력소모를 줄이기 위한 방안을 찾을 수 있다. 스위칭 전력소모는 전원전압의 제곱에 비례하므로, 전원전압이 동적 전력소모에 가장 큰 영향을 미치는 요소이다. 예를 들어 전원전압을 1/2로 감소시키면, 전력소모를 75% 감소시킬 수 있다. 4.2.2절의 스위칭 특성에서 설명한 바와 같이, 전원전압이 작을수록 회로의 지연이 증가하여 동작속도가 느려지므로, 전력소모와 스위칭 속도 사이에는 교환조건$^{trade-off}$이 존재한다. 회로의 동작 주파수를 낮추면 전력소모를 줄일 수 있으나, 이는 회로의 성능을 저하시키므로 쉽게 적용할 수 있는 방법은 아니다. 또한 부하 커패시턴스의 최소화 및 불필요한 스위칭의 제거 등을 통해서도 전력소모를 줄일 수 있다.

핵심포인트 **CMOS 인버터의 전력소모 특성**

- CMOS 인버터의 정적 전력소모를 줄이기 위해서는 누설전류 및 문턱전압이하 누설전류 등을 최소화한다.
- CMOS 인버터의 스위칭 전력소모를 줄이기 위한 방안
  - 전원전압으로 낮추면 전력소모를 크게 줄일 수 있으나, 전원전압이 작을수록 회로의 동작속도가 느려지므로 전력소모와 스위칭 속도 사이에 교환조건이 존재한다.
  - 동작 주파수를 낮추면 전력소모를 줄일 수 있으나, 회로의 성능이 저하된다.
  - 부하 커패시턴스와 불필요한 의사천이를 최소화한다.
  - 상승시간과 하강시간을 작게 만들어 과도 단락전류에 의한 전력소모를 줄인다.

4.2.4 다단 CMOS 인버터 버퍼

4.2.2절에서 설명했듯이 CMOS 인버터의 전달지연은 부하 커패시턴스와 선형적인 관계를 보이는데, 이는 일반 논리 게이트에도 동일하게 적용된다. 예를 들어, 칩 내부의 플립플롭 또는 래치에 공급되는 클록신호는 매우 큰 커패시턴스를 가지며, 칩 내부의 신호가 외부로 전달되는 경우에도 패키지와 인쇄회로기판(PCB)에 의한 큰 커패시턴스를 갖는다. BGA 패키지의 오프-칩$^{off-chip}$ 커패시턴스는 $1.0 \sim 1.5\,\mathrm{pF}$ 정도이고 QFP 패키지는 $2.0 \sim 2.5\,\mathrm{pF}$ 정도이며, PCB에 의한 영향을 포함하면 수십 ~ 수백 pF의 커패시턴스를 갖는다. 부하 커패시턴스가 크면, 게이트의 전달지연시간이 커져서 회로의 동작속도가 느려지므로, 전류 구동 능력이 큰 버퍼^{buffer} 회로를 사용하여 지연시간을 줄인다.

디지털 버퍼 회로는 [그림 4-16]과 같이 인버터의 다단$^{multi-stage}$ 연결로 구성된다. 특히 버퍼의 입력과 출력이 동일한 논리값을 가져야 하는 경우에는 짝수단의 인버터로 구성된다. 디지털 버퍼 회로는 큰 부하 커패시턴스 C_L을 빠르게 구동할 수 있도록 큰 전류 구

동 능력을 가지며, 이를 위해 큰 채널폭을 갖는 트랜지스터로 만들어진다. 버퍼의 전력소모와 지연시간을 최소화하기 위해서는 [그림 4-16]과 같이 각 단의 인버터가 동일한 유효 팬 아웃 f를 갖도록 크기를 점진적으로 증가시켜 설계해야 한다. 이를 위해서는 전체 지연을 최소로 만드는 최적의 유효 팬-아웃 f를 결정해야 하는데, 이때 f를 버퍼의 스테이지 비$^{\text{stage ratio}}$라고도 한다. 또한 주어진 부하 커패시턴스 C_L을 구동하기 위한 최적의 인버터 단 수 N을 결정해야 한다. N이 필요 이상으로 크면, 다단 인버터에 의한 지연시간(버퍼 자체의 지연시간)이 증가하여 버퍼를 사용하는 이점이 상쇄되어 버릴 것이다.

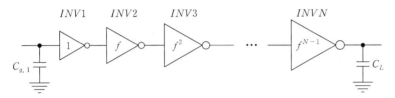

[그림 4-16] **다단 인버터 버퍼**

4.2.2절에서 설명한 인버터의 전달지연 수식을 적용하면, N단의 인버터로 구성되는 버퍼의 전달지연시간은 식 (4.23)과 같이 표현되며, $C_{g,N+1} = C_L$이고 $\eta = C_{int}/C_{g,j}$이다.

$$t_{pd} = t_{pd0} \sum_{j=1}^{N} \left(1 + \frac{C_{g,j+1}}{\eta \, C_{g,j}} \right) \tag{4.23}$$

부하 커패시턴스 C_L과 첫 번째 인버터의 게이트 커패시턴스 $C_{g,1}$의 비를 F로 정의하면, F와 유효 팬-아웃 f 사이에는 다음의 관계가 성립한다.

$$F \equiv \frac{C_L}{C_{g,1}} = \prod_{j=1}^{N} \left(\frac{C_{g,j+1}}{C_{g,j}} \right) = \prod_{j=1}^{N} f = f^N \tag{4.24}$$

식 (4.24)로부터 각 인버터의 유효 팬-아웃 f는 다음과 같이 표현된다.

$$f = \sqrt[N]{F} = \sqrt[N]{\frac{C_L}{C_{g,1}}} \tag{4.25}$$

각 인버터가 동일한 유효 팬-아웃 $f = C_{g,j+1}/C_{g,j}$를 가지므로, 인버터들의 전달지연시간도 동일한 값을 갖는다. 따라서 버퍼를 구성하는 다단 인버터의 총 전달지연시간은 식 (4.26)과 같이 다시 쓸 수 있다.

$$t_{pd} = N t_{pd0} \left(1 + \frac{\sqrt[N]{F}}{\eta} \right) = N t_{pd0} \left(1 + \frac{f}{\eta} \right) \tag{4.26}$$

부하 커패시턴스 C_L이 주어졌을 때, 버퍼의 지연시간을 포함한 총 전달지연시간 t_{pd}를 최소로 만들기 위해서는 최적의 N과 유효 팬-아웃 f를 구해야 한다. 식 (4.26)에서 볼 수 있듯이 N을 너무 크게 결정하면 인버터들의 고유지연시간이 지배적인 영향을 미치게 되고, 그 반대의 경우에는 유효 팬-아웃이 지배적인 영향을 미쳐 버퍼의 구동력이 떨어지게 된다. 버퍼가 구동해야 할 부하 커패시턴스 C_L과 버퍼의 입력 커패시턴스 $C_{g,1}$이 주어진 상태에서 지연시간을 최소화할 수 있는 최적의 유효 팬-아웃 f_{opt}는 다음과 같다.

$$f_{opt} = e^{(1 + \eta/f_{opt})} \qquad (4.27)$$

$\eta = 0$으로 가정(인버터의 고유출력 커패시턴스 C_{int}를 무시)하면, 전달지연시간을 최소로 만드는 최적의 유효 팬-아웃은 $f_{opt} = e \simeq 2.72$이 된다. f_{opt}는 반도체 제조공정에 따라 달라지며, $\eta = C_{int}/C_{gin}$가 클수록 f_{opt}가 커진다. $\eta = 1$의 경우에 $f_{opt} \simeq 3.6$이고, $\eta = 3$의 경우는 $f_{opt} \simeq 5.0$이다. 식 (4.24)의 양변에 자연로그를 취하면 $N = \ln(F)/\ln(f)$가 되며, $\eta = 0$인 경우의 $f_{opt} = e$를 대입하면, 버퍼를 구성하는 최적의 인버터 단수 N은 다음과 같다.

$$N = \ln(F) = \ln\left(C_L/C_{g,1}\right) \qquad (4.28)$$

식 (4.27)로부터 $\eta = C_{int}/C_{gin}$에 따른 최적 유효 팬-아웃 f_{opt}를 그래프로 나타내면 [그림 4-17(a)]와 같으며, η가 증가함에 따라 f_{opt}값이 증가함을 볼 수 있다. $\eta = 1$인 경우에 유효 팬-아웃 f에 따른 정규화된 지연시간은 [그림 4-17(b)]와 같으며, t_{pd-opt}는 최적 유효 팬-아웃 f_{opt}일 때의 전달지연시간을 나타낸다. 그림에서 볼 수 있듯이 $f > f_{opt}$의 경우에 지연시간의 증가는 매우 작으나, $f < f_{opt}$이면 지연시간이 크게 증가한다. 통상적으로 설계의 편의를 위해 유효 팬-아웃을 $f = 4$로 선택한다. 이 경우의 지연은 최적 유효 팬-아웃의 경우에 비해 수 % 증가하는 정도로, 그 차이는 무시할 수 있다.

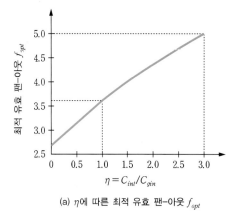

(a) η에 따른 최적 유효 팬-아웃 f_{opt}

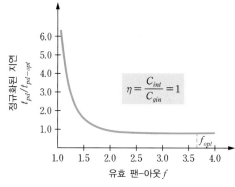

(b) 유효 팬-아웃 f에 따른 지연시간

[그림 4-17] η와 f에 따른 다단 CMOS 인버터 버퍼의 특성

예제 **4-3**

부하 커패시턴스 $C_L = 0.3\,\mathrm{pF}$ 을 최소의 지연으로 구동하기 위한 버퍼 회로를 설계하라. 단, 버퍼의 첫 번째 인버터는 게이트 커패시턴스가 $C_{g,1} = 4.5\,\mathrm{fF}$ 이고, pMOS와 nMOS의 채널폭은 각각 $W_{p,1} = 1.0\,\mu\mathrm{m}$, $W_{n,1} = 0.4\,\mu\mathrm{m}$ 이다. $\eta = 0$ 으로 가정한다.

풀이

식 (4.28)로부터 $N = \ln(C_L / C_{g,1}) = \ln(300/4.5) = 4.2$ 이므로, [그림 4-18]과 같이 4단 인버터로 구성한다. 식 (4.27)으로부터 $\eta = 2$ 에 대한 최적의 유효 팬-아웃을 구하면 $f_{opt} \simeq 4.35$ 이므로 $f = 4$ 로 결정한다. 따라서 각 인버터의 채널폭은 [그림 4-18]과 같다.

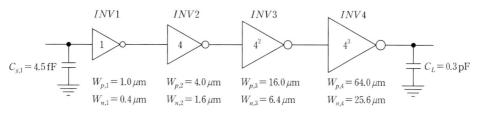

[그림 4-18] [예제 4-3]의 버퍼 회로 설계 결과

핵심포인트 **다단 CMOS 인버터 버퍼**

- 큰 부하 커패시턴스를 빠르게 구동하기 위해 다단 인버터로 구성되는 버퍼 회로가 사용된다.
- 지연시간을 최소화할 수 있는 최적의 유효 팬-아웃은 $f_{opt} = e \simeq 2.72$ 이다.
  (인버터의 고유출력 커패시턴스 C_{int} 를 무시하는 경우)
- 버퍼를 구성하는 최적의 인버터 수는 $N = \ln(C_L / C_{g,1})$ 이다.

4.3 nMOS 및 pseudo nMOS 인버터

이 절에서는 nMOS 인버터와 pseudo nMOS 인버터의 특성을 설명한다. 이러한 회로들은 4.2절에서 설명한 CMOS 인버터에 비해 여러 가지 단점을 가지므로 많이 사용되지 않는다. 이 절을 통해서 nMOS 및 pseudo nMOS 인버터에 비해 CMOS 인버터가 우수함을 잘 이해하기 바란다.

4.3.1 nMOS 인버터

nMOS 인버터 회로는 [그림 4-19(a)]와 같이 공핍형 nMOS가 부하소자로 사용되고, 증가형 nMOS가 구동소자로 사용된다. 부하소자인 공핍형 nMOS는 게이트가 소오스로 연결되어 $V_{GSd} = 0\,\text{V}$이며, 항상 도통상태를 유지한다. 입력은 구동소자의 게이트로 인가되며, 출력은 구동소자의 드레인과 부하소자의 소오스 접점에서 얻어진다. 구동소자인 증가형 nMOS의 전압-전류 특성은 [그림 4-19(b)]와 같다. 게이트-소오스 전압 V_{GSn}이 인버터의 입력전압이며, 입력전압 V_{in}이 증가할수록 구동소자의 전류가 증가한다.

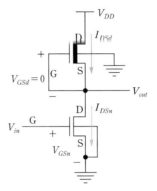

(a) nMOS 인버터 회로

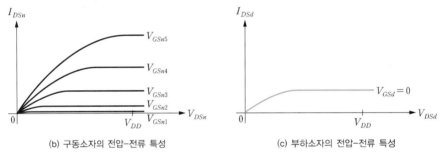

(b) 구동소자의 전압-전류 특성   (c) 부하소자의 전압-전류 특성

[그림 4-19] nMOS 인버터 및 구동소자와 부하소자의 전압-전류 특성

구동소자의 드레인-소오스 전압은 인버터의 출력 V_{out}이다. 공핍형 nMOS는 채널이 미리 만들어져 있는 상태로 제조되므로, 게이트-소오스 전압이 $V_{GSd} = 0\,\text{V}$일 때 가장 큰 전류가 흐른다. 공핍형 nMOS의 전압-전류 특성은 [그림 4-19(c)]와 같다.

nMOS 인버터의 DC 전달 특성은 구동소자와 부하소자의 전압-전류 특성으로부터 얻어진다. [그림 4-19(a)]의 회로에서 식 (4.29)와 식 (4.30)의 관계를 얻을 수 있다. 인버터의 입력전압은 구동소자의 게이트-소오스 전압 V_{GSn}이다. 출력전압은 구동소자의 드레인-소오스 전압 V_{DSn}으로, 전원전압 V_{DD}에서 부하소자의 드레인-소오스 전압 V_{DSd}을 뺀 값이다. 구동소자와 부하소자가 모두 nMOS이므로 전류의 방향이 동일하다.

$$V_{in} = V_{GSn} \tag{4.29}$$

$$V_{out} = V_{DSn} = V_{DD} - V_{DSd} \tag{4.30}$$

nMOS 인버터의 DC 전달 특성을 유도하기 위해, 구동소자와 부하소자의 전압-전류 특성곡선을 중첩하여 나타내면 [그림 4-20(a)]와 같다. 식 (4.29)와 식 (4.30)의 관계를 이용하여 구동소자와 부하소자의 전압-전류 특성 곡선을 인버터의 입력전압 V_{in}과 출력전압 V_{out}으로 변환하여 반영하였다.

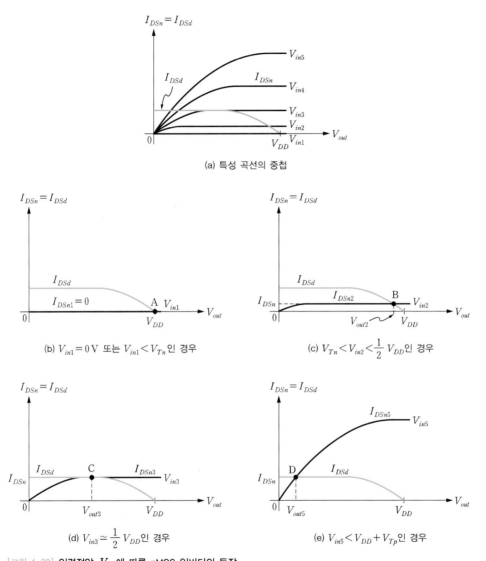

(a) 특성 곡선의 중첩

(b) $V_{in1} = 0\,\mathrm{V}$ 또는 $V_{in1} < V_{Tn}$인 경우

(c) $V_{Tn} < V_{in2} < \frac{1}{2}\,V_{DD}$인 경우

(d) $V_{in3} \simeq \frac{1}{2}\,V_{DD}$인 경우

(e) $V_{in5} < V_{DD} + V_{Tp}$인 경우

[그림 4-20] 입력전압 V_{in}에 따른 nMOS 인버터의 동작

[그림 4-20(a)]로부터 입력전압 V_{in}을 0 V에서부터 V_{DD}까지 변화시키면서 출력전압 V_{out}의 변화를 관찰하면, nMOS 인버터의 DC 전달 특성 곡선을 얻을 수 있다. [그림 4-20(b)] ~ [그림 4-20(e)]는 4가지 입력전압에 대해 구동소자와 부하소자의 동작모드, 전류, 출력전압을 보인 것이며, 이를 정리하면 [표 4-2]와 같다. 각 동작영역의 입력전압

과 출력전압의 관계는 다음과 같다.

- $V_{in1} = 0\,\text{V}$ 또는 $V_{in1} < V_{Tn}$인 경우(A점) : 구동소자는 차단모드이고, 부하소자는 선형모드이므로, 출력전압은 $V_{out} = V_{DD}$가 된다. 따라서 $V_{OH} = V_{DD}$이다.

- $V_{Tn} < V_{in2} < \dfrac{1}{2}V_{DD}$인 경우(B점) : 구동소자는 포화모드이고, 부하소자는 선형모드로 동작하며, 출력전압은 $V_{out} < V_{DD}$가 된다.

- $V_{in3} \simeq \dfrac{1}{2}V_{DD}$인 경우(C점) : 구동소자와 부하소자가 모두 포화모드로 동작하며, 출력전압은 $V_{out} \simeq \dfrac{1}{2}V_{DD}$가 된다.

- $V_{in5} = V_{DD}$인 경우(D점) : 구동소자는 선형모드이고, 부하소자는 포화모드로 동작하며, 출력전압은 $0 < V_{out} < \dfrac{1}{2}V_{DD}$의 값을 갖는다. 따라서 $V_{OL} > 0$이다.

[표 4-2] 입력전압에 따른 nMOS 인버터의 동작 특성

구분	A점	B점	C점	D점
[그림 4-20]	(b)	(c)	(d)	(e)
입력전압	$V_{in1} = 0$	$V_{Tn} < V_{in2} < \dfrac{1}{2}V_{DD}$	$V_{in3} \simeq \dfrac{1}{2}V_{DD}$	$V_{in5} = V_{DD}$
구동소자	차단	포화	포화	선형
부하소자	선형	선형	포화	포화
출력전압	V_{DD}	$V_{out} < V_{DD}$	$\simeq \dfrac{1}{2}V_{DD}$	$0 < V_{out} < \dfrac{1}{2}V_{DD}$
전류	0	$I_d > 0$	$\simeq I_{max}$	$\simeq I_{max}$

[그림 4-20(b)] ~ [그림 4-20(e)]로부터 nMOS 인버터의 DC 전달 특성 곡선은 [그림 4-21(a)]와 같다. 논리값 1의 출력전압은 $V_{OH} = V_{DD}$이며, 논리값 0의 출력전압은 $V_{OL} > 0\,\text{V}$이다. nMOS 인버터의 $V_{OL} > 0\,\text{V}$인 점이 4.2절에서 설명한 CMOS 인버터와 다른 점이다.

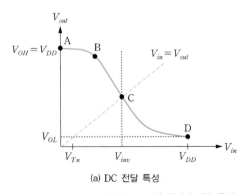

(a) DC 전달 특성

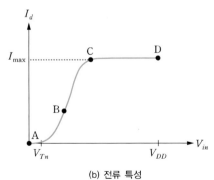

(b) 전류 특성

[그림 4-21] nMOS 인버터의 DC 전달 특성과 전류 특성

[그림 4-20(b)] ~ [그림 4-20(e)]로부터, nMOS 인버터의 입력전압에 따른 전류 특성은 [그림 4-21(b)]와 같다. A점에서는 구동소자가 차단상태이므로, 인버터에 흐르는 전류는 이상적으로 0이며 누설전류만 흐른다. B점, C점, D점에서는 구동소자와 부하소자가 모두 도통상태에 있으므로, 인버터에 전류가 흐른다. [그림 4-21(b)]에서 보는 바와 같이 $V_{in} = V_{DD}$(논리값 1)를 유지하는 동안에는 정적 전류가 지속적으로 흐르므로, 정적 전력소모가 커서 저전력 회로에 적합하지 않다. 참고로, 4.2절의 CMOS 인버터는 입력이 논리값 1 또는 논리값 0을 유지하고 있는 동안에는 정적 전력소모가 이상적으로 0이다.

nMOS 인버터의 등가회로를 이용하여 DC 특성과 설계 시 고려할 사항들을 알아보자. [그림 4-22(a)]는 논리값 0이 입력되는 경우($V_{in} < V_{Tn}$)의 등가회로이다. 구동소자는 차단모드이므로 열린 스위치로 동작한다. 부하소자는 선형모드에서 동작하므로, 등가저항 R_{pu}로 나타낼 수 있다. 논리값 1이 출력되며, 출력전압은 $V_{out} = V_{DD}$이고, 전원에서 접지로 흐르는 전류는 0이다. [그림 4-22(b)]는 논리값 1이 입력되는 경우($V_{in} = V_{DD}$)의 등가회로이다. 구동소자는 선형모드의 도통상태이므로 등가저항 R_{pd}로 나타내며, 부하소자는 포화모드의 도통상태이므로 등가저항 R_{pu}로 나타낸다. 부하소자와 구동소자가 모두 도통상태이므로, 전원에서 접지로 전류가 흐른다. 논리값 0에 대한 출력전압 V_{OL}은 식 (4.31)과 같이 구동소자와 부하소자의 등가저항 비에 의해 결정되며, 0보다 큰 값을 갖는다. 이와 같이 구동소자와 부하소자의 등가저항 비가 DC 특성에 영향을 미치는 회로를 비율 논리회로[ratioed logic]라고 한다. 참고로, 4.2절에서 설명한 CMOS 인버터는 DC 특성이 부하소자와 구동소자의 특성에 무관한 무비율 논리회로[ratioless logic] 특성을 갖는다.

$$V_{OL} = \frac{R_{pd}}{R_{pd} + R_{pu}} V_{DD} = \frac{V_{DD}}{1 + (R_{pu} / R_{pd})} \tag{4.31}$$

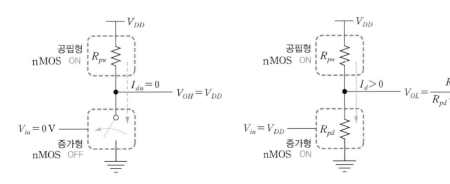

(a) 논리값 0이 입력되는 경우($V_{in} < V_{Tn}$)   (b) 논리값 1이 입력되는 경우($V_{in} = V_{DD}$)

[그림 4-22] nMOS 인버터의 등가회로

4.1절에서 설명했듯이, 인버터의 잡음여유를 최대로 하기 위해서는 $V_{OH} = V_{DD}$와 V_{OL} = 0 V 가 되어야 한다. nMOS 인버터는 $V_{OH} = V_{DD}$이지만, $V_{OL} > 0$ 이므로 논리값 0 에 대한 잡음여유가 작다. 식 (4.31)에 의하면, V_{OL}은 부하소자와 구동소자의 등가저항 비(R_{pu} / R_{pd})의 영향을 받으므로 논리값 0 출력에 대한 잡음여유도 등가저항 비에 영향을 받는다. R_{pu} / R_{pd}를 크게 할수록 V_{OL}이 작아지며, 논리값 0에 대한 잡음여유가 커진다.

nMOS 인버터의 설계 시에 고려할 사항을 알아보기 위해 [그림 4-23]과 같이 두 개의 nMOS 인버터가 직렬로 연결된 경우를 생각해보자. 인버터 $INV1$의 논리값 0 출력 V_{OL} 이 다음 단 인버터 $INV2$에서 논리값 0으로 인식되기 위해서는 $V_{OL} < V_{Tn}$이 되도록 설계해야 한다. $INV1$에 논리값 1($V_{in} = V_{DD}$)이 인가된 경우, 부하소자는 포화모드로 동작하고, 구동소자는 선형모드로 동작한다. 이때 두 트랜지스터에 흐르는 전류는 같으므로, 식 (4.32)와 같이 표현할 수 있다. 식 (4.32)에서 V_{OL}은 $INV1$의 논리값 0 출력을 나타낸다.

$$\frac{W_{pd}}{L_{pd}}\left(\left(V_{DD} - V_{Tn} \right) V_{OL} - \frac{V_{OL}^2}{2} \right) = \frac{W_{pu}}{L_{pu}} \frac{\left| V_{Tn,dep} \right|^2}{2} \tag{4.32}$$

일반적으로 nMOS 인버터의 V_{OL}에 대해 $V_{DD} - V_{Tn} \gg \frac{1}{2} V_{OL}$를 만족하므로, $L_{pu} = L_{pd}$로 가정하면 식 (4.32)는 식 (4.33)과 같이 근사화될 수 있으며, θ는 식 (4.34)와 같이 정의된다.

$$V_{OL} \simeq \frac{1}{2\theta} \frac{\left| V_{Tn,dep} \right|^2}{V_{DD} - V_{Tn}} \tag{4.33}$$

$$\theta \equiv \frac{W_{pd}}{W_{pu}} = \frac{\beta_{pd}}{\beta_{pu}} = \frac{R_{pu}}{R_{pd}} \tag{4.34}$$

식 (4.33)과 식 (4.34)에 따르면, nMOS 인버터의 V_{OL}은 부하소자와 구동소자의 등가저항 비 θ에 영향을 받으며, θ가 클수록 V_{OL}이 0에 가까워진다. 따라서 nMOS 인버터 설계에서 주어진 V_{OL} 전압 조건이 만족되노록 부하소자와 구동소자의 β-비(트랜지스터의 채널폭 비)를 결정한다.

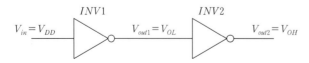

[그림 4-23] nMOS 인버터의 직렬연결

식 (4.33)으로부터, nMOS 인버터의 β-비에 따른 VTC 곡선의 변화는 [그림 4-24]와 같다. 부하소자와 구동소자의 β_{pu}/β_{pd}가 작을수록(즉 R_{pu}/R_{pd}가 클수록) 논리값 0 출력 전압 V_{OL}이 작아진다.

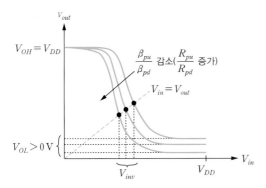

[그림 4-24] β-비에 따른 nMOS 인버터의 VTC 곡선의 변화

지금까지 설명된 nMOS 인버터의 특성을 요약하면 다음과 같다. 논리값 1 출력전압은 $V_{OH} = V_{DD}$이고, 논리값 0 출력전압은 $V_{OL} > 0$이 되어 논리값 0에 대한 잡음여유가 작다. 이 인버터는 V_{OL}값이 부하소자와 구동소자의 등가저항 비의 영향을 받는 비율 논리회로이며, 회로 설계 시에는 부하소자와 구동소자의 채널폭을 조정하여 설계한다. nMOS 인버터는 무비율 논리회로인 CMOS 인버터에 비해 설계가 다소 복잡하다는 단점을 갖는 다. 또한 nMOS 인버터는 입력이 논리값 1을 유지하는 동안에 전류가 계속 흐르므로, 정적 전력소모가 커서 저전력 회로에는 적합하지 않다.

예제 4-4

[그림 4-25]는 nMOS 인버터의 VTC 곡선이다. 논리값 0과 논리값 1에 대한 잡음여유 NM_L과 NM_H 값을 구하라.

풀이

주어진 VTC 곡선으로부터 알아낼 수 있는 DC 특성 파라미터 값은 다음과 같다.

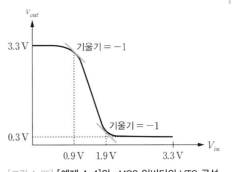

[그림 4-25] [예제 4-4]의 nMOS 인버터의 VTC 곡선

$$V_{OH} = 3.3\,\mathrm{V}, \quad V_{OL} = 0.3\,\mathrm{V},$$
$$V_{IL} = 0.9\,\mathrm{V}, \quad V_{IH} = 1.9\,\mathrm{V}$$

식 (4.2)에 DC 파라미터 값을 대입하면, 잡음여유는 다음과 같다.

$$NM_L = V_{IL} - V_{OL} = 0.9 - 0.3 = 0.6\,\mathrm{V}$$
$$NM_H = V_{OH} - V_{IH} = 3.3 - 1.9 = 1.4\,\mathrm{V}$$

4.3.2 pseudo nMOS 인버터

pseudo nMOS 인버터 회로는 [그림 4-26(a)]와 같이 증가형 pMOS가 부하소자로 사용되고, 증가형 nMOS가 구동소자로 사용된다. [그림 4-6(a)]의 CMOS 인버터와 다른 점은 부하소자인 증가형 pMOS의 게이트가 접지로 연결되어 $V_{GSp} = -V_{DD}$이며, 항상 도통상태를 유지한다는 것이다. 입력은 구동소자의 게이트로 인가되며, 출력은 구동소자와 부하소자의 드레인 접점에서 얻어진다. 부하소자와 구동소자의 전압-전류 특성은 [그림 4-26(b)]와 같다. 구동소자의 게이트-소오스 전압 V_{GSn}이 인버터의 입력전압이며, 입력전압 V_{in}이 증가할수록 구동소자의 전류가 증가한다. 구동소자의 드레인-소오스 전압은 인버터의 출력전압 V_{out}이다. 부하소자인 증가형 pMOS에는 게이트가 접지되어 있으므로, $V_{GSp} = -V_{DD}$인 전압-전류 특성 곡선을 갖는다.

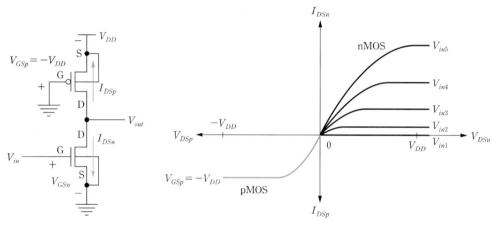

(a) pseudo nMOS 인버터 회로

(b) 구동소자와 부하소자의 전압-전류 특성

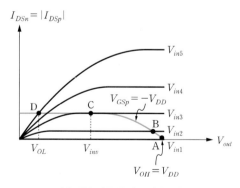

(c) 전압-전류 특성 곡선의 중첩

[그림 4-26] pseudo nMOS 인버터 및 구동소자와 부하소자의 전압-전류 특성

[그림 4-26(a)]의 회로에서 식 (4.35) ~ 식 (4.37)의 관계를 얻을 수 있다. 입력전압 V_{in} 은 nMOS의 게이트-소오스 전압 V_{GSn} 이다. 출력전압 V_{out} 는 nMOS의 드레인-소오스 전압 V_{DSn} 으로, pMOS의 드레인-소오스 전압 V_{DSp} 에 V_{DD} 를 더한 값이다. pMOS와 nMOS의 전류 방향은 서로 반대이지만, 캐리어 형태가 반대이므로 전류는 V_{DD} 에서 접지로 흐른다.

$$V_{out} = V_{DSn} = V_{DSp} + V_{DD} \qquad (4.35)$$

$$V_{in} = V_{GSn} \qquad (4.36)$$

$$I_{DSn} = -I_{DSp} \qquad (4.37)$$

pseudo nMOS 인버터의 DC 전달 특성을 얻기 위해, pMOS와 nMOS의 전압-전류 특성 곡선을 중첩하여 나타내면 [그림 4-26(c)]와 같다. 식 (4.35) ~ 식 (4.37)의 관계를 이용하여 pMOS와 nMOS의 전압-전류 특성 곡선을 인버터의 입력전압 V_{in} 과 출력전압 V_{out} 로 변환하여 반영하였다.

pseudo nMOS 인버터는 4.3.1절에서 설명한 nMOS 인버터와 매우 유사한 DC 특성을 가지며, 동일한 방법으로 해석할 수 있다. [그림 4-26(c)]와 같이 입력전압 V_{in} 을 0 V에서부터 V_{DD} 까지 변화시키면서 출력전압 V_{out} 의 변화를 관찰하면, pseudo nMOS 인버터의 DC 전달 특성 곡선이 얻어진다. [그림 4-26(c)]에 표시된 4가지 입력전압에 대한 동작은 [표 4-3]과 같다. 각 동작영역의 입력전압과 출력전압의 관계는 다음과 같다.

- $V_{in1} = 0$ V 또는 $V_{in1} < V_{Tn}$ 인 경우(A점) : 구동소자는 차단모드이고, 부하소자는 선형모드이므로, 출력전압은 $V_{out} = V_{DD}$ 가 된다. 따라서 $V_{OH} = V_{DD}$ 이다.

- $V_{Tn} < V_{in2} < \frac{1}{2} V_{DD}$ 인 경우(B점) : 구동소자는 포화모드이고, 부하소자는 선형모드로 동작하며, 출력전압은 $V_{out} < V_{DD}$ 가 된다.

- $V_{in3} \simeq \frac{1}{2} V_{DD}$ 인 경우(C점) : 구동소자와 부하소자가 모두 포화모드로 동작하며, 출력전압은 $V_{out} \simeq \frac{1}{2} V_{DD}$ 가 된다.

- $V_{in5} = V_{DD}$ 인 경우(D점) : 구동소자는 선형모드이고, 부하소자는 포화모드로 동작하며, 출력전압은 $0 < V_{out} < \frac{1}{2} V_{DD}$ 의 값을 갖는다. 따라서 $V_{OL} > 0$ 이다.

[표 4-3] 입력전압에 따른 pseudo nMOS 인버터의 동작 특성

구분	A점	B점	C점	D점
입력전압	$V_{in1} = 0$	$V_{Tn} < V_{in2} < \frac{1}{2}V_{DD}$	$V_{in3} \simeq \frac{1}{2}V_{DD}$	$V_{in5} = V_{DD}$
구동소자	차단	포화	포화	선형
부하소자	선형	선형	포화	포화
출력전압	V_{DD}	$V_{out} < V_{DD}$	$\simeq \frac{1}{2}V_{DD}$	$0 < V_{out} < \frac{1}{2}V_{DD}$
전류	0	$I_d > 0$	$\simeq I_{max}$	$\simeq I_{max}$

[그림 4-26(c)]로부터 pseudo nMOS 인버터의 DC 전달 특성 곡선은 [그림 4-27(a)]와 같다. 논리값 1의 출력전압은 $V_{OH} = V_{DD}$이고 논리값 0의 출력전압은 $V_{OL} > 0\,V$이다. pseudo nMOS 인버터의 입력전압에 따른 전류 특성은 [그림 4-27(b)]와 같다. A점에서는 구동소자가 차단상태이므로 인버터에 흐르는 전류는 이상적으로 0이며, 누설전류만 흐른다. B점, C점, D점에서는 구동소자와 부하소자가 모두 도통상태에 있으므로, 인버터에 전류가 흐른다.

[그림 4-27(b)]에서 보는 바와 같이 입력이 V_{DD}(논리값 1)를 유지하는 동안에는 정적 전류가 지속적으로 흐르므로, 정적 전력소모가 커서 저전력 회로에 적합하지 않다. 참고로, 4.2절에서 설명한 CMOS 인버터는 입력이 논리값 1 또는 논리값 0을 유지하고 있는 동안에는 정적 전력소모가 이상적으로 0이다.

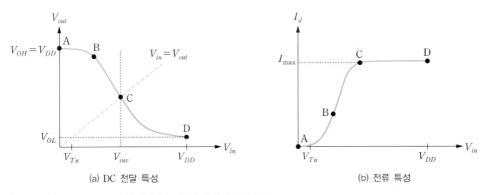

(a) DC 전달 특성   (b) 전류 특성

[그림 4-27] pseudo nMOS 인버터의 DC 전달 특성과 전류 특성

pseudo nMOS 인버터는 4.3.1절에서 설명한 nMOS 인버터와 유사한 특성을 가지며, 구동소자와 부하소자의 등가저항 비가 DC 특성에 영향을 미치는 비율 논리회로이다. 논리값 0이 입력되는 경우($V_{in} < V_{Tn}$)와 논리값 1이 입력되는 경우($V_{in} \simeq V_{DD}$)의 등가회로는 [그림 4-22]와 동일하다. 논리값 0에 대한 출력전압 V_{OL}은 식 (4.31)과 동일하게 표현된다.

인버터의 잡음여유를 최대로 하기 위해서는 $V_{OH} = V_{DD}$와 $V_{OL} = 0\,\mathrm{V}$가 되어야 한다. pseudo nMOS 인버터는 $V_{OH} = V_{DD}$이지만, $V_{OL} > 0$ 이므로 논리값 0에 대한 잡음여유가 작다. 식 (4.31)에 의하면, V_{OL}은 부하소자와 구동소자의 등가저항 비(R_{pu}/R_{pd})에 영향을 받으므로, 논리값 0 출력에 대한 잡음여유도 등가저항 비에 영향을 받는다. 따라서 R_{pu}/R_{pd}를 크게 할수록 V_{OL}이 작아지며, 논리값 0에 대한 잡음여유가 커진다.

pseudo nMOS 인버터 설계 시 고려할 사항을 알아보기 위해 [그림 4-23]과 같이 두 개의 인버터가 직렬로 연결된 경우를 생각해보자. 인버터 $INV1$의 논리값 0 출력 V_{OL}이 다음 단 인버터 $INV2$에서 논리값 0으로 인식되기 위해서는 $V_{OL} < V_{Tn}$을 만족하도록 설계해야 한다. $INV1$에 논리값 1($V_{in} = V_{DD}$)이 인가된 경우, 부하소자는 포화모드로 동작하고, 구동소자는 선형모드로 동작한다. 이때 두 트랜지스터에 흐르는 전류는 같으므로, 식 (4.38)과 같이 표현할 수 있다. 식 (4.38)에서 V_{OL}은 $INV1$의 논리값 0 출력을 나타낸다.

$$\beta_n\left((V_{DD} - V_{Tn})V_{OL} - \frac{V_{OL}^2}{2}\right) = \frac{\beta_p}{2}(V_{DD} - |V_{Tp}|)^2 \tag{4.38}$$

$V_{TH} \equiv V_{Tn} = |V_{Tp}|$로 가정하여 V_{OL}을 구하면, 식 (4.39)와 같다.

$$V_{OL} = (V_{DD} - V_{TH})\left(1 - \sqrt{1 - \frac{\beta_p}{\beta_n}}\right) \tag{4.39}$$

식 (4.39)에서 pseudo nMOS 인버터의 V_{OL}은 부하소자와 구동소자의 β-비에 영향을 받으며, β_p/β_n가 작을수록 V_{OL}이 0에 가까워진다. 원하는 V_{OL}의 조건이 만족되도록 부하소자와 구동소자의 β-비(트랜지스터의 채널폭 비)를 결정한다. 식 (4.39)로부터 구한 pseudo nMOS 인버터의 β-비에 따른 VTC 곡선의 변화는 nMOS 인버터의 [그림 4-24]와 유사하다. β_p/β_n가 작을수록(즉 부하소자와 구동소자의 등가저항 비가 클수록) 논리값 0 출력전압 V_{OL}이 작아진다. pseudo nMOS 인버터의 스위칭 문턱전압 V_{inv}는 식 (4.40)과 같이 표현되며, 부하소자와 구동소자의 β-비의 영향을 받는다.

$$V_{inv} = V_{TH} + (V_{DD} - V_{TH})\sqrt{\frac{\beta_p/\beta_n}{1 + \beta_p/\beta_n}} \tag{4.40}$$

Pseudo nMOS 인버터의 특성을 요약하면 다음과 같다. 논리값 1 출력전압은 $V_{OH} = V_{DD}$이고, 논리값 0 출력전압은 $V_{OL} > 0$이 되어 논리값 0에 대한 잡음여유가 작다. V_{OL}값이 부하소자와 구동소자의 등가저항 비에 영향 받는 비율 논리회로이며, 회로 설계 시에는 부하소자와 구동소자의 채널폭을 조정하여 설계한다. 따라서 pseudo nMOS 인버터가 무비율 논리회로인 CMOS 인버터에 비해 설계가 다소 복잡하다는 단점을 갖는다. 또한 pseudo nMOS 인버터는 입력이 논리값 1을 유지하는 동안에 전류가 계속 흐르므로, 정적 전력소모가 커서 저전력 회로에는 적합하지 않다.

[그림 4-26(a)]의 pseudo nMOS 인버터가 $V_{inv} = 1.2\,\text{V}$의 스위칭 문턱전압을 가지려면 pMOS와 nMOS의 채널폭 비(W_p/W_n)를 얼마로 설계해야 하는지 구하라. $L_n = L_p$이고 산화막 두께는 동일하며, 전자와 정공의 이동도는 각각 $\mu_n = 150\,\text{cm}^2/\text{V}\cdot\text{s}$, $\mu_p = 60\,\text{cm}^2/\text{V}\cdot\text{s}$이다. 전원전압은 $V_{DD} = 2.5\,\text{V}$이고, pMOS와 nMOS의 문턱전압은 $V_{Tn} = |V_{Tp}| = 0.4\,\text{V}$이다.

풀이

주어진 값을 식 (4.40)에 대입하면 다음과 같다.

$$V_{inv} = V_{TH} + (V_{DD} - V_{TH})\sqrt{\frac{\beta_p/\beta_n}{1+\beta_p/\beta_n}} = 0.4 + (2.5 - 0.4)\sqrt{\frac{\beta_p/\beta_n}{1+\beta_p/\beta_n}} = 1.2 \qquad (1)$$

$L_n = L_p$이고 산화막 두께는 동일하며 $\mu_n = 2.5\mu_p$이므로, 식 (1)을 정리하면 다음과 같다.

$$\sqrt{\frac{\beta_p/\beta_n}{1+\beta_p/\beta_n}} = \sqrt{\frac{1}{1+2.5(W_n/W_p)}} = 0.38$$

따라서 nMOS와 pMOS의 채널폭 비(W_n/W_p)는 다음과 같으며, nMOS의 채널폭을 pMOS에 비해 약 2.4배 크게 설계해야 한다.

$$\frac{W_n}{W_p} = 2.37, \quad W_n \simeq 2.4\,W_p$$

핵심포인트 **nMOS 및 pseudo nMOS 인버터**

- 논리값 1의 출력전압은 $V_{OH} = V_{DD}$이고, 논리값 0의 출력전압은 $V_{OL} > 0$이므로 논리값 0에 대한 잡음여유가 작다.
- 부하소자와 구동소자의 β_{pu}/β_{pd}가 작을수록(R_{pu}/R_{pd}가 클수록) 논리값 0의 출력전압 V_{OL}이 작아지는 비율 논리회로이다.
  - 부하소자와 구동소자의 채널폭을 조정하여 설계하며, 무비율 논리회로인 CMOS 인버터에 비해 설계가 다소 복잡하다는 단점을 갖는다.
- 입력이 논리값 1을 유지하는 동안에 전류가 계속 흐르므로, 정적 전력소모가 커서 저전력 회로에 적합하지 않다.

4.4 시뮬레이션 및 레이아웃 설계 실습

실습 4-1 CMOS 인버터의 DC 전달 특성 시뮬레이션

CMOS 인버터의 β_p/β_n에 따른 DC 전달 특성을 시뮬레이션으로 분석하라.

■ 시뮬레이션 결과

[그림 4-28(a)]는 β_p/β_n 변화에 따른 CMOS 인버터의 DC 전달 특성의 시뮬레이션 결과이다. nMOSFET의 채널폭을 $W_n = 1.2\,\mu\mathrm{m}$로 고정한 상태에서 pMOSFET의 채널폭을

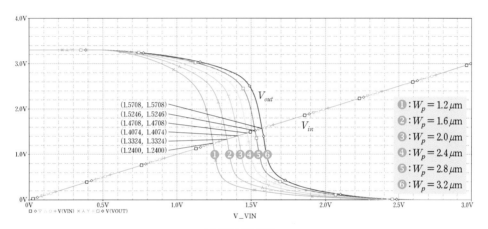

(a) DC 전달 특성

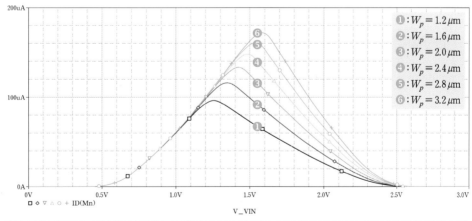

Measurement Results							
Evaluate	Measurem...	1	2	3	4	5	6
☑	Max(ID(Mn))	96.32656u	116.38486u	133.30874u	147.89680u	160.57075u	171.73249u
	Click here to evaluate a new measurement...						

(b) 전류 특성

■ 시뮬레이션 조건 : $L_n = L_p = 0.35\,\mu\mathrm{m}$, $W_n = 1.2\,\mu\mathrm{m}$, $W_p = 1.2 \sim 3.2\,\mu\mathrm{m}$

[그림 4-28] CMOS 인버터의 DC 전달 특성 및 전류 특성 시뮬레이션 결과

$W_p = 1.2 \sim 3.2\,\mu\mathrm{m}$ 범위에서 $0.4\,\mu\mathrm{m}$씩 증가시키면서 DC 해석을 하였다. [그림 4–28 (a)]에서 보는 바와 같이, pMOSFET의 채널폭이 증가할수록(β_p/β_n가 증가할수록) VTC 곡선은 오른쪽으로 이동한다. DC 전달 특성으로부터 측정된 CMOS 인버터의 스위칭 문턱전압 V_{inv} 값은 [표 4–4]와 같다. β_p/β_n가 증가할수록 V_{inv}가 증가하며, $W_p/W_n = 2.8/1.2$인 경우에 $V_{inv} = 1.52\,\mathrm{V}$가 된다. [그림 4–28(b)]는 CMOS 인버터의 전류 특성에 대한 시뮬레이션 결과이다. 이 결과를 살펴보면, pMOSFET와 nMOSFET가 모두 포화모드로 동작하는 $V_{in} \simeq 1.5\,\mathrm{V}$ 근처에서 최대의 전류가 흐르며, 입력이 논리값 0 또는 논리값 1인 경우에는 전류가 흐르지 않는 것을 확인할 수 있다.

[표 4-4] β–비에 따른 CMOS 인버터의 스위칭 문턱전압
($L_n = L_p = 0.35\,\mu\mathrm{m}$, $W_n = 1.2\,\mu\mathrm{m}$)

$W_p\,[\mu\mathrm{m}]$	$V_{inv}\,[\mathrm{V}]$	파형 번호
1.2	1.24	❶
1.6	1.33	❷
2.0	1.41	❸
2.4	1.47	❹
2.8	1.52	❺
3.2	1.57	❻

실습 4-2   CMOS 인버터의 상승시간 특성 시뮬레이션

pMOSFET의 채널폭 W_p가 CMOS 인버터의 상승시간 t_r과 상승 전달지연시간 t_{pLH}에 미치는 영향을 시뮬레이션으로 분석하라. 단, 부하 커패시턴스는 $C_L = 20\,\mathrm{fF}$으로 한다.

■ 시뮬레이션 결과

채널길이를 $L_n = L_p = 0.35\,\mu\mathrm{m}$, nMOSFET의 채널폭을 $W_n = 1.2\,\mu\mathrm{m}$로 고정한 상태에서 pMOSFET의 채널폭을 $W_p = 1.2 \sim 3.2\,\mu\mathrm{m}$ 범위에서 $0.4\,\mu\mathrm{m}$ 씩 증기시키면서 CMOS 인버터의 상승시간의 변화를 관찰한 시뮬레이션 결과는 [그림 4–29]와 같다. 상승시간과 하강시간이 각각 $0.1\,\mathrm{ns}$인 구형 펄스를 인가하여 Transient 해석을 하였다. [그림 4–29(a)]에 의하면, pMOSFET의 채널폭 W_p는 상승시간에 영향을 미치지만, 하강시간에는 영향을 미치지 않음을 알 수 있다. [그림 4–29(b)]는 출력전압이 상승하는 부분을 확대한 것이며, 상승시간과 상승 전달지연시간의 측정값은 [표 4–5]와 같다. [그림 4–29]와 [표 4–5]에서 볼 수 있듯이, pMOSFET의 채널폭이 증가할수록 인버터의 상승시간 및 상승 전달지연시간이 감소함을 알 수 있다.

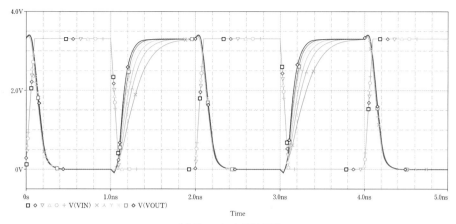

(a) Transient 해석 결과

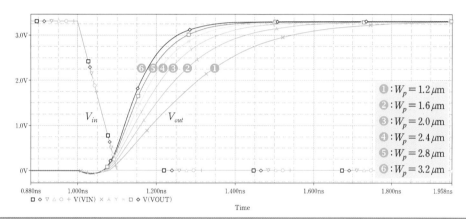

❶ : $W_p = 1.2\,\mu\mathrm{m}$
❷ : $W_p = 1.6\,\mu\mathrm{m}$
❸ : $W_p = 2.0\,\mu\mathrm{m}$
❹ : $W_p = 2.4\,\mu\mathrm{m}$
❺ : $W_p = 2.8\,\mu\mathrm{m}$
❻ : $W_p = 3.2\,\mu\mathrm{m}$

Measurement Results							
Evaluate	Measurement	1	2	3	4	5	6
☑	Risetime_StepResponse_XRange(V(...	407.37046p	308.85406p	247.75685p	207.65648p	179.91250p	159.43520p
Click here to evaluate a new measurement...							

(b) W_p에 따른 상승시간 변화(단, 부하 커패시턴스 $C_L = 20\,\mathrm{fF}$)

■ 시뮬레이션 조건 : $L_n = L_p = 0.35\,\mu\mathrm{m}$, $W_n = 1.2\,\mu\mathrm{m}$, $W_p = 1.2 \sim 3.2\,\mu\mathrm{m}$

[그림 4-29] W_p의 변화에 따른 CMOS 인버터의 상승시간 시뮬레이션 결과

[표 4-5] W_p에 따른 CMOS 인버터의 상승시간 변화
($L_n = L_p = 0.35\,\mu\mathrm{m}$, $W_n = 1.2\,\mu\mathrm{m}$, $C_L = 20\,\mathrm{fF}$)

$W_p\,[\mu\mathrm{m}]$	$t_r\,[\mathrm{ps}]$	$t_{pLH}\,[\mathrm{ps}]$	파형 번호
1.2	407.4	211.0	❶
1.6	308.9	163.6	❷
2.0	247.8	135.4	❸
2.4	207.7	116.9	❹
2.8	179.9	103.8	❺
3.2	159.4	94.0	❻

nMOSFET의 채널폭 W_n 이 CMOS 인버터의 하강시간 t_f 와 하강 전달지연시간 t_{pHL} 에 미치는 영향을 시뮬레이션으로 분석하리라. 단, 부하 커패시턴스는 $C_L = 20\,\mathrm{fF}$ 으로 한다.

■ 시뮬레이션 결과

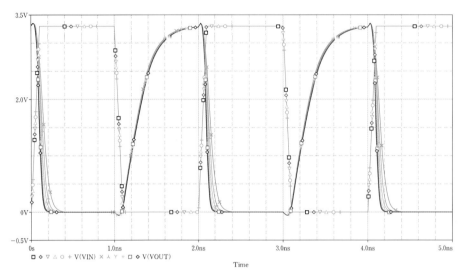

(a) Transient 해석 결과

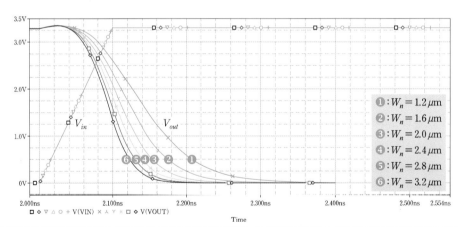

❶ : $W_n = 1.2\,\mu m$
❷ : $W_n = 1.6\,\mu m$
❸ : $W_n = 2.0\,\mu m$
❹ : $W_n = 2.4\,\mu m$
❺ : $W_n = 2.8\,\mu m$
❻ : $W_n = 3.2\,\mu m$

Measurement Results							
Evaluate	Measurement	1	2	3	4	5	6
☑	Falltime _ StepResponse _ XRange(V(v...	145.09422p	114.27995p	96.12904p	84.22357p	75.85132p	70.03356p
	Click here to evaluate a new measurement...						

(b) W_n 에 따른 하강시간 변화(부하 커패시턴스 $C_L = 20\,\mathrm{fF}$)

■ 시뮬레이션 조건 : $L_n = L_p = 0.35\,\mu m$, $W_p = 1.2\,\mu m$, $W_n = 1.2 \sim 3.2\,\mu m$

[그림 4-30] W_n 의 변화에 따른 CMOS 인버터의 하강시간 시뮬레이션 결과

채널길이를 $L_n = L_p = 0.35\,\mu\mathrm{m}$, pMOSFET의 채널폭을 $W_p = 1.2\,\mu\mathrm{m}$로 고정한 상태에서 nMOSFET의 채널폭을 $W_n = 1.2 \sim 3.2\,\mu\mathrm{m}$ 범위에서 $0.4\,\mu\mathrm{m}$씩 증가시키면서 CMOS 인버터의 하강시간의 변화를 관찰한 시뮬레이션 결과는 [그림 4-30]과 같다. 상승시간과 하강시간이 각각 $0.1\,\mathrm{ns}$인 구형 펄스를 인가하여 Transient 해석을 하였다. [그림 4-30(a)]에 의하면, nMOSFET의 채널폭 W_n이 하강시간에 영향을 미치지만, 상승시간에는 영향을 미치지 않음을 알 수 있다. [그림 4-30(b)]는 출력전압이 하강하는 부분을 확대한 것이며, 하강시간과 하강 전달지연시간의 측정값은 [표 4-6]과 같다. [그림 4-30]과 [표 4-6]에서 볼 수 있듯이, nMOSFET의 채널폭이 증가할수록 인버터의 하강시간 및 하강 전달지연시간이 감소함을 알 수 있다.

[표 4-6] W_n에 따른 CMOS 인버터의 하강시간 변화
($L_n = L_p = 0.35\,\mu\mathrm{m}$, $W_p = 1.2\,\mu\mathrm{m}$, $C_L = 20\,\mathrm{fF}$)

$W_n\,[\mu\mathrm{m}]$	$t_f\,[\mathrm{ps}]$	$t_{pHL}\,[\mathrm{ps}]$	파형 번호
1.2	145.1	91.3	❶
1.6	114.3	73.1	❷
2.0	96.1	62.1	❸
2.4	84.2	54.6	❹
2.8	75.9	49.2	❺
3.2	70.0	44.9	❻

실습 4-4 스위칭 특성을 고려한 CMOS 인버터 설계

nMOSFET의 채널폭을 $W_n = 1.2\,\mu\mathrm{m}$로 고정시킨 상태에서 $t_f = t_r$이 되도록 pMOSFET의 채널폭 W_p값을 시뮬레이션을 통해 구하라. 단, 채널길이는 $L_n = L_p = 0.35\,\mu\mathrm{m}$이고, 부하 커패시턴스는 $C_L = 50\,\mathrm{fF}$으로 한다.

■ 시뮬레이션 결과

pMOSFET의 채널폭을 $W_p = 2.0 \sim 3.8\,\mu\mathrm{m}$ 범위에서 $0.2\,\mu\mathrm{m}$씩 증가시키면서 시뮬레이션한 결과는 [그림 4-31]과 같으며, 하강시간과 상승시간의 측정값은 [표 4-7]과 같다. pMOSFET의 채널폭이 $W_p = 3.4\,\mu\mathrm{m}$인 경우(파형 ❽)에 CMOS 인버터의 하강시간과 상승시간이 각각 $t_f = 307.3\,\mathrm{ps}$와 $t_r = 305.7$로 근사적으로 같아짐을 알 수 있다. 따라서 $t_f \simeq t_r$로 만들기 위해서는 $W_n = 1.2\,\mu\mathrm{m}$, $W_p = 3.4\,\mu\mathrm{m}$로 설계해야 한다.

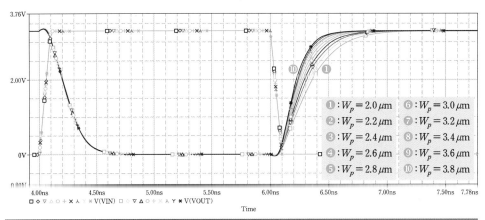

Measurement Results											
Evaluate	Measurement	1	2	3	4	5	6	7	8	9	10
☑	Falltime_StepResponse_XRange(V(vout),4n,5n)	304.58387p	304.97497p	305.34140p	305.70104p	306.04235p	306.46278p	306.89141p	307.28854p	307.69516p	308.08713p
☑	Risetime_StepResponse_XRange(V(vout),6n,7.5n)	519.618.2p	472.52697p	433.07001p	399.59892p	370.98718p	346.17004p	324.63938p	305.65511p	288.80660p	273.65375p
	Click here to evaluate a new measurement...										

■ 시뮬레이션 조건 : $L_n = L_p = 0.35\,\mu\mathrm{m}$, $W_n = 1.2\,\mu\mathrm{m}$, $W_p = 2.0 \sim 3.8\,\mu\mathrm{m}$

■ 부하 커패시턴스 : $C_L = 50\,\mathrm{fF}$

[그림 4-31] W_p의 변화에 따른 CMOS 인버터의 하강 및 상승시간 시뮬레이션 결과

[표 4-7] W_p에 따른 CMOS 인버터의 하강 및 상승시간 변화
($L_n = L_p = 0.35\,\mu\mathrm{m}$, $W_n = 1.2\,\mu\mathrm{m}$, $C_L = 50\,\mathrm{fF}$)

$W_p\,[\mu\mathrm{m}]$	$t_f\,[\mathrm{ps}]$	$t_r\,[\mathrm{ps}]$	파형 번호
2.0	304.6	519.6	❶
2.2	305.0	472.5	❷
2.4	305.3	433.1	❸
2.6	305.7	399.6	❹
2.8	306.0	371.0	❺
3.0	306.5	346.2	❻
3.2	306.9	324.6	❼
3.4	307.3	305.7	❽
3.6	307.7	288.8	❾
3.8	308.1	273.7	❿

실습 4-5 ▶ 팬-아웃에 따른 CMOS 인버터의 스위칭 특성 시뮬레이션

팬-아웃에 따른 CMOS 인버터의 스위칭 특성을 시뮬레이션으로 분석하라.

■ 시뮬레이션 결과

[실습 4-4]에서 얻어진 결과를 적용하여 인버터의 $t_f \simeq t_r$이 되도록 $W_p = 3.4\,\mu\mathrm{m}$,

$W_n = 1.2\,\mu\mathrm{m}$로 설정하고 상승시간과 하강시간이 각각 $0.1\,\mathrm{ns}$인 구형 펄스를 인가하여 Transient 해석을 하였다. 팬-아웃 $FO = 1, 2, 4, 6, 8, 10$에 따른 스위칭 특성 시뮬레이션 결과는 [그림 4-32]와 같으며, 시뮬레이션 결과로부터 지연시간을 측정한 결과는 [표 4-8], [그림 4-33]과 같다. [표 4-8]과 [그림 4-33]에서 볼 수 있듯이, 팬-아웃이 증가함에 따라 인버터의 상승시간, 하강시간, 전달지연시간이 선형적으로 증가한다. 이는 팬-아웃이 증가함에 따라 인버터의 부하 커패시턴스가 선형적으로 증가함에 기인한다.

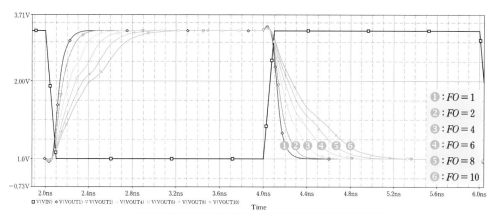

Evaluate	Measurement	Value
☑	Falltime_StepResponse_XRange(V(vout1),4n,6n)	118.80940p
☑	Falltime_StepResponse_XRange(V(vout2),4n,6n)	187.51416p
☑	Falltime_StepResponse_XRange(V(vout4),4n,6n)	309.00013p
☑	Falltime_StepResponse_XRange(V(vout6),4n,6n)	427.39600p
☑	Falltime_StepResponse_XRange(V(vout8),4n,6n)	545.37252p
☑	Falltime_StepResponse_XRange(V(vout10),4n,6n)	663.24231p
☑	Falltime_StepResponse_XRange(V(vout1),2n,4n)	128.93574p
☑	Falltime_StepResponse_XRange(V(vout2),2n,4n)	189.81419p
☑	Falltime_StepResponse_XRange(V(vout4),2n,4n)	294.00106p
☑	Falltime_StepResponse_XRange(V(vout6),2n,4n)	398.99012p
☑	Falltime_StepResponse_XRange(V(vout8),2n,4n)	504.84061p
☑	Falltime_StepResponse_XRange(V(vout10),2n,4n)	610.74520p

■ 시뮬레이션 조건 : $L_n = L_p = 0.35\,\mu\mathrm{m}$, $W_p = 3.4\,\mu\mathrm{m}$, $W_n = 1.2\,\mu\mathrm{m}$

[그림 4-32] 팬-아웃에 따른 CMOS 인버터의 스위칭 특성 시뮬레이션 결과

[표 4-8] 팬-아웃에 따른 CMOS 인버터의 스위칭 특성 시뮬레이션 결과
($L_n = L_p = 0.35\,\mu\mathrm{m}$, $W_p = 3.4\,\mu\mathrm{m}$, $W_n = 1.2\,\mu\mathrm{m}$)

팬-아웃	$t_f\,[\mathrm{ps}]$	$t_r\,[\mathrm{ps}]$	$t_{pHL}\,[\mathrm{ps}]$	$t_{pLH}\,[\mathrm{ps}]$	파형 번호
1	118.8	128.9	79.9	72.4	❶
2	187.5	189.8	101.3	94.6	❷
4	309.0	294.0	144.6	141.4	❸
6	427.4	399.0	188.5	189.6	❹
8	545.4	504.8	232.6	238.3	❺
10	663.2	610.7	276.8	287.2	❻

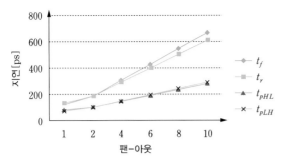

[그림 4-33] 팬-아웃에 따른 CMOS 인버터의 지연 특성

pseudo nMOS 인버터의 DC 전달 특성 시뮬레이션

pseudo nMOS 인버터의 β-비에 따른 DC 전달 특성을 시뮬레이션으로 분석하고, V_{OL} 의 변화를 관찰하라.

■ 시뮬레이션 결과

[그림 4-34(a)]는 pMOSFET의 채널폭을 $W_p = 1.2\,\mu m$로 고정한 상태에서 nMOSFET의 채널폭을 $W_n = 1.2 \sim 3.2\,\mu m$ 범위에서 $0.4\,\mu m$씩 증가시키면서 DC 특성을 시뮬레이션 한 결과이다. nMOSFET의 채널폭이 증가할수록(β_p/β_n 가 감소할수록) VTC 곡선이 왼쪽 으로 이동하여 스위칭 문턱전압 V_{inv}가 감소하며, V_{OL}이 $0\,V$에 가까워진다. 시뮬레이션 결과로부터 스위칭 문턱전압 V_{inv} 와 V_{OL}을 측정한 결과는 [표 4-9]와 같다. β_p/β_n 가 감소할수록 V_{inv} 와 V_{OL}이 감소하며, $W_p/W_n = 1.2/2.4$일 때 $V_{inv} = 1.34\,V$, $V_{OL} = 0.212\,V$ 가 된다. [그림 4-34(b)]는 pseudo nMOS 인버터의 전류 특성에 대한 시뮬레 이션 결과이며, 논리값 1이 입력되면, DC 전류가 흐르는 것을 확인할 수 있다. [그림 4-28(b)]의 CMOS 인버터의 전류 특성과 비교하여 차이점을 확인하기 바란다.

[표 4-9] W_n에 따른 pseudo nMOS 인버터의 DC 특성 변화
($L_n = L_p = 0.35\,\mu m$, $W_p = 1.2\,\mu m$, $W_n = 1.2 \sim 3.2\,\mu m$)

$W_n\,[\mu m]$	$V_{inv}\,[V]$	$V_{OL}\,[mV]$	파형 번호
1.2	1.73	430.4	❶
1.6	1.55	321.0	❷
2.0	1.43	255.5	❸
2.4	1.34	212.0	❹
2.8	1.27	181.1	❺
3.2	1.21	158.1	❻

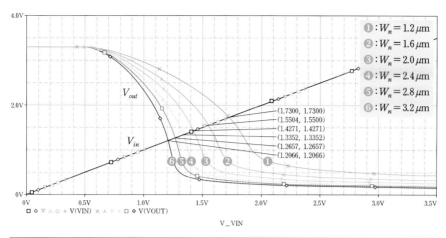

Measurement Results							
	Evaluate	Measurement	1	2	3	4	5	6
▶	☑	Min(V(vout))	430.43062m	321.04594m	255.51438m	212.04038m	181.14246m	158.07204m
		Click here to evaluate a new measurement...						

(a) DC 전달 특성

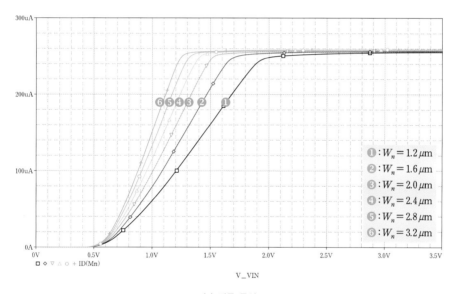

(b) 전류 특성

■ 시뮬레이션 조건 : $L_n = L_p = 0.35\,\mu m$, $W_p = 1.2\,\mu m$, $W_n = 1.2 \sim 3.2\,\mu m$

[그림 4-34] pseudo nMOS 인버터의 DC 전달 특성 및 전류 특성 시뮬레이션 결과

실습과제 4-1 CMOS 인버터의 레이아웃은 nMOS와 pMOS의 배치 형태에 따라 [그림 4-35]의 스틱 다이어그램^{stick diagram}과 같은 두 가지 형태를 갖는다. [그림 4-35]의 스틱 다이어그램 형태로 레이아웃을 설계하고, 각각의 면적을 비교하라.

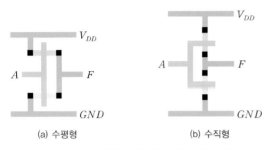

(a) 수평형   (b) 수직형

[그림 4-35] CMOS 인버터의 레이아웃 스틱 다이어그램

실습과제 4-2 [그림 4-36]은 $s = 41$단의 CMOS 인버터로 구성되는 링 오실레이터^{ring oscillator} 회로이다. 시뮬레이션을 통해 발진 주파수와 인버터의 지연시간을 구하라. 발진 주파수(f_{osc}), 인버터의 단 수(s), 그리고 인버터의 지연시간(τ_d) 사이에는 식 (4.41)의 관계가 성립한다. 모든 인버터는 동일한 크기를 가지며, $W_n = 1.2\,\mu\text{m}$, $W_p = 2.4\,\mu\text{m}$이고, $L_p = L_n = 0.35\,\mu\text{m}$이다.

$$f_{osc} = \frac{1}{2s\,\tau_d} \tag{4.41}$$

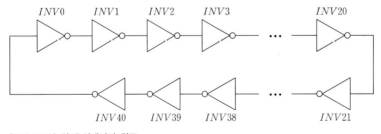

[그림 4-36] 링 오실레이터 회로

실습과제 4-3 [그림 4-37]의 2단 CMOS 인버터의 레이아웃을 설계하고, DRC[design rule check]와 LVS[layout versus schematic] 검증을 하라. 단, 트랜지스터의 채널길이는 모두 동일하게 $L_p = L_n = 0.35\,\mu\text{m}$ 이다.

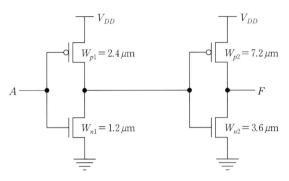

[그림 4-37] **2단 CMOS 인버터 회로**

실습과제 4-4 [그림 4-38]과 같이 $C_L = 100\,\text{pF}$ 의 부하 커패시턴스를 최소의 지연시간으로 구동하도록 짝수단의 CMOS 인버터로 구성되는 버퍼회로를 설계하고, 레이아웃 설계와 DRC와 LVS 검증을 하라. 트랜지스터의 채널길이는 모두 동일하게 $L_p = L_n = 0.35\mu\text{m}$ 이다.

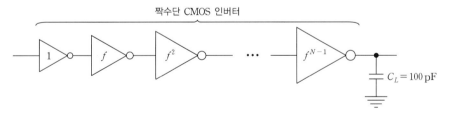

[그림 4-38] **짝수단의 CMOS 인버터로 구성되는 버퍼회로**

CMOS 인버터

■ $V_{OH} = V_{DD}$, $V_{OL} = 0$인 무비율 논리회로이므로, 트랜지스터 크기에 무관한 DC 특성을 가져 설계가 용이하고 잡음여유가 크다.

■ 입력이 논리값 0 또는 논리값 1을 유지하는 동안에는 이상적으로 전류가 0이므로, DC 전력소모가 작아 저전력에 적합하다.

■ 상승시간은 정공의 이동도, pMOS의 채널폭, 부하용량, 전원전압 등의 영향을 받으며, 근사적으로 다음과 같이 모델링된다.

$$t_r \simeq \frac{m\,C_L}{\beta_p\,V_{DD}} = \frac{m\,C_L}{k_p\,V_{DD}}\left(\frac{L_p}{W_p}\right)$$

■ 하강시간은 전자의 이동도, nMOS의 채널폭, 부하용량, 전원전압 등의 영향을 받으며, 근사적으로 다음과 같이 모델링된다.

$$t_f \simeq \frac{m\,C_L}{\beta_n\,V_{DD}} = \frac{m\,C_L}{k_n\,V_{DD}}\left(\frac{L_n}{W_n}\right)$$

■ 상승시간과 하강시간을 같아지도록 하려면, 전자와 정공의 이동도 차이를 고려하여 pMOS와 nMOS의 채널폭을 결정해야 한다.

■ 전달지연시간은 인버터의 고유지연시간과 유효 팬-아웃 $f \equiv C_L / C_{gin}$에 비례하는 지연시간의 합으로 주어진다. 다른 조건들이 동일한 상태에서 인버터를 구성하는 트랜지스터의 채널폭이 클수록 유효 팬-아웃 f가 감소하여 인버터의 전달지연시간이 작아진다.

■ 정적 전력소모는 이상적으로 0이지만, 실제 회로에서는 누설전류 및 문턱전압이하 누설전류 등에 의해 전력소모가 유발되나, 동적 전력소모에 비해서는 상대적으로 그 양이 적다.

■ 동적 전력소모는 소자의 스위칭 과정에서 발생되는 스위칭 전력소모와 과도 단락전류에 의한 전력 소비 성분으로 구성된다. 스위칭 전력소모는 전원전압의 제곱에 비례하며, 부하용량, 동작 주파수에 비례한다.

■ 큰 부하 커패시턴스 C_L을 빠르게 구동하기 위해 다단 인버터로 구성되는 버퍼회로가 사용된다.

· 지연시간을 최소화할 수 있는 최적의 유효 팬-아웃 : $f_{opt} = e^{(1+\gamma/f_{opt})}$

· 버퍼를 구성하는 최적의 인버터 수 : $N = \ln(F) = \ln\left(C_L / C_{g,1}\right)$ ($\gamma = 0$인 경우)

nMOS 인버터

■ 게이트가 소오스로 연결된 공핍형 nMOS가 부하소자로 사용되고, 증가형 nMOS가 구동소자로 사용된다.

■ 논리값 1의 출력전압은 $V_{OH} = V_{DD}$이고, 논리값 0의 출력전압은 $V_{OL} > 0$이므로 논리값 0에 대한 잡음여유가 작다. 정적 전력소모가 크다.

■ 논리값 0의 출력전압 V_{OL}이 부하소자와 구동소자의 등가저항 비에 영향을 받는 비율 논리회로이다.

■ 부하소자와 구동소자의 β_{pu} / β_{pd}가 작을수록(R_{pu} / R_{pd}가 클수록) 논리값 0의 출력전압 V_{OL}이 작아진다.

pseudo nMOS 인버터

■ 게이트가 접지로 연결된 증가형 pMOS가 부하소자로 사용되고, 증가형 nMOS가 구동소자로 사용된다.

■ nMOS 인버터와 유사한 특성을 가져 $V_{OH} = V_{DD}$, $V_{OL} > 0$인 비율 논리회로이며, 정적 전력소모가 크다.

■ 부하소자와 구동소자의 β_{pu} / β_{pd}가 작을수록(R_{pu} / R_{pd}가 클수록) 논리값 0의 출력전압 V_{OL}이 작아진다.

4.1 MOS 인버터의 논리값 0 출력전압은 회로의 구성과 종류에 무관하게 0 V이다.
(O, X)

4.2 pseudo nMOS 인버터는 정적 전력소모가 매우 크다. (O, X)

4.3 CMOS 인버터는 $0 \text{ V} \sim V_{DD}$ 범위의 출력전압을 갖는 무비율 논리회로이다. (O, X)

4.4 CMOS 인버터는 무비율 논리회로이므로, 트랜지스터의 크기와 무관하게 상승시간
과 하강시간이 동일한 특성을 갖는다. (O, X)

4.5 게이트 커패시턴스 C_{gin}과 부하 커패시턴스 C_L을 갖는 CMOS 인버터의 전달지연
시간은 유효 팬-아웃 $f \equiv C_L / C_{gin}$에 비례한다. (O, X)

4.6 CMOS 인버터에서 pMOS가 (   )영역, nMOS가 (   )영역에서 동작할 때 가
장 큰 전류가 흐른다.

4.7 MOS 인버터의 잡음여유에 대한 정의가 옳은 것은? 단, NM_L은 논리값 0에 대한
잡음여유, NM_H는 논리값 1에 대한 잡음여유, V_{OL}은 논리값 0 출력전압, V_{OH}는
논리값 1 출력전압을 나타낸다.

   ㉮ $NM_L = V_{IL} - V_{OL}$ ㉯ $NM_L = V_{IL} - V_{OH}$

   ㉰ $NM_H = V_{OL} - V_{IH}$ ㉱ $NM_H = V_{OH} - V_{IL}$

4.8 CMOS 인버터의 특성이 **아닌** 것은?

   ㉮ 이상적인 경우의 정적 전력소모는 0에 가깝다.
   ㉯ DC 특성은 pMOS와 nMOS의 채널폭에 영향을 받는다.
   ㉰ 스위칭 전력소모는 전원전압의 제곱에 비례한다.
   ㉱ pMOS의 채널폭이 클수록 상승시간이 짧아진다.

4.9 [그림 4-39]의 CMOS 인버터 VTC 곡선에서 전류가 가장 많이 흐르는 영역은 어디인가?

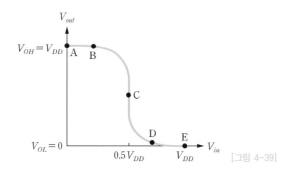

[그림 4-39]

① A   ② B   ③ C   ④ D   ⑤ E

4.10 [그림 4-39]의 CMOS 인버터 VTC 곡선에 대한 설명으로 맞는 것은?

① A점에서 nMOS는 차단모드이고, pMOS는 선형모드이다.
② C점에서 nMOS와 pMOS는 모두 선형모드이다.
③ D점에서 nMOS는 포화모드이고, pMOS는 선형모드이다.
④ E점에서 nMOS는 포화모드이고, pMOS는 차단모드이다.

4.11 [그림 4-40]은 CMOS 인버터의 VTC 곡선이다. 이에 대한 설명으로 맞는 것은? 단, 모든 트랜지스터의 채널길이는 같다.

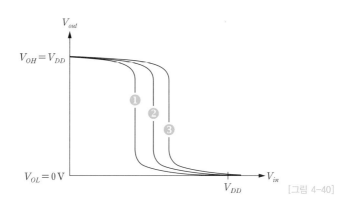

[그림 4-40]

㉮ β_n / β_p가 가장 큰 인버터의 VTC 곡선은 ❸번이다.

㉯ 스위칭 문턱전압이 가장 작은 인버터의 VTC 곡선은 ❸번이다.

㉰ W_p / W_n가 가장 큰 인버터의 VTC 곡선은 ❸번이다.

㉱ 논리값 1에 대한 잡음여유 NM_H가 가장 큰 인버터의 VTC 곡선은 ❸번이다.

4.12 CMOS 인버터의 하강시간에 영향을 미치는 주된 요인이 **아닌** 것은?

㉮ 전원전압

㉯ 출력노드의 용량성 부하

㉰ 전자의 이동도

㉱ pMOS의 채널폭

4.13 CMOS 인버터의 상승시간이 작아지도록 만들기 위한 방법으로 **틀린** 것은?

㉮ pMOS의 채널폭을 크게 만든다.

㉯ pMOS의 채널길이를 작게 만든다.

㉰ 부하 커패시턴스를 작게 한다.

㉱ 전원전압을 작게 한다.

4.14 CMOS 인버터의 하강시간이 작아지도록 만들기 위한 방법으로 **틀린** 것은?

㉮ 전원전압을 크게 한다.

㉯ 부하 커패시턴스를 작게 한다.

㉰ nMOS의 채널길이를 크게 만든다.

㉱ nMOS의 채널폭을 크게 만든다.

4.15 CMOS 인버터의 스위칭 전력소모를 줄이기 위한 방법이 **아닌** 것은?

㉮ 부하 커패시턴스를 크게 한다.

㉯ 전원전압을 작게 한다.

㉰ 불필요한 스위칭을 감소시킨다.

㉱ 동작 주파수를 작게 한다.

4.16 CMOS 인버터의 전달지연시간에 관한 설명으로 **틀린** 것은?

㉮ 유효 팬-아웃이 클수록 전달지연시간이 커진다.

㉯ 출력의 상승시간과 무관하다.

㉰ 부하 커패시턴스에 비례한다.

㉱ 인버터의 고유지연시간에 비례한다.

4.17 공핍형 nMOS를 부하로 갖는 nMOS 인버터의 특성으로 **틀린** 것은?

㉮ $V_{OH} = V_{DD}$이다.

㉯ $V_{OL} = 0$이다.

㉰ 정적 전력소모가 크다

㉱ 비율 논리회로이다.

4.18 nMOS 인버터의 논리값 0 출력전압 V_{OL}에 대한 설명으로 맞는 것은?

㉮ β_{pu} / β_{pd}가 클수록 V_{OL}이 작아진다.

㉯ β_{pu} / β_{pd}가 클수록 V_{OH}가 커진다.

㉰ Z_{pu} / Z_{pd}가 클수록 V_{OL}이 커진다.

㉱ Z_{pu} / Z_{pd}는 V_{OH}와 무관하다.

4.19 pseudo nMOS 인버터의 부하에 대한 설명으로 맞는 것은?

㉮ 게이트가 접지로 연결된 증가형 nMOS가 사용된다.

㉯ 게이트가 전원 V_{DD}로 연결된 증가형 nMOS가 사용된다.

㉰ 게이트가 전원 V_{DD}로 연결된 증가형 pMOS가 사용된다.

㉱ 게이트가 접지로 연결된 증가형 pMOS가 사용된다.

4.20 pseudo nMOS 인버터의 특성으로 **틀린** 것은?

㉮ $V_{OH} = V_{DD}$이다.

㉯ $V_{OL} > 0$ 이다.

㉰ 저전력 회로에 적합하다.

㉱ 비율 논리회로이다.

4.21 CMOS 인버터의 스위칭 문턱전압이 식 (4.7)로 표현됨을 보여라.

4.22 [그림 4-39]의 CMOS 인버터 VTC 곡선의 각 영역에서 nMOS와 pMOS의 동작 모드를 써라.

영역	nMOS	pMOS
A		
B		
C		
D		
E		

4.23 CMOS 인버터에서 $\beta_n = \beta_p$가 되도록 pMOS와 nMOS의 채널폭 비(W_p / W_n)를 구하라. 단, $\beta_n = 100 \dfrac{W_n}{L_n} \mu A / V^2$, 정공의 이동도는 $\mu_p = 200\,cm^2 / V \cdot sec$이며, 게이트 산화막의 두께는 $t_{ox} = 20\,nm$이고, 채널길이는 $L_n = L_p = 1\,\mu m$이다.

4.24 [그림 4-41]의 회로에서 세 개의 CMOS 인버터는 모두 동일한 크기를 갖는다. 인버터 $INV1$의 상승시간 t_r과 하강시간 t_f를 구하라. 단, 전원전압은 $V_{DD} = 3.3\,V$, $m = 3$으로 가정한다. 배선의 커패시턴스는 $C_w = 0.8\,fF$이고, 인버터를 구성하는 nMOS와 pMOS는 $\beta_n = \beta_p = 90\,\mu A / V^2$이다. nMOS와 pMOS의 드레인-기판 접합 커패시턴스는 각각 $C_{dn} = 3.24\,fF$, $C_{dp} = 4.84\,fF$, 게이트 커패시턴스는 각각 $C_{gn} = 4.6\,fF$, $C_{gp} = 9.2\,fF$이다.

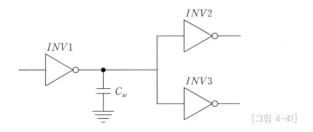

[그림 4-41]

4.25 [그림 4-42]와 같이 CMOS 인버터 두 개가 직렬로 연결된 경우에 첫 번째 인버터 $INV1$의 전달지연시간을 최소로 만들기 위한 pMOS와 nMOS의 채널폭 비 ratio를 구하라. 단, 채널길이는 모두 동일하며, 두 인버터의 크기도 같다.

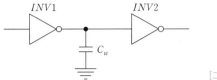

[그림 4-42]

4.26 pseudo nMOS 인버터의 논리값 0에 대한 출력전압이 $V_{OL} = 0.1\,V_{DD}$가 되도록 채널폭의 비 $W_p\,/\,W_n$를 구하라. 단, $V_{Tn} = |\,V_{Tp}\,| = 0.65\,\mathrm{V}$이고, 전자와 정공의 이동도는 각각 $\mu_n = 150\,\mathrm{cm}^2/\mathrm{V} \cdot \sec$, $\mu_p = 50\,\mathrm{cm}^2/\mathrm{V} \cdot \sec$, 전원전압은 $V_{DD} = 3.3\,\mathrm{V}$이다.

4.27 [그림 4-43]의 회로에 대해 DC 입출력 전달 특성 곡선을 그리고, 동작을 설명하라. CMOS 인버터 회로와 비교하여 어떤 차이가 있는지 설명하라.

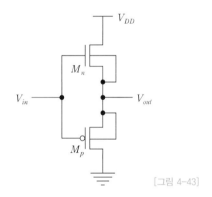

[그림 4-43]

4.28 [그림 4-44]는 pseudo pMOS 인버터 회로이다. VTC 곡선을 그려서 동작을 설명하라.

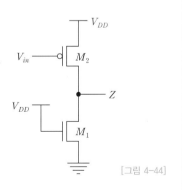

[그림 4-44]

4.29 [그림 4-45]의 VTC 곡선에 대해 V_{OH}, V_{OL}, V_{IH}, V_{IL} 전압을 구하라.

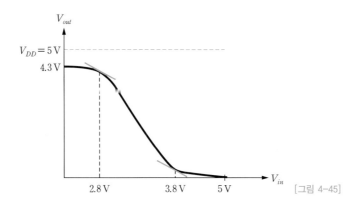

[그림 4-45]

4.30 [그림 4-46]의 회로에서 $INV1$의 입력 A에 하강 계단$^{\text{falling step}}$ 입력이 인가되는 경우에 노드 A와 노드 B 사이의 전달지연시간의 근사값을 구하라. 단, $C_w = 20\,\text{fF}$, $C_L = 100\,\text{fF}$이고, nMOS와 pMOS의 공정이득 파라미터는 $k_n = (\epsilon_0 \epsilon_{ox} \mu_n)/t_{ox}$ $= 70\,\mu\text{A/V}^2$, $k_p = (\epsilon_0 \epsilon_{ox} \mu_p)/t_{ox} = 45\,\mu\text{A/V}^2$이다. nMOS와 pMOS의 채널폭 $1\,\mu$m당 드레인과 게이트 커패시턴스는 $C_{dn} = 1.0\,\text{fF}/\mu\text{m}$, $C_{gn} = 2.0\,\text{fF}/\mu\text{m}$, $C_{dp} = 2.0\,\text{fF}/\mu\text{m}$, $C_{gp} = 3.0\,\text{fF}/\mu\text{m}$이다. 전원전압은 $V_{DD} = 5\,\text{V}$이고, nMOS와 pMOS의 문턱전압과 드레인-소오스 포화전압은 V_{DD}보다 매우 작다고 가정한다. 모든 트랜지스터의 채널폭은 $W_n = W_p = 1.2\,\mu$m로 동일하고, 채널 길이도 $L_n = L_p = 0.25\,\mu$m로 동일하다.

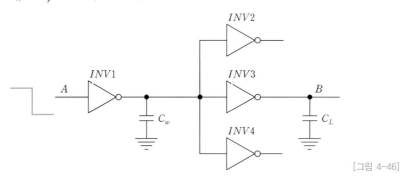

[그림 4-46]

4.31 N단의 인버터로 구성되는 버퍼의 지연시간을 최소화할 수 있는 최적의 유효 팬-아웃 f_{opt}이 식 (4.27)과 같이 주어짐을 보여라.

Chapter

05

MOSFET 스위치 및 전달 게이트

MOSFET Switch and Transmission Gate

MOSFET는 게이트에 인가되는 전압에 따라 도통상태인 닫힌 스위치와 차단상태인 열린 스위치로 동작하여 신호를 통과 또는 차단시키므로, 통과 트랜지스터(pass transistor)라고도 한다. 그리고 MOSFET를 스위치로 사용하는 디지털 회로를 통과 트랜지스터 논리회로(pass transistor logic)라고 한다. nMOS 또는 pMOS 스위치는 트랜지스터의 문턱전압 특성에 의해 입력신호가 출력으로 전달되는 과정에서 감쇄가 발생할 수 있는데, 이를 개선하기 위해 pMOSFET와 nMOSFET를 병렬로 연결한 CMOS 전달 게이트(transmission gate)가 사용된다. 이 장에서는 디지털 스위치로서의 통과 트랜지스터와 CMOS 전달 게이트의 특성을 이해하고, 이들을 이용한 회로에 대해 알아본다.

5.1 MOSFET 스위치

디지털 집적회로를 구성하는 기본 소자인 MOSFET 스위치(통과 트랜지스터)는 트랜지스터의 문턱전압 특성에 의해 완전 또는 불완전 스위치로 동작한다. 이 절에서는 nMOS 및 pMOS 스위치의 비이상적 특성을 알아보고, 통과 트랜지스터 논리회로의 구조와 구현 방법, 그리고 동작 특성에 대해 알아본다.

5.1.1 nMOS 및 pMOS 스위치

[그림 5-1]은 MOSFET의 문턱전압을 0으로 가정한 이상적인 경우의 nMOS 스위치와 pMOS 스위치의 동작을 보이고 있다. nMOSFET의 게이트에 논리값 0(전압 0 V)이 인가되면 트랜지스터는 차단상태가 되며, 입력단자 a와 출력단자 b가 전기적으로 끊어진 열린 스위치로 동작한다. 반대로 nMOSFET의 게이트에 논리값 1(전압 V_{DD})이 인가되면

트랜지스터는 도통상태가 되며, 입력단자 a와 출력단자 b가 전기적으로 연결된 닫힌 스위치로 동작한다. 한편, pMOSFET는 게이트에 논리값 0이 인가되면 닫힌 스위치로 동작하며, 게이트에 논리값 1이 인가되면 열린 스위치로 동작한다. MOSFET의 소오스와 드레인은 전압에 따라 결정되므로, 닫힌 스위치로서의 MOSFET는 양방향^{bidirectional}으로 동작한다.

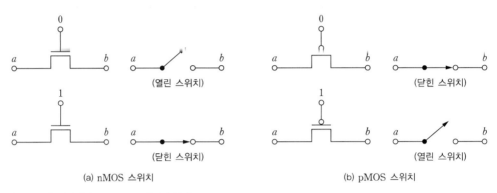

(a) nMOS 스위치   (b) pMOS 스위치

[그림 5-1] **이상적인 MOSFET 스위치의 동작**

실제 MOSFET의 특성은 문턱전압에 의해 이상적인 경우와 다르다. [그림 5-2(a)]는 문턱전압 $V_{Th} > 0$을 갖는 nMOSFET의 게이트에 V_{DD}가 인가되어, nMOSFET가 닫힌 스위치로 동작하는 경우를 보이고 있다. 입력이 0 V인 경우에는 $V_{GSn} = V_{DD}$가 유지되어 출력은 0 V가 된다. 따라서 nMOSFET는 논리값 0 입력에 대해 완전 스위치로 동작한다. 입력이 논리값 $1(V_{DD})$인 경우에는 출력이 문턱전압 V_{Th}만큼 감쇄되어 $V_{DD} - V_{Th}$이 된다. 따라서 nMOSFET는 논리값 1에 대해 불완전 스위치로 동작한다. 도통된 nMOS 스위치를 통해 입력 V_{DD}가 통과하는 과정에서 nMOSFET의 소오스 전압이 $V_{DD} - V_{Th}$ 보다 커지면, $V_{GSn} < V_{Th}$이 되어 nMOSFET는 차단상태가 되므로, nMOS 스위치의 출력전압은 최대 $V_{DD} - V_{Th}$까지 가질 수 있다. 따라서 도통된 nMOSFET의 논리값 1 입력은 문턱전압만큼 감쇄되어 $V_{DD} - V_{Th}$으로 출력된다. 결론적으로 nMOSFET는 논리값 0 입력에 대해서는 완선 스위치로 동작하나, 논리값 1 입력에 대해서는 불완전 스위치로 동작한다.

[그림 5-2(b)]는 문턱전압 $V_{Tp} < 0$을 갖는 pMOSFET의 게이트에 논리값 0(0 V)이 인가되어 닫힌 스위치로 동작하는 경우를 보이고 있다. 입력이 논리값 $1(V_{DD})$인 경우에는 $V_{GSp} = -V_{DD}$가 유지되어 출력은 V_{DD}가 된다. 따라서 pMOSFET는 논리값 1 입력에 대해 완전 스위치로 동작한다. 입력이 논리값 0(0 V)인 경우에는 출력이 문턱전압 $|V_{Tp}|$만큼 상승되어 $|V_{Tp}|$가 되며, pMOSFET는 논리값 0에 대해 불완전 스위치로 동작한다.

도통된 pMOS 스위치를 통해 입력 $0\,\mathrm{V}$가 출력으로 전달되는 과정에서 pMOSFET의 소오스 전압이 $|V_{Tp}|$보다 작아지면, $V_{GSp} > V_{Tp}$가 되어 pMOSFET는 차단상태가 되므로, 출력전압이 최솟값인 $|V_{Tp}|$가 된다. 따라서 도통된 pMOSFET의 논리값 0 입력은 문턱전압만큼 상승되어 $|V_{Tp}|$로 출력된다. 결론적으로, pMOS 스위치는 논리값 1 입력에 대해서는 완전 스위치로 동작하나, 논리값 0 입력에 대해서는 불완전 스위치로 동작한다.

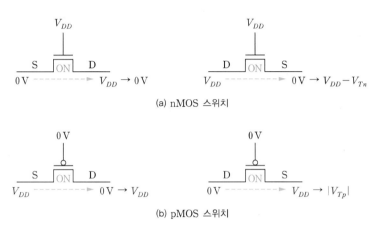

(a) nMOS 스위치

(b) pMOS 스위치

[그림 5-2] **실제 MOSFET 스위치의 동작**

실제 MOSFET는 완전 스위치로 동작하지 못하여 다음 단 회로의 동작에 영향을 미친다. [그림 5-3]은 nMOS 통과 트랜지스터의 출력이 다른 nMOS 통과 트랜지스터의 게이트로 인가되는 경우를 보이고 있다. 통과 트랜지스터 PT1에 입력되는 논리값 1(V_{DD})은 $V_{DD} - V_{Tn}$으로 감쇄되어 통과되고, 이 신호가 통과 트랜지스터 PT2의 게이트에 인가되므로, PT2에 입력되는 논리값 1(V_{DD})은 $2V_{Tn}$만큼 감쇄되어 통과하여, 출력전압은 $V_{DD} - 2V_{Tn}$이 된다. 이와 같이 통과 트랜지스터의 출력이 다음 단 회로의 게이트 입력으로 인가되면, 회로의 잡음여유를 감소시킴과 함께 정적 누설전류를 증가시켜 회로의 전력소모가 증가한다. 따라서 nMOS 또는 pMOS 통과 트랜지스터의 출력을 다른 통과 트랜지스터의 게이트로 연결하지 않는 것이 바람직하다.

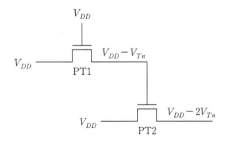

[그림 5-3] **nMOS 통과 트랜지스터의 연결 제한성**

5.1.2 통과 트랜지스터 논리회로

통과 트랜지스터 논리회로는 [그림 5-4(a)]와 같은 구조로 구현되며, 식 (5.1)과 같이 곱의 합$^{\text{sum of product}}$ 형태로 표현되는 부울식의 구현에 이용될 수 있다. 통과 트랜지스터의 게이트에는 제어신호 C_i를 연결하고, 입력에는 통과신호 P_i를 연결함으로써, 제어신호에 의해 통과신호가 선택적으로 트랜지스터를 통과하여 논리기능이 구현된다. 이때 특정 제어신호에 의해 단지 하나의 통과 트랜지스터만 도통되어야 한다. 여러 개의 통과 트랜지스터가 도통되면, 다수 개의 통과신호가 출력에서 충돌하여 논리값을 구분할 수 없는 상태^{unknown}가 발생할 수 있기 때문이다. [그림 5-4(b)]는 2-입력 AND 게이트를 통과 트랜지스터 회로로 구현한 예이다. $B = 1$이면 A가 출력으로 통과되고, $B = 0$이면 $0\,\text{V}$가 출력으로 통과되어 2-입력 AND 게이트의 논리기능이 구현된다.

$$F = P_1 C_1 + P_2 C_2 + \cdots + P_n C_n \tag{5.1}$$

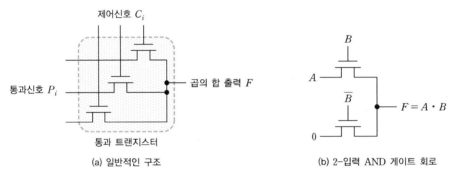

(a) 일반적인 구조   (b) 2-입력 AND 게이트 회로

[그림 5-4] **통과 트랜지스터 회로의 구조**

[그림 5-5(a)]의 통과 트랜지스터 회로를 이용하면, 여러 가지 2-입력 논리 게이트들을 구현할 수 있다. 논리 게이트의 입력신호를 통과 트랜지스터의 게이트에 연결하고, 통과신호에 $0\,\text{V}$ 또는 V_{DD}를 연결하여 논리기능을 구현할 수 있다. 회로의 진리표는 [그림 5-5(b)]와 같으며, 제어신호 A, B에 따라 4개의 통과신호 중 하나가 선택되어 출력으로 전달된다. $A = B = 0$이면 출력은 $F = P_4$가 되고, $A = 0$, $B = 1$이면 출력은 $F = P_3$이 된다. 논리 게이트 구현을 위해서는 통과신호 P_i를 [그림 5-5(c)]와 같이 연결한다. 예를 들어, $P_1 = 0$, $P_2 = 0$, $P_3 = 0$, $P_4 = 1$이면, 2-입력 NOR 게이트가 구현된다. $A = B = 0$인 경우에만 $P_4 = 1$이 출력으로 통과되어 $F = 1$이 되고, 나머지 경우에는 P_1, P_2, P_3이 출력으로 통과되어 $F = 0$이 되므로, 2-입력 NOR 게이트로 동작한다.

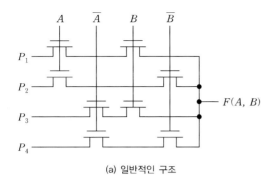

(a) 일반적인 구조

		B	
		0	1
A	0	P_4	P_3
	1	P_2	P_1

(b) 진리표

논리기능	P_1	P_2	P_3	P_4
NOR	0	0	0	1
XOR	0	1	1	0
NAND	0	1	1	1
AND	1	0	0	0
OR	1	1	1	0

(c) 논리 게이트 구현을 위한 통과신호의 값

[그림 5-5] **통과 트랜지스터 회로를 이용한 2-입력 논리 게이트의 구현**

5.1.1절에서 설명했듯이, 통과 트랜지스터 회로의 출력이 논리값 1을 갖는 경우에는 트랜지스터의 문턱전압 V_{Tn} 만큼 감쇄되어 출력된다. 예를 들어 [그림 5-6(a)]와 같이 통과 트랜지스터의 출력이 CMOS 인버터로 연결되는 경우를 생각해보자.

통과 트랜지스터의 출력인 노드 x의 전압은 $V_{DD} - V_{Tn}$ 이 되고, 그로 인해 CMOS 인버터를 구성하는 pMOSFET의 게이트-소오스 전압은 $V_{GSp} = -V_{Tn}$ 이 되어 pMOSFET가 완전히 차단되지 않는다. 따라서 약하게 도통된$^{\text{weak ON}}$ 상태의 pMOSFET에 문턱전압 이하 누설전류가 흘러 CMOS 인버터의 정적 전력소모를 증가시키고, 잡음여유를 감소시키는 단점이 나타난다. 이와 같은 통과 트랜지스터 논리회로의 단점은 기판 바이어스 효과에 의해 더욱 심화된다. 통과 트랜지스터의 기판은 접지되어 있으므로, 기판-소오스의 역바이어스 전압 V_{BS} 가 걸려 통과 트랜지스터의 문턱전압이 더 큰 값을 갖게 된다. 따라서 노드 x의 전압은 더 감소하게 된다. [그림 5-6(b)]는 통과 트랜지스터의 게이트 전압이 $0\,\text{V} \rightarrow V_{DD}$ 로 변하는 경우에 노드 x(통과 트랜지스터의 출력)와 CMOS 인버터의 출력전압 V_{out} 의 파형을 보이고 있다. 노드 x는 통과 트랜지스터의 문턱전압만큼 감쇄되어 $V_x \approx 1.8\,\text{V}$ 가 되며, 이에 의해 CMOS 인버터의 pMOSFET가 약하게 도통되어 최종 출력전압은 $V_{out} > 0$ 이 된다.

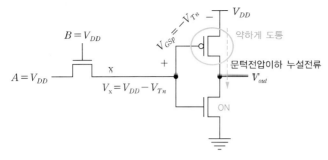

(a) 통과 트랜지스터의 출력이 CMOS 인버터로 연결되는 경우

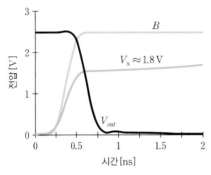

(b) 전압 파형($V_{DD} = 2.5\,\text{V}$의 경우)

[그림 5-6] **통과 트랜지스터 논리회로의 특성**

통과 트랜지스터 논리회로에서 논리값 1의 전압이 감쇄되는 단점을 제거하기 위해 [그림 5-7(a)]와 같이 레벨 복원level restoring 회로를 추가하여 사용할 수 있다. 레벨 복원 트랜지스터 M_r은 다음과 같이 동작한다.

■ 통과 트랜지스터 M_n이 차단상태($B = 0$)인 경우

- x = 0이면, CMOS 인버터의 pMOSFET M_2가 도통되어 출력은 $F = 1$이 되고, 레벨 복원 트랜지스터 M_r은 차단되어 x = 0이 유지된다.
- x = 1이면, CMOS 인버터의 nMOSFET M_1이 도통되어 출력은 $F = 0$이 되고, 레벨 복원 트랜지스터 M_r은 도통되어 x = 1이 유지된다.

■ 통과 트랜지스터 M_n이 도통상태($B = 1$)인 경우

- 통과 트랜지스터의 입력이 $A = 1$이면, $V_x = V_{DD} - V_{Tn}$이 되어 $F = 0$이 되고, 레벨 복원 트랜지스터 M_r은 도통되어 노드 x는 V_{DD}로 복원된다. 따라서 통과 트랜지스터 회로가 갖는 단점이 개선된다.
- 통과 트랜지스터의 입력이 $A = 0$이면, x = 0이 되어 $F = 1$이 되고, 레벨 복원 트랜지스터 M_r은 차단되므로 x = 0이 유지된다.

[그림 5-7(a)]의 회로를 설계할 때는 주의해야할 점이 있다. 통과 트랜지스터가 도통된 상태에서 노드 x가 1 → 0으로 변화할 때, 통과 트랜지스터 M_n을 통해 방전되는 전류보다 레벨 복원 트랜지스터 M_r을 통해 공급되는 전류가 훨씬 작아야 노드 x가 0으로 스위칭될 수 있다. 만약 M_r에서 노드 x로 공급되는 전류가 너무 크면, 노드 x의 전압이 상승하여 0을 유지할 수 없게 된다. 따라서 노드 x가 0이 되기 위해서는 레벨 복원 트랜지스터의 채널폭이 충분히 작아야 하며, 노드 x의 논리값 0 전압이 레벨 복원 트랜지스터 M_r과 통과 트랜지스터 M_n의 등가저항 비에 의해 영향을 받는 비율 논리회로이다. [그림 5-7(b)]는 PSPICE 시뮬레이션 결과이며, 레벨 복원 트랜지스터의 채널폭이 클수록 노드 x의 전압이 큰 값을 가져 다음 단의 인버터를 스위칭할 수 없게 된다. 따라서 레벨 복원 트랜지스터 M_r은 계속 도통상태를 유지하여 결국 회로가 정상적으로 동작하지 않게 된다.

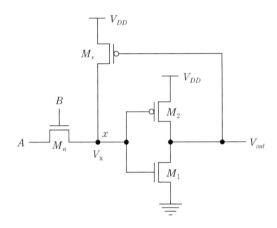

(a) 레벨복원 트랜지스터 M_r이 추가된 회로

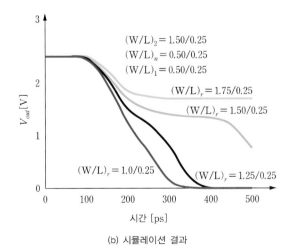

(b) 시뮬레이션 결과

[그림 5-7] 레벨 복원 회로를 이용한 통과 트랜지스터 회로의 특성 개선

핵심포인트 **MOSFET 스위치**

- nMOSFET는 논리값 1, pMOSFET는 논리값 0에 대해 불완전 스위치로 동작한다.
- 통과 트랜지스터의 출력이 다음 단 회로에 입력으로 인가되면, 잡음여유를 감소시키고 문턱 전압이하 누설전류를 증가시켜 회로의 정적 전력소모가 증가한다.
- 통과 트랜지스터 논리회로는 곱의 합 형태의 부울식 구현에 이용될 수 있다.

5.2 CMOS 전달 게이트

5.1절에서 설명한 nMOS(pMOS) 통과 트랜지스터는 논리값 1(논리값 0)에 대해 불완전한 스위치로 동작하므로, 몇 가지 단점과 회로 구성에서의 일부 제약이 있다. 이를 개선하기 위해 레벨 복원 회로를 함께 사용할 수도 있으나, 이 회로는 비율 논리회로이므로 회로 설계 시에 정밀한 시뮬레이션이 요구된다. 이 절에서는 통과 트랜지스터의 불완전 스위치 특성이 제거되어 완전 스위치로 동작하는 CMOS 전달 게이트transmission gate에 대해 알아본다.

5.2.1 CMOS 전달 게이트

CMOS 전달 게이트는 [그림 5-8(a)]와 같이 pMOSFET와 nMOSFET를 병렬로 연결하여 구현되며, CMOS 스위치라고도 한다. nMOSFET와 pMOSFET의 게이트에 서로 반전된 신호가 인가되며, 각 트랜지스터의 소오스와 드레인은 병렬로 연결된 구조를 갖는다. nMOSFET의 기판은 접지로 연결되고, pMOSFET의 기판은 전원 V_{DD}로 연결되어야 한다. CMOS 전달 게이트는 [그림 5-8(b)]와 같은 기호로 나타낸다.

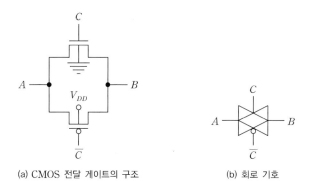

(a) CMOS 전달 게이트의 구조 (b) 회로 기호

[그림 5-8] **CMOS 전달 게이트의 구조와 회로 기호**

CMOS 전달 게이트는 다음과 같이 동작한다. nMOSFET의 게이트에 신호 C가 인가되고 pMOSFET의 게이트에 $\overline{C}$ (C의 반전신호)가 인가되므로, 두 트랜지스터는 동시에 도통되거나 또는 동시에 차단된다. 즉 $C=0$이고 $\overline{C}=1$이면, nMOSFET와 pMOSFET가 모두 차단상태이므로 전달 게이트는 열린 스위치로 동작한다. 반대로 $C=1$이고 $\overline{C}=0$이면, 두 트랜지스터가 모두 도통상태이므로 전달 게이트는 닫힌 스위치로 동작한다.

[그림 5-9]는 CMOS 전달 게이트의 닫힌 스위치 동작을 보이고 있다. nMOSFET의 게이트에는 논리값 1(V_{DD})이 인가되고, pMOSFET의 게이트에는 논리값 0(0 V)이 인가되어 전달 게이트는 닫힌 스위치 상태이며, 논리값 0과 논리값 1이 모두 완전하게 통과되는 완전 스위치로 동작한다. [그림 5-9(a)]는 전달 게이트의 입력 0 V가 출력으로 전달되는 상태를 보이고 있다. 전달 게이트 출력의 초기값이 V_{DD}인 상태에서 입력이 0 V이면, pMOSFET는 소오스 전압 $|V_{Tp}|$에서 차단상태가 되지만, nMOSFET는 논리값 0에 대해 완전 스위치로 동작하여 입력 0 V가 감쇄 없이 통과되므로, 전달 게이트의 출력은 $V_{DD} \rightarrow 0\,\text{V}$로 천이된다.

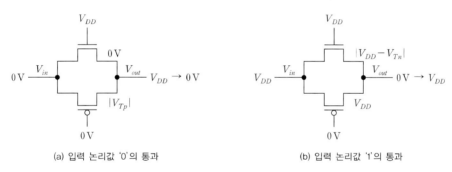

(a) 입력 논리값 '0'의 통과   (b) 입력 논리값 '1'의 통과

[그림 5-9] 닫힌 스위치 상태의 CMOS 전달 게이트 동작

[그림 5-9(b)]는 전달 게이트의 입력 V_{DD}가 출력으로 전달되는 상태를 보이고 있다. 전달 게이트 출력의 초기값이 0 V인 상태에서 입력이 V_{DD}이면, nMOSFET는 소오스 전압 $V_{DD} - V_{Tn}$에서 차단상태가 되지만, pMOSFET는 논리값 1에 대해 완전 스위치로 동작하여 입력 V_{DD}가 감쇄 없이 통과되므로, 전달 게이트의 출력은 $0\,\text{V} \rightarrow V_{DD}$로 천이된다. 이와 같이 nMOS 통과 트랜지스터의 $V_{DD} - V_{Tn}$ 출력을 pMOS 통과 트랜지스터의 출력 V_{DD}가 보완해 주고, pMOS 통과 트랜지스터의 $|V_{Tp}|$ 출력을 nMOS 통과 트랜지스터의 출력 0 V가 보완해 줌으로써, CMOS 전달 게이트는 논리값 0과 논리값 1 모두에 대해 완전 스위치로 동작한다.

5.2.2 CMOS 전달 게이트 응용회로

CMOS 전달 게이트는 멀티플렉서^{multiplexer}, XOR/XNOR 게이트, 래치^{latch}, 플립플롭^{flip}
$^{-flop}$ 등 다양한 회로의 구현에 사용된다. [그림 5-10(a)]는 CMOS 전달 게이트를 이용
한 2:1 멀티플렉서 회로이다. $S=1$인 경우에는 [그림 5-10(b)]와 같이 TG1은 ON되
고, TG2는 OFF되어 $F=A$가 된다. 반면에 $S=0$인 경우에는 [그림 5-10(c)]와 같이
TG1은 OFF되고, TG2는 ON되어 $F=B$가 된다. 따라서 [그림 5-10]의 회로는 신호 S
에 의해 두 입력 A, B 중 하나를 선택하여 출력으로 보내는 2:1 멀티플렉서로 동작한다.

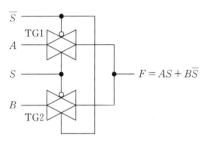

(a) 2:1 멀티플렉서 회로

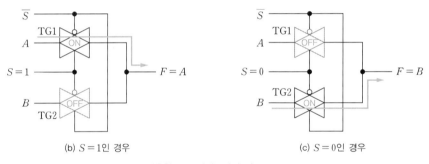

(b) $S=1$인 경우   (c) $S=0$인 경우

[그림 5-10] CMOS 전달 게이트를 이용한 2:1 멀티플렉서 회로

[그림 5-11]은 CMOS 전달 게이트를 이용한 2-입력 XOR 게이트 회로로, 6개의 트랜지
스터로 구성된다. 참고로, CMOS 정적 논리회로로 2-입력 XOR 게이트를 구현하면 12
개의 트랜지스터가 필요하다. 전달 게이트를 이용한 XOR 게이트 회로는 다음과 같이
동작한다. $B=1$인 경우에 전달 게이트 TG는 개방상태이고, 트랜지스터 $M1$과 $M2$는
CMOS 인버터로 동작하여 출력이 $F=\overline{A} \cdot B$가 된다. $B=0$인 경우에는 전달 게이트
TG는 도통상태이고, 트랜지스터 $M1$과 $M2$는 모두 차단상태이므로, 출력은 $F=A \cdot \overline{B}$
가 된다. 따라서 이 회로는 2-입력 XOR 게이트로 동작한다. [그림 5-10]의 멀티플렉서
와 [그림 5-11]의 XOR 게이트 회로는 가산기, 레지스터, 래치 등의 회로에 사용된다.

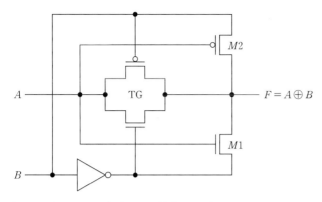

[그림 5-11] CMOS 전달 게이트를 이용한 2-입력 XOR 게이트 회로

5.2.3 CMOS 전달 게이트의 스위칭 특성

CMOS 전달 게이트의 스위칭 특성은 등가저항과 양단에 존재하는 기생 커패시턴스의 영향을 받는다. CMOS 전달 게이트는 pMOSFET와 nMOSFET가 병렬로 연결된 구조이므로, [그림 5-12]와 같이 nMOSFET의 등가저항 R_n과 pMOSFET의 등가저항 R_p가 병렬로 연결된 합성저항 $R_{TG} = R_n \parallel R_p$로 모델링할 수 있으며, C_1과 C_2는 pMOSFET와 nMOSFET의 소오스/드레인 접합 커패시턴스이다.

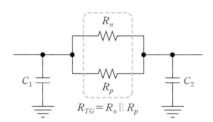

[그림 5-12] CMOS 전달 게이트의 등가모델

전달 게이트의 출력전압에 따른 등가저항의 변화는 [그림 5-13]과 같다. 전달 게이트의 출력이 $V_{DD} \rightarrow 0\,V$로 천이하는 경우에, 출력전압에 따른 pMOSFET와 nMOSFET 및 전달 게이트의 등가저항의 변화는 [그림 5-13(a)]와 같다. 전달 게이트의 출력전압이 pMOSFET의 문턱전압 크기 $|V_{Tp}|$에 가까울수록, pMOSFET는 차단상태가 되어 등가저항은 무한대가 되며, nMOSFET는 도통상태를 유지하여 유한한 등가저항을 갖는다. 따라서 이 두 등가저항의 병렬 합성저항은 그림에서 점선으로 표시된 것과 같이 유한한 값을 갖는다. [그림 5-13(b)]는 전달 게이트의 출력이 $0\,V \rightarrow V_{DD}$로 천이하는 경우의 출력전압에 따른 등가저항의 변화이다. 그림에서 보는 바와 같이, 닫힌 스위치로 동작하는 CMOS 전달

게이트의 등가저항은 출력전압의 변화에 무관하게 거의 일정하다고 근사화시킬 수 있다. 한 예로 $0.25\,\mu\text{m}$ 공정에서 CMOS 전달 게이트의 등가저항은 수 $\text{k}\Omega$ 정도의 값을 갖는다.

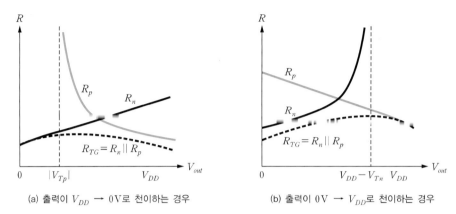

(a) 출력이 $V_{DD} \rightarrow 0\text{V}$로 천이하는 경우   (b) 출력이 $0\text{V} \rightarrow V_{DD}$로 천이하는 경우

[그림 5-13] **출력전압에 따른 CMOS 전달 게이트의 등가저항 변화**

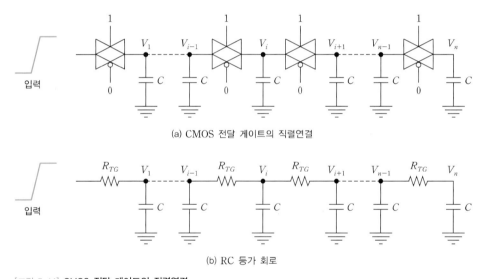

(a) CMOS 전달 게이트의 직렬연결

(b) RC 등가 회로

[그림 5-14] **CMOS 전달 게이트의 직렬연결**

CMOS 전달 게이트에는 전원단자에 의한 구동이 없으므로, 다단으로 연결되는 경우에는 전달지연이 커지게 된다. 예를 들어 [그림 5-14(a)]와 같이 n개의 전달 게이트가 체인 chain 형태로 연결된 경우를 생각해보자. 이와 같은 구조는 n-비트 가산기의 캐리 전파 경로에서 나타난다. 도통상태의 전달 게이트를 등가저항 R_{TG}로 나타내고, 전달 게이트 사이의 기생 커패시턴스를 C로 나타내면, 이 회로는 [그림 5-14(b)]와 같은 등가 RC 회로망으로 모델링할 수 있다. 이 등가회로의 전달지연은 식 (5.2)와 같이 n^2에 비례하므로, n이 클수록 전달지연이 급속히 증가한다.

$$t_p(V_n) = 0.69\,CR_{TG}\left(\frac{n(n+1)}{2}\right) \qquad\qquad (5.2)$$

예를 들어, 전달 게이트의 등가저항이 $R_{TG} = 8\,\text{k}\Omega$, 각 노드의 커패시턴스가 $C = 3.6\,\text{fF}$ 라고 하면, 16개의 전달 게이트가 직렬로 연결된 경우의 지연은 식 (5.2)에 의해 $t_p \simeq 2.7\,\text{ns}$ 의 매우 큰 값을 갖는다.

체인 형태로 연결된 전달 게이트의 지연시간을 줄이기 위해 [그림 5-15]와 같이 전달 게이트 체인의 중간에 버퍼^{buffer}를 삽입하는 방법이 사용된다. m개의 전달 게이트마다 버퍼가 삽입된 경우의 전달지연은 식 (5.3)과 같이 모델링되며, t_{buf}는 버퍼의 지연시간을 나타낸다. 버퍼를 포함한 전체 지연시간을 최소로 만드는 최적의 m값은 식 (5.4)와 같으며, m_{opt}값은 버퍼의 지연시간, 전달 게이트의 등가저항 및 등가 커패시턴스에 따라 달라진다.

$$t_p = 0.69\,CR_{TG}\left(\frac{n(m+1)}{2}\right) + \left(\frac{n}{m}\right)t_{buf} \qquad\qquad (5.3)$$

$$m_{opt} = 1.7 \times \sqrt{\frac{t_{buf}}{CR_{TG}}} \qquad\qquad (5.4)$$

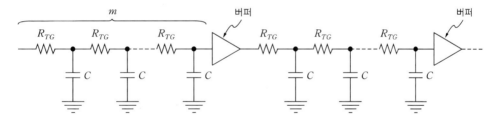

[그림 5-15] 버퍼 삽입을 통한 전달 게이트 체인의 지연시간 최소화

핵심포인트 **CMOS 전달 게이트**

- CMOS 전달 게이트는 논리값 0과 1 모두에 대해 완전 스위치로 동작한다.
  - 멀티플렉서, XOR / XNOR 게이트, 래치, 플립플롭 등의 효율적인 구현에 사용된다.
- CMOS 전달 게이트가 다단으로 연결되면 전달지연이 커지며, 전달 게이트 체인의 중간에 버퍼를 삽입하면 전달지연을 줄일 수 있다.

5.3 시뮬레이션 및 레이아웃 설계 실습

실습 5-1 nMOS 및 pMOS 스위치와 CMOS 전달 게이트의 스위칭 특성 시뮬레이션

nMOS 및 pMOS 스위치와 CMOS 전달 게이트에 계단 입력을 인가하여 동작 특성을 시뮬레이션으로 확인하라.

■ 시뮬레이션 결과

[그림 5-16]의 회로에 상승시간과 하강시간이 각각 0.1ns인 세번 입력을 인가하여 시뮬레이션한 결과는 [그림 5-17]과 같다. nMOS 스위치는 논리값 0 입력에 대해서는 완전 스위치로 동작하나, 논리값 1 입력은 nMOSFET의 문턱전압만큼 감쇄되어 통과하므로 논리값 1에 대해 불완전 스위치로 동작함을 확인할 수 있다. pMOS 스위치는 논리값 1 입력에

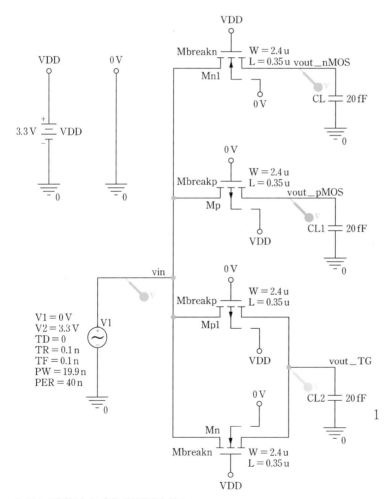

[그림 5-16] [실습 5-1]의 시뮬레이션 회로

대해서는 완전 스위치로 동작하나, 논리값 0 입력은 pMOSFET의 문턱전압만큼 상승되어 통과하므로 논리값 0에 대해 불완전 스위치로 동작함을 확인할 수 있다. CMOS 전달 게이트는 논리값 0과 논리값 1 모두에 대해 완전 스위치로 동작함을 확인할 수 있다.

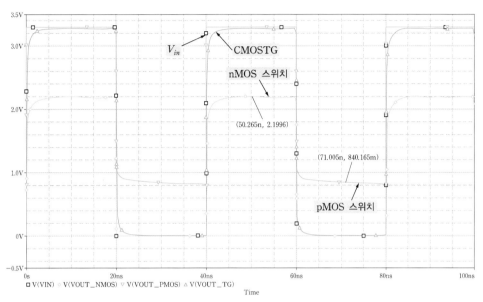

[그림 5-17] MOS 스위치 및 CMOS 전달 게이트의 계단 입력 통과 특성 시뮬레이션 결과

실습 5-2 CMOS 전달 게이트 체인의 스위칭 특성 시뮬레이션

[그림 5-18]과 같이 8개의 CMOS 전달 게이트가 체인 형태로 연결된 회로를 시뮬레이션하여 각 전달 게이트의 출력전압 V_i와 지연시간을 확인하라.

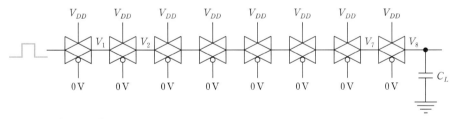

[그림 5-18] [실습 5-2]의 시뮬레이션 회로

■ 시뮬레이션 결과

[그림 5-18]의 회로에 상승시간과 하강시간이 각각 0.5 ns인 계단 입력을 인가하여 시뮬레이션한 결과는 [그림 5-19]와 같으며, 전달 게이트를 통과할수록 지연이 증가함을 확인할 수 있다. 8번째 전달 게이트 출력인 V_8의 상승시간과 하강시간은 각각 $t_r = 5.49\,\text{ns}$와 $t_f = 2.73\,\text{ns}$로 나타났다.

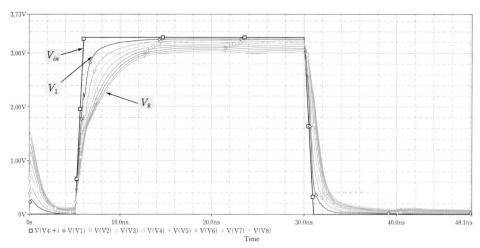

Measurement Results			
Evaluate	Measurement	Value	
☑	Falltime_StepResponse_Xrange(V(V1),30n,50n)	1.14599n	
☑	Risetime_StepResponse_Xrange(V(V1),5n,30n)	1.87745n	
☑	Falltime_StepResponse_Xrange(V(V8),30n,50n)	2.72706n	
☑	Risetime_StepResponse_Xrange(V(V8),5n,30n)	5.48944n	
Click here to evaluate a new measurement...			

[그림 5-19] CMOS 전달 게이트 체인의 시뮬레이션 결과

실습 5-3 **버퍼가 삽입된 CMOS 전달 게이트 체인의 스위칭 특성 시뮬레이션**

[그림 5-20]과 같이 CMOS 전달 게이트 사이에 인버터 버퍼가 삽입된 회로의 지연 특성을 확인하라.

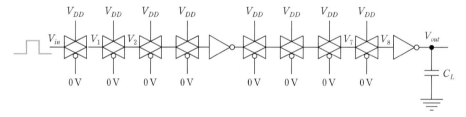

[그림 5-20] [실습 5-3]의 시뮬레이션 회로

■ 시뮬레이션 결과

[그림 5-20]의 회로에 상승시간과 하강시간이 각각 0.5 ns인 계단 입력을 인가하여 시뮬레이션한 결과는 [그림 5-21]과 같다. 버퍼를 삽입하지 않은 경우의 출력 V_8의 상승시간은 $t_r = 4.70$ ns, 하강시간은 $t_f = 2.88$ ns이며, 버퍼를 삽입한 경우의 출력 V_{out}의 상승시간은 $t_r = 0.46$ ns, 하강시간은 $t_f = 0.47$ ns로 나타났다. 시뮬레이션 결과에서 볼 수 있듯이, 전달 게이트 체인에 버퍼를 삽입하면 상승시간과 하강시간이 크게 짧아짐을 확인할 수 있다.

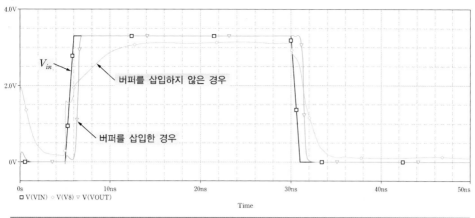

Measurement Results		
Evaluate	Measurement	Value
☑	Risetime_StepResponse_Xrange(V(vout),5n,30n)	456.12232p
☑	Risetime_StepResponse_Xrange(V(V8),5n,30n)	4.70138n
☑	Falltime_StepResponse_Xrange(V(vout),30n,50n)	470.48170p
☑	Falltime_StepResponse_Xrange(V(V8),30n,50n)	2.88199n
Click here to evaluate a new measurement...		

[그림 5-21] [실습 5-3]의 시뮬레이션 결과

실습과제 5-1 [그림 5-11]의 2-입력 XOR 게이트의 레이아웃을 설계하여 DRC와 LVS를 통해 검증하고, 레이아웃으로부터 네트리스트[netlist]를 추출하여 PSPICE 시뮬레이션을 하라.

실습과제 5-2 [그림 5-22]에 대하여 다음을 수행하라.

(a) [그림 5-22(a)]는 1-비트 전가산기 회로이다. 멀티플렉서는 [그림 5-10(a)]의 회로를 사용하고, 2-입력 XOR 게이트는 [그림 5-11]의 회로를 사용한다. nMOSFET와 pMOSFET의 채널폭을 최소 크기로 설정하여 PSPICE로 시뮬레이션하고, 레이아웃 설계와 DRC 및 LVS 검증을 하라. 단, 1-비트 전가산기 레이아웃 셀 4개를 붙여서 [그림 5-22(b)]의 4-비트 리플캐리 가산기를 구현할 수 있도록 캐리입력(Cin)과 캐리출력(Cout) 단자의 위치를 고려하여 레이아웃을 설계하라.

(b) 설계된 1-비트 전가산기의 레이아웃 셀을 이용하여 [그림 5-22(b)]의 4-비트 리플 캐리 가산기의 레이아웃을 설계하고, DRC와 LVS 검증을 하라.

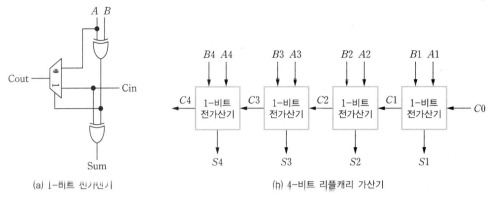

(a) 1-비트 전가산기

(b) 4-비트 리플캐리 가산기

[그림 5-22] [실습과제 5-2]의 회로

■ nMOS 통과 트랜지스터는 논리값 0에 대해 완전 스위치로 동작하나, V_{DD} 입력에 대한 출력은 $V_{DD} - V_{Th}$이 되어 논리값 1에 대해서는 불완전 스위치로 동작한다.

■ pMOS 통과 트랜지스터는 논리값 1에 대해 완전 스위치로 동작하나, 0 V 입력에 대한 출력은 $|V_{Tp}|$가 되어 논리값 0에 대해서는 불완전 스위치로 동작한다.

■ nMOS 통과 트랜지스터 논리회로의 논리값 1 출력은 $V_{DD} - V_{Th}$이므로, CMOS 회로를 구동하는 경우에 CMOS 회로의 정적 전력소모를 증가시키고 잡음여유를 감소시킨다.

■ CMOS 전달 게이트는 pMOSFET와 nMOSFET가 병렬로 연결된 CMOS 스위치이며, 논리값 1과 논리값 0 모두에 대해 완전 스위치로 동작한다.

■ CMOS 전달 게이트를 이용하면 멀티플렉서, XOR, XNOR 등을 적은 수의 트랜지스터로 구현할 수 있으므로, CMOS 전달 게이트는 가산기, 플립플롭, 래치 회로 등에 폭넓게 사용된다.

■ n개의 전달 게이트가 직렬로 연결되는 경우에, 전달지연은 n^2에 비례하여 증가한다. 따라서 일정 수의 전달 게이트마다 버퍼를 삽입하여 지연을 줄여야 한다.

5.1 nMOS 통과 트랜지스터는 논리값 1에 대해 완전 스위치로 동작한다. (O, X)

5.2 CMOS 전달 게이트는 논리값 1과 논리값 0 모두에 대해 완전 스위치로 동작한다.
(O, X)

5.3 통과 트랜지스터에 대한 설명으로 **틀린** 것은?

㉮ nMOS 통과 트랜지스터는 논리값 0에 대해 불완전 스위치이다.
㉯ nMOS 통과 트랜지스터는 논리값 1에 대해 불완전 스위치이다.
㉰ pMOS 통과 트랜지스터는 논리값 0에 대해 불완전 스위치이다.
㉱ pMOS 통과 트랜지스터는 논리값 1에 대해 완전 스위치이다.

5.4 다음 중 nMOS 통과 트랜지스터 논리회로의 특성이 **아닌** 것은?

㉮ 논리값 1 입력에 대한 출력은 $V_{DD} - V_{Th}$이다.
㉯ nMOS 통과 트랜지스터 로직이 CMOS 회로를 구동하면 정적 전력소모가 크다.
㉰ nMOS 통과 트랜지스터 로직에 의해 구동되는 CMOS 회로는 잡음여유가 크다.
㉱ nMOS 통과 트랜지스터 로직은 무비율 논리회로이다.

5.5 [그림 5-23]의 회로에서 노드 y의 전압으로 맞는 것은? 단, V_{Th}은 nMOSFET의
문턱전압이다.

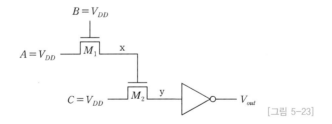

[그림 5-23]

㉮ 0　　　　　㉯ V_{DD}　　　　　㉰ $V_{DD} - V_{Th}$　　　　㉱ $V_{DD} - 2V_{Th}$

5.6 [그림 5-24]의 회로에서 노드 y의 전압으로 맞는 것은? 단, V_{Th}은 nMOSFET의 문턱전압이다.

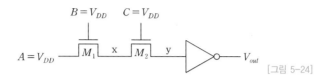

[그림 5-24]

㉮ 0

㉯ V_{DD}

㉰ $V_{DD} - V_{Th}$

㉱ $V_{DD} - 2V_{Th}$

5.7 다음 중 CMOS 전달 게이트에 대한 설명으로 **틀린** 것은?

㉮ nMOSFET와 pMOSFET의 병렬연결로 구성된다.

㉯ 논리값 0에 대해 완전 스위치이다.

㉰ 논리값 1에 대해 완전 스위치이다.

㉱ nMOSFET와 pMOSFET 중 하나는 닫힌 스위치로, 다른 하나는 열린 스위치로 동작한다.

5.8 [그림 5-25]가 나타내는 논리 게이트의 이름은?

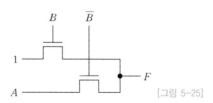

[그림 5-25]

㉮ AND

㉯ OR

㉰ XOR

㉱ XNOR

5.9 [그림 5-26]의 회로에 대한 설명으로 **틀린** 것은?

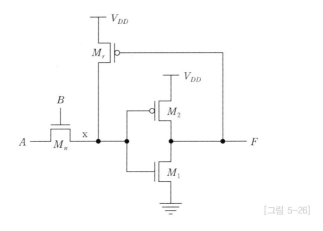

[그림 5-26]

㉮ 노드 x의 전압이 논리값 1일 때, 트랜지스터 M_r이 도통된다.

㉯ 트랜지스터 M_r의 채널폭이 클수록 회로가 안정적으로 동작한다.

㉰ 이 회로는 비율 논리회로이다.

㉱ 통과 트랜지스터 M_n이 0을 통과시킬 때, 트랜지스터 M_r은 개방상태를 유지한다.

5.10 [그림 5-27] 회로의 출력전압 V_{out}로 맞는 것은? 단, nMOSFET의 문턱전압은 V_{Tn}이고, pMOSFET의 문턱전압은 V_{Tp}이다.

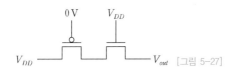

[그림 5-27]

㉮ $|V_{Tp}|$ ㉯ $V_{DD} - V_{Tn} - |V_{Tp}|$

㉰ $V_{DD} - V_{Tn}$ ㉱ V_{DD}

5.11 [그림 5-28]의 회로에 대해 출력 F의 전압을 구하라. 단, nMOSFET의 문턱전압은 V_{Tn}이고, pMOSFET의 문턱전압은 V_{Tp}이다.

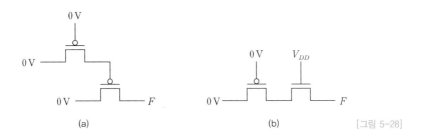

(a)   (b)   [그림 5-28]

5.12 CMOS 전달 게이트를 사용하여 2-입력 XNOR 게이트 회로를 설계하고, 그 동작을 설명하라. 총 6개의 트랜지스터만 사용할 수 있으며, 출력전압은 소자의 문턱전압에 의한 감쇄가 없어야 한다.

5.13 전달 게이트와 통과 트랜지스터를 사용하여 2-입력 AND 게이트와 2-입력 OR 게이트를 설계하고, 그 동작을 설명하라. 단, 총 5개의 MOSFET를 사용해야 하고, 논리값 0에 대한 출력전압은 0 V, 논리값 1에 대한 출력전압은 V_{DD}가 되어야 한다.

5.14 [그림 5-29]은 상보형 통과 트랜지스터 논리회로이다. 출력 F와 $\overline{F}$의 부울식을 써라.

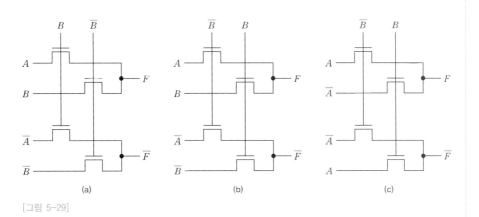

(a)   (b)   (c)

[그림 5-29]

5.15 [그림 5-30]의 CMOS 전달 게이트를 이용하여 기본 논리 게이트를 구현하고자
한다. A와 B는 논리 게이트의 입력이고, F는 출력이며, P_1, P_2, P_3, P_4는 통
과신호이다.

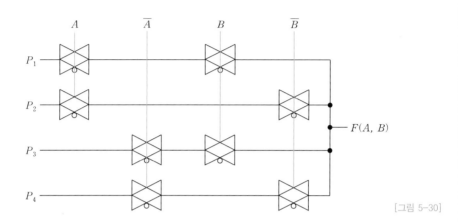

[그림 5-30]

다음의 표에 기본 논리 게이트를 구현하기 위해 필요한 통과신호를 써라. 단, 전
달 게이트의 nMOSFET와 pMOSFET에는 서로 반전신호가 인가된다.

논리 게이트	P_1	P_2	P_3	P_4
AND				
NAND				
OR				
NOR				
XOR				

5.16 CMOS 전달 게이트와 인버터를 각각 2개씩 사용하여 2-입력 XOR 게이트와 2-
입력 XNOR 게이트 회로를 설계하라.

5.17 CMOS 전달 게이트를 이용하여 4 : 1 멀티플렉서 회로를 설계하라.

정적 논리회로

Chapter
06

Static Logic Circuit

디지털 회로는 동작 방식에 따라 정적 논리회로와 동적 논리회로로 구분된다. 정적 논리회로에서 정적(static)이라는 단어는 회로의 출력노드가 도통된 트랜지스터를 통해 전원 또는 접지로 연결되어 출력 논리값이 결정되고 유지되는 회로 방식을 의미하며, 이러한 회로는 전원이 공급되는 한 논리 게이트의 정상상태 출력값이 무한히 유지되는 특성을 갖는다. 정적 논리회로는 4장에서 설명한 인버터 회로의 확장 형태로, 무비율 논리회로(ratioless logic)인 CMOS 정적 논리회로와, 비율 논리회로(ratioed logic)인 nMOS 및 pseudo nMOS 정적 논리회로로 구분된다. 이 장에서는 정적 논리회로의 구조, DC 특성, 스위칭 특성 등에 대해 설명한다. 또한, 회로 설계 및 분석용 소프트웨어를 사용하지 않고 설계자가 개념적으로 회로 설계에 적용할 수 있는 논리적 에포트(logical effort)와 전기적 에포트(electrical effort) 개념을 기반으로 한 선형 지연모델을 소개하고, 이를 이용한 논리 게이트 및 다단 논리회로의 지연시간 모델링을 설명한다.

6.1 CMOS 정적 논리회로

CMOS 정적 논리회로는 디지털 회로를 구현하는 가장 대표적인 방법이며, 7장에서 설명되는 동적 논리회로와 비교하여 회로 구조, 동작 특성, 장단점 등 여러 가지 차이점을 갖는다. 이 절에서는 정적 논리회로의 구조와 DC 특성을 이해하고, CMOS 정적 논리회로의 설계 원리, 기본 논리 게이트와 부울식의 정적 논리회로 구현에 대해 알아본다.

6.1.1 CMOS 정적 논리회로의 구조 및 동작

CMOS 정적 논리회로는 [그림 6-1(a)]와 같이 부하회로PUN : Pull-Up Network와 구동회로PDN : Pull-Down Network의 수직연결로 구성된다. 이때 입력신호는 PUN과 PDN에 공통으로 인가되고, 출력은 PUN과 PDN의 접점에서 얻어진다. PUN은 pMOSFET로 구성되어 출력노드와 전원(V_{DD}) 사이에 도전경로를 형성하며, PDN은 증가형 nMOSFET로 구성되어 출력노드와 접지(GND) 사이에 도전경로를 형성한다. PUN과 PDN은 상보형complementary 연결구조(한쪽이 직렬연결이면 다른 쪽은 병렬연결)를 가지므로, 입력이 일정한 값을 유지하고 있는 정상상태에서 PUN과 PDN 중 한쪽은 도통되고 다른 쪽은 개방되어 출력값이 결정된다.

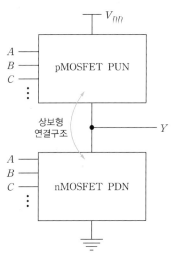

(a) CMOS 정적 논리회로의 구조

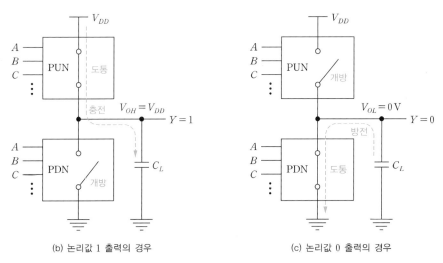

(b) 논리값 1 출력의 경우   (c) 논리값 0 출력의 경우

[그림 6-1] CMOS 정적 논리회로의 구조 및 동작

출력이 논리값 1인 경우에는 [그림 6-1(b)]과 같이 PUN에 도전경로가 형성되어 출력노드가 전원전압 V_{DD}로 충전된다. 이때 PDN은 개방상태를 유지하므로 논리값 1의 출력

전압은 $V_{OH} = V_{DD}$이다. 반대로, 출력이 논리값 0인 경우에는 [그림 6-1(c)]와 같이 PDN에 도전경로가 형성되어 출력노드가 접지로 방전된다. 이번에는 PUN이 개방상태를 유지하므로 논리값 0의 출력전압은 $V_{OL} = 0$이다 [그림 6-1(b)], [그림 6-1(c)]에서 볼 수 있듯이, 정상상태에서 전원 V_{DD}에서 접지로 흐르는 DC 전류는 이상적으로 0이다. 따라서 정적 논리회로는 누설에 의한 성분 이외에는 DC 전력소모가 이상적으로 0이라는 장점을 가지므로 저전력 특성을 갖는다. 또한, 이 회로는 DC 특성이 트랜지스터의 크기에 무관한 무비율 회로이므로, 잡음여유가 크고 설계가 용이하다는 장점을 갖는다. 한편 CMOS 정적 논리회로는 반전 출력을 가지며, 비반전 출력을 얻기 위해서는 출력단에 인버터를 추가해야 한다.

CMOS 정적 논리회로의 구조에서 PUN은 pMOSFET로 구성되고, PDN은 nMOSFET로 구성되는 이유는 다음과 같다. MOSFET는 게이트에 인가되는 전압에 따라 도통 또는 차단 상태가 결정되어 디지털 스위치로 동작한다. [그림 6-2(a)], [그림 6-2(b)]는 게이트에 0V가 인가되어 닫힌 스위치로 동작하는 pMOSFET의 동작을 보이고 있다. [그림 6-2(a)]는 pMOSFET가 PUN에 사용된 경우이다. pMOSFET는 드레인 전압의 변화와 무관하게 $V_{GSp} = -V_{DD}$에 의해 도통되어 논리값 1(V_{DD})에 대해 완전 스위치로 동작한다. 따라서 논리값 1 출력은 V_{DD}가 된다. [그림 6-2(b)]는 pMOSFET가 PDN에 사용된 경우이다. V_{GSp}는 소오스 전압에 의해 영향을 받으므로 소오스 전압이 감소하여 pMOSFET의 문턱전압 $|V_{Tp}|$에 도달하면, pMOSFET는 차단상태가 되어 소오스 전압은 더 이상 감소하지 못한다. 따라서 논리값 0 출력은 $|V_{Tp}|$가 된다.

[그림 6-2(c)], [그림 6-2(d)]는 게이트에 V_{DD}가 인가되어 닫힌 스위치로 동작하는 nMOSFET의 동작을 보이고 있다. [그림 6-2(c)]는 nMOSFET가 PUN에 사용된 경우이다. V_{GSn}은 소오스 전압에 의해 영향을 받으므로 소오스 전압이 증가하여 $V_{DD} - V_{Tn}$ (V_{Tn}은 nMOSFET의 문턱전압)에 도달하면, nMOSFET는 차단상태가 되어 소오스 전압은 더 이상 증가하지 못한다. 따라서 논리값 1 출력은 $V_{DD} - V_{Tn}$이 된다.

한편 [그림 6-2(d)]는 nMOSFET가 PDN에 사용된 경우이다. nMOSFET는 드레인 전압의 변화와 무관하게 $V_{GSn} = V_{DD}$에 의해 도통되어 논리값 0에 대해 완전 스위치로 동작하므로, 논리값 0 출력은 0V가 된다. 이상을 종합하면, CMOS 정적 논리회로가 $V_{OH} = V_{DD}$와 $V_{OL} = 0$V의 출력을 갖기 위해서는 PUN에는 pMOSFET가 사용되고, PDN에는 nMOSFET가 사용되어야 한다.

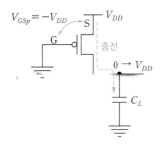

(a) pMOSFET가 PUN에 사용된 경우

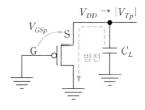

(b) pMOSFET가 PDN에 사용된 경우

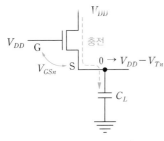

(c) nMOSFET가 PUN에 사용된 경우

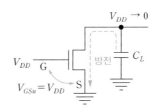

(d) nMOSFET가 PDN에 사용된 경우

[그림 6-2] 스위치로 동작하는 MOSFET의 특성

6.1.2 부울 함수의 CMOS 정적 논리회로 구현

부울^{Boolean} 함수를 CMOS 정적 논리회로로 구현하기 위해서는 MOSFET의 연결형태에 따른 논리기능을 이해해야 한다. 부울 함수의 논리변수는 트랜지스터의 게이트 입력에 대응되며, 트랜지스터의 연결형태(직렬 또는 병렬)에 따라 논리기능이 구현된다.

[그림 6-3(a)]와 같이 pMOSFET의 직렬연결에서 게이트에 인가되는 신호가 모두 논리값 0인 경우에 두 개의 pMOSFET가 모두 도통되어 $X = Y$가 되므로, pMOSFET의 직렬연결은 논리 NOR을 구현한다. [그림 6-3(b)]와 같이 pMOSFET의 병렬연결에서는 게이트에 인가되는 신호 중 하나 이상이 논리값 0인 경우에 $X = Y$가 되므로, pMOSFET의 병렬연결은 논리 NAND를 구현한다.

한편 [그림 6-3(c)]와 같이 nMOSFET의 직렬연결에서 게이트에 인가되는 신호가 모두 논리값 1인 경우에 두 개의 nMOSFET가 모두 도통되어 $X = Y$가 되므로, nMOSFET의 직렬연결은 논리 AND를 구현한다. [그림 6-3(d)]와 같이 nMOSFET의 병렬연결은 게이트에 인가되는 신호 중 하나 이상이 논리값 1인 경우에 $X = Y$가 되므로, nMOSFET의 병렬연결은 논리 OR을 구현한다. 이와 같은 원리를 이용하면, 임의의 부울 함수를 CMOS 정적 논리회로로 구현할 수 있다.

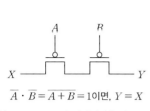

$\overline{A \cdot B} = \overline{A} + \overline{B} = 1$이면, $Y = X$

(a) pMOSFET의 직렬연결(논리 NOR)

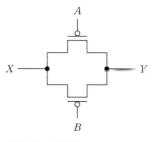

$\overline{A + B} = \overline{A} \cdot \overline{B} = 1$이면, $Y = X$

(b) pMOSFET의 병렬연결(논리 NAND)

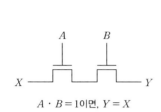

$A \cdot B = 1$이면, $Y = X$

(c) nMOSFET의 직렬연결(논리 AND)

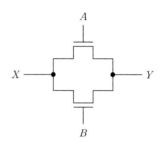

$A + B = 1$이면, $Y = X$

(d) nMOSFET의 병렬연결(논리 OR)

[그림 6-3] **MOSFET의 연결형태에 따른 논리기능 구현**

앞에서 설명한 내용을 토대로 CMOS 정적 논리회로의 설계에 다음의 원리를 적용할 수 있다.

- $V_{OL} = 0\,\mathrm{V}$이고, $V_{OH} = V_{DD}$인 무비율 논리회로 특성을 위해 PUN은 pMOSFET로 구현하고, PDN은 nMOSFET로 구현한다.
- pMOSFET의 직렬연결은 논리 NOR을 구현하고, 병렬연결은 논리 NAND를 구현한다.
- nMOSFET의 직렬연결은 논리 AND를 구현하고, 병렬연결은 논리 OR을 구현한다.
- PUN이 도통되면 논리값 1이 출력되므로, 부울식 Y로부터 PUN을 구현한다.
- PDN이 도통되면 논리값 0이 출력되므로, 부울식의 반전 $\overline{Y}$로부터 PDN을 구현한다.
- CMOS 정적 논리회로는 $Y = \overline{A + B \cdots}$ 형태의 부울식을 구현하는 반전 출력을 가지며, 비반전 출력을 얻기 위해서는 출력단에 인버터를 추가한다.

2-입력 NAND 게이트를 CMOS 정적 논리회로로 구현해보자. 부울식에 드 모르간^{De Morgan} 정리를 적용하면 $Y = \overline{A \cdot B} = \overline{A} + \overline{B}$가 되므로, PUN은 두 개의 pMOSFET의 병렬연결로 구현된다. 주어진 부울식의 반전인 $\overline{Y} = A \cdot B$로부터, PDN은 두 개의 nMOSFET의 직렬연결로 구성된다. 따라서 2-입력 NAND 게이트를 CMOS 정적 논리회로로 구현

하면 [그림 6-4(b)]와 같다. pMOSFET와 nMOSFET는 서로 반대의 연결형태(직렬, 병렬)를 가지며, PUN과 PDN의 접합점에서 출력 Y가 얻어짐을 알 수 있다.

진리표			MOSFET의 동작			
A	B	$Y = \overline{A \cdot B}$	M_{n1}	M_{n2}	M_{p1}	M_{p2}
0	0	1	OFF	OFF	ON	ON
0	1	1	OFF	ON	ON	OFF
1	0	1	ON	OFF	OFF	ON
1	1	0	ON	ON	OFF	OFF

(a) 2-입력 NAND 게이트의 진리표와 입력에 따른 MOSFET의 동작

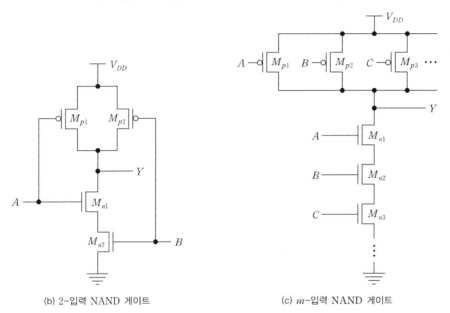

(b) 2-입력 NAND 게이트   (c) m-입력 NAND 게이트

[그림 6-4] NAND 게이트의 CMOS 정적 논리회로 구현

[그림 6-4(b)]의 회로가 2-입력 NAND 게이트로 동작하는지를 확인해보자. 입력신호에 따른 MOS 트랜지스터의 동작은 [그림 6-4(a)]와 같다. 입력이 $A = B = 1$이면, pMOSFET M_{p1}과 M_{p2}는 모두 차단상태이다. 두 개의 nMOSFET M_{n1}과 M_{n2}는 모두 도통되어 출력노드가 접지(GND)로 연결되므로, 출력 Y는 논리값 0이 된다. nMOSFET는 논리값 0에 대해 완전 스위치이므로, $V_{OL} = 0\,\mathrm{V}$이다.

입력이 $A = B = 0$이면, nMOSFET M_{n1}과 M_{n2}는 모두 차단상태이다. pMOSFET M_{p1}과 M_{p2}는 모두 도통되어 출력노드가 전원(V_{DD})으로 연결되므로, 출력 Y는 논리값 1이 된다. pMOSFET는 논리값 1에 대해 완전 스위치이므로, $V_{OH} = V_{DD}$이다. 두 입력 중

하나가 논리값 $0(A=0, B=1$ 또는 $A=1, B=0)$이면, 두 개의 pMOSFET 중 하나는 도통되어 출력노드가 V_{DD}로 연결되어 출력 Y는 논리값 1이 되며, 두 개의 nMOSFET 중 하나는 차단상태가 되어 출력노드와 접지 사이는 개방된다. 동일한 원리를 적용하면, m-입력 NAND 게이트는 m개의 nMOSFET를 직렬로 연결하고, m개의 pMOSFET를 병렬로 연결하여 [그림 6-4(c)]와 같이 구현된다.

다음으로 2-입력 NOR 게이트의 CMOS 정적 논리회로에 대해 알아보자. 부울식에 드모르간의 정리를 적용하면 $Y=\overline{A+B}=\overline{A}\cdot\overline{B}$가 되므로, PUN은 두 개의 pMOSFET의 직렬연결로 구현된다. 주어진 부울식의 반전인 $\overline{Y}=A+B$로부터, PDN은 두 개의 nMOSFET의 병렬연결로 구성된다. 따라서 2-입력 NOR 게이트를 CMOS 정적 논리회로로 구현하면 [그림 6-5(b)]와 같다. pMOSFET와 nMOSFET는 서로 반대의 연결형태(직렬, 병렬)를 가지며, PUN과 PDN의 접합점에서 출력 Y가 얻어진다.

진리표			MOSFET의 동작			
A	B	$Y=\overline{A+B}$	M_{n1}	M_{n2}	M_{p1}	M_{p2}
0	0	1	OFF	OFF	ON	ON
0	1	0	OFF	ON	ON	OFF
1	0	0	ON	OFF	OFF	ON
1	1	0	ON	ON	OFF	OFF

(a) 2-입력 NOR 게이트의 진리표와 입력에 따른 MOSFET의 동작

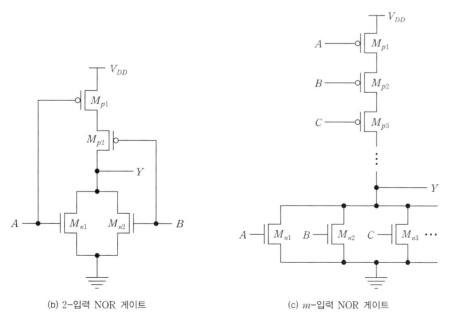

(b) 2-입력 NOR 게이트

(c) m-입력 NOR 게이트

[그림 6-5] NOR 게이트의 CMOS 정적 논리회로 구현

[그림 6-5(b)]의 회로가 2-입력 NOR 게이트로 동작하는지를 확인해보자. 입력신호에 따른 MOS 트랜지스터의 동작은 [그림 6-5(a)]와 같다. 입력이 $A = B = 0$이면, 두 개의 nMOSFET M_{n1}과 M_{n2}는 모두 차단상태이다. pMOSFET M_{p1}과 M_{p2}는 모두 도통되어 출력노드가 전원(V_{DD})으로 연결되므로, 출력 Y는 논리값 1이 된다. pMOSFET는 논리값 1에 대해 완전 스위치이므로, $V_{OH} = V_{DD}$이다.

입력이 $A = B = 1$이면, pMOSFET M_{p1}과 M_{p2}는 모두 차단상태이다. nMOSFET M_{n1} 과 M_{n2}는 모두 도통되어 출력노드가 접지(GND)로 연결되므로 출력 Y는 논리값 0이 된다. nMOSFET는 논리값 0에 대해 완전 스위치이므로, $V_{OL} = 0\,\text{V}$이다. 두 입력 중 하나가 논리값 $0(A = 0, B = 1$ 또는 $A = 1, B = 0)$이면, 두 개의 nMOSFET 중 하나는 도통되어 출력노드가 접지로 연결되어 출력 Y는 논리값 0이 되며, 두 pMOSFET 중 하나는 차단상태가 되어 출력노드와 V_{DD} 사이는 개방된다.

동일한 원리를 적용하면, m-입력 NOR 게이트는 m개의 nMOSFET를 병렬로 연결하고, m개의 pMOSFET를 직렬로 연결하여 [그림 6-5(c)]와 같이 구현된다.

NAND 게이트와 NOR 게이트에 적용했던 원리를 다변수 부울 함수로 확장하면 임의의 부울 함수를 CMOS 정적 논리회로로 구현할 수 있다. 주어진 부울식의 반전 $\overline{Y}$ 로부터, 논리 AND는 nMOSFET의 직렬연결, 논리 OR은 nMOSFET의 병렬연결로 PDN의 회로를 구현한다. 주어진 부울식에 드 모르간 정리를 적용한 후, 논리 AND는 pMOSFET의 직렬연결로 구현하고, 논리 OR은 pMOSFET의 병렬연결로 PUN을 구현한다. PUN과 PDN은 서로 상보형^{complementary} 트랜지스터 연결을 가지므로, PDN의 회로를 구현한 후 트랜지스터의 연결형태를 반대로(직렬 → 병렬, 병렬 → 직렬) 변환해서 PUN을 구현해도 동일한 결과가 얻어진다.

예제를 통해 임의의 부울 함수를 CMOS 정적 논리회로로 구현하는 방법을 알아보자.

예제 **6-1**

부울 함수 $Y=\overline{(A+B \cdot C) \cdot (D+E) \cdot F}$ 를 CMOS 정적 논리회로로 구현하라.

풀이

PDN 회로는 주어진 부울식의 반전 $\overline{Y}$ 로부터, 그리고 PUN 회로는 주어진 부울식에 드 모르간 정리를 적용하여 구현할 수 있다.

- PDN 회로 : 주어진 부울식의 반전인 $\overline{Y}$ 는 식 (1)과 같으며, 논리 AND는 nMOSFET의 직렬연결, 논리 OR은 nMOSFET의 병렬연결로 구현하면 [그림 6-6(a)]와 같다.

$$\overline{Y} = (A + B \cdot C) \cdot (D+E) \cdot F \qquad (1)$$

- PUN 회로 : 주어진 부울식에 드 모르간 정리를 적용하면 식 (2)와 같으며, 논리 AND는 pMOSFET의 직렬연결, 논리 OR은 pMOSFET의 병렬연결로 구현하면 [그림 6-6(b)]와 같다. 또는 [그림 6-6(a)]의 PDN 회로로부터 연결형태를 반대로(직렬 → 병렬, 병렬 → 직렬) 변환해도 동일한 결과가 얻어진다.

$$Y = \overline{(A+B \cdot C) \cdot (D+E) \cdot F} = \overline{A} \cdot (\overline{B} + \overline{C}) + \overline{D} \cdot \overline{E} + \overline{F} \qquad (2)$$

[그림 6-6(a)]와 [그림 6-6(b)]로부터, 주어진 부울식의 CMOS 정적 논리회로는 [그림 6-6(c)]와 같다. PUN과 PDN의 트랜지스터 연결형태(토폴로지)가 서로 상보형임을 확인할 수 있다.

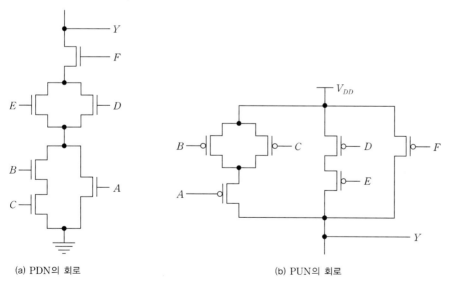

(a) PDN의 회로   (b) PUN의 회로

[그림 6-6] **[예제 6-1]의 회로도**(계속)

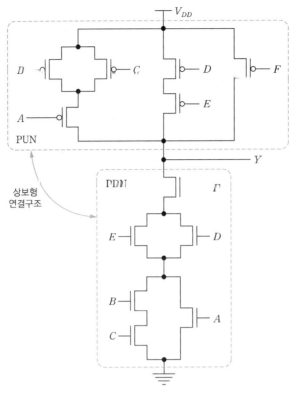

(c) 구현된 CMOS 정적 논리회로

[그림 6-6] [예제 6-1]의 회로도

[그림 6-4(b)], [그림 6-4(c)], [그림 6-5(b)], [그림 6-5(c)], [그림 6-6(c)]로부터 CMOS 정적 논리회로의 특징을 다음과 같이 요약할 수 있다.

PUN을 구성하는 pMOSFET와 PDN을 구성하는 nMOSFET는 서로 반대의 연결형태를 갖는다. PUN의 pMOSFET가 병렬연결이면 PDN의 nMOSFET는 직렬연결을 가지며, PUN의 pMOSFET가 직렬연결이면 PDN의 nMOSFET는 병렬연결을 갖는다. 입력신호는 PUN의 pMOSFET와 PDN의 nMOSFET에 동일하게 인가되므로, 정적상태(입력이 일정한 값을 유지하고 있는 상태)에서 PUN과 PDN 중 하나는 차단상태에 있다. 따라서 전원 V_{DD}로부터 접지로 흐르는 정적 전류는 이상적으로 0이며, 누설에 의한 정적 전류만 흐른다. 정적 전력소모는 누설전류에 의해서만 발생하며, 대부분의 전력소모는 스위칭 과정에서 발생한다.

부울식 $X = \overline{A \cdot B}$, $Y = \overline{(A \cdot B) + (C \cdot D)}$를 최소의 트랜지스터를 사용하여 CMOS 정적 논리회로로 구현하라.

풀이

주어진 부울식을 논리 게이트 회로도로 표현하면 [그림 6-7(a)]와 같다. 이를 CMOS 정적 논리회로로 직접 구현하면, 2-입력 NAND 게이트의 구현에 4개의 트랜지스터가 사용되고, 4-입력 복합 논리 게이트 AOI2의 구현에 8개의 트랜지스터가 사용되어, 총 12개의 트랜지스터가 필요하다. 그러나 NAND 게이트와 복합 논리 게이트 AOI2의 AND 게이트가 동일한 입력 A, B를 가지므로 트랜지스터 공유를 통해 소자 수를 줄일 수 있다.

[그림 6-7(b)]는 트랜지스터 공유를 이용하여 구현된 CMOS 정적 논리회로이다. 점선 사각형 안의 pMOSFET M_{pA}와 M_{pB}가 복합 논리 게이트 AOI2와 2-입력 NAND 게이트에 공통으로 사용되고 있으므로, 2개의 트랜지스터가 공유되어 총 10개의 트랜지스터로 구현되었다. [그림 6-7(b)]에서 pMOSFET M_{pA}, M_{pB}와 nMOSFET M_{nA}, M_{nB}는 2-입력 NAND 게이트를 구성하고 있으며, nMOSFET M_{nA}, M_{nB}를 제외한 8개의 트랜지스터가 복합 논리 게이트 AOI2를 구성하고 있다.

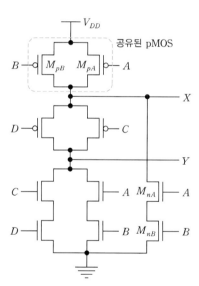

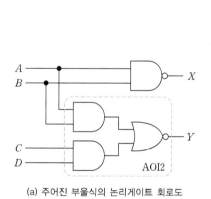

(a) 주어진 부울식의 논리게이트 회로도 (b) 구현된 CMOS 정적 논리회로

[그림 6-7] [예제 6-2]의 회로도

CMOS 정적 논리회로의 구조 및 DC 특성

- PUN은 pMOSFET, PDN은 nMOSFET로 구성되며, 서로 상보형 연결구조를 갖는다.
  - pMOSFET의 직렬연결은 논리 NOR, 병렬연결은 논리 NAND를 구현한다.
  - nMOSFET의 직렬연결은 논리 AND, 병렬연결은 논리 OR을 구현한다.
  - 부울식 $\overline{F}$로부터 PDN을 구현한 후, 트랜지스터의 연결 형태를 반대로(직렬 → 병렬, 병렬 → 직렬) 변환하여 PUN을 구현한다.
- $V_{OH} = V_{DD}$, $V_{OL} = 0\text{V}$인 무비율 논리회로이며, 잡음여유가 크고 설계가 용이하다.
- 정상상태에서 정적 전력소모가 이상적으로 0이므로 저전력 회로에 적합하다.

6.2 CMOS 정적 논리회로의 스위칭 특성

CMOS 정적 논리회로에서는 PUN과 PDN을 구성하는 트랜지스터의 연결형태(직렬/병렬)와 회로에 인가되는 입력신호의 특성에 따라 출력의 상승 및 하강시간과 전달지연 등 스위칭 특성이 달라진다. CMOS 정적 논리회로의 동작속도는 입력에서 출력까지의 최대 지연경로critical delay path의 지연시간에 의해 결정된다. NAND, NOR 등 기본 논리 게이트의 스위칭 특성을 알아본 후, CMOS 정적 논리회로의 스위칭 특성에 영향을 미치는 요인들에 대해 알아본다. 상승시간, 하강시간, 전달지연 등 스위칭 특성 파라미터에 대해서는 4.1.3절을 참조한다.

6.2.1 NAND 게이트의 스위칭 특성

3-입력 NAND 게이트를 예로 들어서 NAND 게이트의 스위칭 특성을 알아보자. 3-입력 NAND 게이트는 nMOSFET 세 개가 직렬로 연결되어 PDN을 구성하고, pMOSFET 세 개가 병렬로 연결되어 PUN을 구성한다. PDN은 하강시간 특성에 영향을 미치며, PUN은 상승시간 특성에 영향을 미친다.

먼저 하강시간 특성에 대해 알아보자. 3-입력 NAND 게이트의 출력이 $V_{DD} \rightarrow 0\,\text{V}$로 하강하기 위해서는 직렬로 연결된 세 개의 nMOSFET가 모두 도통되어 출력노드에서 접지로 도전경로가 형성되어야 한다. [그림 6-8(a)]는 $A = B = C = 1$에 의해 직렬로 연결된 세 개의 nMOSFET가 모두 도통되고, 병렬로 연결된 pMOSFET는 모두 차단된 경우를 보이고 있다. 하강시간은 용량성 부하 C_L에 충전되어 있던 전하가 도통된 세 개의

nMOSFET를 통해 방전하는 데 소요되는 시간이다. PDN을 구성하는 nMOSFET가 모두 동일한 크기(채널폭과 채널길이의 비가 동일)를 가져 $\beta_n \equiv \beta_{n1} = \beta_{n2} = \beta_{n3}$라고 하면, PDN의 유효 β값은 식 (6.1)과 같이 표현된다. $\beta_n = k_n(W_n/L_n)$은 식 (4.8)에서 정의되었다.

$$\beta_{n,eff} = \cfrac{1}{\cfrac{1}{\beta_{n1}} + \cfrac{1}{\beta_{n2}} + \cfrac{1}{\beta_{n3}}} = \frac{\beta_n}{3} \tag{6.1}$$

식 (6.1)의 $\beta_{n,eff}$를 식 (4.11)에 대입하면, 3-입력 NAND 게이트의 하강시간은 식 (6.2)와 같이 표현되는데, 이때 분자의 3은 PDN에서 직렬로 연결된 nMOSFET의 수를 나타낸다. CMOS 인버터의 하강시간(식 (4.11))과 비교하면, 3-입력 NAND 게이트의 PDN에는 세 개의 nMOSFET가 직렬로 연결되어 있어 하강시간이 인버터의 3배가 된다. 이를 일반화시키면, NAND 게이트의 하강시간은 입력 개수를 나타내는 팬-인$^{fan-in}$에 따라 증가한다.

$$t_f \simeq \frac{m C_L}{\beta_{n,eff} V_{DD}} = \frac{3m C_L}{k_n V_{DD}} \left(\frac{L_n}{W_n} \right) \tag{6.2}$$

다음으로 상승시간 특성에 대해 알아보자. 3-입력 NAND 게이트의 출력이 $0V \rightarrow V_{DD}$로 상승하기 위해서는 병렬로 연결된 세 개의 pMOSFET 중 하나 이상 도통되어 출력노드와 전원(V_{DD}) 사이에 도전경로가 형성되어야 한다. 상승시간의 최악 조건은 단지 하나의 pMOSFET만 도통되는 경우이다.

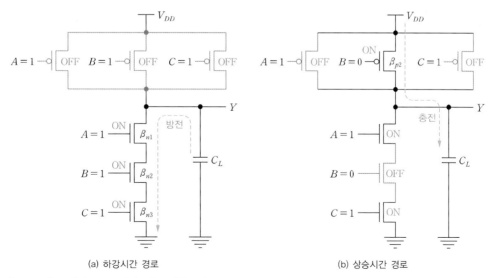

(a) 하강시간 경로   (b) 상승시간 경로

[그림 6-8] 3-입력 NAND 게이트의 스위칭 특성

[그림 6-8(b)]는 $A = C = 1$, $B = 0$에 의해 하나의 pMOSFET만 도통되고, 직렬로 연결된 세 개의 nMOSFET 중 하나는 차단되어, 출력노드와 접지 사이의 경로가 개방된 경우를 보이고 있다. 상승시간은 도통된 pMOSFET를 통해 출력노드의 용량성 부하 C_L을 충전하는 데 소요되는 시간이다. PUN에는 하나의 pMOSFET만 도통되어 있으므로, PUN의 유효 β값은 식 (6.3)과 같이 CMOS 인버터의 β_p와 동일하다. $\beta_p = k_p(W_p/L_p)$는 식 (4.9)에서 정의되었다. 따라서 3-입력 NAND 게이트의 상승시간은 식 (6.4)와 같이 표현되며, 이는 CMOS 정적 인버터의 상승시간과 동일하다. 그러나 출력노드에 3개의 pMOSFET가 병렬로 연결되어 있으므로, pMOSFET의 드레인 접합 커패시턴스의 영향에 의해 3-입력 NAND 게이트의 상승시간이 CMOS 인버터보다 약간 크다.

$$\beta_{p,eff} = \beta_{p2} = \beta_p \tag{6.3}$$

$$t_r \simeq \frac{m\,C_L}{\beta_{p,eff}\,V_{DD}} = \frac{m\,C_L}{k_p\,V_{DD}}\left(\frac{L_p}{W_p}\right) \tag{6.4}$$

3-입력 NAND 게이트의 상승시간과 하강시간이 같아지기($t_r = t_f$) 위해서는 식 (6.2)와 식 (6.4)로부터 식 (6.5)를 만족하도록 설계해야 한다. $L_p = L_n$이고 전자의 이동도가 정공의 이동도보다 3배 크다고($\mu_n = 3\mu_p$) 하면, $W_p = W_n$으로 설계해야 한다.

$$\frac{W_p/L_p}{W_n/L_n} = \frac{\mu_n}{3\mu_p} \tag{6.5}$$

6.2.2 NOR 게이트의 스위칭 특성

3-입력 NOR 게이트를 예로 들어서 NOR 게이트의 스위칭 특성을 알아보자. 3-입력 NOR 게이트는 nMOSFET 세 개가 병렬로 연결되어 PDN을 구성하고, pMOSFET 세 개가 직렬로 연결되어 PUN을 구성한다. NAND 게이트와 마찬가지로, PDN은 하강시간 특성에 영향을 미치고 PUN은 상승시간 특성에 영향을 미친다.

먼저 하강시간 특성에 대해 알아보자. 3-입력 NOR 게이트의 출력이 $V_{DD} \to 0\text{V}$로 하강하기 위해서는 병렬로 연결된 세 개의 nMOSFET 중 하나 이상이 도통되어, 출력노드와 접지 사이에 도전경로가 형성되어야 한다. 하강시간의 최악 조건은 단지 하나의 nMOSFET만 도통되는 경우이다. [그림 6-9(a)]는 $A = C = 0$, $B = 1$에 의해 하나의 nMOSFET만 도통되고, 직렬로 연결된 세 개의 pMOSFET 중 하나는 차단되어 출력노드와 전원 (V_{DD}) 사이의 경로가 개방된 경우를 보이고 있다. 하강시간은 출력노드의 용량성 부하

C_L에 충전되어 있던 전하가 도통된 nMOSFET를 통해 방전하는 데 소요되는 시간이다. PDN에는 하나의 nMOSFET만 도통되어 있으므로, PDN의 유효 β값은 식 (6.6)과 같이 CMOS 인버터의 β_n과 동일하다. 따라서 3-입력 NOR 게이트의 하강시간은 식 (6.7)과 같이 표현되며, CMOS 정적 인버터와 동일한 하강시간을 갖는다. 그러나 출력노드에 3개의 nMOSFET가 병렬로 연결되어 있으므로, nMOSFET의 드레인 접합 커패시턴스의 영향에 의해 3-입력 NOR 게이트의 하강시간이 CMOS 인버터보다 약간 크다.

$$\beta_{n,eff} = \beta_{n2} = \beta_n \tag{6.6}$$

$$t_f \simeq \frac{m C_L}{\beta_{n,eff} V_{DD}} = \frac{m C_L}{k_n V_{DD}} \left(\frac{L_n}{W_n} \right) \tag{6.7}$$

다음으로 상승시간 특성에 대해 알아보자. 3-입력 NOR 게이트의 출력이 $0V \rightarrow V_{DD}$로 상승하기 위해서는 직렬로 연결된 세 개의 pMOSFET가 모두 도통되어 출력노드에서 전원 V_{DD}로 도전경로가 형성되어야 한다. [그림 6-9(b)]는 $A = B = C = 0$에 의해 직렬로 연결된 세 개의 pMOSFET가 모두 도통되고, 병렬로 연결된 nMOSFET는 모두 차단 상태인 경우를 보이고 있다. 상승시간은 도통된 세 개의 pMOSFET를 통해 출력노드의 용량성 부하 C_L을 충전하는 데 소요되는 시간이다. PUN을 구성하는 pMOSFET가 모두 동일한 크기를 가져 $\beta_p \equiv \beta_{p1} = \beta_{p2} = \beta_{p3}$이라고 하면, PUN의 유효 β값은 식 (6.8)과 같이 표현된다.

$$\beta_{p,eff} = \frac{1}{\dfrac{1}{\beta_{p1}} + \dfrac{1}{\beta_{p2}} + \dfrac{1}{\beta_{p3}}} = \frac{\beta_p}{3} \tag{6.8}$$

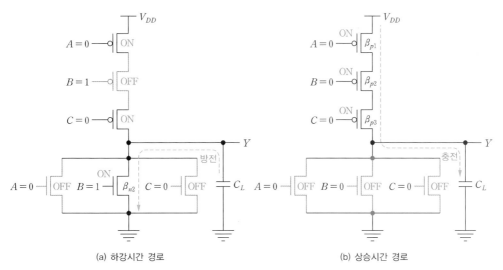

(a) 하강시간 경로   (b) 상승시간 경로

[그림 6-9] 3-입력 NOR 게이트의 스위칭 특성

식 (6.8)의 $\beta_{p,eff}$를 식 (4.12)에 대입하면, 3-입력 NOR 게이트의 상승시간은 식 (6.9)와 같이 표현된다. 이때 분자의 3은 PUN에서 직렬로 연결된 pMOSFET의 수를 나타낸다. CMOS 인버터의 상승시간(식 (4.12))과 비교하면, 3-입력 NOR 게이트의 PUN에는 세 개의 pMOSFET가 직렬로 연결되어 있어 상승시간이 인버터의 3배가 된다. 이를 일반화시키면, NOR 게이트의 상승시간은 팬-인에 따라 증가한다.

$$t_r \simeq \frac{m\,C_L}{\beta_{p,eff}\,V_{DD}} = \frac{3m\,C_L}{k_p\,V_{DD}}\left(\frac{L_p}{W_p}\right) \tag{6.9}$$

3-입력 NOR 게이트의 상승시간과 하강시간이 같아지기($t_r = t_f$) 위해서는 식 (6.7)과 식 (6.9)로부터 식 (6.10)을 만족하도록 설계해야 한다. $L_p = L_n$이고 전자의 이동도가 정공의 이동도보다 3배 크다고($\mu_n = 3\mu_p$) 하면, $W_p = 9\,W_n$으로 설계해야 한다.

$$\frac{W_p/L_p}{W_n/L_n} = \frac{3\mu_n}{\mu_p} \tag{6.10}$$

예제 6-3

2-입력 NAND 게이트와 2-입력 NOR 게이트의 상승시간과 하강시간이 같아지도록 설계하라. 단, $L_n = L_p$이고, 전자와 정공의 이동도는 $\mu_n = 2.5\mu_p$로 가정하며, NOR 게이트의 nMOSFET 채널폭은 $W_{n,NR} = 0.2\,\mu\mathrm{m}$이다.

풀이

NAND 게이트의 nMOSFET와 pMOSFET의 채널폭을 각각 $W_{n,ND}$와 $W_{p,ND}$로 표기하고, NOR 게이트의 nMOSFET와 pMOSFET의 채널폭을 각각 $W_{n,NR}$과 $W_{p,NR}$로 표기한다. 또한, NAND 게이트와 NOR 게이트의 하강시간과 상승시간을 각각 $t_{f,ND}$, $t_{r,ND}$, $t_{f,NR}$, $t_{r,NR}$로 표기한다. 2-입력 NOR 게이트가 $t_{f,NR} = t_{r,NR}$을 만족하기 위해서는 식 (6.10)으로부터 다음의 관계가 성립해야 한다.

$$\frac{W_{p,NR}}{W_{n,NR}} = \frac{2\mu_n}{\mu_p} = 2 \times 2.5 = 5.0 \tag{1}$$

식 (1)에 $W_{n,NR} = 0.2\,\mu\mathrm{m}$을 대입하면, NOR 게이트의 pMOSFET 채널폭은 다음과 같다.

$$W_{p,NR} = 5.0 \times W_{n,NR} = 5.0 \times 0.2\,\mu\mathrm{m} = 1.0\,\mu\mathrm{m}$$

NAND 게이트와 NOR 게이트의 하강시간이 같아지도록($t_{f,ND} = t_{f,NR}$) 만들기 위해서는 식 (6.2)와 식 (6.7)로부터 NAND 게이트의 nMOSFET 채널폭은 다음과 같다.

$$W_{n,ND} = 2 \times W_{n,NR} = 2 \times 0.2\,\mu\mathrm{m} = 0.4\,\mu\mathrm{m}$$

NAND 게이트가 $t_{f,ND} = t_{r,ND}$를 만족하기 위해서 식 (6.5)로부터 다음의 관계가 얻어진다,

$$\frac{W_{p,ND}}{W_{n,ND}} = \frac{\mu_n}{2\mu_p} = \frac{2.5}{2} = 1.25 \tag{2}$$

따라서 NAND 게이트의 pMOSFET 채널폭은 다음과 같다.

$$W_{p,ND} = 1.25 \times W_{n,ND} = 1.25 \times 0.4\,\mu\mathrm{m} = 0.5\,\mu\mathrm{m}$$

2-입력 NAND 게이트와 2-입력 NOR 게이트가 동일한 상승시간과 하강시간을 갖기 위해서는 nMOSFET와 pMOSFET의 채널폭을 [표 6-1]과 같이 설계해야 한다.

[표 6-1] [예제 6-3]의 설계

채널폭	NAND 게이트	NOR 게이트
W_p	$0.5\,\mu\mathrm{m}$	$1.0\,\mu\mathrm{m}$
W_n	$0.4\,\mu\mathrm{m}$	$0.2\,\mu\mathrm{m}$
W_p / W_n	1.25	5.0

6.2.3 팬-인과 팬-아웃에 따른 논리 게이트의 스위칭 특성

6.2.2절에서 설명한 바와 같이, 논리 게이트의 스위칭 특성은 팬-인에 영향을 받는다. 팬-인은 논리 게이트의 입력 개수를 나타낸다. 예를 들어, 4-입력 NOR 게이트의 팬-인은 4이고, 2-입력 NAND 게이트의 팬-인은 2이다. 논리 게이트의 팬-인이 클수록 직렬로 연결되는 pMOSFET 또는 nMOSFET의 개수가 증가하고, 이는 출력노드를 충전 또는 방전시키는 경로의 등가저항을 증가시키므로, 논리 게이트의 상승 또는 하강시간이 증가한다. 앞 절에서 설명한 3-입력 NAND 게이트와 NOR 게이트의 스위칭 특성을 일반화하면, 논리 게이트의 팬-인이 커질수록, NAND 게이트는 하강시간이 증가하고 NOR 게이트는 상승시간이 증가한다. [그림 6-10]은 NAND 게이트의 팬-인에 따른 전달지연 특성의 예를 보인 것이다. 팬-인이 증가함에 따라 하강시간과 하강 전달지연(t_{pHL})이 2차 함수적으로 급격히 증가한다. 따라서 팬-인이 큰 게이트는 사용하지 않는 것이 좋다. 반면에 상승시간과 상승 전달지연(t_{pLH})은 선형적으로 증가한다.

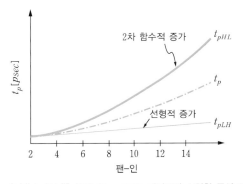

[그림 6-10] 팬-인에 따른 NAND 게이트의 스위칭 특성

팬-아웃$^{fan-out}$은 논리 게이트 출력에 의해 구동되는 다음 단 게이트의 수를 나타내며, 통상 최소 크기의 게이트가 앞 단에 미치는 부하효과를 팬-아웃 1로 정의한다. 팬-아웃이 증가함에 따라 부하 커패시턴스가 비례적으로 증가하므로, 게이트의 지연이 커진다.

[그림 6-11]은 CMOS 인버터, 2-입력 NAND 게이트, 2-입력 NOR 게이트의 팬-아웃에 따른 지연 특성을 보인 것으로, 모든 게이트가 동일한 전류 구동력을 갖는다고 가정하였다. [그림 6-11]에서 보는 바와 같이 게이트의 지연시간은 팬-아웃과 선형적인 관계로 근사시킬 수 있다. 동일한 팬-아웃에 대해 NOR 게이트의 지연시간이 더 큰데, 이는 트랜지스터의 채널폭이 모두 동일한 경우에 NOR 게이트의 상승시간이 다른 게이트보다 크기 때문이다. NOR 게이트는 pMOSFET가 직렬로 연결되어 있고, 정공의 이동도가 전자보다 느린 것에 기인한다. 따라서 NOR 게이트보다 NAND 게이트를 사용하는 것이 더 바람직하다.

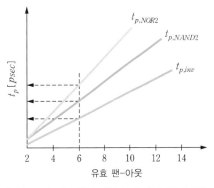

[그림 6-11] 팬-아웃에 따른 논리 게이트의 스위칭 특성

6.2.4 복합 논리 게이트의 스위칭 특성

복합 논리 게이트의 상승/하강시간은 출력노드에 존재하는 용량성 부하 C_L의 충전/방전 시간에 의해 결정되며, 충전/방전 경로에 존재하는 트랜지스터의 연결형태(직렬/병렬)와 용량성 부하 C_L에 영향을 받는다. 회로의 동작속도를 빠르게 만들기 위해서는 출력노드의 용량성 부하가 최소화되도록 구현해야 한다.

예를 들어, 부울식 $Y = \overline{(A + B \cdot C) \cdot (D + E) \cdot F}$의 CMOS 정적 회로는 [그림 6-12]와 같이 두 가지 형태로 구현될 수 있으며, 트랜지스터의 배치 형태가 출력노드의 커패시턴스에 영향을 미친다. [그림 6-12(a)]의 경우는 3개의 pMOSFET와 1개의 nMOSFET가 출력노드에 연결되어 있으며, 출력노드의 접합 커패시턴스는 $C_{DA} = 3C_{D,p} + C_{D,n}$이 된다. $C_{D,p}$와 $C_{D,n}$은 각각 pMOSFET와 nMOSFET의 드레인-기판(well) 접합 커패시턴스를 나타내며, pMOSFET는 채널폭이 동일하고, nMOSFET도 동일한 채널폭을 갖는다고 가정하였다. [그림 6-12(b)]의 경우에는 4개의 pMOSFET와 2개의 nMOSFET가 출력노드에 연결되어 있으며, $C_{DB} = 4C_{D,p} + 2C_{D,n}$의 접합 커패시턴스가 출력노드에 존재한다. 따라서 두 회로의 논리기능은 동일하지만 출력노드에 작은 기생 커패시턴스를 갖는 [그림 6-12(a)]의 회로가 동작속도 측면에서 유리하다.

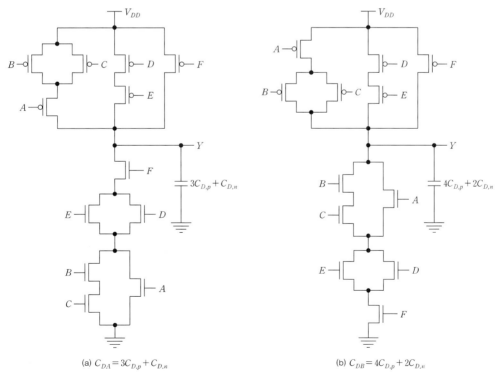

(a) $C_{DA} = 3C_{D,p} + C_{D,n}$ (b) $C_{DB} = 4C_{D,p} + 2C_{D,n}$

[그림 6-12] 트랜지스터 배치에 따른 출력노드의 접합 커패시턴스

[그림 6-12(a)]의 CMOS 정적 회로에 대해 PUN과 PDN의 최악 지연경로를 찾고, 최악 지연경로에 대해 $t_r = t_f$가 되도록 트랜지스터의 채널폭을 결정하라. 단, 최악 지연경로 내 트랜지스터는 채널폭이 동일하며, nMOSFET의 최소 채널폭은 $0.2\,\mu m$로 설계한다. 모든 트랜지스터의 채널길이는 동일하고, $\mu_n = 3\mu_p$로 가정한다.

풀이

PUN과 PDN의 도전경로는 [그림 6-13]과 같으며, 최악 지연경로는 직렬로 연결된 트랜지스터가 가장 많은 경로이다.

PUN에는 3개의 도전경로가 존재한다. 경로 ❸, ❹, ❺에는 2개의 pMOSFET가 직렬로 연결되어 있고, 경로 ❻에는 1개의 pMOSFET가 연결되어 있으므로, 경로 ❸, ❹, ❺ 중 하나가 상승시간에 대한 최악 지연경로이다. 편의상, 경로 ❸을 최악 지연경로라고 하면, 상승시간은 다음과 같이 표현된다.

$$t_r \simeq \frac{2m\,C_L}{k_p V_{DD}}\left(\frac{L_p}{W_p}\right) \tag{1}$$

PDN에는 2개의 도전경로가 존재한다. 경로 ❶에는 4개의 nMOSFET가 직렬로 연결되어 있고, 경로 ❷에는 3개의 nMOSFET가 직렬로 연결되어 있다. 따라서 경로 ❶이 하강시간에 대한 최악 지연경로이며, 하강시간은 다음과 같다.

$$t_f \simeq \frac{4m\,C_L}{k_n V_{DD}}\left(\frac{L_n}{W_n}\right) \tag{2}$$

최악 지연경로에 대해 $t_r = t_f$를 만족하기 위해서는 식 (1)과 식 (2)로부터 최악 지연경로 내의 pMOSFET($M_{p1} \sim M_{p5}$)와 nMOSFET(M_{n2}, M_{n3}, M_{n5}, M_{n6})의 채널폭 비를 다음과 같이 설계해야 한다.

$$\frac{W_p}{W_n} = \frac{\mu_n}{2\mu_p} = \frac{3}{2} = 1.5 \tag{3}$$

PDN의 경로 ❷에 포함된 nMOSFET M_{n1}의 채널폭을 $W_{n1} - 0.2\,\mu m$으로 결정하면, $M_{n2} \sim M_{n6}$의 채널폭은 $W_{n2 \sim n6} = 2 \times W_{n1} = 0.4\,\mu m$이다. 식 (3)으로부터 pMOSFET $M_{p1} \sim M_{p5}$의 채널폭은 $W_{p1 \sim p5} = 1.5 \times W_{n2} = 1.5 \times 0.4 = 0.6\,\mu m$이 된다. 한편, PUN의 경로 ❻에는 한 개의 pMOSFET만 존재하므로 M_{p6}의 채널폭은 $W_{p6} = W_{p1}/2 = 0.6/2 = 0.3\,\mu m$로 결정한다.

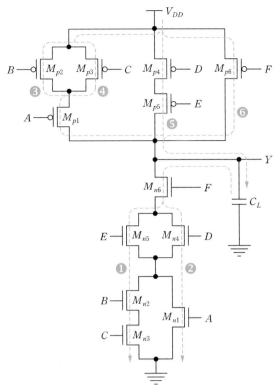

[그림 6-13] [예제 6-4]의 PUN과 PDN의 충전/방전 경로

CMOS 정적 논리회로의 스위칭 특성

- 논리 게이트의 스위칭 특성에 영향을 미치는 요인
  - 용량성 부하 C_L
  - 트랜지스터의 채널폭
  - 전원전압
  - PUN/PDN의 연결형태(직렬/병렬)
  - 캐리어의 이동도

- 논리 게이트의 팬-인이 클수록, NAND 게이트는 하강시간이 증가하고 NOR 게이트는 상승시간이 증가한다.
- 논리 게이트의 팬-아웃이 증가함에 따라 부하 커패시턴스가 비례적으로 증가하여 지연이 커진다.

6.3 논리회로의 지연모델링

논리회로의 지연시간을 추정하고, 최소 지연을 갖도록 설계하기 위해서는 논리 게이트와 회로의 지연을 정확하게 모델링해야 한다. 실계사가 개념적으로 회로 설계에 적용하기 위해서는 단순화된 지연모델이 필요하며, 논리적 에포트$^{logical\ effort}$와 전기적 에포트$^{electrical\ effort}$ 개념을 토대로 한 선형 지연모델은 간단한 필산을 통해 논리 게이트와 논리회로의 지연시간을 분석하고 예측할 수 있어 널리 사용되고 있다. 이 절에서 설명하는 선형 지연모델은 단순화를 위해 입력신호의 기울기가 논리 게이트의 지연에 미치는 영향, 입력신호들이 논리 게이트에 도달하는 시간 차이에 의한 영향, 게이트-소오스 커패시턴스와 밀러 효과에 의한 게이트-드레인 커패시턴스의 영향, 그리고 전원전압의 영향 등은 고려하지 않는다. 이 절에서는 논리적 에포트와 전기적 에포트 개념을 기반으로 한 선형 지연모델을 소개하고, 이를 이용한 논리 게이트 및 다단 논리회로의 지연시간 모델링을 설명한다.

6.3.1 논리 게이트의 지연시간 모델링

논리 게이트의 지연시간은 논리 게이트 자체의 고유지연, 용량성 부하, 논리 게이트 내부의 트랜지스터 연결형태(토폴로지), 반도체 제조공정 등에 의해 영향을 받는다. 용량성 부하가 클수록 논리 게이트의 지연시간이 커지는 현상은 당연한 사실이며, 논리기능의 복잡도가 지연시간에 영향을 미치는 현상도 쉽게 추론할 수 있다. 예를 들어, NAND 게이트의 PDN은 nMOSFET의 직렬연결로 구성되므로 트랜지스터 크기가 동일하다면 NAND 게이트가 인버터에 비해 큰 지연시간을 갖는다.

논리 게이트의 지연시간은 제조공정의 영향을 받으므로, 제조공정에 대해 독립적인 지연모델을 만들 필요가 있다. 이를 위해 논리 게이트의 지연시간 d_{abs}를 제조공정의 특성을 나타내는 지연 τ와, 제조공정에 무관하게 논리기능과 용량성 부하에 관련된 지연 d로 분리하여 식 (6.11)과 같이 모델링할 수 있다.

$$d_{abs} = \tau \cdot d \qquad (6.11)$$

τ는 기생효과가 없는 이상적인 인버터가 동일한 크기의 인버터를 구동하는 경우의 지연을 나타내며, 제조공정에 따라 수 ~ 수십 ps 범위의 값을 갖는다. 예를 들어, $0.18\mu m$ 공정에서 τ는 10 ~ 15 ps 정도의 값을 갖는다. 식 (6.11)로부터 $d = d_{abs}/\tau$는 논리 게이트의 지연시간 d_{abs}를 기본 인버터의 지연시간 τ로 정규화시킨^{normalized} 지연이며, 단위를 갖지 않는다. 정규화 지연 d는 식 (6.12)와 같이 두 가지 성분으로 분리하여 표현할 수 있다.

$$d = f + p \tag{6.12}$$

지연 p는 논리 게이트 자체의 내부 기생 커패시턴스에 의한 기생지연parasitic delay을 나타낸다. 지연 p는 트랜지스터의 크기나 부하 커패시턴스와 무관한 고정값을 가지며, 논리 게이트의 고유지연intrinsic delay이라고도 부른다. 지연 f는 논리 게이트 출력의 용량성 부하와 논리 게이트 내부의 트랜지스터 연결형태(토폴로지)가 지연에 미치는 영향을 나타내며, 에포트 지연effort delay 또는 스테이지 에포트stage effort라고 부른다. 에포트 지연 f는 식 (6.13)과 같이 논리적 에포트 g와 전기적 에포트 h의 곱으로 모델링된다.

$$f = g \cdot h \tag{6.13}$$

논리 게이트 내부의 PUN과 PDN에 트랜지스터가 직렬로 연결되면 전류 구동력이 떨어져 지연이 커지므로, PUN과 PDN의 트랜지스터 연결형태(토폴로지)가 지연시간에 미치는 영향을 논리적 에포트 g로 모델링한다. 논리적 에포트 g는 'CMOS 인버터를 기준으로 한 논리 게이트의 전류 구동력 요구량'으로 정의된다. 트랜지스터의 전류 구동력은 채널폭에 비례하고, 채널폭을 크게 만들어 전류 구동력을 높이면 입력 커패시턴스도 비례하여 커진다. 이와 같은 고찰을 토대로, 논리 게이트의 논리적 에포트 g를 식 (6.14)와 같이 정의한다.

$$g \equiv \frac{C_{i,gate}}{C_{i,inv}} \tag{6.14}$$

입력 커패시턴스가 $C_{i,inv}$인 기준 CMOS 인버터와 동일한 전류 구동력을 갖기 위해 요구되는 논리 게이트의 입력 커패시턴스를 $C_{i,gate}$라고 할 때, $C_{i,gate}$와 $C_{i,inv}$의 비ratio를 논리적 에포트 g로 정의한다. 논리 게이트 내부에 직렬로 연결된 트랜지스터가 많을수록 논리적 에포트 g가 큰 값을 가지며, g가 클수록 논리 게이트의 지연시간이 커진다. 따라서 논리적 에포트는 논리 게이트의 논리기능 복잡도가 지연시간에 미치는 영향을 나타낸다고 해석할 수 있으며, 부하 커패시턴스와 트랜지스터의 크기와는 무관한 특성을 갖는다. 전기적 에포트 h는 논리 게이트의 입력 커패시턴스 $C_{i,gate}$와 부하 커패시턴스 C_L의 비로 식 (6.15)와 같이 정의된다.

$$h \equiv \frac{C_L}{C_{i,gate}} \tag{6.15}$$

논리 게이트를 구성하는 트랜지스터의 채널폭이 클수록 전류 구동력이 커지며, 큰 $C_{i,gate}$를 갖는다. 부하 커패시턴스 C_L이 고정된 상태에서 $C_{i,gate}$가 클수록(전류 구동력이 클수록) 전기적 에포트 h가 작아져서 논리 게이트의 지연이 작아진다. 따라서 전기적 에포트 h를 유효 팬-아웃effective fan-out이라고도 부른다. 식 (6.13)을 식 (6.12)에 대입하면, 논리 게이트의 정규화 지연은 식 (6.16)과 같이 표현된다. 지금까지 설명한 선형 지연모델의 개념을 요약하면 [그림 6-14]와 같으며, 파라미터들의 의미는 [표 6-2]와 같다.

$$d = gh + p \qquad\qquad (6.16)$$

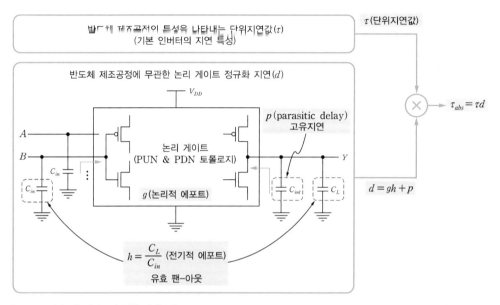

[그림 6-14] 논리 게이트의 선형 지연모델

[표 6-2] 논리 게이트의 선형 지연모델 파라미터의 의미

파라미터	의미	비고
논리 게이트 지연 $(\tau_{abs} = \tau \cdot d)$	반도체 제조공정의 특성, 논리기능, 용량성 부하가 고려된 논리 게이트의 지연	-
단위지연(τ)	반도체 제조공정의 특성에 의한 기본 인버터의 지연값	제조공정에 따른 상수값
논리적 에포트 $(g = C_{i,gate}/C_{i,inv})$	논리기능 복잡도를 반영한 지연이며, 트랜지스터 토폴로지의 영향을 나타냄	제조공정, 트랜지스터 크기, 부하 커패시턴스 크기와 무관
전기적 에포트 $(h = C_L/C_{i,gate})$	부하 커패시턴스를 반영한 지연이며, 유효 팬-아웃을 나타냄	트랜지스터 토폴로지와 무관
에포트 지연/스테이지 에포트 $(f = gh)$	반도체 제조공정에 무관한 논리 게이트 지연	단위를 갖지 않음
고유지연(p)	부하 커패시턴스가 0인 상태의 논리 게이트 고유지연	트랜지스터 크기 및 부하 커패시턴스 크기와 무관
정규화 지연$(d = gh + p)$	논리 게이트의 논리기능, 용량성 부하와 고유지연이 고려된 지연	제조공정의 특성과 무관

■ 논리적 에포트

[그림 6-15]는 기본 논리 게이트들의 논리적 에포트를 보이고 있다. 전자와 정공의 이동도 차이를 보상하기 위해 pMOSFET와 nMOSFET의 채널폭 비를 $\gamma = W_p / W_n = 2$로 가정하며, 그림에서 트랜지스터에 표기된 숫자는 채널폭(게이트 커패시턴스)의 상대적인 크기를 나타낸다. [그림 6-15(a)]의 기본 CMOS 인버터는 입력 커패시턴스가 $C_{i,inv} = 3$이고 논리적 에포트는 $g_{inv} = 1$이다. 한 인버터가 동일한 다른 인버터를 구동하는 경우의 전기적 에포트는 $h = 1$이므로, 인버터의 에포트 지연은 $f = 1$이다.

[그림 6-15(b)]의 2-입력 NAND 게이트는 PDN이 직렬로 연결된 두 개의 nMOSFET로 구성되므로, PDN이 기본 인버터와 동일한 전류 구동력을 갖기 위해서는 nMOSFET의 채널폭이 기본 인버터의 2배가 되어야 한다. 따라서 2-입력 NAND 게이트의 입력 커패시턴스는 $C_{i,nand2} = 4$가 되고, 논리적 에포트는 $g_{nand2} = C_{i,nand2} / C_{i,inv} = 4/3$가 된다. [그림 6-15(c)]의 2-입력 NOR 게이트는 PUN이 직렬로 연결된 두 개의 pMOSFET로 구성되므로, 인버터와 동일한 전류 구동력을 갖기 위해서는 pMOSFET의 채널폭이 인버터의 2배가 되어야 한다. 따라서 2-입력 NOR 게이트의 입력 커패시턴스는 $C_{i,nor2} = 5$이고, 논리적 에포트는 $g_{nor2} = C_{i,nor2} / C_{i,inv} = 5/3$가 된다.

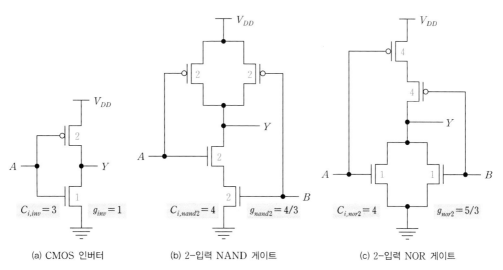

(a) CMOS 인버터　　　(b) 2-입력 NAND 게이트　　　(c) 2-입력 NOR 게이트

[그림 6-15] **기본 논리 게이트의 논리적 에포트**

예제　**6-5**

n-입력 NAND 게이트와 n-입력 NOR 게이트의 논리적 에포트를 구하라. 단, pMOSFET와 nMOSFET의 채널폭 비는 $\gamma = W_p / W_n = 2$로 가정한다.

풀이

[그림 6-16(a)]는 3-입력 NAND 게이트의 CMOS 회로도이며, 채널폭(게이트 커패시턴스)의 상대적인 크기를 표시하였다. PDN은 3개의 nMOSFET가 직렬로 연결되므로, PDN이 기본 인버터와 동일한 전류 구동력을 갖기 위해서는 nMOSFET의 채널폭이 기본 인버터의 3배가 되어야 한다. 따라서 3-입력 NAND 게이트의 입력 커패시턴스는 $C_{i,nand3}=5$가 되므로, 논리적 에포트는 $g_{nand3}=5/3$가 된다. 마찬가지로, 4-입력 NAND 게이트의 PDN은 4개의 nMOSFET가 직렬로 연결되므로 $C_{i,nand4}=6$이 되고, 논리적 에포트는 $g_{nand4}=6/3$이 된다. 동일한 원리에 의해, n-입력 NAND게이트의 PDN은 n개의 nMOSFET가 직렬로 연결되므로 $C_{i,nandn}=n+2$가 되고, 논리적 에포트는 $g_{nandn}=(n+2)/3$가 된다.

[그림 6-16(b)]는 3-입력 NOR 게이트의 CMOS 회로도이다. PUN은 3개의 pMOSFET가 직렬로 연결되므로, 기본 인버터와 동일한 전류 구동력을 갖기 위해서는 pMOSFET의 채널폭이 기본 인버터의 3배가 되어야 한다. 따라서 3-입력 NOR 게이트의 입력 커패시턴스는 $C_{i,nor3}=7$이 되고, 논리적 에포트는 $g_{nor3}=7/3$이 된다. 4-입력 NOR 게이트의 PUN은 4개의 pMOSFET가 직렬로 연결되므로 $C_{i,nor4}=9$가 되고, 논리적 에포트는 $g_{nor4}=9/3$가 된다. 동일한 원리에 의해, n-입력 NOR 게이트의 PUN은 n개의 pMOSFET가 직렬로 연결되므로 $C_{i,norn}=2n+1$이고, 논리적 에포트는 $g_{norn}=(2n+1)/3$이 된다.

앞의 결과로부터, 논리 게이트의 팬-인이 클수록 논리적 에포트가 커지기 때문에 논리 게이트의 지연이 커짐을 알 수 있다. 또한, NAND 게이트에 비해 NOR 게이트의 논리적 에포트가 큰 값을 가지므로 지연이 크다는 사실도 알 수 있다.

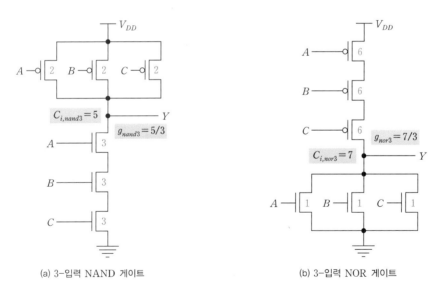

(a) 3-입력 NAND 게이트 (b) 3-입력 NOR 게이트

[그림 6-16] [예제 6-5]의 3-입력 NAND 및 NOR 게이트의 논리적 에포트

부울식 $Y = \overline{A + BC}$ 를 CMOS 회로로 구현하고, 논리적 에포트를 구하라. 단, pMOSFET와 nMOSFET의 채널폭 비는 $\gamma = W_p / W_n = 2$로 가정한다.

풀이

주어진 부울식을 CMOS 회로로 구현하면 [그림 6-17]과 같으며, 트랜지스터 채널폭의 상대적인 크기를 회로도에 표시하였다. PDN의 경로 중에서 두 개의 nMOSFET가 직렬로 연결된 경로의 nMOSFET는 기본 인버터에 비해 2배의 채널폭을 갖는다. PUN의 경로에는 출력 Y에서 V_{DD}까지 두 개의 pMOSFET가 직렬로 연결되므로, pMOSFET의 채널폭은 기본 인버터의 2배가 된다. [그림 6-17]로부터, 입력 A, B, C에 대한 입력 커패시턴스는 각각 $C_{i,A} = 5$, $C_{i,B} = C_{i,C} = 6$이 된다. 따라서 각 입력에 대한 논리적 에포트는 다음과 같으며, 임의의 부울식을 구현하는 CMOS 회로는 입력에 따라 논리적 에포트 값이 달라질 수 있다.

$$g_A = 5/3, \ g_B = g_C = 6/3$$

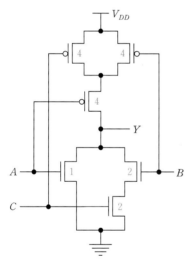

[그림 6-17] [예제 6-6] 부울식의 CMOS 회로

■ 고유지연

논리 게이트의 기생지연 p는 출력단의 부하 커패시턴스가 0인 상태에서의 논리 게이트 자체의 고유지연을 나타낸다. 기생지연 p는 출력노드에 연결된 트랜지스터의 드레인-기판 접합 커패시턴스와 도통된 트랜지스터의 저항값에 의해 결정되며, 제조공정과 레이아웃 형태에 영향을 받는다. 고유지연에 대한 모델링을 단순화하기 위해 트랜지스터의 소오스/드레인 접합 커패시턴스가 채널폭에 비례한다고 가정한다.

먼저 CMOS 인버터의 고유지연에 대해 알아보자. [그림 6-18]로부터 $\gamma = W_p/W_n$인 CMOS 인버터의 출력노드 접합 커패시턴스는 $C_{int} = (1+\gamma)C_d$이고, 입력 커패시턴스는 $C_{in} = (1+\gamma)C_g$이다. 여기서 C_g와 C_d는 단위채널폭을 갖는 트랜지스터의 게이트 커패시턴스와 드레인 접합 커패시턴스를 나타내며, 제조공정과 레이아웃 형태에 의한 특성을 반영한다. 4.2.2절의 식 (4.18)로부터 CMOS 인버터의 고유지연은 다음과 같이 표현된다.

$$t_{pd0} = kR_{eq}C_{in}\left(\frac{C_{int}}{C_{in}}\right) = \tau\left(\frac{C_{int}}{C_{in}}\right) \qquad (6.17)$$

식 (6.12)에서 고유지연 p는 τ로 정규화된 지연이므로, 식 (6.17)로부터 CMOS 인버터의 고유지연 p_{inv}를 다음과 같이 정의할 수 있다.

$$p_{inv} = \frac{C_{int}}{C_{in}} = \frac{(1+\gamma)C_d}{(1+\gamma)C_g} = \frac{C_d}{C_g} \qquad (6.18)$$

C_g와 C_d는 제조공정과 레이아웃 형태에 의해 결정되는 상수값이며, CMOS 인버터의 명목상 기준값$^{nominal\ value}$을 $p_{inv} = 1$로 정의한다.

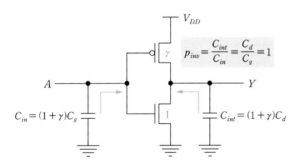

[그림 6-18] CMOS 인버터의 고유지연모델링

CMOS 인버터의 고유지연 p_{inv}를 이용하여 논리 게이트의 고유지연을 모델링할 수 있다. 논리 게이트의 고유지연 p_{gate}는 출력노드에 연결된 트랜지스터의 접합 커패시턴스에 비례하며, 트랜지스터의 소오스/드레인 접합 커패시턴스가 채널폭에 비례한다는 가정을 적용하면 식 (6.19)와 같이 모델링된다.

$$p_{gate} = \left(\frac{\sum w_d}{1+\gamma}\right) \times p_{inv} \qquad (6.19)$$

식 (6.19)에서 $\sum w_d$는 출력노드에 연결된 트랜지스터 채널폭의 합을 나타내며, 논리 게이트의 트랜지스터 레이아웃 형태가 인버터와 동일하다는 가정과 함께 밀러효과에 의한 게이트-드레인 커패시턴스 성분은 무시하였다. 실제의 경우에 고유지연은 직렬로 연결된 트랜지스터 수에 대해 2차 함수적으로 증가하는 특성을 가지며, 식 (6.19)는 실제 회로의 특성을 완전히 반영하지 못하는 한계를 갖는다. 고유지연은 트랜지스터 크기와 무관한 고정된 값을 가지므로, 레이아웃에서 추출된 데이터와 시뮬레이션으로 추정된 값을 적용하는 것이 바람직하다.

예제 6-7

2-입력 및 3-입력 NAND 게이트와 NOR 게이트의 고유지연을 구하고, n-입력의 경우로 일반화시킨 수식을 구하라. 단, $\gamma = W_p / W_n = 2$로 가정한다.

풀이

2-입력 NAND 게이트의 출력노드에는 채널폭이 2인 nMOSFET 1개와 채널폭이 2인 pMOSFET 2개가 연결되므로, $p_{nand2} = 6/3 = 2$가 된다. 동일한 원리에 의해, 3-입력 NAND 게이트의 출력노드에는 채널폭이 3인 nMOSFET 1개와 채널폭이 2인 pMOSFET 3개가 연결되므로, $p_{nand3} = 9/3 = 3$이 된다. 이를 일반화시키면, n-입력 NAND 게이트의 고유지연은 $p_{nandn} = n \times p_{inv}$가 된다.

2-입력 NOR 게이트의 출력노드에는 채널폭이 1인 nMOSFET 2개와 채널폭이 4인 pMOSFET 1개가 연결되므로, $p_{nor2} = 6/3 = 2$가 된다. 동일한 원리에 의해, 3-입력 NOR 게이트의 출력노드에는 채널폭이 1인 nMOSFET 3개와 채널폭이 6인 pMOSFET 1개가 연결되므로, $p_{nor3} = 9/3 = 3$이 된다. 이를 일반화시키면, n-입력 NOR 게이트의 고유지연은 $p_{norn} = n \times p_{inv}$가 된다.

■ 전기적 에포트

[그림 6-19]는 전기적 에포트 $h = C_L / C_{in}$에 따른 기본 논리 게이트들의 지연을 보인 것으로, 앞에서 설명한 논리적 에포트와 고유지연을 식 (6.16)에 적용하여 그래프로 나타낸 것이다. 기본 CMOS 인버터는 고유지연 $p_{inv} = 1$이고 논리적 에포트 $g_{inv} = 1$이므로, 전기적 에포트 h에 대해 기울기가 1인 직선이 된다. 2-입력 NAND 게이트는 고유지연 $p_{nand2} = 2$이고 논리적 에포트 $g_{nand2} = 4/3$이므로, 전기적 에포트 h에 대해 기울기가 4/3인 직선이 된다. 2-입력 NOR 게이트는 고유지연 $p_{nor2} = 2$이고 논리적 에포트 $g_{nor2} = 5/3$이므로, 전기적 에포트 h에 대해 기울기가 5/3인 직선이 된다.

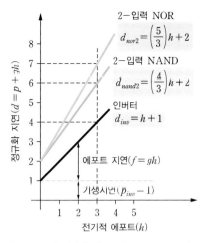

[그림 6-19] **전기적 에포트에 따른 게이트 지연**

[그림 6-19]에서 볼 수 있듯이, 동일한 전기적 에포트(유효 팬-아웃)에 대해 NAND 게이트보다 NOR 게이트의 지연이 더 크다는 것을 알 수 있다. [예제 6-5]로부터 n-입력 NAND 게이트와 NOR 게이트의 논리적 에포트는 각각 $g_{nandn} = (n+2)/3$와 $g_{norn} = (2n+1)/3$이므로, n이 클수록 그래프의 기울기 차이가 커져서 NOR 게이트의 지연이 훨씬 커진다. 따라서 팬-인 n이 큰 경우에는 NOR 게이트 대신에 NAND 게이트를 사용하는 것이 바람직하다.

예제 6-8

[그림 6-20]과 같이 CMOS 인버터 inv1이 동일한 인버터 10개를 구동하는 경우의 지연시간을 구하라. 단, 제조공정에 의한 단위지연시간은 $\tau = 5\,\mathrm{ps}$이다.

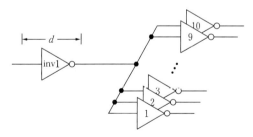

[그림 6-20] [예제 6-8]의 회로

풀이

인버터의 논리적 에포트는 $g = 1$이고, 고유지연은 $p = 1$이다. inv1이 동일한 인버터 10개를 구동하므로, 전기적 에포트는 $h = 10$이다. 따라서 inv1의 정규화된 지연은 다음과 같다.

$$d_{inv1} = p + gh = 1 + 10 = 11$$

$\tau = 5\,\mathrm{ps}$ 이므로 식 (6.11)에 의해 inv1의 지연시간은 다음과 같이 계산된다.

$$d_{abs} = \tau \times d_{inv1} = (5 \times 11)\,\mathrm{ps} = 55\,\mathrm{ps}$$

6.3.2 다단 논리회로의 지연모델링

6.3.1절에서는 논리적 에포트와 전기적 에포트 개념을 이용한 단일 논리 게이트의 지연 모델을 설명하였다. 이 개념을 확장하여 다단 논리회로에 적용하면, 최소의 지연을 갖는 논리회로 설계에 적용할 수 있다. 예를 들어, 8-입력 AND 게이트를 구현하는 경우에 [그림 6-21]의 세 가지 중 지연이 가장 작은 회로는 어느 것일까? [그림 6-21(a)]의 회로는 8-입력 NAND 게이트(팬-인 = 8)와 인버터로 구성되는 2단 논리회로이다. 6.3.1절에서 설명했듯이, NAND 게이트의 팬-인이 크면, 논리적 에포트가 커져서 지연이 커진다. [그림 6-21(c)]의 회로는 2-입력 NAND 게이트(팬-인 = 2)와 2-입력 NOR 게이트로 구성되는 4단 논리회로이며, 논리 게이트 스테이지 수(이를 논리깊이$^{\text{logic depth}}$라고 함)가 클수록 전체 지연이 커지게 된다. 즉 정성적인 분석만으로는 지연이 가장 작은 회로를 추정하기가 쉽지 않다.

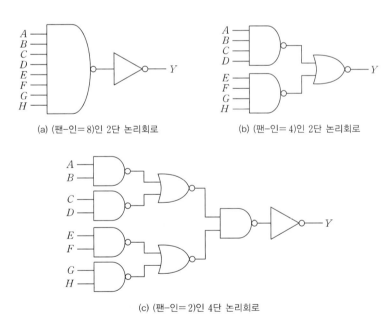

(a) (팬-인 = 8)인 2단 논리회로 (b) (팬-인 = 4)인 2단 논리회로

(c) (팬-인 = 2)인 4단 논리회로

[그림 6-21] **8-입력 AND 게이트의 구현 예**

[그림 6-21]의 예와 같이 단순한 회로의 경우에는 시뮬레이션으로 지연 특성을 분석하여 올바른 선택을 할 수 있을 것이다. 그러나 보다 복잡하고 일반적인 회로에 대해서는 시뮬레이션 결과로부터 최적의 토폴로지와 논리깊이를 결정하는 것은 많은 시간과 노력이 필요하며, 현실적으로 적용이 쉽지 않다. 그러나 논리적 에포트와 전기석 에쏘트 개념을 다단 논리회로에 확대하여 적용하면, 간단한 필산으로 회로 토폴로지에 따른 지연시간을 비교적 정확하게 추정할 수 있으며, 최적의 토폴로지와 논리깊이를 선택할 수 있다.

[그림 6-22]와 같은 다단 논리회로의 지연모델링에 대해 알아보자. 논리 게이트가 다단으로 연결된 경우에 신호가 통과하는 경로의 논리적 에포트를 경로 논리적 에포트[path logical effort]라고 하며, 식 (6.20)과 같이 정의된다. 경로 논리적 에포트는 신호경로를 구성하는 각 논리 게이트(단)의 논리적 에포트의 곱으로 주어진다. 식 (6.20)에서 아래첨자 i 는 i-번째 단을 나타낸다.

$$G = \Pi\, g_i \qquad\qquad (6.20)$$

신호가 통과하는 경로의 전기적 에포트를 경로 전기적 에포트[path electrical effort]라고 하며, 식 (6.21)과 같이 정의된다. 식 (6.21)에서 C_{in} 과 C_L 은 각각 신호경로의 입력과 부하 커패시턴스를 나타낸다.

$$H = \frac{C_L}{C_{in}} \qquad\qquad (6.21)$$

[그림 6-22]에서 보는 것과 같이 다단 논리회로의 신호경로에 분기[branch]가 존재하면 구동전류 중 일부가 분기 경로로 빠져나가므로, 신호경로의 동작속도에 영향을 미치게 된다. 대부분의 디지털 회로에서 이와 같은 경우가 존재하므로, 다단 논리회로의 지연모델에서 이를 고려해야 한다. 신호경로에 분기가 존재하는 경우를 다단 논리회로의 내부 팬-아웃이라고 하며, 이를 위해 분기 에포트[branching effort] 개념을 사용한다. 각 논리 게이트의 출력에서 분기 에포트 b는 다음과 같이 정의된다.

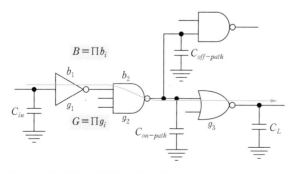

[그림 6-22] 다단 논리회로의 지연모델링

$$b = \frac{C_{on-path} + C_{off-path}}{C_{on-path}} = \frac{C_{total}}{C_{useful}} \tag{6.22}$$

[그림 6-22]에서 보는 바와 같이 $C_{on-path}$는 신호경로에 있는 논리 게이트의 입력 커패시턴스이고, $C_{off-path}$는 분기 경로에 있는 논리 게이트의 입력 커패시턴스를 나타낸다. 전체 신호경로에 대한 분기 에포트를 경로 분기 에포트[path branching effort]라고 하며, 식 (6.23)과 같이 각 논리 게이트가 갖는 분기 에포트의 곱으로 정의된다. 식 (6.22)로부터 $b_i \geq 1$이므로 $B \geq 1$이며, 단일 경로만 존재하는 경우에는 $C_{off-path} = 0$이므로 $B = 1$ 이다.

$$B = \Pi\, b_i \tag{6.23}$$

단일 논리 게이트에 대한 스테이지 에포트(에포트 지연)를 $f = gh$로 정의한 것과 유사하게 다단 논리회로의 신호경로에 대한 경로 에포트[path effort] F를 다음과 같이 정의한다.

$$F = GBH \tag{6.24}$$

식 (6.24)로 표현되는 경로 에포트는 다단 논리회로를 구성하는 논리 게이트의 트랜지스터 크기와는 무관하며, 단지 회로의 토폴로지와 부하 커패시턴스의 영향을 받는다. 인버터의 논리적 에포트는 1이므로, 다단 회로에 인버터를 삽입하거나 제거해도 경로 에포트는 영향을 받지 않는다.

경로지연[path delay]은 신호경로를 구성하는 각 논리 게이트(단) 지연의 합으로 주어지며, 경로 에포트 지연[path effort delay] D_F와 경로 고유지연[path parasitic delay] P의 합으로 식 (6.25)와 같이 표현된다. 경로 에포트 지연 D_F와 경로 고유지연 P는 각각 식 (6.26)과 식 (6.27) 로 정의된다.

$$D = \sum d_i = D_F + P \tag{6.25}$$

$$D_F = \sum g_i h_i \tag{6.26}$$

$$P = \sum p_i \tag{6.27}$$

N-단으로 구성되는 신호경로가 최소 지연을 갖기 위해서는 각 단이 동일한 스테이지 에포트 f를 가져야 한다(이에 대한 증명은 참고문헌[1]을 참조한다). 따라서 각 단의 스테이지

---

1 참고문헌 : Ivan E.Sutherland, Bob F.Sporoll, David L.Harris, Logical Effort : Designing Fast CMOS Circuits, Morgan Kaufmann Publishers, Inc., 1998.

에포트가 식 (6.28)을 만족하는 경우에 N-단 신호경로가 최소 지연을 갖는다. 수식에서 최소 지연을 갖는 경우를 구분하기 위해 기호 ∧를 사용한다.

$$\hat{f} = g_i h_i = \sqrt[N]{F} \tag{6.28}$$

식 (6.28)을 식 (6.26)에 대입하고 식 (6.25)과 결합하면, N-단 논리회로의 최소 지연은 식 (6.29)와 같이 표현된다. 식 (6.29)에 $N = 1$을 대입하면, 단일 논리 게이트의 지연을 나타내는 식 (6.16)이 됨을 알 수 있다.

$$\hat{D} = N \sqrt[N]{F} + P \tag{6.29}$$

식 (6.28)로부터, N-단 논리회로가 식 (6.29)의 최소 지연을 갖기 위해서는 각 단의 전기적 에포트가 식 (6.30)을 만족하도록 설계해야 한다. $C_{in,i}$와 $C_{out,i}$는 각 논리 게이트의 입력 커패시턴스와 부하 커패시턴스를 나타낸다.

$$\hat{h}_i = \frac{C_{out,i}}{C_{in,i}} = \frac{\hat{f}}{g_i} = \frac{\sqrt[N]{F}}{g_i} \tag{6.30}$$

식 (6.28)과 식 (6.30)으로부터, N-단 논리회로가 최소 지연을 갖기 위해 요구되는 각 단의 커패시턴스 변환 관계를 식 (6.31)과 같이 표현할 수 있다. 각 단의 논리 게이트를 구성하는 트랜지스터의 크기는 해당 논리 게이트의 입력 커패시턴스 $C_{in,i}$에 의해 결정되므로, 신호경로의 끝에서부터 역방향으로 식 (6.31)을 적용하면, i-번째 단 논리 게이트의 트랜지스터 크기를 결정할 수 있다.

$$C_{in,i} = \frac{g_i C_{out,i}}{\hat{f}} \tag{6.31}$$

지금까지 설명한 논리적 에포트, 경로 전기적 에포트, 분기 에포트의 개념을 적용한 선형 지연모델은 간단한 필산을 통해 다단 논리회로의 최소 지연에 대한 예측과 최소 지연을 위한 트랜지스터 크기 결정에 매우 유용하게 적용할 수 있다. 6.3.1절과 6.3.2절에서 설명된 선형 지연모델의 파라미터와 관련 수식을 요약하면 [표 6-3]과 같다.

[표 6-3] 논리적 에포트 기반 선형 지연모델의 파라미터 관련 수식

구분	논리 게이트 지연모델	경로 지연모델
스테이지 수	1	N
논리적 에포트	g	$G = \Pi g_i$
전기적 에포트	$h = \dfrac{C_{out}}{C_{in}}$	$H = \dfrac{C_{L-path}}{C_{in-path}}$
분기 에포트	–	$B = \Pi b_i$
스테이지/경로 에포트	$f = gh$	$F = GBH$
에포트 지연	$f = gh$	$D_F = \sum g_i h_i$
고유지연	p	$P = \sum p_i$
스테이지/경로 지연	$d = gh + p$	$D = D_F + P$

예제 6-9

[그림 6-23]의 3단 NOR 게이트 회로에서 (a) 신호경로 $A-B$의 최소 지연을 구하고, (b) 최소 지연을 위한 각 NOR 게이트의 트랜지스터 크기를 결정하라. 단, NOR 게이트 $NR1$의 입력 커패시턴스와 NOR 게이트 $NR3$의 부하 커패시턴스 C_L은 동일하게 C_1이다.

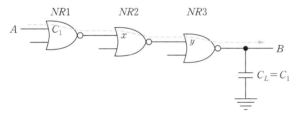

[그림 6-23] [예제 6-9]의 회로

풀이

(a) 신호경로 A–B의 최소 지연은 다음과 같이 계산된다.

- 경로 논리적 에포트 : $G = g_1 g_2 g_3 = \left(\dfrac{5}{3}\right)^3$

- 분기 에포트 : 신호경로에 분기가 없으므로, $B = 1$

- 경로 전기적 에포트 : $H = \dfrac{C_L}{C_1} = 1$

- 경로 에포트 : $F = GBH = \left(\dfrac{5}{3}\right)^3 \times 1 \times 1 = \left(\dfrac{5}{3}\right)^3$

- 2–입력 NOR 게이트의 고유지연은 $p_{nor2} = 2p_{inv}$이고 $p_{inv} = 1$이므로, 경로 고유지연은 다음과 같다.

$$P = \sum p_i = 3 \times 2p_{inv} = 6$$

- 신호경로가 가질 수 있는 최소 지연 : $\hat{D} = N\sqrt[N]{F} + P = 3 \times \sqrt[3]{(5/3)^3} + 6 = 11.0$

(b) 신호경로가 최소 지연을 갖기 위해 요구되는 각 NOR 게이트의 크기는 다음과 같이 계산된다.

- 최소 지연을 갖기 위한 스테이지 에포트 : $\hat{f} = \sqrt[N]{F} = \sqrt[3]{(5/3)^3} = 5/3$
- 식 (6.31)을 적용하여 $NR3$에서부터 각 NOR 게이트의 입력 커패시턴스를 구하면 다음과 같다.

$$y = \frac{5/3}{5/3} \times C_1 = C_1$$

$$x = \frac{5/3}{5/3} \times y = y = C_1$$

신호경로가 최소 지연을 갖기 위해서는 NOR 게이트의 입력 커패시턴스가 모두 동일하게 C_1이 되어야 하므로, 트랜지스터의 크기를 모두 동일하게 설계해야 한다. 세 개의 NOR 게이트가 모두 동일한 부하 커패시턴스와 동일한 논리적 에포트를 가지므로, 트랜지스터의 크기가 모두 같아야 하는 것은 당연한 결과이다.

예제 6-10

[예제 6-9]에 사용된 [그림 6-23]의 회로에서 NOR 게이트 $NR3$의 부하 커패시턴스가 $C_L = 8C_1$인 경우에 대해 (a) 신호경로 A-B의 최소 지연을 구하고, (b) 최소 지연을 위해 요구되는 각 NOR 게이트의 트랜지스터 크기를 결정하라.

풀이

(a) 신호경로 A-B의 최소 지연은 다음과 같이 계산된다.
- 논리적 에포트와 분기 에포트는 [예제 6-9]와 동일하다.

$$G = g_1 g_2 g_3 = \left(\frac{5}{3}\right)^3$$

$$B = 1$$

- 경로 전기적 에포트 : $H = \dfrac{C_L}{C_1} = \dfrac{8C_1}{C_1} = 8$

- 경로 에포트 : $F = GBH = \left(\dfrac{5}{3}\right)^3 \times 1 \times 8 = \left(\dfrac{10}{3}\right)^3$

- 경로 고유지연 : [예제 6-9]와 동일하므로, $P = \sum p_i = 3 \times 2p_{inv} = 6$

- 신호경로의 최소 지연 : $\hat{D} = N\sqrt[N]{F} + P = 3 \times \sqrt[3]{(10/3)^3} + 6 = 16.0$

[예제 6-9]에 비해 전기적 에포트가 8배 증가했으나 신호경로의 최소 지연은 45% 증가한다.

(b) 신호경로가 최소 지연을 갖기 위해 요구되는 각 NOR 게이트의 크기는 다음과 같이 계산된다.

- 최소 지연을 갖기 위한 스테이지 에포트 : $\hat{f} = \sqrt[N]{F} = \sqrt[3]{(10/3)^3} = \dfrac{10}{3}$

- 식 (6.31)을 적용하여 $NR3$에서부터 각 NOR 게이트의 입력 커패시턴스를 구하면 다음과 같다.

$$y = \frac{5/3}{10/3} \times 8C_1 = 4C_1$$

$$x = \frac{5/3}{10/3} \times y = \frac{y}{2} = 2C_1$$

각 NOR 게이트는 앞단 NOR 게이트의 입력 커패시턴스보다 2배씩 커야하므로, NOR 게이트를 구성하는 트랜지스터의 채널폭을 2배씩 증가시켜 설계해야 한다. 큰 부하 커패시턴스를 구동하기 위해 부하쪽 NOR 게이트의 채널폭을 가장 크게 만들어 전류 구동력이 커지도록 하는 것은 당연한 결과이다.

예제 6-11

[그림 6-24]와 같이 다단 논리회로의 신호경로에 내부 팬-아웃(분기)이 존재하는 경우에 (a) 신호경로 A-B의 최소 지연을 구하고, (b) 최소 지연을 위해 요구되는 각 논리 게이트의 트랜지스터 크기를 결정하라.

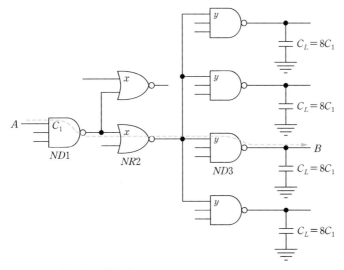

[그림 6-24] **[예제 6-11]의 회로**

풀이

(a) 신호경로 A-B의 최소 지연은 다음과 같이 계산된다.

- 논리적 에포트 : $G = g_1 g_2 g_3 = \dfrac{5}{3} \times \dfrac{5}{3} \times \dfrac{5}{3} = \left(\dfrac{5}{3}\right)^3$

- 분기 에포트 : $ND1$과 $NR2$의 출력에 분기가 존재하므로, 분기 에포트는 다음과 같이 계산된다.

$$ND1\text{의 분기 에포트} : b_1 = \dfrac{x+x}{x} = 2$$

$$NR2\text{의 분기 에포트} : b_2 = \dfrac{y+y+y+y}{y} = 4$$

따라서 신호경로 A, B에 대한 경로 분기 에포트는 $B = b_1 b_2 = 2 \times 4 = 8$이다.

- 경로 전기적 에포트 : $H = \dfrac{C_L}{C_1} = \dfrac{8C_1}{C_1} = 8$

- 경로 에포트 : $F = GBH = \left(\dfrac{5}{3}\right)^3 \times 8 \times 8 = \left(\dfrac{20}{3}\right)^3$

- 경로 고유지연 : $P = \sum p_i = 3 + 2 + 3 = 8$

- 신호경로가 가질 수 있는 최소 지연 : $\hat{D} = N\sqrt[N]{F} + P = 3 \times \sqrt[3]{(20/3)^3} + 8 = 28.0$

(b) 신호경로가 최소 지연을 갖기 위해 요구되는 각 논리 게이트의 크기는 다음과 같이 계산된다.

- 최소 지연을 갖기 위한 스테이지 에포트 : $\hat{f} = \sqrt[N]{F} = \sqrt[3]{(20/3)^3} = \dfrac{20}{3}$

- 식 (6.31)을 적용하여 $ND3$에서부터 각 논리 게이트의 입력 커패시턴스를 구하면 다음과 같다.

$$y = \dfrac{5/3}{20/3} \times 8C_1 = 2C_1$$

$$x = \dfrac{5/3}{20/3} \times 4y = y = 2C_1$$

핵심포인트 **논리 게이트와 다단 논리회로의 지연모델링**

- 논리 게이트의 지연시간은 자체의 고유지연, 부하 커패시턴스, 논리기능 복잡도(논리 게이트 내부의 트랜지스터 연결형태), 반도체 제조공정의 특성에 영향 받는다.
  - 논리적 에포트($g = C_{i,gate} / C_{i,inv}$) : 논리기능 복잡도를 반영한 트랜지스터 연결형태의 영향
  - 전기적 에포트($h = C_L / C_{i,gate}$) : 부하 커패시턴스를 반영한 유효 팬−아웃
  - 고유지연(p) : 부하 커패시턴스가 0인 상태의 논리 게이트 고유지연
  - 에포트 지연($f = gh$) : 반도체 제조공정에 무관한 논리 게이트 지연
  - 정규화 지연($d = gh + p$) : 논리 게이트의 논리기능, 용량성 부하와 고유지연이 고려된 지연
- 동일한 전기적 에포트(유효 팬−아웃)에 대해 NAND 게이트보다 NOR 게이트의 지연이 더 크므로, 팬−인이 큰 경우에는 NOR 게이트 대신에 NAND 게이트를 사용하는 것이 바람직하다.

- 다단 논리회로의 지연시간은 경로 논리적 에포트, 경로 전기적 에포트, 경로 고유지연, 경로 분기 에포트를 이용하여 모델링한다.
  - 경로 논리적 에포트 : 다단 논리회로에서 신호가 통과하는 경로의 논리적 에포트이며, 각 논리 게이트의 논리적 에포트의 곱으로 주어진다.
  - 경로 전기적 에포트 : 신호가 통과하는 경로의 전기적 에포트이며, 신호경로의 입력 커패시턴스와 부하 커패시턴스의 비(C_L/C_{in})로 주어진다.
  - 경로 분기 에포트: 신호경로에 분기가 존재하는 경우에 각 논리 게이트의 분기 에포트의 곱으로 주어진다.
- N-단 논리회로에서 각 단의 스테이지 에포트가 $\hat{f} = g_i h_i = \sqrt[N]{F}$을 만족하면, N-단 신호경로가 최소 지연을 갖는다.
  - 신호경로의 끝에서부터 역방향으로 $C_{in,i} = (g_i C_{out,i})/\hat{f}$을 적용하여 최소 지연을 위한 각 논리 게이트의 트랜지스터 크기를 결정할 수 있다.

6.4 비율 논리회로

6.1절에서 설명한 CMOS 정적 회로는 증가형 pMOSFET로 구성되는 PUN과 증가형 nMOSFET로 구성되는 PDN가 서로 보완되는 상보형 구조를 가지며, $V_{OH} = V_{DD}$이고 $V_{OL} = 0V$인 무비율 논리회로이다. m-입력을 갖는 논리 게이트 또는 부울식을 CMOS 정적 회로로 구현하기 위해서는 $2m$개의 트랜지스터가 필요하며, 이상적인 경우의 정적 전력소모가 0이므로 저전력 회로에 적합하다는 장점을 갖는다. 이 절에서는 또 다른 형태의 정적 회로인 비율 논리회로$^{ratioed\ logic}$에 대해 알아본다. 비율 논리회로는 4.3절에서 설명한 nMOS 및 pseudo nMOS 인버터의 확장 형태로, 그와 유사한 특성을 갖는다.

비율 논리회로의 기본 구조는 [그림 6-25]와 같다. 부하소자로는 게이트가 소오스로 연결된 공핍형 nMOSFET 또는 게이트가 접지로 연결된 증가형 pMOSFET 소자가 사용된다. PDN은 증가형 nMOSFET로 구성되어 논리기능을 구현한다. 비율 논리회로는 논리값 1의 출력전압이 $V_{OH} = V_{DD}$이고, 논리값 0의 출력전압은 $V_{OL} > 0$인 DC 특성을 갖는다. 논리값 0의 출력전압 V_{OL}은 식 (6.32)와 같이 부하소자의 임피던스 Z_{pu}와 PDN의 등가 임피던스 Z_{pd}의 비에 영향을 받으므로, 회로 설계 시에 이를 고려해야 한다.

$$V_{OL} = \frac{Z_{pd}}{Z_{pd} + Z_{pu}} V_{DD} \tag{6.32}$$

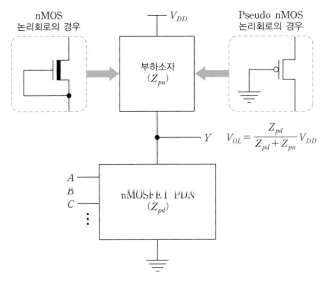

nMOS
논리회로의 경우

V_{DD}

부하소자
(Z_{pu})

Pseudo nMOS
논리회로의 경우

Y

$V_{OL} = \dfrac{Z_{pd}}{Z_{pd} + Z_{pu}} V_{DD}$

A
B
C

nMOSFET PDN
(Z_{pd})

[그림 6-25] **비율 논리회로의 기본 구조**

6.4.1 nMOS 논리회로

공핍형 nMOSFET를 부하로 갖는 nMOS 논리회로는 [그림 6-26(a)]의 구조를 갖는다. 게이트가 소오스로 연결된 공핍형 nMOSFET가 부하소자로 사용되며, 증가형 nMOSFET로 구성되는 PDN에 의해 회로의 논리기능이 구현된다. 입력은 PDN에만 인가되며, 출력은 부하소자의 소오스와 PDN의 접점에서 얻어진다. 채널이 미리 만들어진 상태로 제조되는 공핍형 nMOSFET는 게이트에 가해지는 음의 전압에 의해 채널이 공핍되어 전류가 제어되며, 게이트-소오스 전압이 $V_{GS} = 0$일 때 가장 큰 전류가 흐른다.

nMOS 논리회로의 PDN은 CMOS 정적회로와 동일한 방법으로 구현된다. 주어진 부울식 Y의 반전 $\overline{Y}$를 구한 후, 논리 AND는 nMOSFET의 직렬연결로 구현되고, 논리 OR은 nMOSFET의 병렬연결로 구현된다. 예를 들어, 2-입력 NAND 게이트의 PDN은 [그림 6-26(b)]와 같이 2개의 nMOSFET가 직렬로 연결되어 구현되며, 2-입력 NOR 게이트의 PDN은 [그림 6-26(c)]와 같이 2개의 nMOSFET가 병렬로 연결되어 구현된다. 동일한 원리를 적용하여 임의의 부울 함수를 nMOS 논리회로로 구현할 수 있다. [예제 6-1]과 동일한 부울식 $Y = \overline{(A + B \cdot C) \cdot (D + E) \cdot F}$를 nMOS 논리회로로 구현하면, [그림 6-26(d)]와 같다. nMOS 논리회로의 PDN은 CMOS 정적회로의 PDN과 동일하게 구성됨을 알 수 있다.

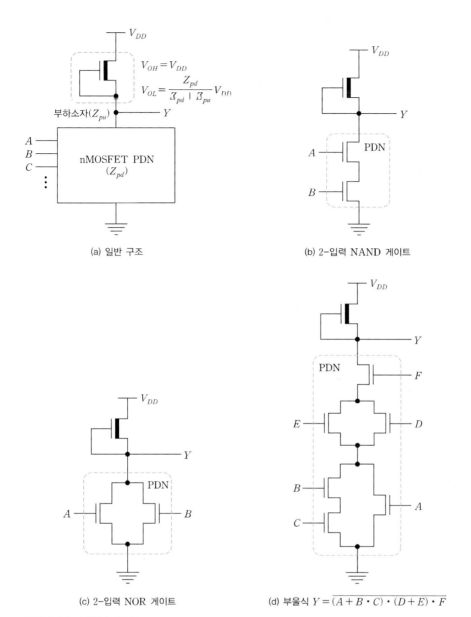

(a) 일반 구조

(b) 2-입력 NAND 게이트

(c) 2-입력 NOR 게이트

(d) 부울식 $Y = \overline{(A + B \cdot C) \cdot (D + E) \cdot F}$

[그림 6-26] nMOS 논리회로

m-입력을 갖는 nMOS 논리회로는 부하소자를 포함하여 $(m + 1)$개의 트랜지스터로 구현되어, CMOS 정적회로에 비해 약 절반의 트랜지스터만 사용된다. 따라서 레이아웃 면적과 기생 커패시턴스가 작은 장점이 있다. 또한, 회로의 입력신호가 PDN에만 인가되므로 앞 단에 미치는 부하효과가 작아 동작속도가 빠르다는 점도 장점이다.

그러나 nMOS 논리회로에는 몇 가지 단점도 있다. nMOS 논리회로는 논리값 0의 출력전압 V_{OL}이 부하소자와 PDN의 임피던스 비에 의해 영향을 받는 비율 논리 특성을 갖는다. 통상 부하소자의 임피던스 Z_{pu}와 PDN의 최대 등가 임피던스 Z_{pd}의 비(Z_{pu}/Z_{pd})가 약 4~6 정도 되도록 설계한다. 이와 같은 DC 특성에 의해 nMOS 논리회로의 상승 시간이 하강시간보다 커져 스위칭 특성에 비대칭성이 존재하며, DC 잡음여유와 스위칭 특성 사이에 교환조건$^{trade-off}$이 존재한다. 또한, 공핍형 nMOSFET 부하는 항상 노통상태에 있기 때문에, 회로의 출력이 논리값 0인 동안(PDN이 도통상태에 있는 동안)에 정적 전류가 흘러 DC 전력소모가 크다는 단점도 있다. 따라서 nMOS 논리회로는 팬-인이 큰 회로, 레이아웃 면적의 최소화가 요구되는 회로에 제한적으로 사용된다.

6.4.2 pseudo nMOS 논리회로

증가형 pMOSFET를 부하소자로 사용하는 pseudo nMOS 논리회로는 [그림 6-27(a)]의 구조를 갖는다. 게이트가 접지로 연결된 증가형 pMOSFET가 부하소자로 사용되며, 증가형 nMOSFET로 구성되는 PDN에 의해 회로의 논리기능이 구현된다. 입력은 PDN에만 인가되며, 출력은 부하소자의 드레인과 PDN의 접점에서 얻어진다. 부하소자인 pMOSFET의 게이트가 접지로 연결되어 있어 $V_{GSp} = -V_{DD}$이므로, 부하소자는 항상 도통상태를 유지한다.

pseudo nMOS 논리회로의 PDN 회로는 6.4.1절에서 설명한 nMOS 논리회로와 동일한 방법으로 구현된다. 주어진 부울식 Y의 반전 $\overline{Y}$를 구한 후, 논리 AND는 nMOSFET의 직렬연결로 구현되고, 논리 OR은 nMOSFET의 병렬연결로 구현된다. 예를 들어, 2-입력 NAND 게이트의 PDN은 [그림 6-27(b)]와 같이 2개의 nMOSFET가 직렬로 연결되어 구현되며, 2-입력 NOR 게이트의 PDN은 [그림 6-27(c)]와 같이 2개의 nMOSFET가 병렬로 연결되어 구현된다.

동일한 원리를 적용하여 임의의 부울 함수를 nMOS 논리회로로 구현할 수 있다. [예제 6-1]과 동일한 부울식 $Y = \overline{(A \mid B \cdot C) \cdot (D+E) \cdot F}$를 pseudo nMOS 논리회로로 구현하면, [그림 6-27(d)]와 같이 된다. pseudo nMOS 논리회로의 PDN은 CMOS 정적 회로의 PDN과 동일하게 구성됨을 확인할 수 있다.

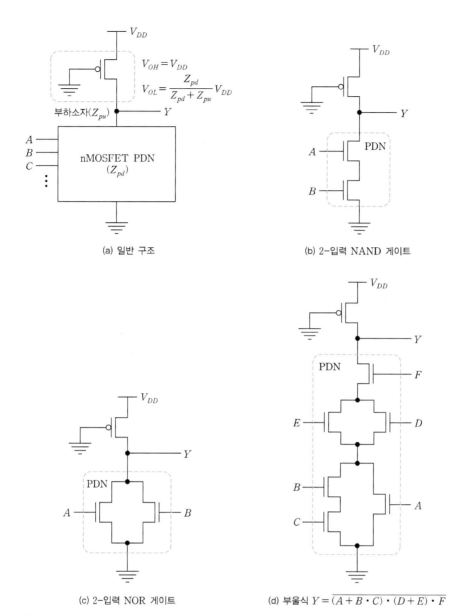

(a) 일반 구조

$V_{OH} = V_{DD}$

$V_{OL} = \dfrac{Z_{pd}}{Z_{pd} + Z_{pu}} V_{DD}$

(b) 2-입력 NAND 게이트

(c) 2-입력 NOR 게이트

(d) 부울식 $Y = \overline{(A + B \cdot C) \cdot (D + E) \cdot F}$

[그림 6-27] pseudo nMOS 논리회로

m-입력을 갖는 pseudo nMOS 논리회로는 부하소자를 포함하여 $(m+1)$개의 트랜지스터로 구현되어 CMOS 정적 회로에 비해 약 절반의 트랜지스터만 사용된다. 따라서 레이아웃 면적과 기생 커패시턴스가 작은 장점을 갖는다. 또한, 회로의 입력신호가 PDN에만 인가되므로 앞 단에 미치는 부하효과가 작아 동작속도가 빠르다는 장점도 갖는다.

그러나 pseudo nMOS 논리회로에는 몇 가지 단점도 있다. 이 회로는 논리값 0의 출력 전압 V_{OL}이 부하소자와 PDN의 임피던스 비에 의해 영향을 받는 비율 논리회로 특성을 갖는다. 통상 부하소자의 임피던스 Z_{pu}와 PDN의 최대 등가 임피던스 Z_{pd}의 비(Z_{pu}/Z_{pd})가 약 $4 \sim 6$ 정도 되도록 설계한다. 이와 같은 DC 특성에 의해 pseudo nMOS 논리회로의 상승시간이 하강시간보다 커서 스위칭 특성에 비대칭성이 존재하며, DC 잡음여유와 스위칭 특성 사이에 교환조건이 존재한다. 또한 pMOSFET 부하는 항상 도통상태에 있기 때문에, 출력이 논리값 0인 동안(PDN이 도통상태에 있는 동안)에 정적 전류가 흘러 DC 전력소모가 크다는 단점도 있다. 따라서 pseudo nMOS 논리회로는 팬-인이 큰 회로, 레이아웃 면적의 최소화가 요구되는 소규모 기능블록 등의 구현에 제한적으로 사용된다. 또한, 메모리의 어드레스 디코더와 같이 출력이 대부분이 논리값 1을 갖는 회로에서는 정적 전력소모가 발생되지 않으므로, pseudo nMOS 논리회로가 유용하게 사용될 수 있다.

pseudo nMOS 논리회로는 비율 논리회로이므로, 논리값 0의 출력전압 V_{OL}이 충분히 작은 값을 갖기 위해서는 pMOSFET 부하의 임피던스와 PDN의 등가 임피던스 비 (Z_{pu}/Z_{pd})가 충분히 커야 한다. 따라서 출력이 $0 \to 1$로 천이하는 상승시간과 상승 지연시간이 크다. 상승시간을 줄이기 위해 [그림 6-28]과 같이 부하 M_{puld}에 병렬로 채널 폭이 큰 pMOSFET M_{p1}을 연결하는 방법이 사용되며, 이는 메모리 회로의 어드레스 디코더에서 많이 사용된다. 출력이 논리값 0인 동안에는 신호 $\overline{EN} = 1$에 의해 M_{p1}은 차단상태가 되어 출력전압 V_{OL}에 영향을 미치지 않는다. 출력이 $0 \to 1$로 천이하는 경우에는 신호 $\overline{EN} = 0$에 의해 M_{p1}이 도통되어 출력단의 용량성 부하 C_L에 큰 전류를 공급하므로 출력의 상승시간을 단축시킨다.

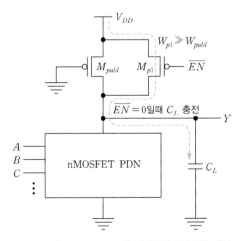

[그림 6-28] pseudo nMOS 논리회로의 상승시간 개선

비율 논리회로

- pseudo nMOS 논리회로는 게이트가 접지로 연결된 증가형 pMOSFET가 부하소자로 사용되고, 증가형 nMOSFET에 의해 회로의 논리기능이 구현된다.
- m입력의 논리 게이트 구현을 위해 부하소자를 포함하여 $(m+1)$개의 트랜지스터가 사용되며, CMOS 정적회로에 비해 레이아웃 면적과 기생 커패시턴스가 작다.
- $V_{OH} = V_{DD}$이고 $V_{OL} > 0$인 비율 논리회로 특성을 가지며, DC 전력소모가 크다.
- V_{OL}이 부하소자와 PDN의 임피던스 비에 의해 영향을 받는 비율 논리회로 특성을 가지며, 통상 Z_{pu}/Z_{pd}가 약 4 ~ 6 정도 되도록 설계한다.
  - DC 잡음여유와 스위칭 특성 사이에 교환조건이 존재한다.

6.5 차동 캐스코드 전압 스위치 논리회로

차동 캐스코드 전압 스위치$^{\text{DCVS : Differential Cascode Voltage Switch}}$ 정적 논리회로는 [그림 6-29]와 같은 구조를 갖는다. 부하회로는 교차결합된$^{\text{cross-coupled}}$ pMOSFET M_{p1}와 M_{p2}로 구성되며, nMOSFET로 구성된 PDN과 상보형 PDN$^{\text{CPDN : Complementary PDN}}$이 구동회로를 형성하여 논리기능을 구현한다. DCVS 논리회로는 정 입력과 반전 입력을 가지며, 또한 정 출력과 반전 출력을 모두 갖는다. 이는 앞에서 설명한 CMOS 정적 논리회로 또는 비율 논리회로와 다른 점이다. PDN에는 정 입력이 인가되어 반전 출력을 만들며, CPDN에는 반전 입력이 인가되어 정 출력을 만든다. 이 회로는 정 출력과 반전 출력이 모두 필요한 경우에 유용하게 사용될 수 있다.

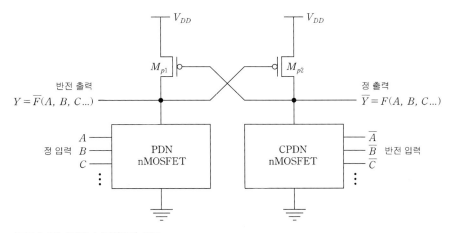

[그림 6-29] **DCVS 논리회로의 구조**

PDN과 CPDN은 서로 상보형 구조를 가지며, 또한 서로 반전 입력이 인가되므로, 하나가 도통되면 다른 하나는 차단상태가 된다. 입력에 의해 PDN이 도통되면 CPDN은 차단상태가 되어 출력 Y는 논리값 0이 되고, 이에 의해 부하 M_{p2}가 도통되어 $\overline{Y}$는 논리값 1이 되며, 부하 M_{p1}은 차단상태가 된다. 따라서 출력 Y와 $\overline{Y}$는 서로 반전 관계이다. 반대의 경우도 유사하게 동작한다. 입력에 의해 CPDN이 도통되면 PDN은 차단상태가 되어 $\overline{Y}$는 논리값 0이 되고, 이에 의해 부하 M_{p1}은 도통되어 Y는 논리값 1이 되며, 부하 M_{p2}는 차단상태가 된다. 따라서 출력 Y와 $\overline{Y}$는 서로 반전 관계이다.

논리값 1의 출력전압은 $V_{OH} = V_{DD}$이며, 논리값 0의 출력전압은 $V_{OL} = 0\,\mathrm{V}$이므로, 이 회로는 무비율 논리회로 특성을 갖는다. 정상상태에서 전원과 접지 사이에 도전경로가 형성되지 않아 정적 전력소모는 매우 작으나, 스위칭 기간의 과도단락전류에 의한 전력소모가 비교적 크다는 단점이 있다.

DCVS 논리회로의 상승시간과 하강시간은 교차결합된 pMOSFET 부하 M_{p1}과 M_{p2}의 채널폭에 영향을 받는다. M_{p1}과 M_{p2}의 채널폭이 큰 경우에는 출력이 논리값 $1 \rightarrow 0$으로 천이하는 과정에서 PDN과 CPDN 사이의 논리값 경합에 긴 시간이 소요되므로 하강 천이시간이 길어진다. 반대로 부하 M_{p1}과 M_{p2}의 채널폭이 작은 경우에는 상승 천이시간이 길어진다. 따라서 회로 설계 시에는 시뮬레이션을 통해 부하 트랜지스터의 채널폭을 결정해야 한다.

[그림 6-30]은 2-입력 AND/NAND 게이트의 DCVS 회로이다. PDN과 CPDN이 각각 2개의 nMOSFET의 직렬연결과 병렬연결로 구성되며, 반전 출력 $F = \overline{A \cdot B}$와 정 출력 $\overline{F} = A \cdot B$가 각각 PDN과 CPDN에서 얻어진다.

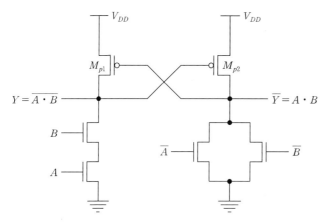

[그림 6-30] 2-입력 AND/NAND 게이트의 DCVS 회로

부울식 $Y = \overline{A \cdot (B+C) \cdot (D+E)}$, $\overline{Y} = A \cdot (B+C) \cdot (D+E)$로 표현되는 복합 논리 게이트를 DCVS 회로로 구현하라.

풀이

PDN은 주어진 부울식의 반전 $\overline{Y}$로부터 구현되며, 논리 AND는 nMOSFET의 직렬연결, 논리 OR은 nMOSFET의 병렬연결로 구현된다. CPDN은 PDN으로부터 상보형 연결로 구현되며, [그림 6-31]과 같다.

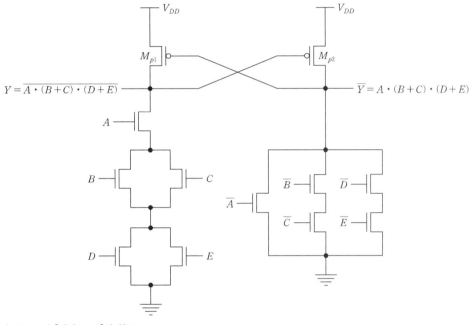

[그림 6-31] [예제 6-12]의 회로

핵심포인트 **차동 캐스코드 전압 스위치 논리회로**

- $V_{OH} = V_{DD}$, $V_{OL} = 0$V인 무비율 논리회로 특성을 갖는다.
- 정적 전력소모는 매우 작으나, 스위칭 기간의 과도단락전류에 의한 전력소모가 크다는 단점을 갖는다.
- 상승시간과 하강시간은 교차결합된 pMOSFET 부하의 채널폭에 영향을 받는다.

6.6 시뮬레이션 및 레이아웃 설계 실습

실습 6-1 CMOS 2-입력 NAND 게이트의 스위칭 특성 시뮬레이션

nMOSFET 채널폭 W_n이 2-입력 NAND 게이트의 하강시간에 미치는 영향을 시뮬레이션으로 분석하고, $t_f \simeq t_r$이 되도록 W_p / W_n을 결정하라. 단, 부하 커패시턴스는 $C_L = 30\,\text{fF}$으로 한다.

■ 시뮬레이션 결과

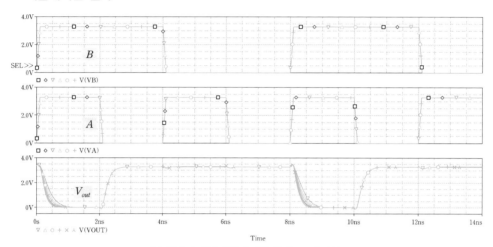

(a) 입력 A, B의 변화에 대한 출력 V_{out}의 파형

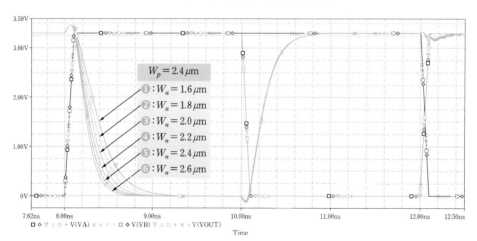

Measurement Results							
Evaluate	Measurement	1	2	3	4	5	6
☑	Falltime_StepResponse_XRange(V(vout),8n,10n)	524.87924p	455.82741p	400.01160p	354.25052p	321.10088p	291.48956p
☑	Risetime_StepResponse_XRange(V(vout),10n,12n)	352.32234p	352.90486p	353.45075p	353.99198p	354.54215p	355.15929p
Click here to evaluate a new measurement...							

(b) 상승시간 및 하강시간 특성(부하 커패시턴스 $C_L = 30\,\text{fF}$)

■ 시뮬레이션 조건 : $L_n = L_p = 0.35\,\mu\text{m}$, $W_p = 2.4\,\mu\text{m}$, $W_n = 1.6 \sim 2.6\,\mu\text{m}$

[그림 6-32] CMOS 2-입력 NAND 게이트의 W_n 변화에 따른 스위칭 특성 시뮬레이션

[그림 6-32]는 pMOSFET의 채널폭을 $W_p = 2.4\,\mu\text{m}$로 고정하고, nMOSFET의 채널폭을 $W_n = 1.6 \sim 2.6\,\mu\text{m}$ 범위에서 $0.2\,\mu\text{m}$씩 증가시키면서 시뮬레이션한 결과로, 상승시간과 하강시간이 0.1ns인 구형 펄스를 인가하여 Transient 해석을 하였다. [그림 6-32(a)]는 2-입력 NAND 게이트의 입력 A, B의 변화에 대한 출력 V_{out}의 파형으로, 논리기능이 올바로 동작함을 확인할 수 있다. [그림 6-32(b)]로부터 nMOSFET의 채널폭 W_n이 NAND 게이트의 하강시간에는 영향을 미치나, 상승시간에는 영향을 미치지 않음을 알수 있다. [그림 6-32(b)]의 시뮬레이션 결과로부터, 하강시간 및 상승시간과 전달지연시간의 측정값은 [표 6-4]와 같다. nMOSFET의 채널폭이 클수록 하강시간 및 하강 전달지연시간이 감소함을 알 수 있으며, $W_p/W_n \simeq 2.4/2.2$이면 $t_r \simeq t_f$가 됨을 알 수 있다.

[표 6-4] CMOS 2-입력 NAND 게이트의 W_n 변화에 따른 스위칭 특성 시뮬레이션 결과
$(L_n = L_p = 0.35\,\mu\text{m}, \; W_p = 2.4\,\mu\text{m}, \; C_L = 30\,\text{fF})$

W_n [μm]	t_f [ps]	t_r [ps]	t_{pHL} [ps]	t_{pLH} [ps]	파형 번호
1.6	524.9	352.3	321.8	184.0	❶
1.8	455.8	352.9	280.1	185.0	❷
2.0	400.0	353.5	249.7	187.0	❸
2.2	354.3	354.0	223.2	188.0	❹
2.4	321.1	354.5	204.8	189.0	❺
2.6	291.5	355.2	189.7	191.0	❻

실습 6-2 **CMOS 2-입력 NOR 게이트의 스위칭 특성 시뮬레이션**

pMOSFET 채널폭 W_p가 2-입력 NOR 게이트의 상승시간에 미치는 영향을 시뮬레이션으로 분석하고, $t_f \simeq t_r$이 되도록 W_p/W_n을 결정하라. 단, 부하 커패시턴스는 $C_L = 30\,\text{fF}$으로 한다.

■ 시뮬레이션 결과

[그림 6-33]은 nMOSFET의 채널폭을 $W_n = 1.2\,\mu\text{m}$로 고정하고, pMOSFET의 채널폭을 $W_p = 5.5 \sim 8.0\,\mu\text{m}$ 범위에서 $0.5\,\mu\text{m}$씩 증가시키면서 시뮬레이션한 결과로, 상승시간과 하강시간이 0.1ns인 구형 펄스를 인가하여 Transient 해석을 하였다. [그림 6-33(a)]는 2-입력 NOR 게이트의 입력 A, B의 변화에 대한 출력 V_{out}의 파형으로, 논리기능이 올바로 동작함을 확인할 수 있다. [그림 6-33(b)]로부터 pMOSFET의 채널폭 W_p가 NOR 게이트의 상승시간에는 영향을 미치나, 하강시간에는 영향을 미치지 않음을 알 수

있다. [그림 6-33(b)]의 시뮬레이션 결과로부터, 상승시간 및 하강시간과 전달지연시간의 측정값은 [표 6-5]와 같다. pMOSFET의 채널폭이 증가할수록 상승시간 및 상승 전달지연시간이 감소함을 알 수 있으며, $W_p / W_n \simeq 7.0/1.2$이면 $t_r \simeq t_f$가 됨을 알 수 있다.

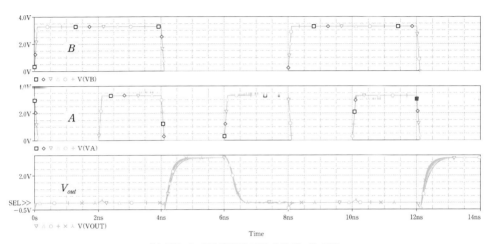

(a) 입력 A, B의 변화에 대한 출력 V_{out}의 파형

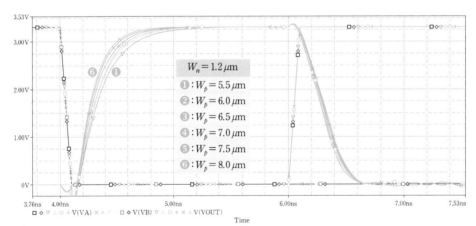

Measurement Results						
Evaluate	Measurement	1	2	3	4	5	6
☑	Falltime_StepResponse_XRange(V(Vout),6n,8n)	356.78084p	387.74530p	380.41836p	391.42592p	401.07180p	400.55739p
☑	Risetime_StepResponse_XRange(V(Vout),4n,6n)	480.61250p	441.05910p	408.82939p	373.03261p	347.02615p	328.36626p
	Click here to evaluate a new measurement...						

(b) 상승시간 및 하강시간 특성(부하 커패시턴스 $C_L = 30\,\text{fF}$)

■ 시뮬레이션 조건 : $L_n = L_p = 0.35\,\mu\text{m}$, $W_n = 1.2\,\mu\text{m}$, $W_p = 5.5 \sim 8.0\,\mu\text{m}$

[그림 6-33] CMOS 2-입력 NOR 게이트의 W_p 변화에 따른 스위칭 특성 시뮬레이션

[표 6-5] CMOS 2-입력 NOR 게이트의 W_p 변화에 따른 스위칭 특성 시뮬레이션 결과

$(L_n = L_p = 0.35\,\mu\text{m}, \ W_n = 1.2\,\mu\text{m}, \ C_L = 30\,\text{fF})$

$W_p\,[\mu\text{m}]$	$t_f\,[\text{ps}]$	$t_r\,[\text{ps}]$	$t_{pHL}\,[\text{ps}]$	$t_{pLH}\,[\text{ps}]$	파형 번호
5.5	356.8	480.6	231.7	271.4	❶
6.0	387.7	441.1	240.4	249.9	❷
6.5	380.4	408.8	246.9	246.4	❸
7.0	391.4	373.0	252.1	232.6	❹
7.5	401.1	347.0	258.5	216.2	❺
8.0	400.6	328.4	263.4	208.8	❻

실습 6-3 팬-인에 따른 CMOS NAND 게이트의 하강시간 특성

팬-인에 따른 CMOS NAND 게이트의 스위칭 특성을 시뮬레이션으로 분석하라. 단, 부하 커패시턴스는 $C_L = 30\,\text{fF}$으로 한다.

■ 시뮬레이션 결과

$W_p = W_n = 2.4\,\mu\text{m}$로 설정하고, 상승시간과 하강시간이 각각 0.1 ns인 구형 펄스를 인가하여 Transient 해석을 하였다. [그림 6-34]는 팬-인 $FI = 2, 3, 4, 5$에 따른 CMOS NAND 게이트의 스위칭 특성을 시뮬레이션한 결과이며, 시뮬레이션 결과로부터 지연시간을 측정한 결과는 [표 6-6], [그림 6-35]와 같다. [그림 6-35]와 [표 6-6]에서 볼 수

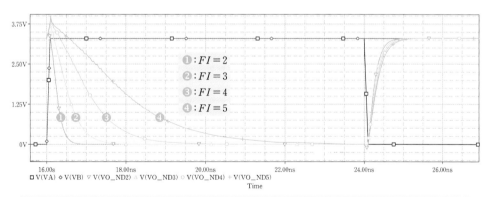

Measurement Results		
Evaluate	Measurement	Value
☑	Falltime_StepResponse_Xrange(V(VO_ND2),16n,24n)	332.59962p
☑	Falltime_StepResponse_Xrange(V(VO_ND3),16n,24n)	771.57006p
☑	Falltime_StepResponse_Xrange(V(VO_ND4),16n,24n)	1.60867n
☑	Falltime_StepResponse_Xrange(V(VO_ND5),16n,24n)	3.15710n
☑	Risetime_StepResponse_Xrange(V(VO_ND2),24n,32n)	359.06914p
☑	Risetime_StepResponse_Xrange(V(VO_ND3),24n,32n)	402.92215p
☑	Risetime_StepResponse_Xrange(V(VO_ND4),24n,32n)	446.84048p
☑	Risetime_StepResponse_Xrange(V(VO_ND5),24n,32n)	490.32080p

■ 시뮬레이션 조건 : $L_n = L_p = 0.35\,\mu\text{m}, \ W_p = W_n = 2.4\,\mu\text{m}$

[그림 6-34] 팬-인에 따른 CMOS NAND 게이트의 스위칭 특성 시뮬레이션 결과

있듯이, NAND 게이트의 팬-인이 증가함에 따라 하강시간과 하강 전달지연시간이 급격히 증가하며, 이는 팬-인이 증가함에 따라 직렬로 연결되는 nMOSFET의 수가 증가함에 기인한다. NAND 게이트의 상승시간과 상승 전달지연시간은 팬-인의 영향을 거의 받지 않음을 볼 수 있다.

[표 6-6] 팬-인에 따른 CMOS NAND 게이트의 스위칭 특성 시뮬레이션 결과($L_n = L_p = 0.35\,\mu\mathrm{m}$, $W_p = W_n = 2.4\,\mu\mathrm{m}$)

팬-인	t_f [ps]	t_r [ps]	t_{pHL} [ps]	t_{pLH} [ps]	파형 번호
2	000.0	359.1	212	152	❶
3	771.6	402.9	474	211	❷
4	1,608.7	446.8	996	231	❸
5	3,157.1	490.3	1,888	246	❹

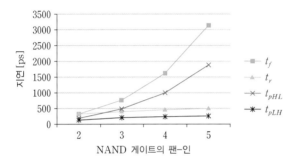

[그림 6-35] 팬-인에 따른 CMOS NAND 게이트의 지연 특성

실습 6-4　팬-인에 따른 CMOS NOR 게이트의 상승시간 특성

팬-인에 따른 CMOS NOR 게이트의 스위칭 특성을 시뮬레이션으로 분석하라. 단, 부하 커패시턴스는 $C_L = 20\,\mathrm{fF}$으로 한다.

■ 시뮬레이션 결과

$W_p = W_n = 2.4\,\mu\mathrm{m}$로 설정하고, 상승시간과 하강시간이 각각 $0.1\,\mathrm{ns}$인 구형 펄스를 인가하여 Transient 해석을 하였다. [그림 6-36]은 팬-인 $FI = 2, 3, 4, 5$에 따른 CMOS NOR 게이트의 스위칭 특성을 시뮬레이션한 결과이며, 시뮬레이션 결과로부터 지연시간을 측정한 결과는 [표 6-7], [그림 6-37]과 같다. [그림 6-37]과 [표 6-7]에서 볼 수 있듯이, NOR 게이트의 팬-인이 증가함에 따라 상승시간과 상승 전달지연시간이 급격히 증가하며, 이는 팬-인이 증가함에 따라 직렬로 연결되는 pMOSFET의 수가 증가함에 기인한다. NOR 게이트의 하강시간과 하강 전달지연시간은 팬-인의 영향을 거의 받지 않음을 볼 수 있다.

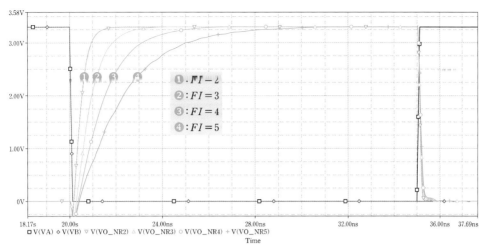

Measurement Results		
Evaluate	Measurement	Value
☑	Falltime_StepResponse_Xrange(V(VO_NR2),32n,38n)	135.01104p
☑	Falltime_StepResponse_Xrange(V(VO_NR3),32n,38n)	156.69076p
☑	Falltime_StepResponse_Xrange(V(VO_NR4),32n,38n)	182.56113p
☑	Falltime_StepResponse_Xrange(V(VO_NR5),32n,38n)	197.16231p
☑	Risetime_StepResponse_Xrange(V(VO_NR2),20n,32n)	693.24083p
☑	Risetime_StepResponse_Xrange(V(VO_NR3),20n,32n)	1.42762n
☑	Risetime_StepResponse_Xrange(V(VO_NR4),20n,32n)	2.59640n
☑	Risetime_StepResponse_Xrange(V(VO_NR5),20n,32n)	4.24498n

■ 시뮬레이션 조건 : $L_n = L_p = 0.35\,\mu\mathrm{m}$, $W_p = W_n = 2.4\,\mu\mathrm{m}$

[그림 6-36] 팬-인에 따른 CMOS NOR 게이트의 스위칭 특성 시뮬레이션 결과

[표 6-7] 팬-인에 따른 CMOS NOR 게이트의 스위칭 특성 시뮬레이션 결과($L_n = L_p = 0.35\,\mu\mathrm{m}$, $W_p = W_n = 2.4\,\mu\mathrm{m}$)

팬-인	t_f [ps]	t_r [ps]	t_{pHL} [ps]	t_{pLH} [ps]	파형 번호
2	135.0	693.2	74	398	❶
3	156.7	1,427.6	82	747	❷
4	182.6	2,596.4	89	1,209	❸
5	197.2	4,245.0	97	1,840	❹

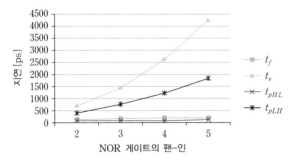

[그림 6-37] 팬-인에 따른 CMOS NOR 게이트의 지연 특성

실습과제 6-1 CMOS 3-입력 NAND 게이트를 설계하고 검증하라.

(a) 상승시간과 하강시간이 근사적으로 같아지도록 시뮬레이션을 통해 nMOSFET와 pMOSFET의 채널폭을 결정하라.

(b) 결정된 채널폭을 적용하여 레이아웃을 설계하고, DRC 및 LVS 검증을 하라.

실습과제 6-2 CMOS 3-입력 NOR 게이트를 설계하고 검증하라.

(a) 상승시간과 하강시간이 근사적으로 같아지도록 시뮬레이션을 통해 nMOSFET와 pMOSFET의 채널폭을 결정하라.

(b) 결정된 채널폭을 적용하여 레이아웃을 설계하고, DRC 및 LVS 검증을 하라.

실습과제 6-3 DCVS 2-입력 AND/NAND 게이트를 설계하고 검증하라.

(a) [그림 6-30]의 DCVS 2-입력 AND/NAND 게이트의 AND 출력과 NAND 출력이 근사적으로 같아지도록 시뮬레이션을 통해 채널폭을 결정하라.

(b) 결정된 채널폭을 적용하여 레이아웃을 설계하고, DRC 및 LVS 검증을 하라.

실습과제 6-4 부울식 $Y = \overline{(AB+C)DE}$ 를 구현하는 CMOS 회로와 pseudo nMOS 회로의 레이아웃을 설계하고, DRC 및 LVS 검증을 하라.

CMOS 정적 논리회로

■ 부하회로(PUN)는 pMOSFET로 구성되고, 구동회로(PDN)는 nMOSFET로 구성된다.
  • pMOSFET의 직렬연결은 논리 NOR, 병렬연결은 논리 NAND를 구현한다.
  • nMOSFET의 직렬연결은 논리 AND, 병렬연결은 논리 OR을 구현한다.
  • PUN이 도통되면 논리값 1이 출력되며, PUN은 부울식 Y로부터 구현된다.
  • PDN이 도통되면 논리값 0이 출력되며, PDN은 부울식의 반전 $\overline{Y}$로부터 구현된다.

■ m-입력의 논리 게이트는 $2\,m$개의 소자로 구현된다.

■ $V_{OH} = V_{DD}$, $V_{OL} = 0\,\text{V}$인 무비율 논리회로이므로, 설계가 용이하고 잡음여유가 크다.

■ 정상상태에서 전원(V_{DD})과 접지 사이의 전류는 이상적으로 0이므로, 정적 전력소모가 이상적으로 0이다.

■ 논리 게이트의 상승/하강시간은 용량성 부하 C_L의 충전/방전 시간에 의해 결정되며, PUN의 연결형태(직렬/병렬)는 상승시간에 영향을 미치고, PDN의 연결형태(직렬/병렬)는 하강시간에 영향을 미친다.
  • N-입력 NAND 게이트의 하강시간 : $t_f \simeq \dfrac{m C_L}{\beta_{n,eff} V_{DD}} = \dfrac{N m C_L}{k_n V_{DD}} \left(\dfrac{L_n}{W_n} \right)$
  • N-입력 NOR 게이트의 상승시간 : $t_r \simeq \dfrac{m C_L}{\beta_{p,eff} V_{DD}} = \dfrac{N m C_L}{k_p V_{DD}} \left(\dfrac{L_p}{W_p} \right)$

■ 논리 게이트의 팬-인이 클수록, NAND 게이트는 하강시간이 증가하고 NOR 게이트는 상승시간이 증가한다.

CMOS 정적 논리회로의 지연시간 모델링

■ 논리 게이트의 지연시간은 논리 게이트 자체의 고유지연, 용량성 부하, 논리 게이트 내부의 트랜지스터 연결형태(토폴로지), 그리고 반도체 제조공정에 의해 영향을 받는다.

■ 논리 게이트의 선형 시간모델 파라미터

파라미터	의미	비고
논리 게이트 지연 ($\tau_{abs} = \tau \cdot d$)	반도체 제조공정의 특성, 논리기능, 용량성 부하가 고려된 논리 게이트의 지연	–
단위지연 (τ)	반도체 제조공정의 특성에 의한 기본 트랜지스터의 시간값	제조공정에 따른 상수값
논리적 에포트 ($g = C_{i,gate} / C_{i,inv}$)	논리기능 복잡도를 반영한 지연이며, 트랜지스터 토폴로지의 영향을 나타냄	제조공정, 트랜지스터 크기, 부하 커패시턴스 크기와 무관
전기적 에포트 ($h = C_L / C_{i,gate}$)	부하 커패시턴스를 반영한 지연이며, 유효 팬-아웃을 나타냄	트랜지스터 토폴로지와 무관
에포트 지연/스테이지 에포트 ($f = gh$)	반도체 제조공정에 무관한 논리 게이트 지연	단위를 갖지 않음
고유지연(p)	부하 커패시턴스가 0인 상태의 논리 게이트 고유지연	트랜지스터 크기 및 부하 커패시턴스 크기와 무관
정규화 지연($d = gh + p$)	논리 게이트의 논리기능, 용량성 부하와 고유지연이 고려된 지연	제조공정의 특성과 무관

■ 다단 논리회로의 경우에는 경로 논리적 에포트, 경로 전기적 에포트, 경로 고유지연, 분기 에포트를 이용하여 경로 지연을 모델링한다.

■ 선형 지연모델 관련 수식

구분	논리 게이트 지연모델	경로 지연모델
스테이지 수	1	N
논리적 에포트	g	$G = \Pi g_i$
전기적 에포트	$h = \dfrac{C_{out}}{C_{in}}$	$H = \dfrac{C_{L-path}}{C_{in-path}}$
분기 에포트	–	$B = \Pi b_i$
스테이지/경로 에포트	$f = gh$	$F = GBH$
에포트 지연	$f = gh$	$D_F = \sum g_i h_i$
고유지연	p	$P = \sum p_i$
스테이지/경로 지연	$d = gh + p$	$D = D_F + P$

■ nMOS 논리회로는 게이트가 소오스로 연결된 공핍형 nMOSFET가 부하소자로 사용되고, 증가형 nMOSFET에 의해 회로의 논리기능이 구현된다.

■ pseudo nMOS 논리회로는 게이트가 접지로 연결된 증가형 pMOSFET가 부하소자로 사용되고, 증가형 nMOSFET에 의해 회로의 논리기능이 구현된다.

■ m-입력의 논리 게이트 구현을 위해 부하소자를 포함하여 $(m+1)$개의 트랜지스터가 사용되며, CMOS 정적회로에 비해 레이아웃 면적과 기생 커패시턴스가 작다.

■ $V_{OH} = V_{DD}$이고 $V_{OL} > 0$인 비율 논리회로 특성을 가지며, DC 전력소모가 크다.

차동 캐스코드 전압 스위치(DCVS) 논리회로

■ 교차결합된 pMOSFET 부하와 nMOSFET로 구성되는 PDN 및 상보형 PDN으로 구성되며, 정 출력과 반전 출력이 모두 필요한 경우에 유용하게 사용될 수 있다.

■ $V_{OH} = V_{DD}$, $V_{OL} = 0\,\text{V}$인 무비율 논리회로 특성을 가지며, 정상상태에서 전원과 접지 사이에 도전경로가 형성되지 않아 정적 전력소모는 매우 작으나, 스위칭 기간의 과도단락전류에 의한 전력소모가 비교적 크다는 단점을 갖는다.

■ 상승시간과 하강시간은 교차결합된 pMOSFET 부하의 채널폭에 영향을 받는다.

6.1 pMOSFET의 식털번설은 (NOR, NAND) 함수를 구현한다.

6.2 nMOS 논리회로는 CMOS 정적 논리회로에 비해 앞단에 미치는 부하효과가 작다.
(O, X)

6.3 pseudo nMOS 논리회로는 CMOS 정적 논리회로에 비해 적은 수의 트랜지스터로 구현되므로 저전력 회로에 적합하다. (O, X)

6.4 다음 중 정적 전력소모가 가장 큰 회로 방식은?

㉮ CMOS 정적 논리회로　　　　　　㉯ pseudo nMOS 논리회로
㉰ CMOS 전달 게이트 회로　　　　　㉱ 차동 캐스코드 전압 스위치

6.5 다음 중 CMOS 정적 논리회로의 DC 특성으로 **틀린** 것은?

㉮ $V_{OH} = V_{DD}$이다.　　　　　　　㉯ $V_{OL} = 0$이다.
㉰ 정적 전력소모가 크다　　　　　　㉱ 잡음여유가 크다.

6.6 2-입력 NAND 게이트의 CMOS 정적 논리회로에 대한 설명으로 맞는 것은?

㉮ 2개의 nMOSFET가 직렬로 연결되고, 2개의 pMOSFET가 직렬로 연결된다.
㉯ 2개의 nMOSFET가 직렬로 연결되고, 2개의 pMOSFET가 병렬로 연결된다.
㉰ 2개의 nMOSFET가 병렬로 연결되고, 2개의 pMOSFET가 직렬로 연결된다.
㉱ 2개의 nMOSFET가 병렬로 연결되고, 2개의 pMOSFET가 병렬로 연결된다.

6.7 부울식 $Y = \overline{A + B \cdot C \cdot (D + E)}$를 구현하는 CMOS 정적 논리회로에 대한 설명으로 **틀린** 것은?

㉮ 총 10개의 트랜지스터로 구성된다.
㉯ 하강시간에 대한 최악 지연경로에는 3개의 nMOSFET가 직렬로 연결된다.
㉰ 상승시간에 대한 최악 지연경로에는 2개의 pMOSFET가 직렬로 연결된다.
㉱ $A = 1$이면 출력노드는 접지로 연결된다.

6.8 CMOS 정적 논리회로의 팬-인이 스위칭 특성에 미치는 영향으로 맞는 것은?
단, $L_n = L_p$이고, $W_n = W_p$이다.

㉮ 팬-인이 클수록 NAND 게이트의 하강 전달지연이 급격히 커진다.
㉯ 팬-인이 클수록 NAND 게이트의 상승 전달지연이 급격히 작아진다.
㉰ 팬-인이 클수록 NOR 게이트의 하강 전달지연이 급격히 커진다.
㉱ 팬-인이 클수록 NOR 게이트의 상승 전달지연이 급격히 작아진다.

6.9 3-입력 NAND 게이트를 CMOS 정적회로로 구현했을 때, 스위칭 특성에 대한 설명으로 맞는 것은? 단, $L_n = L_p$이고, 전자와 정공의 이동도는 $\mu_n = 3\mu_p$이다.

㉮ $W_p = W_n$이면, 상승시간이 하강시간보다 크다.
㉯ $W_p = W_n$이면, 상승시간이 하강시간보다 작다.
㉰ $W_p = W_n$이면, 상승시간과 하강시간이 근사적으로 같아진다.
㉱ $W_p = 3W_n$이면, 상승시간과 하강시간이 근사적으로 같아진다.

6.10 3-입력 NOR 게이트를 CMOS 정적 논리회로로 구현하는 경우에 상승시간과 하강시간이 같아지기 위한 채널폭 조건으로 맞는 것은? 단, $\mu_n = 3\mu_p$이고, 모든 트랜지스터의 채널길이는 같다.

㉮ $W_n = W_p$ ㉯ $W_n = 3W_p$
㉰ $W_p = 3W_n$ ㉱ $W_p = 9W_n$

6.11 CMOS 정적회로의 스위칭 특성에 대한 설명으로 맞는 것은? 단, 모든 트랜지스터는 $L_n = L_p$, $W_n = W_p$이며, 전자와 정공의 이동도는 $\mu_n = 3\mu_p$이다.

㉮ 3-입력 NAND 게이트의 상승시간과 하강시간은 근사적으로 같다.
㉯ 3-입력 NOR 게이트의 상승시간과 하강시간은 근사적으로 같다.
㉰ 4-입력 NAND 게이트는 상승시간이 하강시간보다 크다.
㉱ 4-입력 NOR 게이트는 하강시간이 상승시간보다 크다.

6.12 [그림 6-38]의 nMOS 논리회로에 대한 설명 중 **틀린** 것은?

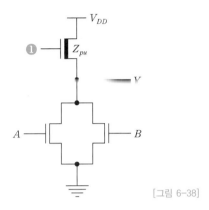

[그림 6-38]

㉮ 공핍형 nMOSFET 부하소자의 게이트(❶)는 접지로 연결된다.

㉯ 2-입력 NOR 게이트이다.

㉰ 부하소자의 임피던스 Z_{pu}가 클수록 논리값 0의 출력전압 V_{OL}이 작아진다.

㉱ 논리값 1의 출력전압은 $V_{OH} = V_{DD}$이다.

6.13 다음 중 nMOS 논리회로의 DC 특성이 **아닌** 것은 ?

㉮ $V_{OH} = V_{DD}$이다.

㉯ $V_{OL} = 0V$이다.

㉰ 정적 전력소모가 크다.

㉱ 비율 논리회로이다.

6.14 [그림 6-39]의 pseudo nMOS 논리회로의 부울식으로 맞는 것은?

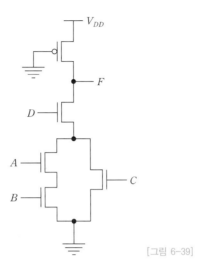

[그림 6-39]

㉮ $F = (A + B \cdot C) + D$ ㉯ $F = (A \cdot B + C) \cdot D$

㉰ $F = \overline{(A + B \cdot C) + D}$ ㉱ $F = \overline{(A \cdot B + C) \cdot D}$

6.15 4-입력 논리 게이트를 pseudo nMOS 회로로 구현하기 위해 필요한 트랜지스터 개수는?

㉮ 4개   ㉯ 5개   ㉰ 8개   ㉱ 9개

6.16 차동 캐스코드 전압 스위치(DCVS) 회로에 대한 설명으로 **틀린** 것은?

㉮ 정 입력과 반전 입력이 모두 필요하다.

㉯ 정 출력과 반전 출력이 동시에 얻어진다.

㉰ 누설전류 성분을 무시하면, 정적 전력소모가 매우 작다.

㉱ 교차결합된 pMOSFET 부하의 채널폭은 상승시간/하강시간과 무관하다.

6.17 2-입력 NAND 게이트의 논리적 에포트는? 단, pMOSFET와 nMOSFET의 채널 폭 비는 $\gamma = W_p / W_n = 2$로 가정한다.

㉮ $\dfrac{3}{5}$ ㉯ $\dfrac{3}{4}$ ㉰ $\dfrac{4}{3}$ ㉱ $\dfrac{5}{3}$

6.18 CMOS 논리 게이트의 논리적 에포트에 대한 설명으로 **틀린** 것은? 단, pMOSFET 와 nMOSFET의 채널폭 비는 $\gamma = W_p / W_n = 2$로 가정한다.

㉮ n-입력 NAND 게이트의 논리적 에포트는 $g = (n+2)/3$이다.
㉯ n-입력 NOR 게이트의 논리적 에포트는 $g = (2n+1)/3$이다.
㉰ CMOS 회로의 논리적 에포트는 모든 입력에 대해 동일한 값을 갖는다.
㉱ 논리적 에포트가 크면 논리 게이트의 지연이 커진다.

6.19 [그림 6-40]의 회로에서 인버터 inv1의 지연 파라미터에 대한 설명으로 **틀린** 것은? 단, 두 인버터는 동일한 크기를 갖는다.

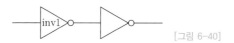

[그림 6-40]

㉮ 논리적 에포트는 $g = 1$이다.
㉯ 전기적 에포트는 $h = 1$이다.
㉰ 고유지연은 $p = 1$이다.
㉱ 스테이지 지연은 $d = 1$이다.

6.20 다단 논리회로의 지연에 관한 설명 중 **틀린** 것은?

㉮ 경로 분기 에포트는 $B \leq 1$이다.
㉯ 경로 논리적 에포트는 $G = \Pi\, g_i$이다.
㉰ 경로 분기 에포트는 $B = \Pi\, b_i$이다.
㉱ 경로 고유지연은 $P = \sum p_i$이다.

6.21 [그림 6-41]의 각 회로에 대해 부울식을 쓰고, CMOS 정적 논리회로로 구현하라.
단, 출력노드의 접합 커패시턴스가 최소화되도록 트랜지스터를 배치한다.

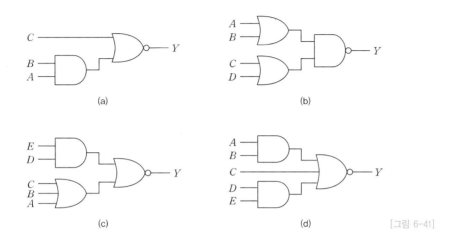

[그림 6-41]

6.22 다음의 부울식이 나타내는 1-비트 전가산기를 CMOS 정적 논리회로로 구현하라.
단, A와 B는 입력이고, C_i는 캐리 입력이며, C_o는 캐리 출력, S는 합 출력이다.

$$C_o = AB + (A + B)C_i$$
$$S = (A + B + C_i)\overline{C_o} + ABC_i$$

6.23 8-입력 NAND 게이트를 팬-인 4 이하의 논리 게이트를 사용하여 다단 논리회로
로 구현하라. 단, 입력 A가 가장 늦게 변하며, 이에 의한 불필요한 스위칭[glitch]이
최소화되도록 하라.

6.24 3가지 정적 논리회로 방식에 대해 특징을 비교하는 다음의 표를 완성하라.

구 분		CMOS 정적 회로	pseudo nMOS 회로	DCVS 회로
n-입력 논리 게이트	pMOS	( )개	( )개	( )개
	nMOS	( )개	( )개	( )개
바저 이력		필요 / 불필요	필요 / 불필요	필요 / 불필요
정적 전력소모		YES / NO	YES / NO	YES / NO
$V_{OH} = V_{DD}$		YES / NO	YES / NO	YES / NO
$V_{OL} = 0\,\text{V}$		YES / NO	YES / NO	YES / NO
비율 논리회로 특성		YES / NO	YES / NO	YES / NO

6.25 [그림 6-42]의 회로를 CMOS 정적 논리회로로 구현하고, 논리적 에포트를 구하라. 단, pMOSFET와 nMOSFET의 채널폭 비는 $\gamma = W_p / W_n = 2$로 가정한다.

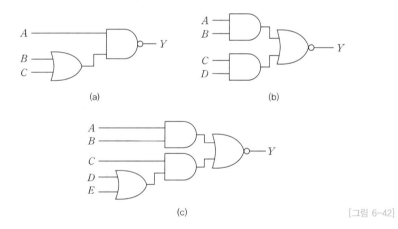

(a)   (b)

(c)   [그림 6-42]

6.26 다음 논리 게이트의 논리적 에포트를 구하라. 단, CMOS 인버터의 pMOSFET와 nMOSFET의 채널폭 비를 $\gamma = W_p / W_n$로 가정한다.

(a) n-입력 NAND 게이트   (b) n-입력 NOR 게이트

6.27 [그림 6-43]은 CMOS 인버터 $N - 41$개로 구성된 링 발진기$^{ring\ oscillator}$이다. 논리적 에포트 개념을 적용하여 인버터의 지연시간을 구하고, 발진 주파수를 계산하라. 단, 단위지연시간은 $\tau = 20\,\mathrm{ps}$이다.

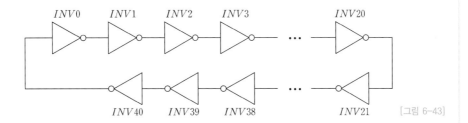

[그림 6-43]

6.28 [그림 6-44]와 같이 4-입력 NOR 게이트 $NR1$이 10개의 동일한 4-입력 NOR 게이트를 구동하는 경우에 NR1의 지연시간을 구하라. NOR 게이트 각 입력의 커패시턴스는 x이고 $\tau = 8\,\mathrm{ps}$이다.

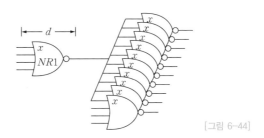

[그림 6-44]

6.29 [그림 6-45]의 회로에 대해 (a) 신호경로 A–B의 최소 지연을 구하고, (b) 최소 지연을 위해 요구되는 각 논리 게이트의 트랜지스터 크기를 결정하라.

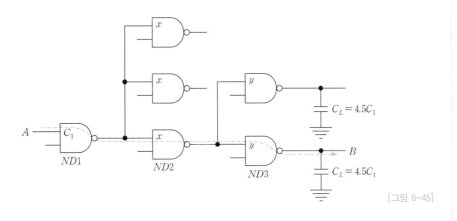

[그림 6-45]

6.30 [그림 6-46]은 8-입력 AND 게이트를 구현하는 세 가지 회로이다. 경로 전기적 에포트가 $H = 1$인 경우와 $H = 20$인 경우에 대해 각 회로의 최소 지연을 구하고, 어느 회로의 지연이 가장 작은지 확인하라.

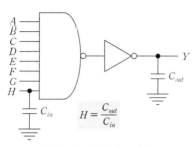

(a) (팬-인 = 8)인 2단 논리회로

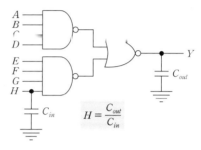

(b) (팬-인 = 4)인 2단 논리회로

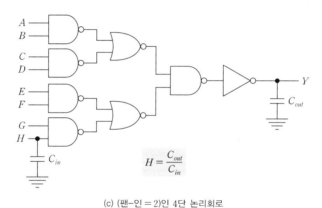

(c) (팬-인 = 2)인 4단 논리회로

[그림 6-46]

Chapter
07

동적 논리회로
Dynamic Logic Circuit

디지털 논리회로는 동작 방식에 따라 정적(static) 논리회로와 동적(dynamic) 논리회로로 구분된다. 6장에서 설명한 정적 논리회로는 전원 V_{DD} 또는 접지로 연결된 저임피던스 경로를 통해 회로의 출력이 결정되는 회로이다. 동적 논리회로는 용량성 노드에 저장된 전하의 양에 의해 출력 논리값이 결정되는 회로로, 누설에 의한 전하량 감소를 보충하기 위해 클록신호에 의한 주기적인 리프레시(refresh) 동작이 이루어진다. 이 장에서는 동적 논리회로의 구조, 동작 원리 및 특성을 이해하고, 도미노 동적 논리회로의 구조와 동작을 살펴본다.

7.1 CMOS 동적 논리회로

디지털 회로를 구현하는 방법 중 하나인 동적 논리회로는 6장에서 설명한 정적 논리회로와 비교하여 회로 구조, 동작 특성, 장단점 등 여러 가지 차이점을 갖는다. 이 절에서는 동적 논리회로의 구조, 동작 특성 그리고 논리 게이트의 동적 논리회로 구현에 대해 알아본다. 또한, 전하공유 현상과 전하누설에 의한 출력전압 감소, 직렬접속 제한 등 동적 논리회로가 갖는 동작 특성과 회로 구현상의 제약 사항에 대해 알아본다.

7.1.1 동적 논리회로의 구조 및 동작

CMOS 동적 논리회로는 [그림 7-1(a)]와 같이 게이트에 클록신호 Φ가 인가되는 pMOSFET M_p와 nMOSFET M_n, 그리고 논리기능을 구현하는 PDN$^{Pull-Down\ Network}$으로 구성된다. pMOSFET M_p는 클록신호가 $\Phi = 0$일 때 도통되어 출력노드의 커패시터 C_L을 V_{DD}로 충전시키는 역할을 하며, 예비충전^{precharge} 트랜지스터라고 한다. 접지 쪽에 연결된 nMOSFET

M_n은 클록신호가 $\Phi = 1$일 때 도통되어 출력 논리값을 결정하므로, 평가evaluation 트랜지스터라고 한다. PDN은 증가형 nMOSFET로 구성되어 논리기능을 구현하며, 정적 CMOS 회로의 PDN과 동일한 형태로 구성된다. 한편, 커패시터 C_L은 출력노드에 존재하는 기생parasitic 커패시터를 나타낸다(4.2.2절의 [그림 4-13] 참조).

동적 논리회로는 클록신호의 위상에 따라 [그림 7-1(b)]와 같이 두 가지 모드로 나누어져 동작한다. 클록신호가 $\Phi = 0$인 기간에 예비충전 트랜지스터 M_p는 도통되고, 평가 트랜지스터 M_n은 차단상태가 된다. 도통된 M_p에 의해 출력노드의 커패시터 C_L이 V_{DD}로 충전되므로, 출력 F는 PDN의 구성이나 입력과 무관하게 논리값 1을 유지한다. $\Phi = 0$일 때 출력노드의 커패시터 C_L이 V_{DD}로 충전되므로, 예비충전 기간이라고 한다. 이때 평가 트랜지스터 M_n은 차단상태를 유지하므로 회로에 흐르는 DC 전류는 0이 된다.

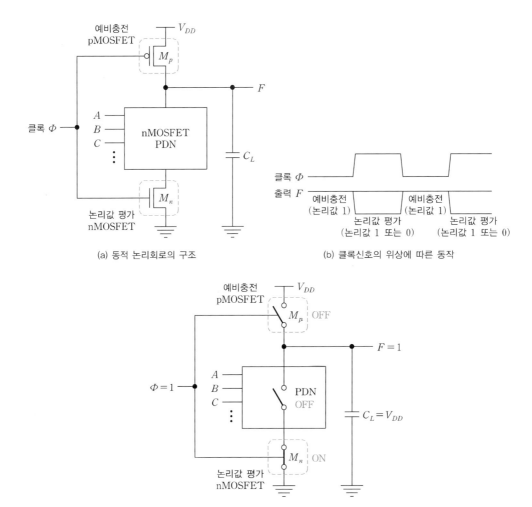

(a) 동적 논리회로의 구조

(b) 클록신호의 위상에 따른 동작

(c) 평가기간($\Phi = 1$)에 회로의 출력값이 $F = 1$인 경우

[그림 7-1] CMOS 동적 논리회로의 구조 및 동작

클록신호가 $\Phi = 1$인 기간에 예비충전 트랜지스터 M_p는 차단되고, 평가 트랜지스터 M_n은 도통상태가 된다. 따라서 PDN의 구성과 입력값에 따라 회로의 출력값이 결정되므로, 이 기간을 평가기간이라고 한다. PDN의 구성과 입력값에 따라 출력노드에서 접기로 도전경로가 형성되면, 출력노드의 C_L에 예비충전되어 있던 전하가 접지로 방전되어 출력은 논리값 0이 된다. 출력노드에서 접지로 도전경로가 형성되지 않으면, 예비충전 상태를 유지하여 출력은 논리값 1이 된다.

[그림 7-1(c)]는 평가기간($\Phi = 1$)에 회로의 출력값이 $F = 1$인 경우로, 클록신호 $\Phi = 1$에 의해 예비충전 트랜지스터 M_p는 차단되고 평가 트랜지스터 M_n은 도통된다. PDN이 개방상태이므로 출력노드의 커패시터 C_L은 충전경로와 방전경로가 모두 개방된 상태에 있으며, 회로의 출력은 커패시터 C_L에 저장된 전하량에 의해 결정된다. 이와 같이 플로팅^{floating}된 출력노드의 커패시터 C_L에 저장된 전하량에 의해 회로의 논리값이 결정되는 회로를 동적^{dynamic} 논리회로라고 한다.

C_L에 저장된 전하량이 누설, 전하공유 등의 영향으로 감소하면 출력전압도 감소하므로, 출력 논리값이 변할 수 있다. 따라서 동적 논리회로에서는 클록신호 $\Phi = 0$을 이용하여 주기적으로 C_L을 재충전시키는 리프래시^{refresh} 동작이 필요하다. 이에 비하여 6장에서 설명한 정적 CMOS 논리회로는 도전경로(도통된 pMOS)를 통해 출력노드가 전원 V_{DD}로 연결되어 출력 논리값 1이 결정되고, 전원이 유지되는 한 출력 논리값이 무한히 유지될 수 있었다. 이와 같이 동적 논리회로는 회로의 동작 방식에서 정적 논리회로와 명확히 구분된다.

인버터를 동적 논리회로로 구현하면 [그림 7-2(a)]와 같으며, 논리기능을 구현하는 PDN이 하나의 증가형 nMOSFET로 구성된다. $\Phi = 0$인 예비충전 기간에 M_p는 도통되고, M_n은 차단된다. 도통된 M_p를 통해 출력노드의 커패시터 C_L이 V_{DD}까지 충전되므로, 출력은 논리값 1을 유지한다. $\Phi = 1$인 평가기간에 예비충전 트랜지스터 M_p는 차단되고, 평가 트랜지스터 M_n은 도통된다. 인버터의 입력이 $A = 0$이면, nMOSFET M_1이 차단되어 커패시터 C_L에 저장된 전하에 의해 출력은 논리값 1이 된다. 입력이 $A = 1$이면, M_1과 M_n이 도통되어 커패시터 C_L에 저장된 전하는 접지로 방전되어 출력은 논리값 0이 된다.

2-입력 NAND 게이트의 동적 논리회로는 [그림 7-2(b)]와 같다. 2-입력 NAND 게이트의 부울식 $F = \overline{A \cdot B}$로부터 PDN의 부울식은 $\overline{F} = A \cdot B$가 된다. 따라서 논리기능을

구현하는 PDN은 증가형 nMOSFET 2개의 직렬연결로 구성된다. $\Phi = 0$인 예비충전 기간에 M_p가 도통되어 커패시터 C_L은 V_{DD}로 예비충전되는데, 이때 평가 트랜지스터 M_n은 차단상태를 유지한다. $\Phi = 1$인 평가기간에는 예비충전 트랜지스터 M_p가 차단되고, 평가 트랜지스터 M_n은 도통된다. 이 상태에서 두 입력이 $A = B = 1$이면 PDN을 구성하는 M_1과 M_2가 모두 도통되므로, 커패시터 C_L에 예비충전된 전하가 접지로 방전되어 출력은 논리값 0이 된다. 두 입력 중 하나 이상이 0이면, M_1과 M_2 중 하나 이상이 차단되어 커패시터 C_L은 예비충전된 값을 유지하여 출력은 논리값 1이 된다. 따라서 [그림 7-2(b)]의 회로는 2-입력 NAND 게이트로 동작한다.

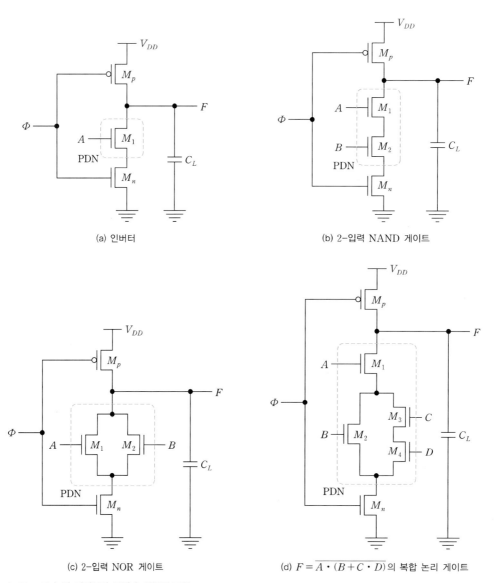

(a) 인버터

(b) 2-입력 NAND 게이트

(c) 2-입력 NOR 게이트

(d) $F = \overline{A \cdot (B + C \cdot D)}$의 복합 논리 게이트

[그림 7-2] 논리 게이트의 동적 논리회로 구현

2-입력 NOR 게이트의 동적 논리회로는 [그림 7-2(c)]와 같다. 2-입력 NOR 게이트의 부울식 $F = \overline{A + B}$ 로부터 PDN의 부울식은 $\overline{F} = A + B$가 된다. 따라서 논리기능을 구현하는 PDN은 증가형 nMOSFET 2개의 병렬연결로 구성된다. 회로의 동작은 2-입력 NAND 게이트와 유사하므로, 각자 이해해 보기 바란다.

임의의 부울식으로 표현되는 복합 논리 게이트의 동적 논리회로도 유사한 방법으로 구현될 수 있다. 예를 들어, 부울식 $F = \overline{A \cdot (B + C \cdot D)}$의 동적 논리회로는 [그림 7-2(d)]와 같이 구현되며, PDN은 부울식 $\overline{F} = A \cdot (B + C \cdot D)$로부터 구현된다.

[그림 7-2]에서 볼 수 있듯이 m-입력 논리 게이트의 동적 논리회로에는 예비충전 트랜지스터 M_p와 평가 트랜지스터 M_n을 포함하여 $(m + 2)$개의 트랜지스터가 사용된다. 6장에서 설명한 정적 CMOS 논리회로에는 $2m$개의 트랜지스터가 사용되므로, 동적 논리회로는 정적 CMOS 논리회로에 비해 적은 수의 트랜지스터로 구현된다. 동적 논리회로는 입력이 PDN의 nMOSFET에만 인가되므로, PUN의 pMOSFET와 PDN의 nMOSFET 모두에 입력이 인가되는 정적 CMOS 논리회로에 비해 입력 커패시턴스가 작아 고속 동작에 유리하다. 또한 동적 논리회로는 정적 CMOS 논리회로와 동일하게 $V_{OL} = 0V$, $V_{OH} = V_{DD}$인 무비율^{ratioless} 논리회로이다. 동적 논리회로는 전원에서 접지로 DC 전류가 흐르지 않으므로 이상적인 경우의 정적 전력소모는 0이다. 평가기간에 예비충전 트랜지스터 M_p는 차단상태이므로 스위칭 기간의 과도단락전류에 의한 전력소모는 없으나, 클록신호에 의한 스위칭 전력소모는 발생한다.

7.1.2 동적 논리회로의 동작 특성

동적 논리회로는 동작 특성상 몇 가지 제약사항을 가지는데, 그 중 하나는 회로에 인가되는 입력신호의 변화 시점에 관한 것이다. 먼저 [그림 7-2(a)]의 동적 인버터 회로에서 평가기간 동안에 입력이 변하는 경우를 생각해보자. [그림 7-3(a)]와 같이 $\Phi = 1$인 평가기간 동안에 입력이 $0 \rightarrow 1$로 천이하면, 예비충전된 커패시터 C_L이 도통된 트랜지스터 M_1과 M_n을 통해 접지로 방전되어 출력은 논리값 0이 된다. 즉 입력 논리값 1에 대해 논리값 0이 출력되므로 인버터 회로가 올바로 동작한다.

그러나 [그림 7-3(b)]와 같이 평가기간($\Phi = 1$) 동안에 입력이 $1 \rightarrow 0$으로 천이하는 경우에는 잘못된 논리값이 출력되어 오동작할 수 있다. 입력이 $A = 1$인 동안에 예비충전된 커패시터 C_L은 도통된 트랜지스터 M_1과 M_n을 통해 접지로 방전된다. 이때 입력이

$A = 0$으로 천이되면, 트랜지스터 M_1은 차단상태가 되고 예비충전 트랜지스터 M_p도 차단상태에 있으므로, 출력노드는 플로팅 상태가 되어 커패시터 C_L은 충전될 수 없다. 그러므로 인버터의 출력은 다음 예비충전($\Phi = 0$)까지 논리값 0을 유지하게 된다. 즉 $A = 0$ 입력에 대해 논리값 0 출력이 얻어져 회로는 오동작하게 된다.

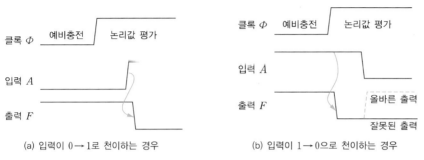

(a) 입력이 0→1로 천이하는 경우   (b) 입력이 1→0으로 천이하는 경우

[그림 7-3] 평가기간 동안의 입력 변화에 따른 동적 인버터 회로의 동작

[그림 7-4(a)]의 동적 2-입력 NAND 게이트에서 입력이 평가기간($\Phi = 1$) 동안에 변하는 경우를 살펴보자. 예비충전 기간에 출력노드는 V_{DD}로 충전되어 있으며, 입력신호가 모두 0이고, 노드-x의 기생 커패시턴스 C_x가 완전히 방전된 상태라고 가정한다. 평가기간 동안에 입력 $B = 0$에 의해 M_2는 차단상태를 유지한다.

입력 A가 0→1로 천이되면 M_1은 도통되며, 출력노드의 커패시터 C_L에 충전되어 있던 전하의 일부가 도통된 M_1을 통해 노드-x의 기생 커패시턴스 C_x로 이동한다. 이와 같이 출력노드의 전하가 회로 내부의 다른 노드로 이동하는 현상을 전하공유^{charge sharing} 또는 전하 재분배^{charge redistribution}라고 하며, 이에 의해 출력전압은 [그림 7-4(b)]와 같이 ΔV_{out}만큼 감소하게 된다. 트랜지스터 M_1의 문턱전압의 영향을 무시하면, 전하공유 현상에 의해 출력전압과 노드-x의 전압이 같아지며, 그 출력전압은 식 (7.1)과 같이 C_L과 C_x에 의한 전압 분배로 표현된다.

$$V_{out} = V_x = \frac{C_L}{C_x + C_L} V_{DD} \qquad (7.1)$$

따라서 전하공유 현상에 의한 출력전압의 감소는 식 (7.2)와 같이 표현되며, 부하 커패시턴스 C_L과 내부 노드의 기생 커패시턴스 C_x의 비^{ratio}에 의해 결정된다. C_L이 매우 작거나 C_x가 큰 경우에는 전하공유 현상에 의한 출력전압 감소가 커지는데, 이때 출력이 논리값 0으로 변하여 잘못된 출력이 얻어질 수 있다.

$$\Delta V_{out} = V_{DD} - V_{out} = \frac{C_x}{C_x + C_L} V_{DD} \qquad (7.2)$$

[그림 7-3(b)]와 [그림 7-4]에서 보는 바와 같이 평가기간($\Phi = 1$) 동안에 입력이 변하면 잘못된 출력 논리값이 얻어져 회로가 오동작할 수 있으므로, 동적 논리회로의 입력은 예비충전 기간($\Phi = 0$) 동안에만 변하도록 해야 한다.

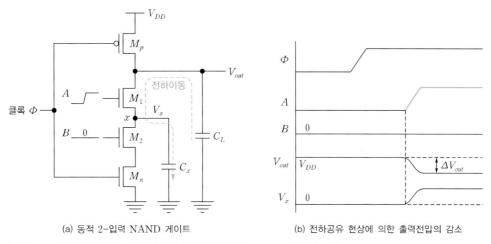

(a) 동적 2-입력 NAND 게이트   (b) 전하공유 현상에 의한 출력전압의 감소

[그림 7-4] **평가기간 동안의 입력 천이에 따른 동적 2-입력 NAND 게이트의 동작**

동적 논리회로는 플로팅된 출력노드의 전하량에 의해 논리값 1의 출력이 결정된다. 따라서 출력노드에 저장된 전하가 누설에 의해 손실되면, 출력전압이 감소하여 논리값 1이 논리값 0으로 변할 수 있다. 동적 논리회로에서 출력노드의 전하 누설은 [그림 7-5(a)]와 같이 크게 두 가지 요인에 의해 발생한다.

첫째는 MOSFET 드레인-기판의 역바이어스된 pn 접합에서 발생하는 누설전류 성분 $I_{D,laek}$이며, 둘째는 차단상태의 트랜지스터 M_1이 갖는 문턱전압이하 누설전류 성분 $I_{M1,leak}$이다. 이와 같은 누설전류에 의해 [그림 7-5(b)]와 같이 출력전압이 ΔV_{out}만큼 감소하게 된다.

누설전류에 의한 전하손실을 보상하기 위해 주기적으로 출력노드의 C_L을 재충전해야 하며, 클록신호 $\Phi = 0$의 예비충전을 통해 재충전이 이루어진다. 클록 주기가 매우 큰 경우에는 평가기간($\Phi = 1$) 동안 누설에 의한 전압 감소 ΔV_{out}가 커져서 출력 논리값 1이 유지될 수 없게 된다. 따라서 매우 낮은 클록 주파수로 동작하는 경우에는 동적 논리회로를 사용하지 말아야 한다. 또한, 동적 논리회로의 출력이 논리값 1인 동안에 출력노드는 플로팅 상태 (고임피던스)이므로, 전기장 및 방사선 등 외부 잡음에 민감하게 영향 받는 특성을 갖는다.

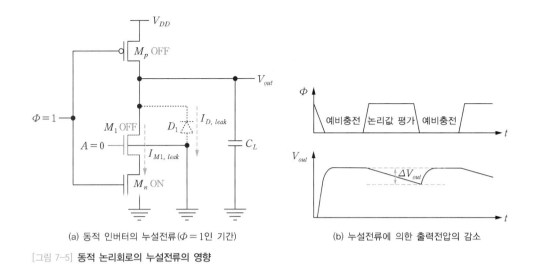

(a) 동적 인버터의 누설전류($\Phi = 1$인 기간)   (b) 누설전류에 의한 출력전압의 감소

[그림 7-5] 동적 논리회로의 누설전류의 영향

7.1.3 동적 논리회로의 직렬접속

6장에서 설명한 정적 논리회로에서는 논리 게이트 또는 회로 블록의 직렬접속에 아무 제한이 없다. 그러나 동적 논리회로의 직렬접속은 문제를 유발할 수 있다. [그림 7-6(a)]와 같이 동적 인버터가 직렬로 접속된 경우를 생각해보자. 예비충전 기간에 모든 출력노드는 V_{DD}로 충전되어 있으며, $INV1$의 입력은 예비충전 기간에 $0 \rightarrow 1$로 천이된다. $\Phi = 1$이 되어 논리값 평가가 시작되면 $INV1$의 출력은 $V_{DD} \rightarrow 0$으로 하강하기 시작한다. 이 과정에서 $INV1$의 출력 V_{out1}이 M_2의 문턱전압 V_{Tn} 이하로 충분히 작아지기 전까지 M_2는 도통상태를 유지한다. 따라서 $INV2$의 부하 커패시턴스 C_L에 예비충전된 전하가 방전되어 출력전압 V_{out2}는 감소한다. $V_{out1} < V_{Tn}$이 되면 M_2가 차단되어 출력 V_{out2}의 감소가 멈춘다. $INV1$의 하강 지연에 의해 V_{out2}는 [그림 7-6(b)]와 같이 정상 출력전압 V_{DD}보다 ΔV만큼 감소된 상태를 유지하며, 다음 예비충전 사이클까지는 V_{DD}로 복원될 수 없다. 이와 같은 출력노드의 전하 손실은 회로의 잡음여유를 감소시키며, $INV1$의 하강지연이 클수록 V_{out2}의 감소가 커져서 궁극적으로 회로가 오동작할 수 있다.

동적 논리회로의 직렬접속 시에 발생하는 현상은 다음과 같이 이해할 수도 있다. 평가기간($\Phi = 1$)에 $1 \rightarrow 0$으로 천이하는 $INV1$의 출력은 $INV2$의 입력이 되므로, 결국 $INV2$의 입력이 평가기간 동안에 변하는 결과가 초래된다. 따라서 7.1.2절에서 설명했듯이 동적 논리회로의 입력은 예비충전 기간($\Phi = 0$) 동안에만 변해야 한다는 제약을 위반하여 회로가 오동작할 수 있다. 따라서 단일위상 클록을 사용하는 동적 논리회로는 직접 접속할 수 없으며, 7.2절에서 설명되는 도미노domino 동적 논리회로로 변환하여 연결해야 한다.

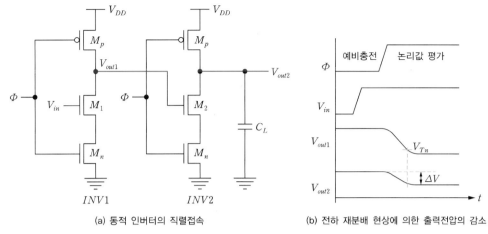

(a) 동적 인버터의 직렬접속   (b) 전하 재분배 현상에 의한 출력전압의 감소

[그림 7-6] **동적 논리회로의 직렬접속**

7.1.4 pseudo 정적 논리회로

7.1.2절에서 설명했듯이 동적 논리회로는 누설전류와 전하 재분배, 잡음 등에 민감한 특성을 가지며, 출력전압의 시상수는 반도체 공정과 온도에 따라 수 ms에서 수 ns 범위의 값을 갖는다. 누설전류와 전하 재분배 현상으로 인한 동적 논리회로의 잡음여유 문제를 개선하기 위해 [그림 7-7]과 같은 pseudo 정적 논리회로를 사용할 수 있다.

[그림 7-7(a)]의 회로는 게이트가 접지로 연결된 약한^{weak} pMOSFET(채널폭이 작음) $M_{p,wk}$를 V_{DD}와 출력노드 사이에 연결하여 누설전류에 의한 전하손실을 보충해 주는 방법이다. 이 회로에서 트랜지스터 $M_{p,wk}$에 의한 전류가 너무 크면, 논리값 0의 출력전압이 0V보다 커지게 되어 논리값 0에 대한 잡음여유가 감소하며, 하강시간이 커지고, 정적 전력소모가 증가하는 단점이 있다. 따라서 트랜지스터 $M_{p,wk}$는 누설에 의한 전하를 보충해 줄 수 있을 정도로 W/L 비를 작게 설계하는 것이 중요하다.

[그림 7-7(b)]는 약한 pMOSFET의 게이트를 접지시키는 대신에 출력의 반전값을 인가하는 방법이다. 회로의 출력이 $F = 0$인 경우에 $\overline{F} = 1$에 의해 트랜지스터 $M_{p,wk}$는 차단된다. 회로의 출력이 $F = 1$인 경우에는 $\overline{F} = 0$에 의해 $M_{p,wk}$가 도통되어 누설전류에 의한 출력노드의 전하 손실을 보충해 준다. 이 회로에서도 트랜지스터 $M_{p,wk}$는 작은 W/L 비를 갖도록 설계해야 한다.

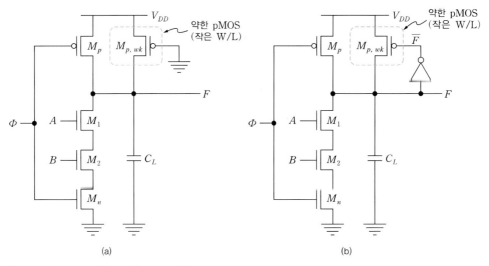

[그림 7-7] pseudo 정적 2-입력 NAND 게이트

CMOS 동적 논리회로의 특성

- m-입력 논리 게이트는 $(m+2)$개의 트랜지스터로 구현되어 CMOS 정적 논리회로에 비해 적은 수의 트랜지스터로 구현된다.
  - 입력신호가 PDN에만 인가되므로 앞단에 미치는 부하효과가 작다.
  - 정상상태에서 DC 전류가 흐르지 않아 정적 전력소모가 없다.
- 누설, 전하공유, 외부 잡음 등에 민감하게 영향을 받으며, 클록신호를 이용한 주기적인 리프레시 동작이 필요하다.
- 입력신호가 논리값 평가기간에 변하거나 동적 논리회로가 직렬로 연결되면, 전하공유 현상에 의해 출력전압이 감소한다.

7.2 도미노 동적 논리회로

7.1.3절에서 설명했듯이 단일위상 클록으로 동작하는 동적 논리회로를 직렬로 접속하면, 전하 재분배 현상에 의해 출력전압이 감소한다. 이와 같은 현상은 예비충전 기간에 모든 출력노드가 1로 충전되고, 평가기간에 1→0으로 천이하는 동적 논리회로의 동작 방식에 기인한다. 논리값 평가기간에 앞단 회로의 출력이 1→0으로 천이하는 과정에서 지연이 발생하고, 이 지연에 의해 다음단 회로에 전하 재분배 현상이 발생하게 된다. 논리값 평가기간에 동적 논리회로의 출력이 0→1로 천이한다면, 앞단 동적 논리회로의 출력에 지연이 발생해도 다음단 회로에서 전하 재분배 현상이 발생하지 않는다. 이와 같은 개념을 적용하여 고안된 회로가 도미노^{domino} 동적 논리회로이다.

도미노 동적 논리회로는 [그림 7-8(a)]와 같이 동적 논리회로의 출력에 정적 인버터를 추가하여 만들어진다. 정적 인버터는 예비충전 기간에 도미노 회로의 출력을 $\overline{F}=0$ 으로 만들며, 논리값 평가기간에 출력 $\overline{F}$ 가 $0 \rightarrow 1$ 로 천이하도록 만든다. 따라서 논리값 평가 기간에 동적 논리회로의 출력에 지연이 발생해도 직렬연결된 다음단 회로에서 전하 재분배 현상이 발생하지 않는다. 도미노 동적 논리회로는 출력단 인버터의 크기를 조정하여 큰 팬-아웃$^{fan-out}$을 구동할 수 있다는 장점도 갖는다.

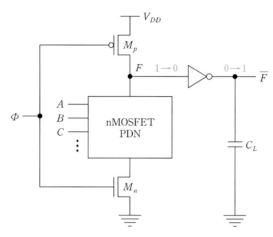

(a) 도미노 동적 논리회로

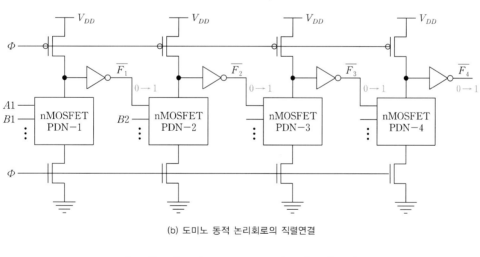

(b) 도미노 동적 논리회로의 직렬연결

(c) 도미노 동적 논리회로의 동작 원리 비유

[그림 7-8] **도미노 동적 논리회로**

[그림 7-8(b)]는 도미노 동적 논리회로의 직렬연결을 보이고 있다. 예비충전 기간($\Phi = 0$)에 도미노 회로의 출력 $\overline{F_1}$, $\overline{F_2}$, $\overline{F_3}$, $\overline{F_4}$는 모두 0이 된다. 논리값 평가기간($\Phi = 1$)에 $\overline{F_1}$이 0→1 천이가 PDN2에 영향을 미치고, $\overline{F_2}$의 0→1 천이가 PDN3에 영향을 미치는 연쇄반응으로 동작한다. [그림 7-8(c)]와 같이 도미노 블록의 연쇄 쓰러짐 현상과 유사하게 동작하므로, 이 회로를 도미노 논리회로라고 한다. 임의의 부울식을 도미노 동적 논리회로로 구현하는 방법을 예제를 통해 알아보자.

예제 7-1

[그림 7-9]의 회로를 도미노 동적 논리회로로 구현하라.

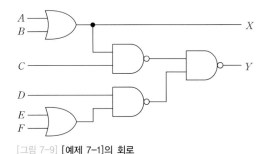

[그림 7-9] [예제 7-1]의 회로

풀이

도미노 동적 논리회로는 출력단의 인버터에 의해 비반전 출력을 가지므로, 부울식을 비반전 형태로 변환해야 한다. 드 모르간De morgan의 정리를 적용하면, 반전 게이트(NAND, NOR 등)를

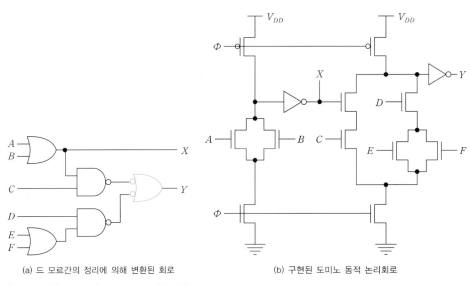

(a) 드 모르간의 정리에 의해 변환된 회로

(b) 구현된 도미노 동적 논리회로

[그림 7-10] [예제 7-1]의 도미노 동적 논리회로

비반전 게이트(AND, OR)로 변환하여 구현할 수 있다. [그림 7-9]의 회로도에서 출력 X는 비반전 형태이므로 도미노 회로로 직접 구현할 수 있다. 출력 Y는 반전 형태이므로, NAND 게이트에 드 모르간의 정리를 적용하면 [그림 7-10(a)]와 같다. 이때 동그라미는 신호의 반전을 나타낸다. [그림 7-10(a)]에서 짝수 개의 동그라미는 제거한 후, 도미노 동적 논리회로로 구현하면 [그림 7-10(b)]와 같다.

핵심포인트 **도미노 동적 논리회로**

- 동적 논리회로의 출력에 정적 인버터를 추가하여 직렬연결이 가능하도록 만든 회로이며, $\overline{F}$ 의 출력이 얻어진다.
- 논리값 평가기간에 출력이 $0 \rightarrow 1$로 천이하여 직렬연결된 다음단 회로에서 전하 재분배 현상이 발생하지 않는다.

7.3 np-CMOS 동적 논리회로

np-CMOS 동적 논리회로는 [그림 7-11]과 같이 Φ-블록과 $\overline{\Phi}$-블록을 교대로 사용하여 직렬연결이 가능하도록 만든 동적 논리회로이다. Φ-블록은 nMOSFET로 구성되는 PDN에 의해 논리기능이 구현되며, $\overline{\Phi}$-블록은 pMOSFET로 구성되는 PUN에 의해 논리기능이 구현된다. Φ-블록은 클록신호 $\Phi = 0$에 의해 논리값 $1(V_{DD})$로 예비충전되며, $\overline{\Phi}$-블록은 $\overline{\Phi} = 1$에 의해 논리값 $0(0V)$으로 예비방전된다. Φ-블록의 예비충전 출력(논리값 1)은 $\overline{\Phi}$-블록의 PUN을 구성하는 pMOSFET를 차단상태로 유지시키며, $\overline{\Phi}$-블록의 예비방전 출력(논리값 0)은 Φ-블록의 PDN을 구성하는 nMOSFET를 차단상태로 유지시킨다.

논리값 평가기간에 Φ-블록은 $1 \rightarrow 0$으로 천이되고 $\overline{\Phi}$-블록은 $0 \rightarrow 1$으로 천이되므로, 다음 단에 전하 재분배 현상을 유발하지 않는다. 따라서 논리블록의 출력에 정적 인버터를 사용하지 않고도 직렬연결이 가능해진다. 그에 따라 도미노 동적 논리회로에 비해 인버터가 사용되지 않기 때문에 동작속도가 개선된다. 한편 Φ-블록과 $\overline{\Phi}$-블록의 예비방전 및 논리값 평가를 동기화시키기 위해서는 클록신호 Φ와 $\overline{\Phi}$는 서로 반전위상을 가져야 한다.

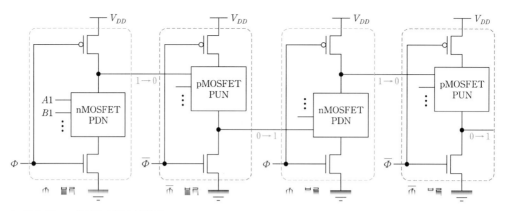

[그림 7-11] np-CMOS 동적 논리회로

7.4 시뮬레이션 및 레이아웃 설계 실습

실습 7-1 전하공유 현상 시뮬레이션

[그림 7-12]의 동적 2-입력 NAND 게이트 회로에서 입력 A가 논리값 평가기간에 $0 \rightarrow 1$로 천이하는 경우에, 전하공유 현상에 의한 출력전압의 감소를 시뮬레이션으로 확인하라.

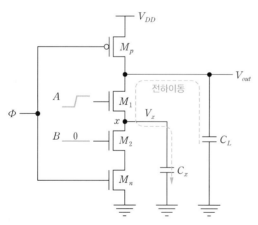

[그림 7-12] [실습 7-1]의 시뮬레이션 회로

[그림 7-12]의 2-입력 NAND 게이트의 동적 논리회로에서 발생할 수 있는 전하공유 현상의 시뮬레이션 결과는 [그림 7-13]과 같다.

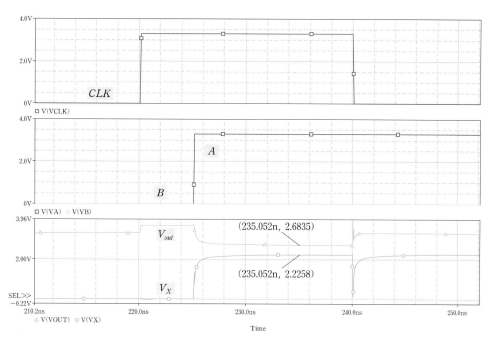

[그림 7-13] 2-입력 NAND 게이트의 전하공유 현상 시뮬레이션 결과

논리값 평가기간[$V(CLK) = 1$] 동안 입력 $B = 0$을 유지하고 입력 A가 $0 \rightarrow 1$로 천이되면, 트랜지스터 M_2는 차단상태가 되고 M_1은 도통상태가 되어 출력노드에 충전되어 있던 전하의 일부가 노드-x로 이동하는 전하공유 현상이 발생한다. 이에 의해 출력전압 $V(OUT)$이 약 $0.62\,V$ 감소하고, 노드-x의 전압은 $V(VX) = 2.23\,V$로 상승함을 확인할 수 있다.

[그림 7-14]의 pseudo 정적 2-입력 NAND 게이트 회로에서 약한 pMOSFET M_{pwk}의
채널길이 L_{pwk}에 따른 동작 특성을 시뮬레이션으로 확인하라.

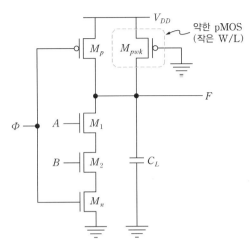

[그림 7-14] [실습 7-2]의 시뮬레이션 회로

■ 시뮬레이션 결과

[그림 7-14]의 pseudo 정적 2-입력 NAND 게이트의 시뮬레이션 결과는 [그림 7-15]
와 같다. 논리값 평가기간[$V(CLK) = 1$] 동안 입력 $B = 0$을 유지하고 입력 A가 0 → 1
로 천이되는 경우에 [그림 7-15(a)]의 시뮬레이션 결과에서는 출력전압 $V(OUT)$이
V_{DD}로 유지되어 pseudo 정적 회로로 동작함을 볼 수 있다. [그림 7-13]과 비교하여
차이점을 확인하기 바란다. [그림 7-15(b)]는 출력노드와 V_{DD} 사이에 연결된 약한
pMOSFET M_{pwk}의 채널길이 L_{pwk}가 출력전압 $V(OUT)$에 미치는 영향을 시뮬레이션
한 결과이다. 이 결과는 $W_{pwk} = 1.2\,\mu\mathrm{m}$로 고정시킨 상태에서, $L_{pwk} = 0.5 \sim 2.0\,\mu\mathrm{m}$ 범
위에서 $0.5\,\mu\mathrm{m}$씩 증가시키며 시뮬레이션 한 결과로, L_{pwk}가 클수록 $V(OUT)$이 작아짐
을 확인할 수 있다.

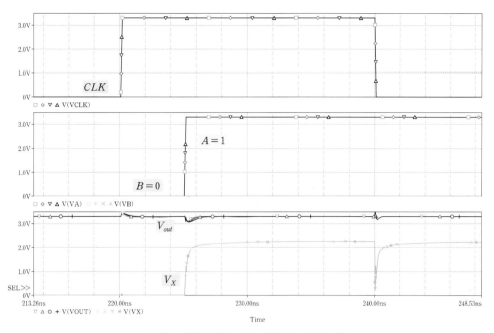

(a) 약한 pMOSFET에 의한 전하공유 현상의 제거

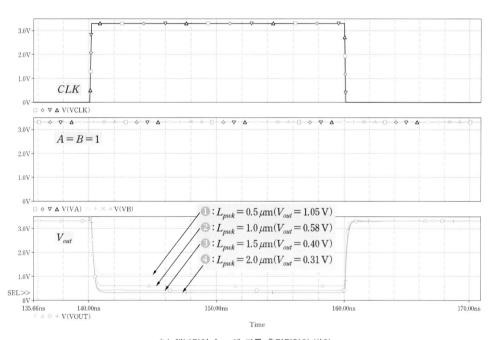

(b) 채널길이 L_{pwk}에 따른 출력전압의 변화

[그림 7-15] pseudo 정적 논리회로의 시뮬레이션 결과

실습과제 7-1 $F = \overline{(A \cdot B + C) \cdot D}$를 동적 논리회로로 구현하고, 레이아웃을 설계하여 DRC와 LVS를 통해 검증하라.

- 동적 논리회로는 다음과 같은 특징을 갖는다.

  - 클록신호에 의해 예비충전과 논리값 평가의 2단계로 동작한다.

  - m-입력 논리 게이트는 $(m+2)$개의 트랜지스터로 구현되며, $2m$개의 트랜지스터가 사용되는 CMOS 정적 논리회로에 비해 적은 수의 트랜지스터로 구현된다.

  - 정상상태에서는 V_{DD}에서 접지로 DC 전류가 흐르지 않으므로 정적 전력소모가 없다.

  - 입력신호는 PDN에만 인가되므로 앞단에 미치는 부하효과가 작다.

  - $V_{OL} = 0\text{V}$, $V_{OH} = V_{DD}$인 무비율 논리회로이다.

  - 전기장 및 방사선 등의 잡음에 영향을 쉽게 받는다.

  - 입력신호는 예비충전 기간에만 변할 수 있으며, 단일클록을 사용하는 동적 논리회로의 출력은 다른 동적 논리회로에 직접 연결될 수 없다.

  - 도미노 동적 논리회로는 동적 논리회로 출력에 정적 인버터를 연결하여 직렬접속이 가능하도록 만든 회로 방식이다.

  - np-CMOS 동적 논리회로는 Φ-블록과 $\overline{\Phi}$-블록을 교대로 사용하여 동적 논리회로 블록의 직렬연결이 가능하도록 만든 회로 방식이다.

7.1 CMOS 동적 논리회로는 무비율 논리회로$^{\text{ratioless logic}}$이다. (O, X)

7.2 도미노 동적 논리회로를 직렬로 접속하면 전하공유 현상이 발생한다. (O, X)

7.3 다음 중 CMOS 동적 논리회로의 특징으로 **틀린** 것은?

㉮ 전기장 및 방사선 등의 잡음에 영향을 잘 받는다.
㉯ 주기적인 재충전 과정이 필요하다.
㉰ 무비율 논리회로이므로, 출력전압의 잡음여유가 크다.
㉱ 매우 낮은 주파수로 동작하는 회로에 적합하다.

7.4 CMOS 동적 인버터 회로에 대한 설명으로 **틀린** 것은?

㉮ 예비충전 기간에 출력은 $F = 1$이 된다.
㉯ 예비충전 기간에 입력신호가 $A = 1$이면, 출력은 $F = 0$이 된다.
㉰ 논리값 평가기간에 정적 전력소모가 매우 작다.
㉱ 3개의 트랜지스터로 구성된다.

7.5 m-입력 NOR 게이트를 동적 논리회로로 구현하기 위해 필요한 트랜지스터의 개수는?

㉮ $(2m+1)$개 ㉯ $(m+1)$개
㉰ $(m+2)$개 ㉱ $(2m)$개

7.6 동적 논리회로의 전하 재분배 현상과 누설전류에 의한 잡음 특성을 개선하기 위한 방법으로 적합한 것은?

㉮ pseudo 정적 논리회로를 사용한다.
㉯ 동적 논리회로를 직렬로 접속하여 사용한다.
㉰ 매우 낮은 클록 주파수로 동작시킨다.
㉱ 회로 내부노드의 정전용량을 크게 만든다.

7.7 동적 논리회로에서 전하 재분배 현상이 발생할 수 있는 경우는?

㉮ 입력이 예비충전 기간에 변하는 경우

㉯ 입력이 평가기간에 변하는 경우

㉰ 도미노 동적 논리회로가 직렬로 연결되는 경우

㉱ pseudo 정적 논리회로로 구성된 경우

7.8 PDN이 nMOSFET로 구성되는 도미노 동적 논리회로에 대한 설명으로 **틀린** 것은?

㉮ 직렬접속이 가능하다.

㉯ 논리값 평가기간에 출력이 $1 \rightarrow 0$으로 천이한다.

㉰ 클록신호에 의한 예비충전이 필요하다.

㉱ 비반전 형태의 출력을 갖는다.

7.9 [그림 7-16]의 회로에 대한 설명으로 **틀린** 것은?

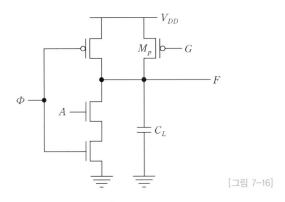

[그림 7-16]

㉮ pseudo 정적 인버터 회로이다.

㉯ pMOSFET M_p는 누설전류에 의한 전하 손실을 보상해주는 역할을 한다.

㉰ pMOSFET M_p의 게이트 G는 접지로 연결된다.

㉱ pMOSFET M_p의 W/L를 크게 만들수록 좋다.

7.10 np-CMOS 동적 논리회로에 대한 설명으로 맞는 것은?

㉮ Φ-블록은 클록신호 $\Phi = 0$에 의해 논리값 1로 예비충전된다.

㉯ $\overline{\Phi}$-블록은 클록신호 $\overline{\Phi} = 0$에 의해 논리값 0으로 예비방전된다.

㉰ Φ-블록은 논리값 평가기간에 출력이 $0 \rightarrow 1$로 천이한다.

㉱ $\overline{\Phi}$-블록은 논리값 평가기간에 출력이 $1 \rightarrow 0$으로 천이한다.

7.11 [그림 7-17]의 회로가 동적 논리회로인 이유와 회로의 동작을 설명하라.

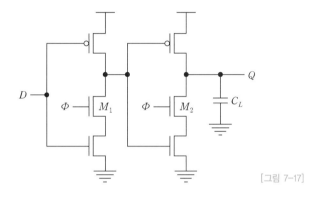

[그림 7-17]

7.12 다음의 부울식을 CMOS 동적 논리회로로 설계하라.

(a) $F = \overline{AB + CDE}$ (b) $F = \overline{(A + B)CD + E}$

7.13 [그림 7-18]은 2-입력 NAND 게이트의 CMOS 동적 논리회로이다. $\Phi = 1$인 논리값 평가기간에 $B = 0$을 유지하고, 입력 A가 $0 \rightarrow 1$로 천이하는 경우에 출력전압 V_{out}와 전하공유 현상에 의한 출력전압의 감소 $\triangle V_{out}$을 구하라. 단, 전원전압은 $V_{DD} = 3.3\,\mathrm{V}$, nMOSFET의 문턱전압은 $V_{Tn} = 0.75\,\mathrm{V}$이고, 부하 커패시턴스는 $C_L = 15\,\mathrm{fF}$, $C_x = 3\,\mathrm{fF}$이다. 예비충전 기간에 노드-x의 기생 커패시턴스 C_x는 완전히 방전된 상태라고 가정한다.

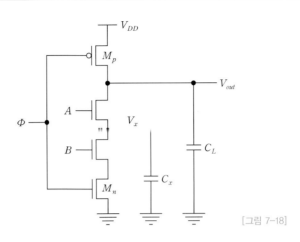

[그림 7-18]

7.14 다음의 부울식을 도미노 동적 논리회로로 설계하라.

(a) $F = \overline{A(B + \overline{C})}$

(b) $F = \overline{\overline{A} + \overline{B} + C} + A\overline{B}$

7.15 [그림 7-19]와 같이 구성되는 4비트 가산기를 np-CMOS 동적 논리회로로 설계하라. 짝수 번째 비트인 InvFA_1과 InvFA_3에는 전가산기의 반전 특성^{inversion} ^{property}이 적용되며, 전가산기의 부울식은 [그림 7-19]에 주어진 것과 같다.

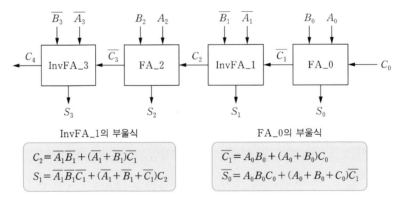

InvFA_1의 부울식

$$C_2 = \overline{A_1 B_1} + (\overline{A_1} + \overline{B_1})\overline{C_1}$$
$$S_1 = \overline{A_1 B_1 \overline{C_1}} + (\overline{A_1} + \overline{B_1} + \overline{C_1})C_2$$

FA_0의 부울식

$$\overline{C_1} = A_0 B_0 + (A_0 + B_0)C_0$$
$$\overline{S_0} = A_0 B_0 C_0 + (A_0 + B_0 + C_0)\overline{C_1}$$

[그림 7-19]

Chapter 08

순차회로

Sequential Circuits

PC에 사용되는 마이크로프로세서나 스마트폰의 두뇌 역할을 하는 어플리케이션 프로세서(AP)의 성능을 나타내는 대표적인 지표로 동작 클록 주파수가 사용된다. 예를 들어, 인텔 코어 i5 1.7GHz CPU는 1.7기가(Giga, 10^9) 헤르츠의 클록 주파수로 동작하는 CPU임을 나타낸다. 일반적으로 CPU의 동작 클록 주파수가 높으면 동작속도가 빠르고 성능이 좋다는 것을 의미한다. 그렇다면 1.7GHz로 동작하도록 만들어진 CPU에 3.4GHz의 클록신호를 인가하면 어떻게 될까? 올바로 동작하지 않을 것이라고 추측할 수 있으나, 순차회로의 동작 타이밍 조건에 대해 잘 이해하고 있지 않으면 그 이유를 명확하게 설명할 수 없을 것이다. 마이크로프로세서, 통신용 모뎀, FPGA 등 오늘날 우리가 사용하는 대부분의 반도체 IC들은 내부에 래치 또는 플립플롭의 저장소자를 포함하고 있으며, 클록신호에 의해 동기화되어 동작하는 순차회로이다. 순차회로를 분석하고 설계하기 위해서는 래치, 플립플롭의 회로 구성과 동작 방식, 타이밍 파라미터를 이해해야 하며, 순차회로의 동작 타이밍 조건에 대해서도 알아야 한다.

디지털 시스템은 크게 나누어 조합 논리회로combinational logic와 순차 논리회로sequential logic로 구분된다. 조합 논리회로는 현재의 입력신호에 의해서만 회로의 출력값이 결정되는 회로로, 논리 게이트들의 집합으로 구성된다. 반면에, 현재와 과거의 입력 및 현재 상태에 의해 회로의 출력값이 결정되는 회로를 순차 논리회로라고 한다. 순차 논리회로는 유한상태머신FSM : Finite State Machine과 파이프라인pipelined 시스템으로 구분되며, 대부분의 디지털 시스템은 FSM과 파이프라인 회로가 혼합된 형태를 갖는다.

유한상태머신은 [그림 8-1(a)]와 같이 과거의 입력 및 현재 상태를 저장하는 소자인 플립플롭flip-flop 또는 래치latch와 논리 게이트들의 집합으로 구성되며, 이들 저장소자는 클록신호에 의해 동기화되어 동작한다. 파이프라인 시스템은 [그림 8-1(b)]와 같이 조합회로 블록 사이에 플립플롭 또는 래치가 삽입된 구조로, 일반적으로 디지털 시스템의 동작속도를 증가시키기 위한 방법으로 많이 사용된다.

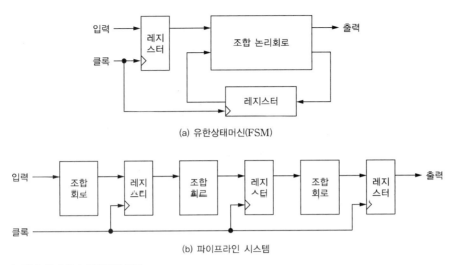

(a) 유한상태머신(FSM)

(b) 파이프라인 시스템

[그림 8-1] **순차 논리회로의 형태**

순차 논리회로에는 래치 또는 플립플롭이 저장소자로 사용되며, 회로 방식에 따라 정적 저장소자와 동적 저장소자로 구분된다. 동적 저장소자는 회로 내의 기생 커패시턴스에 일시적으로 데이터를 저장하는 소자로, 정적 저장소자보다 회로가 단순하여 고속 동작과 저전력에 유리하다. 그러나 잡음에 민감하고, 누설에 의해 저장된 데이터가 손실될 수 있어, 낮은 주파수로 동작하는 회로에는 적합하지 않다. 반면 정적 저장소자는 정귀환^{positive} ^{feedback} 회로에 의해 데이터가 저장되며, 동적 저장소자에 비해 회로가 복잡하다. 그러나 정적 저장소자는 전원이 인가되는 한 저장된 데이터를 무한히 유지할 수 있어 잡음에 강하고, 낮은 주파수로 동작해도 데이터 손실이 없다는 장점이 있다.

8.1 래치회로

래치^{latch}는 클록신호의 레벨(0 또는 1)에 따라 통과^{transparent} 모드와 유지^{hold} 모드로 동작하여 데이터를 저장하는 장치로, 레벨감지$^{level-sensitive}$ 래치라고 부르기도 한다. 통과모드에서는 입력 데이터가 출력으로 전달되며, 유지모드에서는 입력과 무관하게 출력이 일정한 값을 유지(저장)한다. 래치는 클록신호의 레벨에 따른 동작 방식에 따라 포지티브^{positive} 래치와 네거티브^{negative} 래치로 구분되며, 회로 방식에 따라서 정적^{static} 래치회로와 동적 ^{dynamic} 래치회로로 구분된다. 래치는 동작 방식에 따라 SR 래치, JK 래치, D 래치 등으로 구분된다. 이 장에서는 한 클록주기 동안 입력 데이터를 저장하는 D 래치$^{data latch}$ 회로에 대해 설명하며, D 래치를 단순히 래치로 표기한다.

[그림 8-2(a)]는 포지티브 래치의 기호 및 동작을 보이고 있다. 클록이 $\Phi = 1$이면 입력 D가 래치의 출력 Q로 전달되는 통과모드로 동작하고, 클록이 $\Phi = 0$이면 출력이 일정한 값을 유지하는 유지모드로 동작한다. 유지모드에서는 입력 D가 래치의 출력에 영향을 미치지 않으며, 통과모드에서 입력된 마지막 데이터 값을 저장하고 있다. [그림 8-2(b)]는 네거티브 래치의 기호 및 동작을 나타낸 것으로, 클록신호의 레벨에 따른 동작이 포지티브 래치와 반대이다. 즉, 클록이 $\Phi = 0$이면 통과모드로 동작하고, 클록이 $\Phi = 1$이면 유지모드로 동작한다.

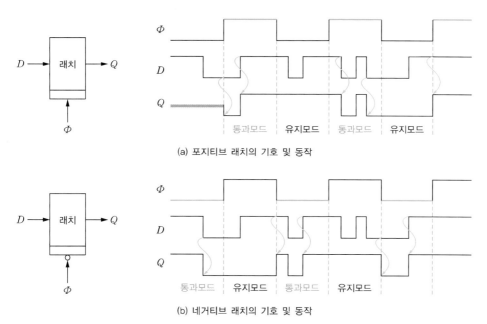

(a) 포지티브 래치의 기호 및 동작

(b) 네거티브 래치의 기호 및 동작

[그림 8-2] **레벨감지 래치의 동작**

8.1.1 정적 래치회로

정적 래치회로는 CMOS 전달 게이트를 이용하여 [그림 8-3(a)], [그림 8-3(b)]와 같이 구현할 수 있다. [그림 8-3(a)]의 포지티브 래치회로와 [그림 8-3(b)]의 네거티브 래치회로는 서로 동일한 구조를 가지며, 단지 클록신호의 위상만 반대로 인가된다. [그림 8-3(c)], [그림 8-3(d)]는 포지티브 래치의 동작을 보이고 있다. $\Phi = 1$인 통과모드([그림 8-3(c)])에서는 전달 게이트 TG1이 ON되어 입력 D가 출력 Q로 전달되며, TG2는 OFF되어 피드백 경로가 개방된다. $\Phi = 0$인 유지모드([그림 8-3(d)])에서는 전달 게이트 TG1이 OFF되어 입력 D는 차단되며, TG2는 ON되어 피드백 경로에 의해 출력 Q가 유지된다. 따라서 [그림 8-2(a)]의 파형과 같이 클록신호의 레벨에 따라 통과모드와 유지모드로 동작한다.

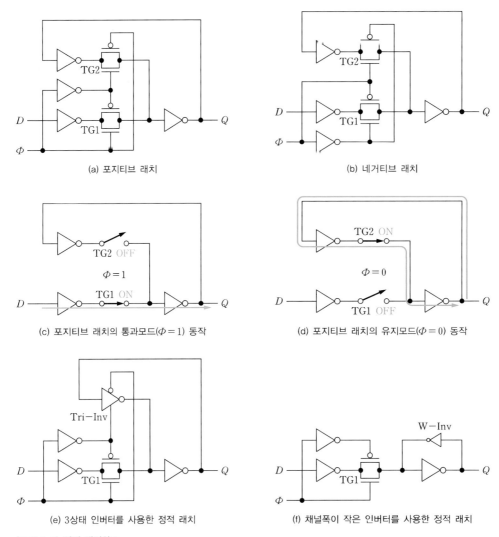

(a) 포지티브 래치

(b) 네거티브 래치

(c) 포지티브 래치의 통과모드($\Phi = 1$) 동작

(d) 포지티브 래치의 유지모드($\Phi = 0$) 동작

(e) 3상태 인버터를 사용한 정적 래치

(f) 채널폭이 작은 인버터를 사용한 정적 래치

[그림 8-3] 정적 래치회로

[그림 8-3(e)]는 피드백 경로에 3상태 인버터(Tri-Inv)를 사용한 정적 래치회로이다. [그림 8-3(f)]는 피드백 경로에 채널폭이 작은 인버터가 사용된 정적 래치회로이며, [그림 8-3(a)]와 [그림 8-3(e)]의 회로에 비해 클록신호의 부하와 트랜지스터의 수를 줄일 수 있는 장점이 있다. 그러나 통과모드에서 노드 X의 값이 전달 게이트에 의해 결정되도록 인버터(W-Inv)의 채널폭을 충분히 작게 설계해야 한다.

대부분의 디지털 시스템은 래치에 저장된 데이터를 강제로 초기화시키는 셋[set] 또는 리셋[reset] 기능을 가지고 있으므로, 셋/리셋 기능을 갖는 저장소자가 필요하다. 래치의 초기화 동작은 클록신호와의 동기화 여부에 따라 동기식[synchronous] 셋/리셋과 비동기식[asynchronous]

셋/리셋으로 구분된다. 또한 셋/리셋 신호의 논리값 1에서 초기화가 이루어지는 액티브 하이$^{\text{AH : Active-High}}$ 셋/리셋 방식과, 논리값 0에서 초기화가 이루어지는 액티브 로우$^{\text{AL : Active-Low}}$ 셋/리셋 방식으로 구분된다.

[그림 8-4(a)]는 동기식 액티브 하이 리셋을 갖는 포지티브 정적 래치회로이다. 리셋 신호가 $rst = 1$이면 입력 D에 무관하게 NAND 게이트의 출력은 논리값 1이 되고, $\Phi = 1$일 때 NAND 게이트의 출력이 전달 게이트를 통과하여 입력 D에 무관하게 $Q = 0$이 되므로, 클록신호에 동기화되어 리셋 동작이 이루어진다. 리셋 신호가 $rst = 0$이면 래치는 정상모드로 동작한다. 따라서 [그림 8-4(b)]의 동작 파형과 같이 동기식 액티브 하이 리셋을 갖는 포지티브 래치로 동작한다.

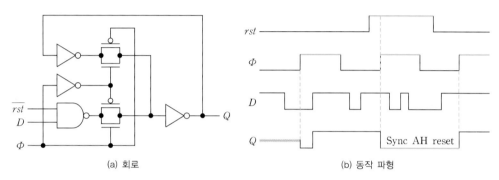

(a) 회로　　　(b) 동작 파형

[그림 8-4] 동기식 액티브 하이 리셋을 갖는 포지티브 정적 래치

[그림 8-5(a)]는 비동기식 액티브 하이 셋/리셋을 갖는 포지티브 정적 래치회로이며, [그림 8-5(b)]의 진리표와 같이 동작한다. 리셋 신호가 $rst = 0$이고 셋 신호가 $set = 1$이면, 입력 D와 클록신호에 무관하게 $Q = 1$로 셋되며, 리셋 신호가 $rst = 1$이고 셋 신호가 $set = 0$이면 입력 D와 클록신호에 무관하게 $Q = 0$으로 리셋된다. $rst = 0$이고 $set = 0$이면, 래치는 정상모드로 동작하며, $rst = 1$이고 $set = 1$인 경우는 허용되지 않는다.

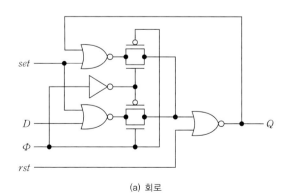

(a) 회로

rst	set	Q
0	0	정상동작
0	1	1
1	0	0
1	1	허용불가

(b) 진리표

[그림 8-5] 비동기식 액티브 하이 셋/리셋을 갖는 포지티브 정적 래치

[그림 8-6]의 회로에 대해 동작을 설명하고, 회로의 정확한 명칭을 포지티브/네거티브, 동기식/비동기식, 액티브 하이/로우, 셋/리셋을 포함하여 써라.

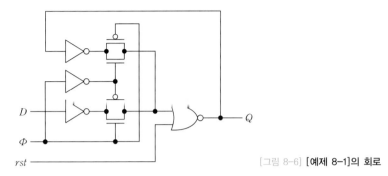

[그림 8-6] **[예제 8-1]의 회로**

풀이

리셋 신호가 $rst = 1$이면 NOR 게이트의 출력은 논리값 0이 되므로, 입력 D와 클록신호에 무관하게 리셋 신호 $rst = 1$에 의해 $Q = 0$이 되어 비동기식 리셋 동작이 이루어진다. 리셋 신호가 $rst = 0$이면 래치는 정상모드로 동작한다. 따라서 이 회로는 [그림 8-7]의 파형과 같이 동작하며, 비동기식 액티브 하이 리셋을 갖는 포지티브 래치회로이다.

rst	Q
0	정상동작
1	0

(a) 진리표

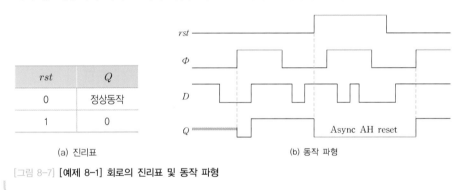

(b) 동작 파형

[그림 8-7] **[예제 8-1] 회로의 진리표 및 동작 파형**

8.1.2 동적 래치회로

앞 절에서 설명한 정적 래치회로는 유지모드에서 내부의 피드백 경로에 의해 래치 출력값이 유지된다. 반면에 동적 래치회로는 피드백 경로를 갖지 않으며, 내부의 기생 커패시턴스에 일시적으로 데이터가 저장되는 방식이다. 따라서 동적 래치회로는 정적 래치보다 적은 수의 트랜지스터가 사용되는 장점이 있으나, 내부 노드 간의 용량성 결합capacitive coupling과 누설 등의 잡음에 민감하게 영향을 받는 단점을 갖는다. [그림 8-8(a)], [그림 8-8(b)]는 CMOS 전달 게이트와 인버터로 구성되는 동적 래치회로이다. 포지티브 래치와 네거티브 래치는 서로 반대의 클록신호 위상을 갖는다. [그림 8-8(c)], [그림 8-8(d)]

는 포지티브 래치의 동작을 보이고 있다. $\Phi = 1$인 통과모드([그림 8-8(c)])에서는 전달 게이트가 ON되어 입력 D가 출력 Q로 전달된다. $\Phi = 0$인 유지모드([그림 8-8(d)])에서는 전달 게이트가 OFF되어 입력 D가 차단되며, 노드 X의 기생 커패시턴스 C_L에 저장된 전하량에 의해 출력 Q가 유지된다.

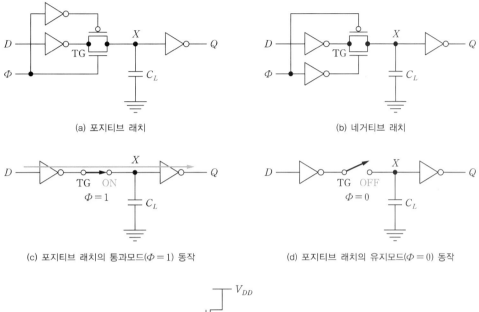

(a) 포지티브 래치

(b) 네거티브 래치

(c) 포지티브 래치의 통과모드($\Phi = 1$) 동작

(d) 포지티브 래치의 유지모드($\Phi = 0$) 동작

(e) clocked CMOS 인버터를 이용한 동적 포지티브 래치

[그림 8-8] **동적 래치회로**

동적 래치회로는 [그림 8-8(e)]와 같이 clocked CMOS 인버터를 이용하여 구현될 수도 있다. $\Phi = 1$이면 클록신호가 인가되는 M_{n1}, M_{p1}이 ON되므로, M_{n1}, M_{n2}, M_{p1}, M_{p2}는 인버터로 동작하여 입력 D가 출력 Q로 전달되는 통과모드로 동작한다. $\Phi = 0$이면 클록신호가 인가되는 M_{n1}, M_{p1}이 OFF되므로, 입력 D는 노드 X에 영향을 미치지 못하며, 노드 X의 기생 커패시턴스 C_L에 저장된 전하량에 의해 출력 Q의 값이 유지된다. 따라서 동적 포지티브 래치로 동작한다.

8.1.3 TSPC 래치

[그림 8-9(a)], [그림 8-9(b)]는 동적 래치의 한 형태인 TSPC$^{\text{True Single Phase Clocking}}$ 래치 회로이다. 반전 클록신호 $\overline{\Phi}$를 사용하지 않고 클록신호 Φ만 사용하므로 클록신호의 부하가 작아 저전력에 유리하다. [그림 8-9(a)], [그림 8-9(b)]의 포지티브 TSPC 래치와 네거티브 TSPC 래치에서 클록신호 Φ가 인가되는 MOSFET가 서로 다름에 유의한다. [그

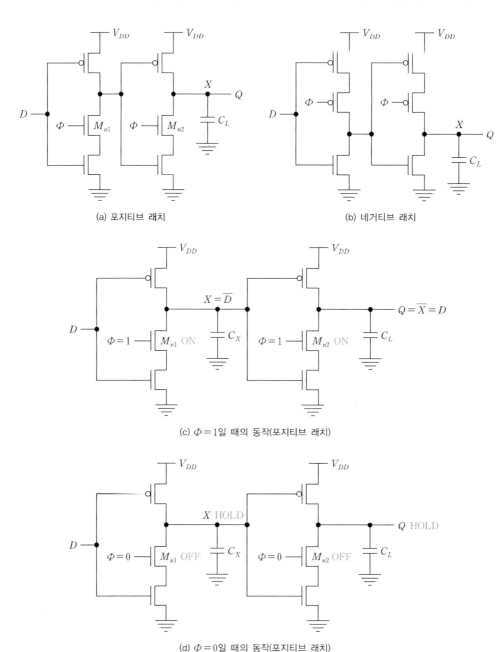

(a) 포지티브 래치

(b) 네거티브 래치

(c) $\Phi = 1$일 때의 동작(포지티브 래치)

(d) $\Phi = 0$일 때의 동작(포지티브 래치)

[그림 8-9] TSPC 동적 래치회로

림 8-9(c)], [그림 8-9(d)]는 포지티브 TSPC 래치의 동작을 보이고 있다. 클록신호가 $\Phi = 1$일 때([그림 8-9(c)])에는 nMOSFET M_{n1}, M_{n2}가 ON되므로, 2단 인버터로 동작하여 입력 D가 출력 Q로 전달되는 통과모드로 동작한다. 클록신호가 $\Phi = 0$일 때([그림 8-9(d)])에는 M_{n1}, M_{n2}가 OFF되어 기생 커패시턴스 C_X와 C_L에 저장된 전하량에 의해 출력이 유지되는 유지모드로 동작한다.

8.1.4 래치의 타이밍 파라미터

래치가 포함된 순차회로가 동작하게 설계하기 위해서는 타이밍 파라미터를 잘 이해해야 한다. [그림 8-10]은 포지티브 래치의 타이밍 파라미터를 보이고 있다. $T_{CQ,\min}$, $T_{CQ,\max}$는 클록신호 Φ의 상승 모서리로부터 래치 출력 Q까지의 최소지연과 최대지연을 나타내며, $T_{DQ,\min}$, $T_{DQ,\max}$는 통과모드에서 입력 D가 출력 Q로 통과하는 데 소요되는 최소지연과 최대지연을 나타낸다. 이들 타이밍 파라미터는 래치회로의 동작속도를 나타낸다.

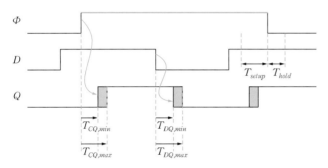

[그림 8-10] 래치의 타이밍 파라미터 정의(포지티브 래치의 경우)

래치회로가 통과모드에서 유지모드로 전환되는 경계(포지티브 래치의 경우에 클록신호의 하강 모서리)에서 입력 데이터가 일정시간 동안 안정된 값을 유지하고 있어야 올바른 값을 저장할 수 있으며, 이 타이밍 조건을 준비시간[setup time]과 유지시간[hold time]으로 나타낸다. 포지티브 래치의 준비시간 T_{setup}는 클록신호 Φ의 하강 모서리 이전에 입력 D가 안정된 값을 유지하고 있어야 하는 최소시간 조건이다. 포지티브 래치의 유지시간 T_{hold}는 클록신호 Φ의 하강 모서리 이후에 입력 D가 안정된 값을 유지하고 있어야 하는 최소시간 조건이다. 네거티브 래치의 타이밍 파라미터는 클록신호의 위상을 반대로 적용하여 동일하게 정의할 수 있다. 준비시간과 유지시간 조건이 만족되지 않으면 래치의 올바른 동작이 보장되지 않을 수 있으므로, 회로 설계에서 중요하게 고려해야 하는 타이밍 파라미터이다.

래치의 준비시간과 유지시간이 실제 회로에서 어떤 의미를 갖는지 알아보자. 포지티브 래치회로의 준비시간은 [그림 8-11(a)]와 같이 통과모드($\Phi = 1$)에서 입력 데이터가 피드백 경로를 통과하는 데 소요되는 최소시간을 의미한다. [그림 8-11(b)]는 입력 D가 클록의 하강 모서리에 너무 가깝게 변하여 준비시간 조건이 만족되지 않은 경우를 보이고 있다. 입력 데이터가 피드백 경로를 따라 완전하게 전달되기 전에 클록의 하강 모서리에 의해 입력쪽 전달 게이트가 차단되면서 데이터가 안정된 값으로 저장되지 못한다. 이는 래치에 논리값 1이 저장될지 아니면 논리값 0이 저장될지 확정적이지 않다는 의미이며, 이를 래치의 준안정성(meta stability)이라고 한다. 준비시간 이전에 입력 D가 안정된 값을 유지하고 있어야 하며, 준비시간 내에서 입력 데이터가 새로운 값으로 변하면 래치의 올바른 동작이 보장되지 않는다.

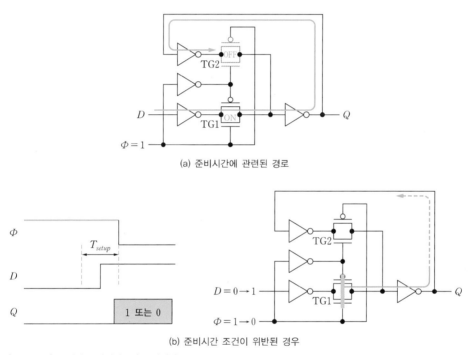

(a) 준비시간에 관련된 경로

(b) 준비시간 조건이 위반된 경우

[그림 8-11] **포지티브 래치회로의 준비시간**

유지시간은 클록신호가 래치회로의 입력 전달 게이트를 차단하는 데 필요한 최소 시간을 의미한다. [그림 8-12]는 입력 D가 클록신호의 하강 모서리 이후에 너무 가깝게 변하여 유지시간 조건이 만족되지 않은 경우를 보이고 있다. 클록신호의 하강 모서리에 의해 입력쪽 전달 게이트가 완전히 차단되기 전에 새로운 데이터가 전달 게이트를 통과하면, 이전의 데이터에 영향을 미치게 되어 준안정성 문제를 유발한다. 새로운 입력이 래치에 저장된 데이터에 영향을 미치지 않도록 유지시간 동안 입력 D가 일정한 값으로 유지되어야 래치의 올바른 동작이 보장된다.

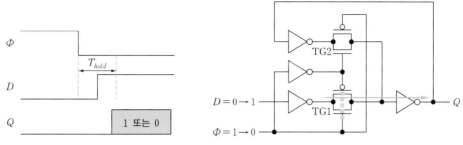

[그림 8-12] **포지티브 래치회로의 유지시간 조건이 위반된 경우**

8.2 플립플롭 회로

플립플롭$^{flip-flop}$은 클록신호의 천이 모서리$^{transition\ edge}$에서 입력이 출력으로 전달되고, 다음 주기의 천이 모서리까지 출력이 유지되는 데이터 저장장치로, 모서리 트리거$^{edge-trigger}$ 플립플롭이라고도 한다. 동작 방식에 따라서는 클록신호의 상승 모서리에서 동작하는 상승 모서리 트리거 플립플롭과 하강 모서리 트리거 플립플롭으로 구분되며, 회로 방식에 따라서는 정적 플립플롭 회로와 동적 플립플롭 회로로 구분된다. 또한 동작 방식에 따라 SR 플립플롭, JK 플립플롭, 토글 플립플롭, D 플립플롭 등 다양한 형태가 있다. 이 절에서는 한 클록주기 동안 입력 데이터를 저장하는 D 플립플롭$^{data\ flip-flop}$ 회로에 대해 설명하며, D 플립플롭을 단순히 플립플롭으로 표기한다.

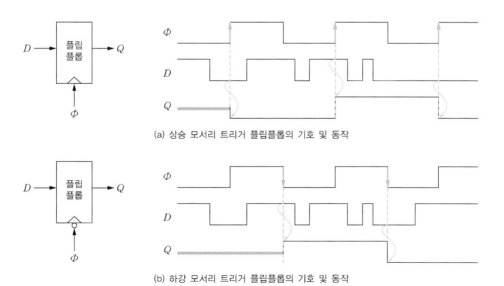

(a) 상승 모서리 트리거 플립플롭의 기호 및 동작

(b) 하강 모서리 트리거 플립플롭의 기호 및 동작

[그림 8-13] **모서리 트리거 플립플롭의 기호 및 동작**

[그림 8-13(a)]는 상승 모서리 트리거 플립플롭의 기호 및 동작을 보이고 있다. 클록신호 Φ의 상승 모서리에서 입력 D가 출력 Q로 전달되고, 나머지 기간에는 입력 D에 무관하게 출력 Q가 유지되어 한 클록주기 동안 데이터를 저장한다. 하강 모서리 트리거 플립플롭의 기호 및 동작은 [그림 8-13(b)]와 같으며, 클록신호의 하강 모서리에서 동작한다.

단일위상 클록을 사용하는 모서리 트리거 플립플롭은 [그림 8-14(a)]와 같이 서로 반전 위상 클록으로 동작하는 두 개의 레벨감지 래치로 구성된다. 입력쪽 래치를 마스터master다, 출력쪽 래치를 슬래이브slave 단이라고 한다. [그림 8-14(a)]는 상승 모서리 트리거 플립플롭의 구조이다. [그림 8-14(b)]와 같이 클록신호의 하강 모서리에서 마스터 래치는 통과모드가 되어 입력 D를 받으며, 슬래이브 래치는 유지모드가 되어 출력 Q를 유지한다. 클록신호의 상승 모서리에서 마스터 래치는 유지모드가 되어 값을 유지하고, 슬래이브 래치는 통과모드가 되어 마스터 단에 유지된 데이터를 플립플롭의 출력 Q로 보낸다. 전체적으로 클록신호의 상승 모서리에서 출력 Q가 변하는 동작이 일어나므로, 상승 모서리 트리거 플립플롭이라고 한다. 마스터 단과 슬래이브 단의 래치 형태를 바꾸면, 하강 모서리 트리거 플립플롭으로 동작한다.

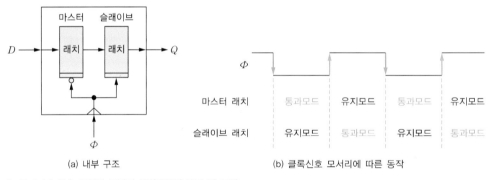

(a) 내부 구조   (b) 클록신호 모서리에 따른 동작

[그림 8-14] 상승 모서리 트리거 플립플롭의 구조 및 동작

8.2.1 정적 플립플롭 회로

모서리 트리거 정적 플립플롭 회로는 [그림 8-3(a)], [그림 8-3(b)]의 정적 래치회로를 이용하여 [그림 8-15(a)], [그림 8-15(b)]와 같이 구현할 수 있다. 상승 모서리 트리거 정적 플립플롭은 [그림 8-15(a)]와 같이 마스터 단은 네거티브 정적 래치로, 슬래이브 단은 포지티브 정적 래치로 구성된다. [그림 8-15(b)]는 하강 모서리 트리거 정적 플립플롭 회로로, 상승 모서리 트리거 플립플롭과 동일한 회로 구조를 가지며, 단지 클록신호의 위상만 반대로 인가된다.

[그림 8-15(c)], [그림 8-15(d)]는 상승 모서리 트리거 플립플롭의 동작을 보이고 있다. 클록신호가 $\Phi = 0$일 때, 마스터 래치는 통과모드이고 슬레이브 래치는 유지모드가 된다. 따라서 입력 D는 마스터 래치로 입력되고, 플립플롭의 출력 Q는 이전 값을 유지하다 클록신호가 $\Phi = 1$이면, 마스터 래치는 유지모드이고 슬레이브 래치는 통과모드가 되어

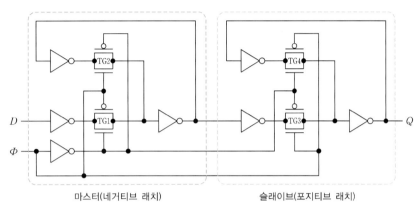

마스터(네거티브 래치)　　　　　　슬레이브(포지티브 래치)

(a) 상승 모서리 트리거 정적 플립플롭

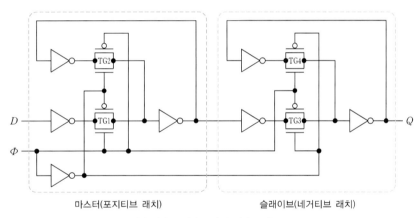

마스터(포지티브 래치)　　　　　　슬레이브(네거티브 래치)

(b) 하강 모서리 트리거 정적 플립플롭

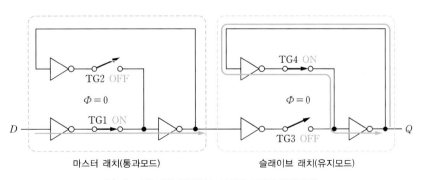

마스터 래치(통과모드)　　　　　　슬레이브 래치(유지모드)

(c) $\Phi = 0$일 때의 동작(상승 모서리 트리거 플립플롭)

[그림 8-15] **모서리 트리거 정적 플립플롭 회로**(계속)

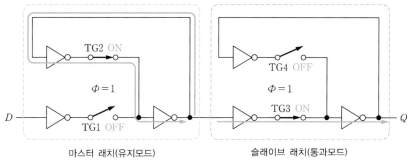

(d) $\Phi = 1$일 때의 동작(상승 모서리 트리거 플립플롭)

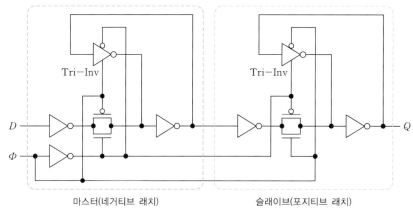

(e) 3상태 인버터를 사용한 상승 모서리 트리거 정적 플립플롭

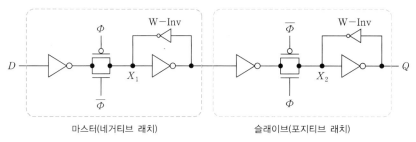

(f) 채널폭이 작은 인버터를 사용한 상승 모서리 트리거 정적 플립플롭

[그림 8-15] **모서리 트리거 정적 플립플롭 회로**

마스터 래치가 유지하고 있는 값이 플립플롭의 출력 Q로 전달된다. 따라서 클록신호의 상승 모서리에서 입력 D가 출력 Q로 출력되어 [그림 8-13(a)]의 파형과 같이 동작한다. 출력 Q는 클록신호의 다음 번 상승 모서리까지 유지되어 한 클록주기 동안 데이터가 저장된다.

[그림 8-15(e)]와 [그림 8-15(f)]는 각각 [그림 8-3(e)]와 [그림 8-3(f)]의 정적 래치회로를 이용한 플립플롭 회로이다. [그림 8-15(f)]의 플립플롭 회로는 [그림 8-15(a)], [그

림 8-15(e)]의 회로에 비해 클록신호의 부하와 트랜지스터의 수를 줄일 수 있는 장점이 있는 반면에, 통과모드에서 노드 X_1, X_2의 값이 전달 게이트에 의해 결정되도록 인버터 (W-Inv)의 채널폭을 충분히 작게 설계해야 한다.

대부분의 디지털 시스템은 플립플롭에 저장된 데이터를 강제로 초기화시키는 셋 또는 리셋 기능을 가지고 있으므로, 셋/리셋 기능을 갖는 플립플롭이 필요하다. 플립플롭의 초기화는 클록신호와 동기화 여부에 따라 동기식synchronous과 비동기식asynchronous 초기화 방식으로 구분된다. 또한 셋/리셋 신호의 논리값 1에서 초기화가 이루어지는 액티브 하이 셋/리셋 방식과 논리값 0에서 초기화가 이루어지는 액티브 로우 셋/리셋 방식으로 구분된다.

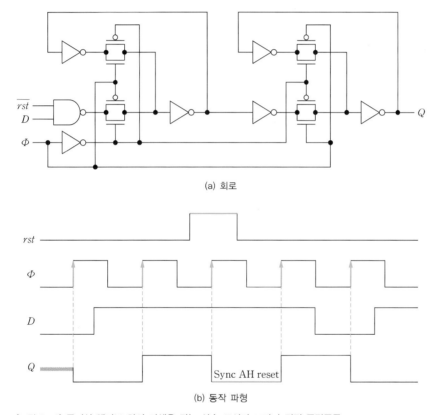

(a) 회로

(b) 동작 파형

[그림 8-16] **동기식 액티브 하이 리셋을 갖는 상승 모서리 트리거 정적 플립플롭**

[그림 8-16(a)]는 동기식 액티브 하이 리셋을 갖는 상승 모서리 트리거 정적 플립플롭 회로이다. 리셋 신호가 $rst = 1$이면, 입력 D에 무관하게 NAND 게이트의 출력은 논리 값 1이 된다. 이때 $\varPhi = 0$이면, NAND 게이트의 출력이 마스터 래치의 전달 게이트를 통과하고, $\varPhi = 1$이면, 슬레이브 래치의 전달 게이트를 통과하여 입력 D에 무관하게 $Q = 0$이 되므로, 클록신호에 동기화되어 액티브 하이 리셋 동작이 이루어진다. 반면에

리셋 신호가 $rst = 0$이면, 플립플롭은 정상모드로 동작한다. 따라서 이 회로는 [그림 8-16(b)]의 파형과 같이 동기식 액티브 하이 리셋을 갖는 플립플롭으로 동작한다.

[그림 8-17(a)]는 비동기식 액티브 하이 셋/리셋을 갖는 상승 모서리 트리거 정적 플립플롭 회로로, [그림 8-17(b)]의 진리표와 같이 동작한다. 리셋 신호가 $rst = 0$이고 셋 신호가 $set = 1$이면, 입력 D와 클록신호 Φ에 무관하게 $Q = 1$로 셋된다. 반면, 리셋 신호가 $rst = 1$이고 셋 신호가 $set = 0$이면, 입력 D와 클록신호 Φ에 무관하게 $Q = 0$으로 리셋된다. $rst = 0$, $set = 0$이면, 플립플롭은 정상모드로 동작하며, $rst = 1$이고 $set = 1$인 경우는 허용되지 않는다.

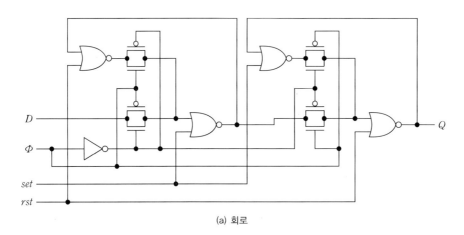

(a) 회로

rst	set	Q
0	0	정상동작
0	1	1
1	0	0
1	1	허용불가

(b) 진리표

[그림 8-17] 비동기식 액티브 하이 셋/리셋을 갖는 상승 모서리 트리거 정적 플립플롭

예제 8-2

[그림 8-18]의 회로에 대해 동작을 설명하고, 리셋 신호 rst와 셋 신호 set에 따른 동작을 진리표로 완성하라.

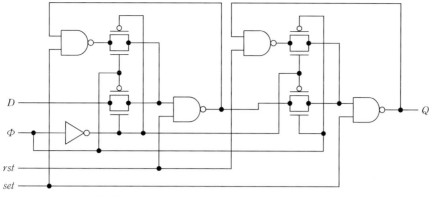

[그림 8-18] [예제 8-2]의 회로

풀이

리셋 신호가 $rst=0$이고 셋 신호가 $set=1$이면, 입력 D와 클록신호 Φ에 무관하게 $Q=0$으로 리셋되는 반면, 리셋 신호가 $rst=1$이고 셋 신호가 $set=0$이면, 입력 D와 클록신호 Φ에 무관하게 $Q=1$로 셋된다. $rst=0$이고 $set=0$인 경우는 허용되지 않으며, $rst=1$이고 $set=1$이면 플립플롭은 정상모드로 동작한다. 따라서 진리표는 [그림 8-19]와 같으며, 비동기식 액티브 로우 셋/리셋을 갖는 상승 모서리 트리거 정적 플립플롭으로 동작한다.

rst	set	Q
0	0	허용불가
0	1	0
1	0	1
1	1	정상동작

[그림 8-19] [예제 8-2] 회로의 진리표

8.2.2 동적 플립플롭 회로

모서리 트리거 동적 플립플롭은 [그림 8-8(a)], [그림 8-8(b)]의 동적 래치회로를 이용하여 [그림 8-20(a)], [그림 8-20(b)]와 같이 구현된다. 상승 모서리 트리거 동적 플립플롭은 [그림 8-20(a)]와 같이 마스터 단은 네거티브 동적 래치로, 슬래이브 단은 포지티브 동적 래치로 구성된다. [그림 8-20(b)]는 하강 모서리 트리거 동적 플립플롭 회로이며, 상승 모서리 트리거 플립플롭과 동일한 회로 구조를 가지며, 단지 클록신호의 위상만 반대로 인가된다.

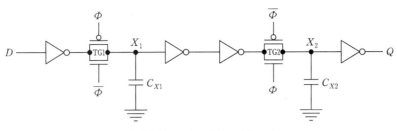

(a) 상승 모서리 트리거 동적 플립플롭

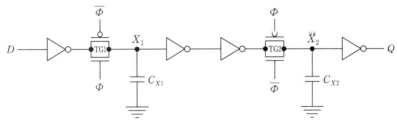

(b) 하강 모서리 트리거 동적 플립플롭

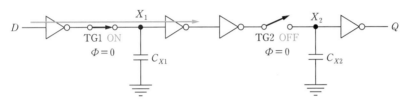

(c) $\Phi = 0$일 때의 동작(상승 모서리 트리거 플립플롭)

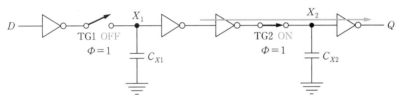

(d) $\Phi = 1$일 때의 동작(상승 모서리 트리거 플립플롭)

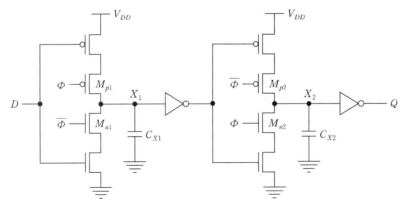

(e) clocked CMOS 인버터를 사용한 상승 모서리 트리거 동적 플립플롭

[그림 8-20] 동적 플립플롭 회로

[그림 8-20(c)], [그림 8-20(d)]는 상승 모서리 트리거 동적 플립플롭의 동작을 보이고 있다. 클록신호가 $\Phi = 0$일 때, 마스터 래치는 통과모드가 되어 입력 D를 받아들이고, 슬래이브 래치는 유지모드가 되어 플립플롭의 출력 Q는 이전 값을 유지하다 클록신호가 $\Phi = 1$이면, 마스터 래치는 유지모드가 되고 슬래이브 래치는 통과모드가 되어 마스터 래치의 값을 플립플롭의 출력 Q로 보낸다. 따라서 클록신호의 상승 모서리에서 입력 D가 출력 Q로 출력되며, 클록신호의 다음 번 상승 모서리까지 유지되어 한 클록주기 동안 데이터가 저장된다. 마스터 래치와 슬래이브 래치가 유지모드에 있을 때, 내부의 기생 커패시턴스 C_{X1}과 C_{X2}의 전하량에 의해 데이터가 유지(저장)되므로, 이 회로는 동적 회로이다. 모서리 트리거 동적 플립플롭은 [그림 8-20(e)]와 같이 clocked CMOS 동적 인버터를 2단으로 연결하여 구현할 수도 있으며, 두 인버터는 서로 반전 위상의 클록으로 동작한다.

8.2.3 TSPC 플립플롭 회로

[그림 8-9]의 TSPC 동적 래치를 2단으로 연결하면, 상승 모서리 트리거 TSPC 플립플롭을 구현할 수 있다. [그림 8-21(a)]는 상승 모서리 트리거 TSPC 동적 플립플롭의 회로로, 네거티브 TSPC 동적 래치와 포지티브 TSPC 동적 래치가 각각 마스터와 슬래이브 래치로 사용되었다.

[그림 8-21(a)]의 TSPC 동적 플립플롭 회로를 변형하여 [그림 8-21(b)]와 같이 간략화된 TSPC 동적 플립플롭을 구성할 수 있다. 이 회로는 네거티브 TSPC 래치와 포지티브 TSPC 래치의 반쪽만 사용하고, 그 사이에 동적 인버터가 삽입된 구조이다. 클록신호가 $\Phi = 0$일 때의 동작은 [그림 8-21(c)]와 같다. $\Phi = 0$에 의해 pMOSFET M_{p2}, M_{p3}은 ON되고, nMOSFET M_{n3}, M_{n4}는 OFF된다. 마스터 단은 통과모드가 되어 인버터로 동작하므로, $X = \overline{D}$가 된다. 중간의 인버터는 첫째 단의 출력 X에 무관하게 내부 커패시턴스 C_Y가 V_{DD}로 예비충전되어 $Y = 1$이 된다. $Y = 1$에 의해 pMOSFET M_{p4}와 M_{n4}가 OFF이므로 슬래이브 단은 유지모드가 되며, 플립플롭의 출력 Q는 커패시턴스 C_L에 저장된 전하량에 의해 이전 상태의 값이 유지된다. 이상을 종합하면, $\Phi = 0$에 의해 입력 데이터 D가 마스터 단으로 입력되고, 슬래이브 단은 C_L에 저장된 전하량에 의해 이전 상태의 값을 유지한다.

클록신호가 $\Phi = 1$일 때의 동작은 [그림 8-21(d)]와 같다. $\Phi = 1$에 의해 pMOSFET M_{p2}, M_{p3}은 OFF되고, nMOSFET M_{n3}, M_{n4}는 ON된다. 마스터 단은 유지모드가 되어 C_X에 저장된 전하량에 의해 $X = \overline{D}$가 유지된다. 중간의 인버터는 동적 인버터로

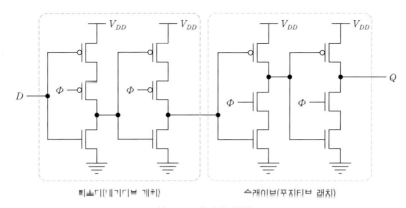

(a) TSPC 동적 플립플롭

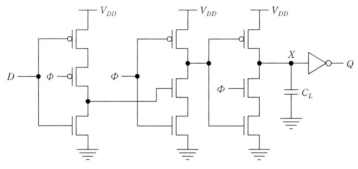

(b) 간략화된 TSPC 동적 플립플롭

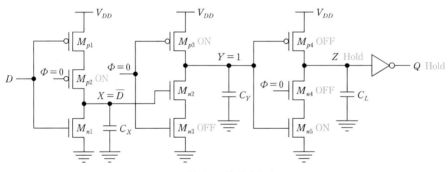

(c) $\Phi = 0$일 때의 동작

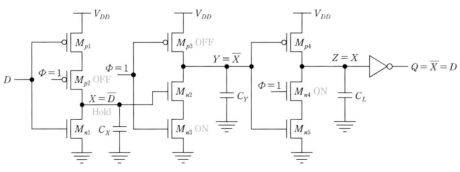

(d) $\Phi = 1$일 때의 동작

[그림 8-21] 상승 모서리 트리거 TSPC 동적 플립플롭

동작하여 마스터 단의 출력을 반전시키므로 $Y = \overline{X}$ 가 된다. 마지막 슬레이브 단은 통과모드가 되어 인버터로 동작하므로 플립플롭의 출력 $Q = Y = \overline{X}$ 가 된다. 이상을 종합하면, $\Phi = 1$에 의해 마스터 단은 입력 데이터의 반전값 $\overline{D}$ 를 유지하고, 슬레이브 단은 통과모드가 되어 마스터 단의 값을 플립플롭의 출력으로 내보낸다. 따라서 클록신호 Φ의 상승 모서리에서 D가 출력 Q로 나가는 상승 모서리 트리거 방식으로 동작한다.

8.2.4 플립플롭의 타이밍 파라미터

플립플롭이 포함된 순차회로의 타이밍 분석과 올바른 설계를 위해서는 플립플롭의 타이밍 파라미터를 잘 이해해야 한다. [그림 8-22]는 상승 모서리 트리거 플립플롭의 타이밍 파라미터를 보이고 있다. $T_{CQ,min}$, $T_{CQ,max}$는 클록신호 Φ의 상승 모서리로부터 플립플롭 출력 Q가 변화하는 데 소요되는 지연시간clock-to-Q delay의 최솟값과 최댓값을 나타내며, 플립플롭 회로의 동작속도를 나타낸다. 8.1.4절에서 설명한 래치회로와 마찬가지로, 플립플롭 회로도 준비시간과 유지시간 조건을 만족해야 올바른 동작이 보장된다. 상승 모서리 트리거 플립플롭을 기준으로 할 때, T_{setup}는 클록신호의 상승 모서리 이전에 입력 D가 안정화되어 있어야 하는 준비시간을 나타내며, T_{hold}는 클록의 상승 모서리 이후에 입력 D가 안정화되어 있어야 하는 유지시간을 나타낸다. 준비시간과 유지시간 조건이 만족되지 않으면 준안정성 문제가 발생하여 플립플롭 회로의 올바른 동작이 보장되지 않는다. 하강 모서리 트리거 플립플롭의 타이밍 파라미터는 클록신호의 하강 모서리를 기준으로 정의된다.

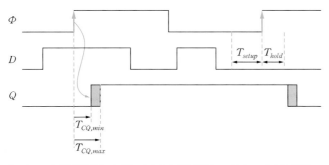

[그림 8-22] **플립플롭의 타이밍 파라미터 정의(상승 모서리 트리거의 경우)**

모서리 트리거 플립플롭의 올바른 동작을 위해서는 준비시간 이전에 입력 D가 안정한 값을 유지하고 있어야 한다. [그림 8-23]의 상승 모서리 트리거 정적 플립플롭 회로를 예로 들어서 준비시간 조건이 위반된 경우의 오동작 원인을 알아보자.

클록신호가 $\Phi = 0$인 동안에 입력 D가 $0 \to 1$로 변하면, 마스터 래치는 통과모드가 되어 출력 Q_M이 입력 D를 따라 상승한다. 입력 D가 클록신호의 상승 모서리에 너무 근접하여 $0 \to 1$로 변해서 준비시간 조건을 만족하지 못하면, 마스터 래치의 출력 Q_M이 충분히 상승되기 전에 $\Phi = 1$에 의해 마스터 래치의 전달 게이트 TG1은 차단되고 TG2가 도통되므로, 인버터 $INV3$의 출력이 충분히 작은 값으로 하강할 시간이 부족하다. 따라서 인버터 $INV3$의 출력은 인버터 $INV2$에서 논리값 1로 인식되어 마스터 래치의 출력인 Q_M은 0을 향해 감소한다. 마스터 래치의 출력 Q_M이 도통된 전달 게이트 TG3를 통해 출력 Q로 전달되어 논리값 0이 출력된다. 즉, 클록신호의 상승 모서리 이전에 입력 D가 $0 \to 1$로 변했으므로 플립플롭이 정상적으로 동작하는 경우에는 출력 Q가 1이 되어야 하지만, [그림 8-23]에서 보는 바와 같이 준비시간 조건을 위반한 경우에는 플립플롭이 논리값 0을 출력하는 오동작이 발생한다.

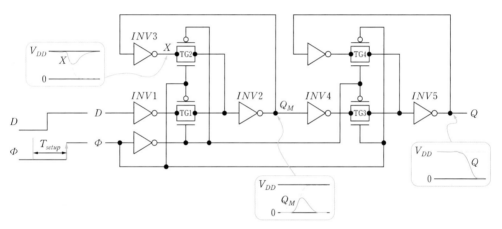

[그림 8-23] 상승 모서리 트리거 플립플롭 회로에서 준비시간 조건이 위반된 경우

8.3 순차회로의 동작 타이밍

순차회로는 입력과 상태값을 저장하기 위한 저장소자의 형태에 따라 래치 기반의 순차회로와 플립플롭 기반의 순차회로로 구분되며, 조합회로와 저장소자의 타이밍 파라미터에 의해 회로의 최대 동작 주파수가 결정된다. 이 절에서는 모서리 트리거 플립플롭 기반 순차회로와 레벨감지 래치 기반 순차회로의 동작 타이밍에 대해 알아본다.

8.3.1 플립플롭 기반 순차회로의 동작 타이밍

플립플롭 기반의 순차회로는 [그림 8-24]와 같이 조합회로 경계에 위치한 모서리 트리거 플립플롭에 의해 동기화되어 동작한다. 이때 플립플롭은 단일위상$^{single\ phase}$ 클록신호의 상승 모서리 또는 하강 모서리에서 동작한다.

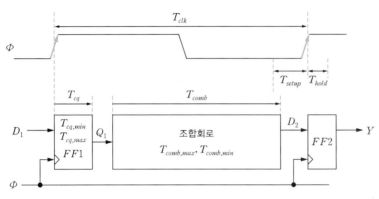

[그림 8-24] **플립플롭 기반 순차회로의 동작 타이밍 파라미터**

[그림 8-24]는 상승 모서리 트리거 플립플롭 기반 순차회로의 동작에 관련된 타이밍 파라미터들을 보이고 있다. 클록신호의 상승 모서리를 기준으로 플립플롭 출력 Q_1까지의 지연시간$^{clock-to-Q\ delay}$을 T_{cq}로 나타내며, 플립플롭 지연시간의 최솟값과 최댓값을 각각 $T_{cq,\min}$과 $T_{cq,\max}$로 표기한다. 플립플롭의 입력에 대한 준비시간과 유지시간을 각각 T_{setup}와 T_{hold}로 나타내며, 이에 대해서는 8.2.4절에서 상세히 설명하였다. 플립플롭 $FF1$의 출력 Q_1이 조합회로를 통과하여 플립플롭 $FF2$의 입력 D_2에 도달하기까지 조합회로의 전달지연시간을 T_{comb}로 나타내며, 조합회로 지연시간의 최솟값과 최댓값을 각각 $T_{comb,\min}$과 $T_{comb,\max}$로 표기한다.

[그림 8-25]는 상승 모서리 트리거 플립플롭 기반 순차회로의 최대 지연에 의한 동작 타이밍 조건을 보이고 있다. 클록신호의 상승 모서리로부터 플립플롭 $FF1$의 출력 Q_1까지 최대 전달지연 $T_{cq,\max}$, Q_1이 조합회로를 지나면서 갖는 최대 전달지연 $T_{comb,\max}$, 그리고 플립플롭 $FF2$의 준비시간 T_{setup}가 이 회로의 최대 동작 주파수에 영향을 미친다. 이 회로가 정상적으로 동작하기 위해서는 클록신호의 주기 T_{clk}가 식 (8.1)의 조건을 만족해야 한다.

$$T_{clk} \geq T_{cq,\max} + T_{comb,\max} + T_{setup} \tag{8.1}$$

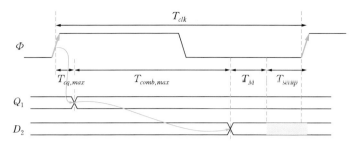

[그림 8-25] **플립플롭 기반 순차회로의 최대 지연에 의한 동작 타이밍 조건**

클록신호의 주기 T_{clk}와 동작 주파수 f_{clk}는 서로 역수 관계($f_{clk} = 1/T_{clk}$)이므로, 식 (8.1)은 [그림 8-24]의 순차회로가 동작할 수 있는 최대 주파수와 관련된다. 식 (8.1)로부터 회로의 타이밍 여유^{margin} T_M을 식 (8.2)와 같이 정의할 수 있으며, 타이밍 여유가 $T_M > 0$을 만족해야 회로가 올바로 동작할 수 있다.

$$T_M \equiv T_{clk} - (T_{cq,\max} + T_{comb,\max} + T_{setup}) \tag{8.2}$$

식 (8.1)과 식 (8.2)에서 볼 수 있듯이, 순차회로의 최대 동작 주파수는 플립플롭과 조합회로의 최대 전달지연에 관계되며, 조합회로의 최악 지연$^{worst\ case\ delay}$이 가장 큰 영향을 미친다. 따라서 순차회로의 최대 동작 주파수를 확인하기 위해서는 조합회로의 최악 지연경로에 대한 지연을 분석해야 한다.

회로의 타이밍 여유가 음수($T_M < 0$)이면, 플립플롭 $FF2$의 준비시간 조건을 충족하지 못하여 플립플롭 $FF2$에 잘못된 값이 저장될 수 있다. 준비시간 조건이 위반된 경우($T_M < 0$)에는 클록신호의 주기 T_{clk}를 늘리면 되나, 회로의 동작 주파수가 낮아진다. 또 다른 방법으로는 플립플롭의 최대 전달지연 $T_{cq,\max}$와 조합회로의 최대 전달지연 $T_{comb,\max}$가 작아지도록 설계하는 것으로, 조합회로 내부에 파이프라인 레지스터를 삽입하여 조합회로의 최악 지연경로의 지연을 줄이는 방법이 보편적으로 사용된다.

8.2.4절에서 설명하였듯이, 플립플롭이 올바로 동작하기 위해서는 준비시간과 함께 유지시간 조건도 만족해야 한다. 플립플롭의 유지시간 조건은 [그림 8-26]에서 보는 바와 같이 순차회로의 최소 지연에 관계되며, 동작 타이밍 조건은 식 (8.3)과 같이 표현된다. 플립플롭 $FF1$의 최소 전달지연 $T_{cq,\min}$과 조합회로의 최소 전달지연 $T_{comb,\min}$을 합한 것이 플립플롭 $FF2$의 유지시간보다 커야 이 회로가 정상적으로 동작할 수 있다.

$$T_{hold} \le T_{cq,\min} + T_{comb,\min} \tag{8.3}$$

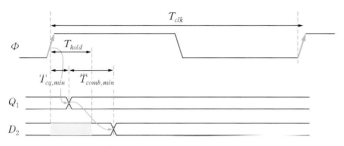

[그림 8-26] 플립플롭 기반 순차회로의 최소 지연에 의한 동작 타이밍 조건

식 (8.3)은 플립플롭 $FF1$의 최소 전달지연과 조합회로의 최소 전달지연이 너무 작으면, 플립플롭 $FF2$의 입력 D_2가 클록신호의 상승 모서리 이후에 너무 빨리 변하게 되어 $FF2$의 유지시간 조건을 만족하지 못함을 의미하므로, 최소 지연조건이라고도 한다. 식 (8.3)의 조건을 만족하지 못하는 경우에는 하나의 클록 모서리에서 데이터가 두 개의 플립플롭을 통과하는 레이싱^{racing} 현상이 발생한다.

식 (8.3)의 유지시간 조건을 만족하지 못하는 경우에는 조합회로에 버퍼를 삽입하여 최소 전달지연이 커지도록 설계하거나, 큰 $T_{cq,\min}$ 지연을 갖는 플립플롭을 사용하여 해결할 수 있다. 식 (8.3)은 클록주기에 무관하므로, 클록신호의 주기를 크게 해도 유지시간 위반을 해결할 수 없다.

예제 8-3

[그림 8-27]의 회로가 타이밍 여유 $T_M = 0.2\,T_{clk}$로 동작할 수 있는 최대 클록 주파수를 구하라. 이때 기능블록의 전달지연시간은 [표 8-1]과 같으며, 플립플롭의 준비시간과 유지시간은 $T_{setup} = 60\,\text{ps}$, $T_{hold} = 25\,\text{ps}$이다. T_{clk}는 클록신호의 주기를 나타낸다.

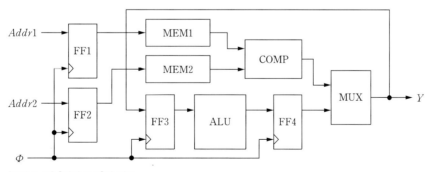

[그림 8-27] [예제 8-3]의 회로

[표 8-1] 기능블록의 전달지연시간

기능블록	최소 전달지연[ps]	최대 전달지연[ps]
ALU	900	4,800
MUX	200	280
COMP	280	400
MEM1	1,680	1,800
MEM2	1,280	1,400
FF	60	80

풀이

회로의 입력에서 출력까지 플립플롭을 중심으로 한 신호전달경로는 [그림 8-28]과 같이 총 4개가 존재한다.

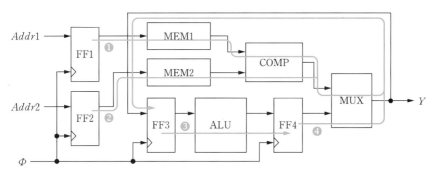

[그림 8-28] [예제 8-3]의 신호전달경로

각 경로의 최대 전달지연은 각각 다음과 같으며, 회로의 동작 주파수에 영향을 미치는 최악 지연경로는 경로 ❸이다.

경로 ❶ : $T_{d1} = T_{cq,max} + T_{mem1,max} + T_{comp,max} + T_{mux,max} = (80 + 1,800 + 400 + 280)\,\text{ps}$
$= 2,560\,\text{ps}$

경로 ❷ : $T_{d2} = T_{cq,max} + T_{mem2,max} + T_{comp,max} + T_{mux,max} = (80 + 1,400 + 400 + 280)\,\text{ps}$
$= 2,160\,\text{ps}$

경로 ❸ : $T_{d3} = T_{cq,max} + T_{alu,max} = (80 + 4,800)\,\text{ps} = 4,880\,\text{ps}$

경로 ❹ : $T_{d4} = T_{cq,max} + T_{mux,max} = (80 + 280)\,\text{ps} = 360\,\text{ps}$

$T_M = 0.2\,T_{dk}$의 타이밍 여유를 가지고 동작하기 위한 클록신호의 주기 T_{dk}는 다음과 같이 계산된다.

$$T_{dk} = T_{d3} + T_{setup} + T_M = 4,880\,\text{ps} + 60\,\text{ps} + 0.2\text{T}_{dk}$$

따라서 $T_{dk} = \dfrac{4,940\,\text{ps}}{0.8} = 6,175\,\text{ps}$이므로, [그림 8-27]의 회로가 $T_M = 0.2\,T_{dk}$의 타이밍 여

유를 가지고 동작할 수 있는 최대 주파수는 다음과 같다.

$$f_{clk} = \frac{1}{T_{clk}} = \frac{1}{6,175\,\mathrm{ps}} \simeq 162\,\mathrm{MHz}$$

예제 8-4

[그림 8-29]의 회로에 대하여 다음을 구하라. ALU의 최대 전달지연은 $T_{alu,\max} = 510\,\mathrm{ps}$이고, 플립플롭의 최소 지연과 최대 지연은 각각 $T_{cq,\min} = 35\,\mathrm{ps}$, $T_{cq,\max} = 40\,\mathrm{ps}$이며, 준비시간과 유지시간은 $T_{setup} = 60\,\mathrm{ps}$, $T_{hold} = 45\,\mathrm{ps}$이다.

(a) 이 회로에 $f_{clk} = 2.0\,\mathrm{GHz}$의 클록신호가 인가되고 있다. 이 회로의 타이밍 여유 T_M을 구하고, 플립플롭의 유지시간 조건의 만족 여부를 판단하라.

(b) 이 회로가 $f_{clk} = 2.0\,\mathrm{GHz}$와 $T_M = 100\,\mathrm{ps}$의 타이밍 여유를 가지고 동작하며, 유지시간 조건을 만족하도록 회로를 수정하라.

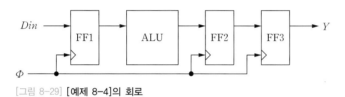

[그림 8-29] [예제 8-4]의 회로

풀이

(a) $f_{clk} = 2.0\,\mathrm{GHz}$ 클록신호의 주기는 $T_{clk} = \dfrac{1}{f_{clk}} = \dfrac{1}{2.0 \times 10^9} = 500\,\mathrm{ps}$이며, 타이밍 여유 T_M은 식 (1)과 같이 계산된다.

$$T_M = T_{clk} - (T_{alu,\max} + T_{cq,\max} + T_{setup}) = [500 - (510 + 40 + 60)]\,\mathrm{ps} = -110\,\mathrm{ps} \qquad (1)$$

따라서 $T_M < 0$이므로, 플립플롭의 준비시간 조건을 위반하여 올바로 동작하지 않는다.

[그림 8-29]의 회로에서 플립플롭 $FF2$와 $FF3$이 직접 연결되어 있으므로, 이 경로가 최소 지연을 갖는 경로이다. 주어진 파라미터 값으로부터 $T_{cq,\min} = 35\,\mathrm{ps}$이고, $T_{hold} = 45\,\mathrm{ps}$이므로, $T_{hold} > T_{cq,\min}$이 되어 유지시간 조건을 만족하지 않는다.

(b) $T_M = 100\,\mathrm{ps}$의 타이밍 여유를 가지고 $f_{clk} = 2.0\,\mathrm{GHz}$의 클록 주파수로 동작하기 위해서는 플립플롭 $FF1$과 $FF2$ 사이의 지연시간을 감소시켜야 한다. 이를 위해 조합회로를 분할하여 중간에 파이프라인 레지스터를 삽입하는 방법이 일반적으로 사용된다. [그림 8-30]은 ALU 블록을 ALU-1과 ALU-2로 분할하고, 그 사이에 파이프라인 레지스터 FFp를 삽입한 회로이다. [그림 8-30]의 회로가 $T_M = 100\,\mathrm{ps}$의 타이밍 여유를 가지고 $f_{clk} = 2.0\,\mathrm{GHz}$

의 클록 주파수로 동작하기 위해서는 ALU−1과 ALU−2 블록의 최대 전달지연 $T_{halu,\max}$ 는 식 (2)의 조건을 만족해야 한다.

$$T_{halu,\max} < T_{clk} - (T_{cq,\max} + T_{setup} + T_M) = \lceil 500 - (40 + 60 + 100) \rceil\,\mathrm{ps} = 300\,\mathrm{ps} \qquad (2)$$

유지시간 조건을 만족하기 위해서는 플립플롭 $FF2$와 $FF3$ 사이에 [그림 8−30]과 같이 버퍼buffer를 삽입하여 최소 지연을 증가시킨다. 이때 삽입되는 버퍼의 최소 전달지연 $T_{buf,\min}$은 식 (3)을 만족해야 한다.

$$T_{buf,\min} \geq T_{hold} - T_{cq,\min} = (45 - 35)\,\mathrm{ps} = 10\,\mathrm{ps} \qquad (3)$$

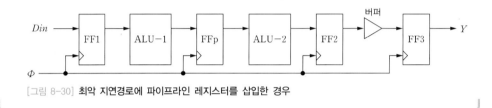

[그림 8−30] **최악 지연경로에 파이프라인 레지스터를 삽입한 경우**

8.3.2 래치 기반 순차회로의 동작 타이밍

래치 기반의 순차회로는 [그림 8−31]과 같이 조합회로 경계에 위치한 레벨감지 래치에 의해 동기화되어 동작하며, 중첩되지 않은 2−위상 클록신호 Φ_1과 Φ_2로 구동되는 래치가 교대로 사용된다. [그림 8−31]은 포지티브 레벨감지 래치 기반 순차회로의 동작에 관련된 타이밍 파라미터들을 보이고 있다. 클록신호의 상승 모서리를 기준으로 래치 출력까지의 지연시간clock−to−Q delay을 T_{cq}로 나타내며, 래치의 입력 D에서부터 출력까지의 지연시간data−to−Q delay을 T_{dq}로 나타낸다. 래치 지연시간의 최솟값과 최댓값을 각각 $T_{cq,\min}$, $T_{cq,\max}$와 $T_{dq,\min}$, $T_{dq,\max}$로 표기한다. 래치의 입력에 대한 준비시간과 유지시간을 각각 T_{setup}와 T_{hold}로 나타내며, 이에 대해서는 8.1.4절에서 상세히 설명하였다. 8.3.1절에서 설명한 상승 모서리 트리거 플립플롭의 준비시간과 유지시간은 클록신호의 상승 모서리를 기준으로 정의되었으나, 포지티브 레벨감지 래치의 경우의 준비시간과 유지시간이 클록신호의 하강 모서리를 기준으로 정의된다는 점에 유의해야 한다.

래치 $L1$의 출력 Q_1이 조합회로−1을 통과하여 래치 $L2$의 입력 D_2에 도달하기까지 조합회로의 전달지연시간을 T_{comb1}로 나타내고, 조합회로 지연시간의 최솟값과 최댓값을 각각 $T_{comb1,\min}$과 $T_{comb1,\max}$로 표기한다. 마찬가지로 래치 $L2$와 래치 $L3$ 사이의 조합회로−2의 전달지연시간을 T_{comb2}로 나타내며, 이들의 최솟값과 최댓값을 $T_{comb2,\min}$과

$T_{comb2,\max}$로 표기한다.

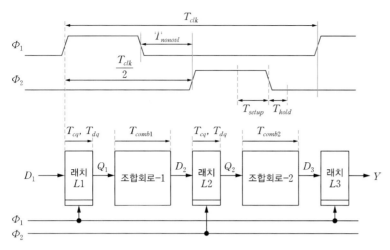

[그림 8-31] 래치 기반 순차회로의 동작 타이밍 파라미터

[그림 8-32]는 포지티브 레벨감지 래치 기반 순차회로의 최대 지연에 의한 동작 타이밍 조건을 보이고 있다. 래치 $L1$과 $L3$은 클록신호 $\Phi_1 = 1$일 때 통과모드로 동작하며, 래치 $L2$는 클록신호 $\Phi_2 = 1$일 때 통과모드로 동작한다. 클록신호 $\Phi_1 = 1$일 때 래치 $L1$의 입력 D_1에서 출력 Q_1까지 최대 전달지연 $T_{dq,\max}$, 조합회로-1의 최대 전달지연 $T_{comb1,\max}$, 래치 $L2$의 입력 D_2에서 출력 Q_2까지 최대 전달지연 $T_{dq,\max}$, 조합회로-2의 최대 전달지연 $T_{comb2,\max}$가 이 회로의 최대 동작 주파수에 영향을 미친다. 이 회로가 올바로 동작하기 위해서는 클록신호의 주기 T_{clk}가 식 (8.4)를 만족해야 하며, T_M은 타이밍 여유를 나타낸다.

$$T_{clk} \geq T_{dq,\max} + T_{comb1,\max} + T_{dq,\max} + T_{comb2,\max} + T_M \qquad (8.4)$$

식 (8.4)에는 래치의 준비시간 T_{setup}가 포함되어 있지 않음에 유의한다. [그림 8-32]에서 볼 수 있듯이 래치 $L3$의 준비시간 T_{setup}가 클록신호 Φ_1의 한 주기 T_{clk} 밖에 있으므로, 식 (8.4)에 래치의 준비시간이 포함되지 않는다. 클록신호 Φ_1의 하강 모서리를 기준으로 래치 $L3$의 준비시간 T_{setup} 이전까지 입력 D_3가 들어오면, 래치 $L3$는 정상적으로 동작할 수 있다. 조합회로의 최대 지연이 한 클록 주기를 초과하지 않는다고 가정하면, 래치 기반 순차회로는 준비시간 조건을 항상 만족한다. 클록신호 Φ_1과 Φ_2가 모두 0인 비중첩 nonoverlapping 기간(T_{nonovl}) 동안에도 데이터는 래치 사이의 조합회로를 통과하므로, 클록신호 Φ_1과 Φ_2의 비중첩 기간은 회로의 동작속도에 영향을 미치지 않는다.

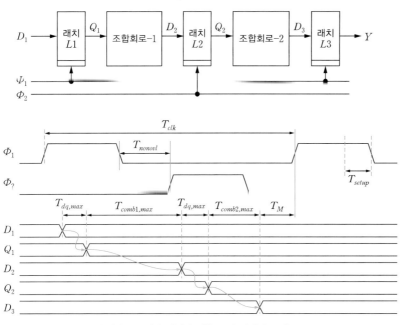

[그림 8-32] 래치 기반 순차회로의 최대 지연에 의한 동작 타이밍 조건

래치 기반 순차회로는 시간차용$^{time\ borrowing}$이라는 장점도 갖는다. 시간차용은 조합회로가 다음 단 래치에 할당된 시간 중 일부를 빌려서 사용하는 개념이다. [그림 8-33]은 래치 기반 순차회로에서 조합회로-1의 최대 전달지연이 $T_{clk}/2$보다 큰 경우를 보이고 있다. 이 경우에 식 (8.5)의 조건을 만족하면 회로가 올바로 동작할 수 있다.

$$T_{borrow} \leq \frac{T_{clk}}{2} - (T_{setup} + T_{nonovl} + T_M) \tag{8.5}$$

조합회로-1의 출력 D_2가 래치 $L2$에 정상적으로 저장되기 위해서는 클록신호 Φ_2의 하강 모서리를 기준으로 준비시간 이전에 들어와야하므로, 허용 가능한 최대 시간차용 T_{borrow}는 클록의 반주기에서 래치 $L2$의 준비시간(T_{setup})과 클록의 비중첩 기간(T_{nonovl}), 그리고 타이밍 여유(T_M)을 뺀 만큼이 된다.

래치 기반 순차회로의 시간차용은 파이프라인 시스템과 피드백을 갖는 순차회로 모두에 적용할 수 있다. 파이프라인 순차회로에서는 클록신호의 반주기 경계와 파이프라인 경계 모두에 시간차용을 적용시킬 수 있으며, 파이프라인 경계를 넘어서 누적될 수 있다. 반면에, 피드백 순차회로에서는 클록신호의 반주기 경계를 넘어 시간차용이 적용될 수 있으나, 피드백 루우프 전체 경로의 전달지연은 클록신호의 한 주기 이내가 되어야 한다. 참고로, 모서리 트리거 플립플롭 기반의 순차회로에서 시간차용이 허용되지 않는다. 그 이

유는 조합회로의 출력이 클록의 다음 상승 모서리 이후에 도달하면, 플립플롭의 준비시간 조건이 위반되어 회로가 오동작하기 때문이다.

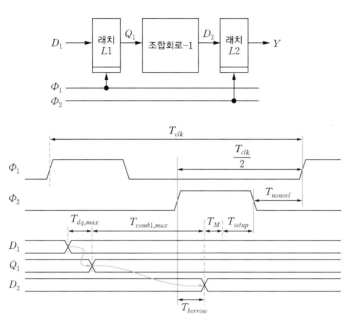

[그림 8-33] 래치 기반 순차회로의 시간차용

다음으로 래치 기반 순차회로의 유지시간 조건에 대해 알아보자. 8.1.4절에서 설명했듯이, 래치가 올바로 동작하기 위해서는 유지시간 조건을 만족해야 하며, 래치의 유지시간 조건은 순차회로의 최소 지연에 관계된다. [그림 8-34]의 래치 기반 순차회로에서 래치 $L2$에 대한 유지시간 조건은 식 (8.6)과 같이 표현되며, 래치 $L1$의 최소 지연 $T_{cq,\min}$, 조합회로-1의 최소 지연 $T_{comb1,\min}$, 그리고 클록신호의 비 중첩기간 T_{nonovl}을 합한 것이 래치 $L2$의 유지시간보다 커야 이 회로가 정상적으로 동작할 수 있다. 래치 $L1$의 최소 지연과 조합회로-1의 최소 지연이 너무 작으면, 래치 $L2$의 입력 D_2가 클록신호의 하강 모서리 이후에 너무 빨리 변하여 래치 $L2$의 유지시간을 만족하지 못하게 된다.

$$T_{hold,L2} \leq T_{cq,\min} + T_{comb1,\min} + T_{nonovl} \tag{8.6}$$

식 (8.6)의 유지시간 조건을 만족하지 못하는 경우에는 조합회로-1에 버퍼를 삽입하여 최소 전달지연이 커지도록 설계하거나, 큰 $T_{cq,\min}$ 지연을 갖는 래치를 사용하여 해결할 수 있다. 또한 클록신호의 비중첩 기간 T_{nonovl}을 증가시키면 유지시간 조건을 만족시킬 수 있다. 식 (8.6)은 클록주기에 무관하므로, 클록신호의 주기를 크게 해도 유지시간 위반을 해결할 수 없다.

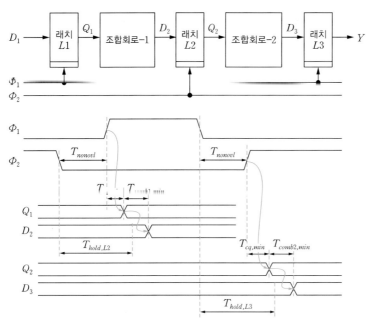

[그림 8-34] 래치 기반 순차회로의 최소 지연에 의한 동작 타이밍 조건

8.4 클록 스큐와 클록 지터의 영향

8.3절에서 설명한 순차회로의 동작 타이밍 조건들은 회로에 포함된 모든 플립플롭 또는 래치가 동일 시점에 클록신호를 공급받는 이상적인 경우를 가정한 것이다. 실제의 경우에는 칩 내부의 여러 곳에 분산되어 있는 플립플롭 또는 래치에 클록신호가 도달하는 시간 차이가 존재하는데, 이를 클록 스큐$^{clock\ skew}$라고 한다. 또한 특정 플립플롭 또는 래치에 인가되는 클록신호의 주기가 시간에 따라 변하는 클록 지터$^{clock\ jitter}$ 현상도 존재한다. [그림 8-35]는 클록 패드로 입력된 클록신호 Φ_i와 회로 내부의 특정 플립플롭(래치)에 인가되는 클록신호 Φ_d 사이에 존재하는 클록 스큐 t_{skew}와 클록 지터 T_{jit}를 보이고 있다.

이와 같은 클록신호의 이상적이지 않은 특성은 순차회로의 동작에 영향을 미칠 수 있으므로, 회로 설계와 검증과정에서 세밀하게 고려되어야 한다. 클록 패드를 통해 입력된 클록신호는 클록 버퍼와 클록 공급망을 통해 칩 내부의 플립플롭 또는 래치로 공급된다. 이과정에서 클록 버퍼를 구성하는 소자들의 특성 불균일, 클록신호를 공급하는 배선에 의한 지연 차이, 그리고 전원전압 변동과 온도 등의 환경적인 영향에 의해 클록 스큐가 유발된다. 클록 지터를 유발하는 원인으로는 클록 발생회로의 비이상적 특성, 용량성 부하 및 용량성 결합, 전원전압 변동과 온도 등을 꼽을 수 있다.

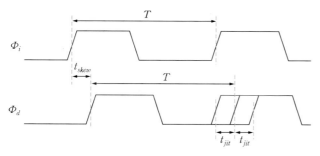

[그림 8-35] **클록 스큐와 클록 지터**

[그림 8-36]은 클록 스큐에 의한 순차회로의 오동작 예를 보이고 있다. 클록 스큐에 의해 클록신호 Φ_i보다 지연된 Φ_d가 플립플롭 $FF2$에 인가되고 있다. Φ_d가 플립플롭 $FF1$의 출력 Q_1보다 늦게 도착하면, [그림 8-36(b)]와 같이 한 클록주기 동안에 입력 D_1이 $FF1$을 통과하여 $FF2$의 출력 Q_2까지 도달하는 오동작이 발생한다.

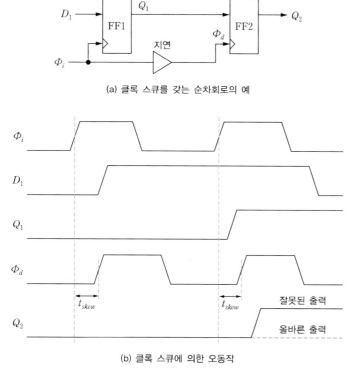

(a) 클록 스큐를 갖는 순차회로의 예

(b) 클록 스큐에 의한 오동작

[그림 8-36] **클록 스큐에 의한 순차회로의 오동작 예**

클록 스큐는 포지티브 클록 스큐와 네거티브 클록 스큐로 구분되며, 각 클록 스큐가 순차회로의 동작에 미치는 영향이 다르다. [그림 8-37(a)]와 같이 클록신호의 공급 방향과 데이터 진행 방향이 동일하여, 데이터를 보내는 쪽의 플립플롭 $FF1$의 클록신호 Φ_1보다 받는 쪽의 플립플롭 $FF2$의 클록신호 Φ_2가 늦게 도달하여 $t_{skew} > 0$이 되는 경우를 포지티브 클록 스큐라고 한다. 포지티브 클록 스큐는 [그림 8-37(b)]와 같이 t_{skew} 만큼 클록 주기를 증가시키고, 유지시간이 커지게 만드는 효과를 갖는다. 따라서 포지티브 클록 스큐는 플립플롭 $FF2$의 준비시간에 대해서는 긍정적인 영향을 미치며, 유지시간에 대해서는 부정적인 영향을 미친다.

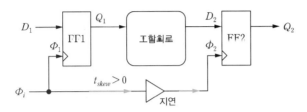

(a) 포지티브 클록 스큐($t_{skew} > 0$)가 발생하는 경우

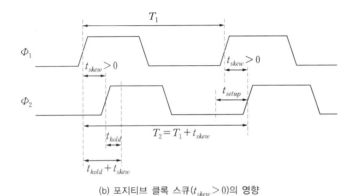

(b) 포지티브 클록 스큐($t_{skew} > 0$)의 영향

[그림 8-37] 포지티브 클록 스큐가 플립플롭 기반 순차회로의 동작에 미치는 영향

[그림 8-38(a)]와 같이 클록신호의 공급 방향이 데이터 진행 방향과 반대가 되어, 데이터를 보내는 쪽의 플립플롭 $FF1$의 클록신호 Φ_1보다 받는 쪽의 플립플롭 $FF2$의 클록신호 Φ_2가 빨리 도달하여 $t_{skew} < 0$이 되는 경우를 네거티브 클록 스큐라고 한다. 네거티브 클록 스큐는 [그림 8-38(b)]에서 보는 바와 같이 $t_{skew} < 0$만큼 클록주기를 감소시키고, 유지시간이 작아지게 만드는 효과를 갖는다. 따라서 네거티브 클록 스큐는 플립플롭 $FF2$의 준비시간에 대해서는 부정적인 영향을 미치며, 유지시간에 대해서는 긍정적인 영향을 미친다.

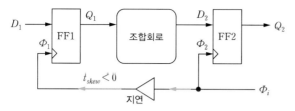

(a) 네거티브 클록 스큐($t_{skew} < 0$)가 발생하는 경우

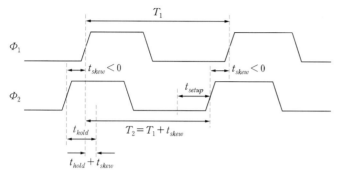

(b) 네거티브 클록 스큐($t_{skew} < 0$)의 영향

[그림 8-38] **네거티브 클록 스큐가 플립플롭 기반 순차회로의 동작에 미치는 영향**

[그림 8-37(b)]와 [그림 8-38(b)]로부터, 클록 스큐가 플립플롭 기반 순차회로의 준비시간과 유지시간 조건에 미치는 영향을 식 (8.7), 식 (8.8)로 표현할 수 있다. 포지티브 클록 스큐의 경우에는 $t_{skew} > 0$을 대입하고, 네거티브 클록 스큐의 경우에는 $t_{skew} < 0$을 대입한다.

$$T_{setup} \leq T_{clk} - T_{cq,\max} - T_{comb,\max} + t_{skew} \tag{8.7}$$

$$T_{hold} \leq T_{cq,\min} + T_{comb,\min} - t_{skew} \tag{8.8}$$

클록 지터는 특정 플립플롭에 클록신호의 상승(하강) 모서리가 도달하는 시점의 차이를 나타내며, 클록신호의 주기가 시간에 따라 변하는 이상적이지 못한 클록신호 특성이다. [그림 8-39]에서 보는 바와 같이 포지티브 또는 네거티브 지터가 시간에 따라 불규칙적으로 발생될 수 있으므로, 클록 지터가 순차회로의 동작에 미치는 최악 조건을 고려해야 한다. [그림 8-39]에서 볼 수 있듯이, 포지티브 지터와 네거티브 지터가 클록신호의 연속된 상승 모서리에서 발생되는 경우가 최악 조건이며, 이에 의해 클록주기가 $|2t_{jit}|$만큼 감소하게 된다. 따라서 클록 지터가 순차회로의 준비시간 조건에 미치는 영향은 식 (8.9)와 같이 표현할 수 있으며, 이는 시스템의 성능에 부정적인 영향을 미친다.

$$T_{setup} \leq T_{clk} - T_{cq,\max} - T_{comb,\max} - 2|t_{jit}| \tag{8.9}$$

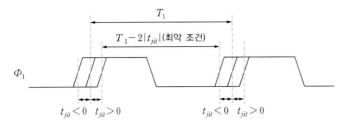

[그림 8-39] **클록 지터에 의한 클록주기의 변화**

클록 스큐와 클록 지터가 함께 존재하면 순차회로의 동작에 복합적인 영향을 미친다. [그림 8-40]은 포지티브 클록 스큐($t_{skew} > 0$)와 네거티브 지터($t_{jit} < 0$)가 함께 발생하는 경우를 보이고 있다. 식 (8.10)에서 보는 바와 같이, 포지티브 클록 스큐가 준비시간 조건에 미치는 긍정적인 효과가 네거티브 클록 지터에 의해 상쇄되는 결과가 나타난다. 또한 식 (8.11)과 같이 포지티브 클록 스큐와 네거티브 클록 지터에 의해 유지시간이 $t_{skew} + 2|t_{jit}|$만큼 길어지는 부정적 효과가 나타난다.

$$T_{setup} \le T_{clk} - T_{cq,\max} - T_{comb,\max} + t_{skew} - 2|t_{jit}| \qquad (8.10)$$

$$T_{hold} \le T_{cq,\min} + T_{comb,\min} - (t_{skew} + 2|t_{jit}|) \qquad (8.11)$$

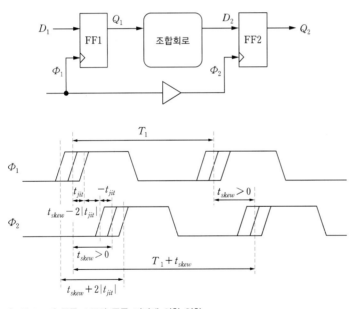

[그림 8-40] **클록 스큐와 클록 지터에 의한 영향**

8.5 시뮬레이션 및 레이아웃 설계 실습

실습 8-1 포지티브 레벨감지 정적 래치의 시뮬레이션

[그림 8-41]의 래치를 시뮬레이션하여 동작을 확인하고, CLK-to-Q 지연시간과 DIN-to-Q 지연시간을 구하라.

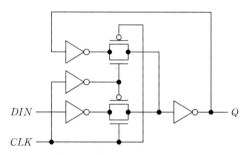

[그림 8-41] **[실습 8-1]의 시뮬레이션 회로**

■ 시뮬레이션 결과

래치의 동작을 확인하기 위한 시뮬레이션 파형은 [그림 8-42(a)]와 같다. $CLK = 1$인 통과모드에서 입력 DIN이 출력 Q로 전달되고, $CLK = 0$인 유지모드에서는 입력 DIN에 무관하게 출력 Q가 유지되어 포지티브 레벨감지 래치로 동작한다. CLK-to-Q 지연시간 특성은 [그림 8-42(b)]와 같으며, Q의 하강 및 상승 전달지연시간은 각각 305 ps, 254 ps로 나타났다. DIN-to-Q 지연시간 특성은 [그림 8-42(c)]와 같으며, Q의 하강 및 상승 전달지연시간은 각각 303 ps, 289 ps로 나타났다.

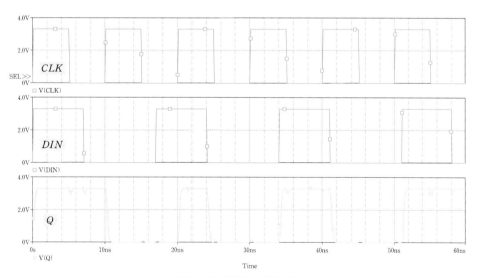

(a) 포지티브 레벨감지 래치의 동작

[그림 8-42] **포지티브 레벨감지 정적 래치의 시뮬레이션 결과**(계속)

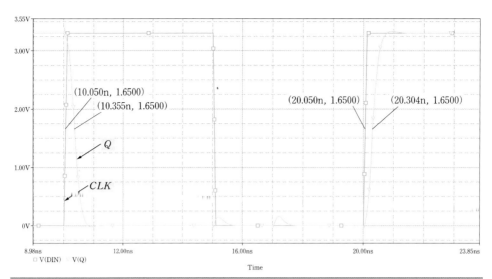

Measurement Results			
Evaluate	Measurement	Value	
☑	Falltime_StepResponse_Xrange(V(Q),9n,12n)	416.72463p	
☑	Risetime_StepResponse_Xrange(V(Q),20n,23n)	372.91265p	
Click here to evaluate a new measurement...			

(b) CLK−to−Q 지연시간 특성

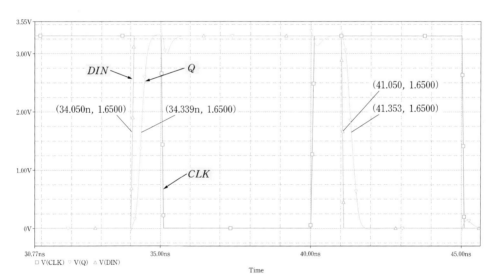

Measurement Results			
Evaluate	Measurement	Value	
☑	Falltime_StepResponse_Xrange(V(Q),40n,42n)	421.79506p	
☑	Risetime_StepResponse_Xrange(V(Q),33n,37n)	343.37730p	
Click here to evaluate a new measurement...			

(c) DIN−to−Q 지연시간 특성

[그림 8-42] 포지티브 레벨감지 정적 래치의 시뮬레이션 결과

[그림 8-43]의 플립플롭을 시뮬레이션하여 동작을 확인하고, clock-to-Q 지연시간을 구하라.

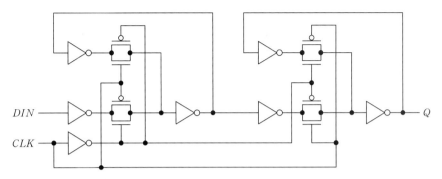

[그림 8-43] **[실습 8-2]의 시뮬레이션 회로**

■ 시뮬레이션 결과

플립플롭의 동작을 확인하기 위한 시뮬레이션 파형은 [그림 8-44(a)]와 같으며, 상승 모서리 트리거 플립플롭으로 동작함을 보이고 있다. 클록신호 CLK의 상승 모서리에서 입력 DIN 이 출력 Q로 전달되고 클록신호의 다음 상승 모서리까지 출력 Q의 값이 유지되므로, 클록신호의 한 주기 동안 입력 DIN이 저장된다. CLK-to-Q 지연시간 특성은 [그림 8-44(b)]와 같으며, 출력 Q의 하강 및 상승 전달지연시간은 각각 306 ps, 255 ps로 나타났다.

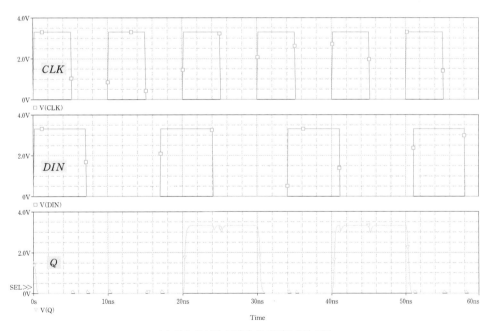

(a) 상승 모서리 트리거 D 플립플롭의 동작

[그림 8-44] **상승 모서리 트리거 정적 D 플립플롭의 시뮬레이션 결과**(계속)

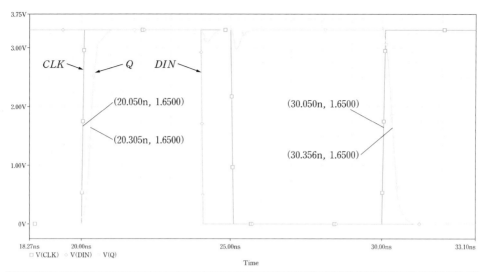

Measurement Results			
Evaluate	Measurement	Value	
☑	Falltime_StepResponse_Xrange(V(Q),30n,35n)	411.01492p	
☑	Risetime_StepResponse_Xrange(V(Q),20n,25n)	374.16592p	
Click here to evaluate a new measurement...			

(b) CLK−to−Q 지연시간 특성

[그림 8-44] 상승 모서리 트리거 정적 D 플립플롭의 시뮬레이션 결과

실습 8-3 상승 모서리 트리거 TSPC 동적 플립플롭의 시뮬레이션

[그림 8-45]의 플립플롭을 시뮬레이션하여 동작을 확인하고, clock-to-Q 지연시간을
구하라.

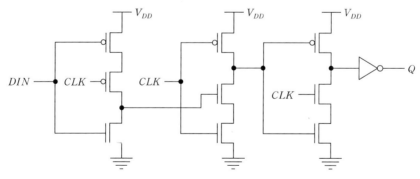

[그림 8-45] [실습 8-3]의 시뮬레이션 회로

■ 시뮬레이션 결과

플립플롭의 동작을 확인하기 위한 시뮬레이션 파형은 [그림 8-46(a)]와 같으며, 상승 모
서리 트리거 플립플롭으로 동작함을 보이고 있다. 클록신호 CLK의 상승 모서리에서 입
력 DIN이 출력 Q로 전달되고 클록신호의 다음 상승 모서리까지 출력 Q의 값이 유지되

므로, 클록신호의 한 주기 동안 입력 *DIN*이 저장된다. CLK-to-Q 지연시간 특성은 [그림 8-46(b)]와 같으며, 출력 *Q*의 하강 및 상승 전달지연시간은 각각 395ps, 289ps로 나타났다.

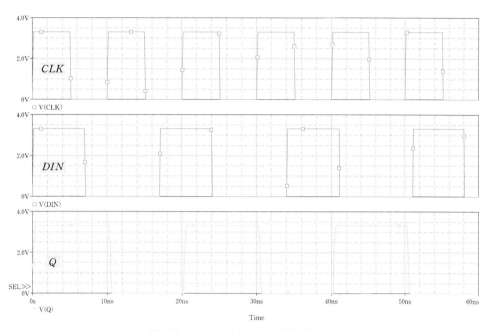

(a) 상승 모서리 트리거 TSPC 플립플롭의 동작

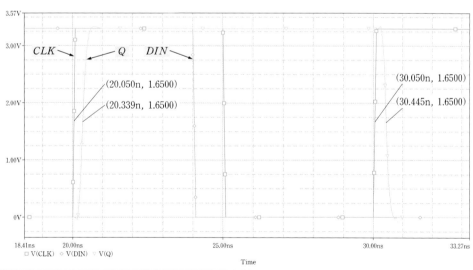

Measurement Results			
Evaluate	Measurement	Value	
☑	Falltime_StepResponse_Xrange(V(Q),30n,33n)	234.15284p	
☑	Risetime_StepResponse_Xrange(V(Q),20n,24n)	260.11519p	
Click here to evaluate a new measurement...			

(b) CLK-to-Q 지연시간 특성

[그림 8-46] **상승 모서리 트리거 TSPC 플립플롭의 시뮬레이션 결과**

[그림 8-47]의 플립플롭에 대해 준비시간 조건을 만족한 경우와 위반한 경우의 동작을
시뮬레이션을 통해 확인하라.

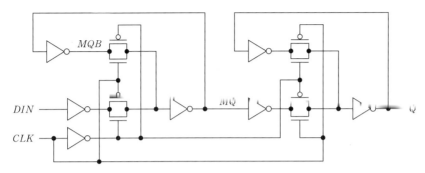

[그림 8-47] [실습 8-4]의 시뮬레이션 회로

■ 시뮬레이션 결과

[그림 8-48(a)]는 입력 DIN의 1 → 0 천이가 클록신호의 상승 모서리로부터 멀리 떨어
져서 발생하여 준비시간 조건이 충족된 경우의 시뮬레이션 결과이다. 클록신호의 상승
모서리 이후에 출력 Q가 0을 유지하므로, 논리값 0이 플립플롭에 저장되는 올바른 동작
을 확인할 수 있다. [그림 8-48(b)]는 입력 DIN의 1 → 0 천이가 클록신호의 상승 모서
리에 너무 가깝게 발생하여 준비시간 조건이 위반된 경우의 시뮬레이션 결과이다. 클록
신호의 상승 모서리 이후에 출력 Q가 1로 천이하므로, 논리값 0 대신에 논리값 1이 플
립플롭에 저장되는 오동작을 확인할 수 있다.

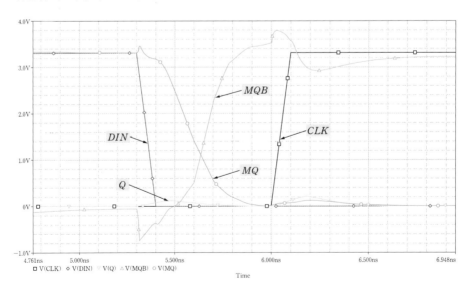

(a) 준비시간 조건을 만족한 경우

[그림 8-48] 상승 모서리 트리거 플립플롭의 준비시간 조건 시뮬레이션 결과(계속)

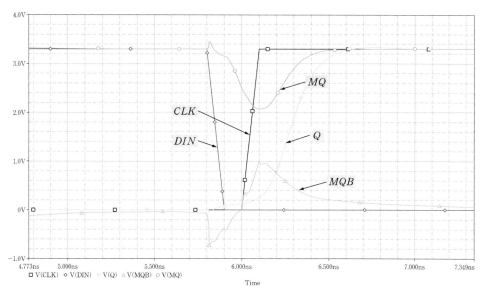

(b) 준비시간 조건을 위반한 경우

[그림 8-48] **상승 모서리 트리거 플립플롭의 준비시간 조건 시뮬레이션 결과**

실습과제 8-1 [그림 8-4(a)]의 동기식 액티브 하이 리셋을 갖는 포지티브 정적 래치를 시뮬레이션하여 동작을 확인하라.

실습과제 8-2 [그림 8-8(e)]의 clocked CMOS 인버터를 사용한 동적 포지티브 래치를 시뮬레이션하여 동작을 확인하라.

실습과제 8-3 [그림 8-16(a)]의 동기식 액티브 하이 리셋을 갖는 상승 모서리 트리거 정적 플립플롭을 시뮬레이션하여 동작을 확인하라.

실습과제 8-4 [그림 8-47]의 상승 모서리 트리거 D 플립플롭의 레이아웃을 설계하고, DRC와 LVS 검증을 하라.

■ 순차회로 : 현재와 과거의 입력 및 현재 상태에 의해 출력값이 결정되는 회로
  • 입력과 상태값을 저장하기 위한 플립플롭 또는 래치 등의 저장소자를 포함한다.

■ 래치 : 클록신호의 레벨(0 또는 1)에 따라 통과모드와 유지모드로 동작하는 저장소자

■ 플립플롭 : 클록신호의 상승 또는 하강 모서리에서 입력을 출력으로 보내며, 클록의 다음 주기까지 유지하는 저장소자

■ 상승 모서리 트리거 플립플롭의 타이밍 파라미터
  • clock-to-Q 지연 : 클록신호의 상승 모서리에서부터 플립플롭 출력 Q까지의 지연시간
  • 준비시간 : 클록신호의 상승 모서리 이전에 입력 D가 안정되어 있어야 하는 시간
  • 유지시간 : 클록신호의 상승 모서리 이후에 입력 D가 안정되어 있어야 하는 시간

■ 동기식 순차회로의 타이밍 파라미터는 조합회로의 전달지연, 저장소자의 준비시간 및 유지시간, 그리고 클록 스큐 및 지터 등에 의해 영향을 받는다.

■ 모서리 트리거 플립플롭 기반 순차회로는 다음의 동작 타이밍 조건을 만족해야 한다.
  • $T_{clk} \geq T_{cq,\max} + T_{comb,\max} + T_{setup}$
  • $T_{hold} \leq T_{cq,\min} + T_{comb,\min}$

■ 레벨감지 래치 기반 순차회로의 동작 타이밍 조건은 다음과 같다.
  • $T_{clk} \geq T_{dq,\max} + T_{comb1,\max} + T_{dq,\max} + T_{comb2,\max} + T_M$
  • $T_{hold,L2} \leq T_{cq,\min} + T_{comb1,\min} + T_{nonovl}$
  • $T_{borrow} \leq \dfrac{T_{clk}}{2} - (T_{setup} + T_{nonovl} + T_M)$

■ 클록 스큐 : 클록신호가 회로 내의 플립플롭(또는 래치)에 도달하는 시간 차이
  • $T_{setup} \leq T_{clk} - T_{cq,\max} - T_{comb,\max} + t_{skew}$
  • $T_{hold} \leq T_{cq,\min} + T_{comb,\min} - t_{skew}$

■ 클록 지터 : 특정 플립플롭(또는 래치)에 인가되는 클록신호의 주기가 시간에 따라 변하는 현상
  • $T_{setup} \leq T_{clk} - T_{cq,\max} - T_{comb,\max} - 2|t_{jit}|$

8.1 포지티브 레벨감지 래치에서는 클록신호가 1일 때, 입력 D의 변화가 출력 Q로 전달된다. (O, X)

8.2 상승 모서리 트리거 정적 플립플롭에서 클록신호의 상승 모서리 이전에 입력 D가 안정화되어 있어야 하는 기간을 (   )시간이라고 한다.

8.3 동기 시스템에서 클록신호가 플립플롭에 도달하는 시간 차이를 (   )라고 한다.

8.4 [그림 8-49]와 같은 회로의 명칭은?

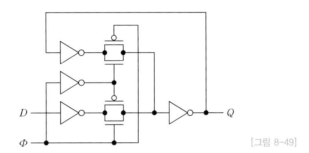

[그림 8-49]

㉮ 포지티브 레벨감지 정적 래치   ㉯ 포지티브 레벨감지 동적 래치
㉰ 네거티브 레벨감지 정적 래치   ㉱ 네거티브 레벨감지 동적 래치

8.5 [그림 8-50]과 같이 동작하는 회로는? 단, Φ는 클록신호, D는 입력, Q는 출력이다.

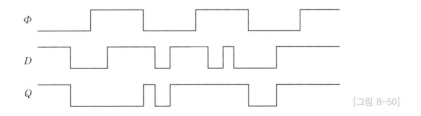

[그림 8-50]

㉮ 포지티브 레벨감지 래치   ㉯ 네거티브 레벨감지 래치
㉰ 상승 모서리 트리거 플립플롭   ㉱ 하강 모서리 트리거 플립플롭

8.6 [그림 8-51]과 같은 회로의 명칭은?

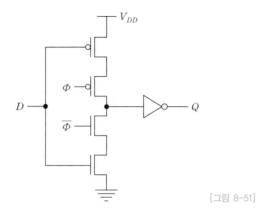

[그림 8-51]

㉮ 포지티브 레벨감지 정적 래치 ㉯ 포지티브 레벨감지 동적 래치
㉰ 네거티브 레벨감지 정적 래치 ㉱ 네거티브 레벨감지 동적 래치

8.7 [그림 8-52]와 같은 회로의 명칭은?

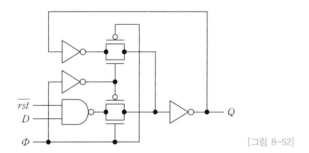

[그림 8-52]

㉮ 동기식 액티브 로우 리셋을 갖는 정적 래치
㉯ 동기식 액티브 하이 리셋을 갖는 정적 래치
㉰ 동기식 액티브 로우 셋을 갖는 정적 래치
㉱ 동기식 액티브 하이 셋을 갖는 정적 래치

8.8 [그림 8-53]과 같은 회로의 명칭은?

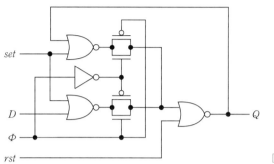

[그림 8-53]

㉮ 동기식 액티브 하이 셋과 리셋을 갖는 정적 래치
㉯ 동기식 액티브 로우 셋과 리셋을 갖는 정적 래치
㉰ 비동기식 액티브 하이 셋과 리셋을 갖는 정적 래치
㉱ 비동기식 액티브 로우 셋과 리셋을 갖는 정적 래치

8.9 하강 모서리 트리거 플립플롭에서 클록의 하강 모서리 이후에 입력 D가 안정화되어 있어야 하는 시간은?

㉮ 준비시간   ㉯ 유지시간
㉰ 클록 지터   ㉱ 클록 스큐

8.10 [그림 8-54]와 같이 동작하는 회로는? 단, Φ는 클록신호, D는 입력, Q는 출력이다.

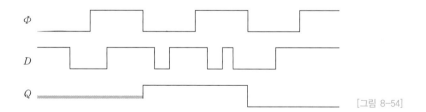

[그림 8-54]

㉮ 포지티브 레벨감지 래치   ㉯ 네거티브 레벨감지 래치
㉰ 상승 모서리 트리거 플립플롭   ㉱ 하강 모서리 트리거 플립플롭

8.11 [그림 8-55]와 같은 회로의 명칭은?

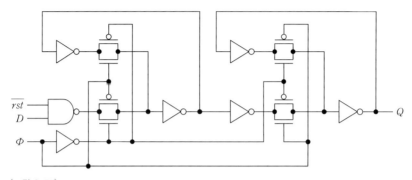

[그림 8-55]

㉮ 동기식 액티브 하이 리셋을 갖는 정적 플립플롭
㉯ 동기식 액티브 로우 리셋을 갖는 정적 플립플롭
㉰ 비동기식 액티브 하이 리셋을 갖는 정적 플립플롭
㉱ 비동기식 액티브 로우 리셋을 갖는 정적 플립플롭

8.12 [그림 8-56]과 같은 회로의 동작에 대한 설명으로 맞는 것은?

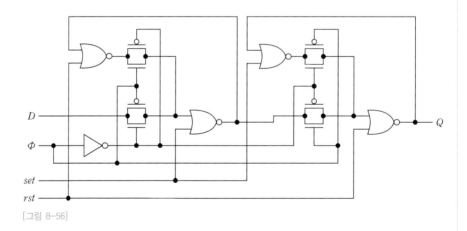

[그림 8-56]

㉮ 비동기식 액티브 하이 셋과 리셋을 갖는다.
㉯ $rst = 0$이고 $set = 1$이면, $Q = 0$으로 리셋된다.
㉰ $rst = 1$이고 $set = 0$이면, $Q = 1$로 리셋된다.
㉱ $rst = 0$이고 $set = 0$은 허용되지 않는 입력조건이다.

8.13 [그림 8-57]과 같은 회로의 명칭은?

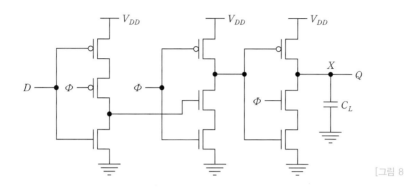

[그림 8-57]

㉮ 상승 모서리 트리거 정적 플립플롭
㉯ 하강 모서리 트리거 정적 플립플롭
㉰ 상승 모서리 트리거 동적 플립플롭
㉱ 하강 모서리 트리거 동적 플립플롭

8.14 모서리 트리거 플립플롭 기반 순차회로의 최대 동작 주파수에 영향을 미치지 **않는**
요소는?

㉮ 조합회로의 최대 지연시간   ㉯ 플립플롭의 준비시간
㉰ 플립플롭의 유지시간   ㉱ 클록 스큐

8.15 다음 중 단일위상 클록으로 동작하는 순차회로가 올바르게 동작하기 위한 클록신
호의 주기 T_{clk}의 조건으로 맞는 것은? 단, T_{cq}, T_{setup}, T_{hold}는 각각 플립플롭
의 clock-to-Q 지연시간, 준비시간, 유지시간을 나타내며, T_{comb}는 조합회로의
지연시간을 나타낸다.

㉮ $T_{clk} \geq T_{cq,\max} + T_{comb,\max} - T_{setup}$
㉯ $T_{clk} \geq T_{cq,\max} + T_{comb,\max} - T_{hold}$
㉰ $T_{clk} \geq T_{cq,\max} + T_{comb,\max} + T_{hold}$
㉱ $T_{clk} \geq T_{cq,\max} + T_{comb,\max} + T_{setup}$

8.16 단일위상 클록으로 동작하는 상승 모서리 트리거 플립플롭 기반 순차회로가 준비 시간 조건을 위반한 경우의 해결 방법으로 맞는 것은?

㉮ 조합회로의 지연을 증가시킨다.

㉯ 클록신호의 주기를 크게 한다.

㉰ 최대 지연을 갖지 않는 경로에 지연을 삽입한다.

㉱ 최대 지연경로에 지연을 삽입한다.

8.17 단일위상 클록으로 동작하는 모서리 트리거 플립플롭 기반 순차회로가 유지시간 조건을 위반한 경우의 해결방법으로 맞는 것은?

㉮ 유지시간이 큰 플립플롭을 사용한다.

㉯ 최소 전달지연이 작은 플립플롭을 사용한다.

㉰ 클록신호의 주기를 크게 한다.

㉱ 조합회로의 최소 지연경로에 지연을 삽입한다.

8.18 레벨감지 래치 기반의 순차회로에서 허용 가능한 시간차용에 영향을 미치지 **않는** 타이밍 파라미터는?

㉮ 래치의 준비시간   ㉯ 래치의 유지시간

㉰ 클록신호의 비중첩 기간   ㉱ 클록신호의 주기

8.19 포지티브 클록 스큐가 모서리 트리거 플립플롭 기반의 순차회로에 미치는 영향으로 **틀린** 것은?

㉮ 클록신호의 주기를 크게 만드는 효과가 있다.

㉯ 유지시간 조건의 위반 가능성을 크게 한다.

㉰ 준비시간 조건의 위반 가능성을 크게 한다.

㉱ 클록 스큐만큼 조합회로의 지연 증가를 허용한다.

8.20 클록 지터에 관한 설명으로 맞는 것은?

㉮ 클록신호의 주기가 시간에 따라 변하는 현상이다.

㉯ 클록신호가 플립플롭에 도달하는 시간 차이이다.

㉰ 최악 조건에서 클록신호의 주기가 $|2t_{jit}|$만큼 증가한다.

㉱ 플립플롭의 유지시간 조건에 영향을 미치지 않는다.

8.21 [그림 8-58(a)]의 회로는 8.1.2절에서 설명한 clocked CMOS 동적 래치회로이다. [그림 8-58(b)]와 같이 클록신호와 입력 D의 위치를 바꾸어도 동일한 기능을 수행한다. 두 회로 중 어느 것이 좋은지와 그 이유를 설명하라.

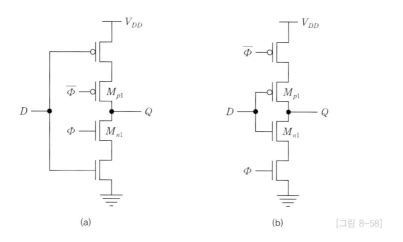

(a)   (b)   [그림 8-58]

8.22 하강 모서리 트리거 TSPC 플립플롭의 회로를 그리고, 클록신호 Φ에 따른 동작을 설명하라.

8.23 [그림 8-59(a)]와 같은 회로의 정확한 명칭을 쓰고, [그림 8-59(b)]에 출력 Q의 파형을 완성하라.

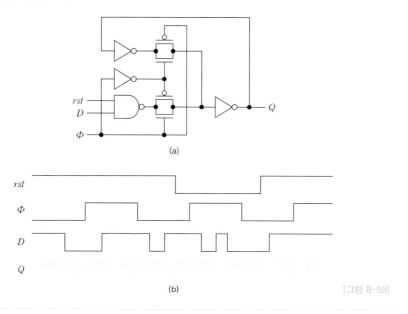

(a)

(b)   [그림 8-59]

8.24 [그림 8-60(a)] 회로의 정확한 명칭을 쓰고, [그림 8-60(b)]에 출력 Q의 파형을 완성하라.

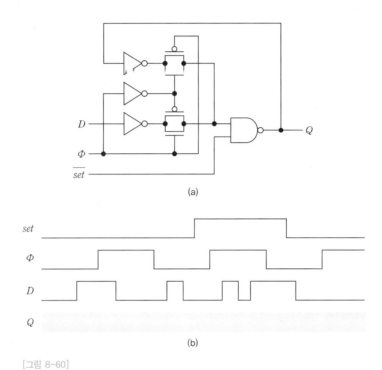

(a)

(b)

[그림 8-60]

8.25 다음의 기능을 갖는 포지티브 정적 래치회로를 그리고, 동작을 설명하라.

(a) 동기식 액티브 로우 셋

(b) 비동기식 액티브 로우 셋

8.20 [그림 8–61(a)] 회로의 정확한 명칭을 쓰고, [그림 8–61(b)]에 출력 Q의 파형을 완성하라.

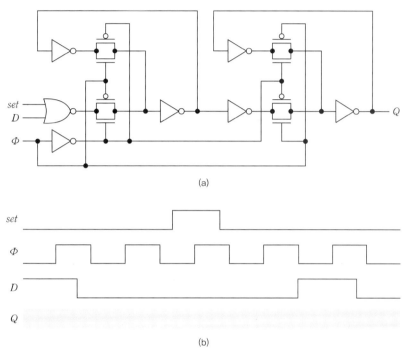

(a)

(b)

[그림 8–61]

8.27 다음의 기능을 갖는 상승 모서리 트리거 정적 플립플롭 회로를 그리고, 동작을 설명하라.

(a) 동기식 액티브 로우 리셋
(b) 동기식 액티브 로우 셋

8.28 [그림 8-62]의 플립플롭 기반 순차회로가 $f_{clk} = 2\,\text{GHz}$ 의 클록 주파수와 클록주기의 20%에 해당하는 타이밍 여유를 가지고 동작해야 한다.

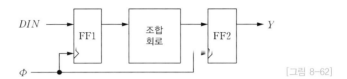

[그림 8-62]

다음의 경우에 조합회로의 최대 지연은 얼마 이하가 되어야 하는가? 단, 플립플롭의 타이밍 파라미터는 $t_{setup} = 80\,\text{ps}$, $t_{hold} = 40\,\text{ps}$, clock-to-Q 지연시간 $T_{cq} = 65\,\text{ps}$ 이다.

(a) $FF1$과 $FF2$ 사이의 클록 스큐가 $t_{skew} = 0$인 경우

(b) $FF1$과 $FF2$ 사이의 클록 스큐가 $t_{skew} = 50\,\text{ps}$인 경우

8.29 [그림 8-63]의 래치 기반 순차회로가 $f_{clk} = 2\,\text{GHz}$의 클록 주파수와 클록주기의 20%에 해당하는 타이밍 여유를 가지고 동작해야 한다.

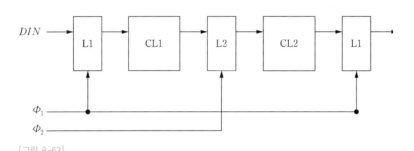

[그림 8-63]

다음의 경우에 조합회로 CL1과 CL2의 최대 지연의 합은 얼마 이하가 되어야 하는가? 단, 래치의 타이밍 파라미터는 $t_{setup} = 30\,\text{ps}$, $t_{hold} = 40\,\text{ps}$, clock-to-Q 지연시간 $T_{cq} = 50\,\text{ps}$, DIN-to-Q 지연시간 $T_{dq} = 45\,\text{ps}$이다.

(a) $L1$과 $L2$ 사이의 클록 스큐가 $t_{skew} = 0$인 경우

(b) $L1$과 $L2$ 사이의 클록 스큐가 $t_{skew} = 50\,\text{ps}$인 경우

메모리 회로

Memory Circuits

데이터를 임시 또는 영구히 저장하는 장치인 반도체 메모리는 컴퓨터, 스마트폰, 스마트 TV 등의 디지털 기기를 구성하는 핵심 부품이며, 사용 분야에 따라 다양한 특성이 요구된다. 예를 들어, PC 의 메인 메모리는 대용량과 저가격이 요구되며, CPU 내부에 사용되는 캐시(cache) 메모리는 고속 동작이 요구된다. 스마트폰, 디지털 카메라, USB 메모리 등에 저장매체로 사용되는 메모리는 대용량, 저가격, 비휘발성의 특성이 요구되고, FPGA 디바이스의 프로그래밍 메모리에는 비휘발성 메모리가 사용된다.

이 장에서는 반도체 메모리의 종류와 기본 구조를 이해하고, 비휘발성 기억소자인 ROM과 플래시 메모리의 셀 회로와 구조 및 동작 원리를 이해한다. 또한, SRAM과 DRAM의 구조와 메모리 셀의 회로, 메모리의 읽기와 쓰기 동작, 그리고 DRAM의 리프래시 동작에 대해 이해한다.

9.1 반도체 메모리 개요

각종 디지털 전자기기에서 정보 저장장치로 사용되는 반도체 메모리는 용도에 따라 속도, 용량, 가격 등의 특성이 다르다. 컴퓨터의 CPU나 스마트폰의 AP $^{Application\ Processor}$ 내부에는 레지스터 파일과 캐시^{cache} 메모리가 사용되고, CPU 외부에는 메인 메모리, 비디오 메모리, ROM 및 플래시^{flash} 등 다양한 형태의 메모리가 사용된다. CPU 내부에 사용되는 메모리는 매우 빠른 동작속도가 요구되므로 SRAM으로 만들어지며, CPU 칩 내부의 제한된 면적에 구현되어야 하므로 외부의 메모리에 비해 용량이 작다. 반면에, CPU 외부의 메인 메모리는 속도보다는 용량과 가격이 중요한 요소가 되므로 DRAM으로 구현된다. 그 외에 PC의 부팅 정보를 저장하는 메모리나 외부의 보조 기억장치는 전원이 꺼져도 저장된 정보를 유지해야 하므로 ROM, 플래시 메모리 등 비휘발성 메모리로 만들어진다. 이 절에서는 반도체 메모리의 종류와 기본 구조에 대해 알아본다.

9.1.1 반도체 메모리의 종류

반도체 메모리는 정보를 저장하는 방식에 따라 크게 휘발성 메모리^{volatile memory}와 비휘발성 메모리^{non-volatile memory}로 구분되며, [그림 9-1]과 같이 분류할 수 있다. 비휘발성 메모리는 전원이 꺼져도 저장된 데이터가 유지되는 메모리이며, 데이터를 써넣는 방법과 횟수에 따라 OT-PROM ^{One Time Programmable Read Only Memory}, PROM ^{programmable ROM}, 플래시^{flash} 메모리 등으로 분류할 수 있다.

OT-PROM은 1회만 프로그램이 가능하고 소거(지우기)할 수 없는 비휘발성 메모리이며, 제조공정에서 프로그램이 가능한 마스크^{mask} ROM과 사용자가 임의로 프로그램이 가능한 퓨즈^{fused} ROM으로 구분된다. PROM은 데이터 소거와 다시 쓰기가 가능한 비휘발성 메모리이며, 자외선을 이용하여 데이터를 일괄 소거하고 프로그램할 수 있는 EPROM ^{Erasable PROM}과 전기적으로 데이터 소거와 프로그램이 가능한 EEPROM ^{Electrically Erasable PROM}으로 구분된다. 플래시 메모리는 전기적으로 소거와 쓰기가 가능한 비휘발성 메모리로, NAND형과 NOR형으로 구분된다. NAND형 플래시 메모리는 읽기 속도는 느리지만, 쓰기와 소거가 고속이고 대용량이 가능한 특성을 갖는다. 반면에, NOR형 플래시 메

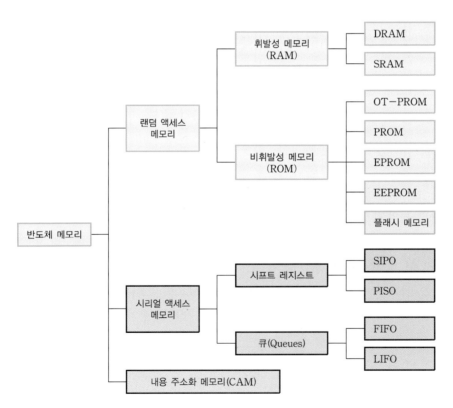

[그림 9-1] 반도체 메모리의 분류

모리는 고속의 읽기가 가능하지만, 쓰기와 소거 속도가 느리고 대용량 구현이 불리하다. 플래시 메모리는 디지털 카메라, USB 메모리, SSD$^{\text{Solid-State Disk}}$ 등의 기억장치로 폭넓게 사용되고 있다.

휘발성 메모리는 전원이 꺼지면 저장된 데이터가 없어지는 메모리로, RAM$^{\text{Random Access}}$ ^{Memory}이라고 불린다. RAM이란 읽기와 쓰기를 무작위로 할 수 있는 메모리를 지칭하는데, 빠른 속도로 데이터의 쓰기와 읽기가 가능하지만 전원을 끄면 데이터가 모두 소실되는 휘발성 메모리이다. RAM은 동작 방식에 따라 SRAM$^{\text{Static RAM}}$과 DRAM$^{\text{Dynamic RAM}}$으로 구분된다.

SRAM은 전원이 공급되는 동안 저장된 데이터가 계속 유지되는 특성을 가지며, 고속 동작이 가능하여 레지스터 파일용 다중포트$^{\text{multi-port}}$ SRAM, 캐시 메모리 등에 사용된다. DRAM은 커패시터에 충전된 전하에 의해 정보가 저장되며, 시간이 지남에 따라 커패시터에 저장된 전하가 소실되므로 주기적인 리프래시^{refresh}가 필요하다. DRAM은 메모리 셀에서 극히 작은 커패시터에 미세한 양의 전하를 충전시키는 방법으로 정보를 저장하므로 단지 수 천분의 일초$^{\text{milli-second}}$의 짧은 시간 동안만 저장된 정보를 보존할 수 있다. DRAM에 저장된 정보가 계속 유지될 수 있도록 하기 위해서는 정보가 유실되기 전에 '다시 써넣는 방법'이 사용된다. 실제로 DRAM에서는 외부에서 정보를 다시 써넣는 동작 대신에 저장된 정보를 읽어 주는 동작에 의해 정보를 그대로 다시 써넣는 효과를 가지며, 이 과정을 리프래시라고 한다. 실제로 우리가 사용하고 있는 컴퓨터는 약 $15\mu\text{sec}$마다 데이터 유지를 위한 리프래시 동작을 수행한다. DRAM은 SRAM보다 속도가 느리지만, 대용량에 유리하여 컴퓨터의 메인 메모리에 사용되며, SDRAM$^{\text{Synchronous DRAM}}$, DDR SDRAM$^{\text{Double-Data Rate SDRAM}}$, RDRAM$^{\text{RAMBUS DRAM}}$ 등이 있다.

DRAM과 SRAM 이외에도 VGA 카드와 같은 비디오 회로에 사용하도록 만들어진 비디오 램$^{\text{VRAM : Video RAM}}$도 있다. VRAM은 일반 RAM과는 달리 데이터를 써넣는 포트와 읽어 내는 포트가 분리되어 있으므로, 메모리로부터 데이터를 읽어 내는 동안에 비디오 메모리에 임의로 데이터를 써넣을 수 있어 시간 손실을 막을 수 있는 장점이 있다. 그러나 VRAM은 내부 구조가 비교적 복잡하고 가격이 비싸다는 단점이 있어 사용 분야가 제한된다.

9.1.2 반도체 메모리의 구조

메모리는 기본적으로 정보를 저장하는 공간인 메모리 셀^{cell}의 배열로 구성된다. 메모리 셀은 1비트의 정보를 서상하는 기본 단위이며, m개의 메모리 셀이 모여서 하나의 워드^{word}를 구성한다. [그림 9-2(a)]는 m비트의 워드 n개로 구성되어 $(m \times n)$비트의 저장용량을 갖는 메모리의 기본 구조를 보이고 있다. 이 경우에는 워드 수에 비례하는 워드 선택신호가 필요하므로, 큰 용량의 메모리를 구현하기에 적합하지 않다. [그림 9-2(b)]는 k비트의 행주소$^{row\ address}$ RA를 행 디코더로 디코딩해서 n개의 워드라인을 생성하여 워드를 선택하는 메모리 구조를 보이고 있다. 행주소 RA의 비트 수 k와 저장공간의 워드 수 n은 $k = \log_2 n$의 관계를 갖는다. 예를 들어, 8개의 워드를 저장하는 메모리의 경우에 $k = \log_2 8 = 3$이므로 3비트의 행주소가 필요하다. [그림 9-2(b)]의 행 디코딩 방법은 [그림 9-2(a)]의 직접적인 방법에 비해 행주소의 수를 줄일 수 있나, 큰 용량의 메모리를 구현하기 위해서는 여전히 많은 주소 비트 수가 필요하며, 메모리 배열이 세로로 길어지는 문제점이 있다.

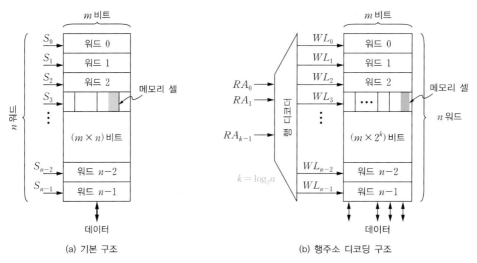

(a) 기본 구조 (b) 행주소 디코딩 구조

[그림 9-2] **1차원 메모리 구조**

[그림 9-3]은 행 디코더와 열 디코더를 사용하는 2차원 메모리 구조이다. 이 구조는 데이터를 저장하는 공간인 메모리 셀 배열, 주소를 디코딩하는 행 디코더와 열 디코더, 그리고 감지증폭기$^{sense\ amplifier}$ 등으로 구성된다. 메모리 셀 배열의 각 행은 2^j개의 워드로 구성되는데, k비트의 주소 중 하위 j비트는 열주소$^{column\ address}$로 사용되고, 상위 $(k-j)$비트는 행주소로 사용된다. 따라서 전체 메모리 공간은 $(m \times 2^k)$비트가 된다. [그림 9-2]의 1차원 메모리 구조와 비교하면, 2차원 메모리 구조는 워드라인의 수를 감소시킴

과 동시에 메모리 배열의 모양을 정방형에 가깝게 만들 수 있다. 예를 들어, 20비트의 주소가 사용되고 한 행에 64워드가 배열된 경우에, 열주소는 6비트가 사용되고, 행주소는 14비트가 사용되어 워드라인 수는 2^{14}개가 된다. 한 워드가 32비트로 구성되는 경우에 비트라인은 2^{11}개가 된다. 이 구조는 256kb 이하의 메모리에 사용될 수 있다. 메모리 용량이 큰 경우에는 워드라인과 비트라인이 너무 길어져 메모리의 동작속도가 느려지므로 적합하지 않다.

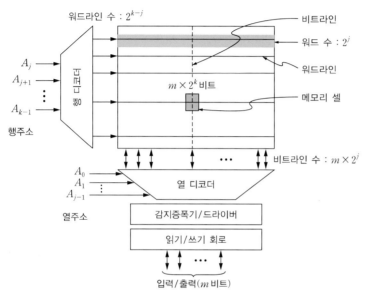

[그림 9-3] **2차원 메모리 구조**

메모리 용량이 큰 경우에는 [그림 9-4]와 같이 2차원 메모리 블록을 여러 개 배열시킨 3차원 메모리 구조가 사용되며, 메모리 블록의 선택을 위해 블록주소$^{block\ address}$가 사용된다.

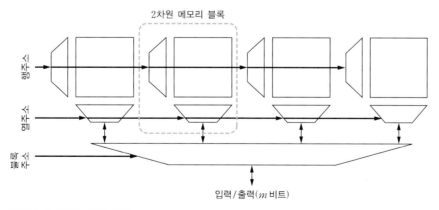

[그림 9-4] **3차원 메모리 구조**

[그림 9-4]의 3차원 구조를 적용하여 1메가워드의 메모리를 구현하고자 한다. 단, 1워드는 32비트로 구성되고, 워드라인은 64개의 워드를 구동한다.

(a) 블록주소의 비트 수 b, 열주소의 비트 수 j, 행주소의 비트 수 i와 주소의 총 비트 수 k를 구하라.

(b) 각 메모리 블록의 워드라인과 비트라인의 개수를 구하라.

풀이

(a) 메모리 블록이 4개로 구성되므로 $b=2$비트의 블록주소가 필요하다. 한 행이 64워드로 구성되므로 열주소는 $j=\log_2(64)=6$비트로 구성된다.

1메가워드의 메모리가 4개의 메모리 블록으로 구성되므로, 메모리 블록당 $1\mathrm{M}\div 4=256\mathrm{K}$ 워드로 구성된다. 워드라인이 64개의 워드를 구동하므로, 각 메모리 블록은 $256\mathrm{K}\div 64 = 4{,}096$개의 워드라인으로 구성되어 행주소는 $i=\log_2(4{,}096)=12$비트가 필요하다. 따라서 주소의 총 비트 수 k는 다음과 같으며, 메모리 블록은 [그림 9-5]와 같이 구성된다.

$$k=b+j+i=2+6+12=20$$

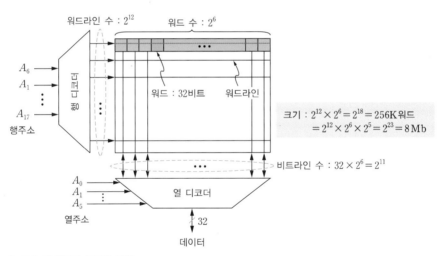

[그림 9-5] 메모리 블록의 구성

(b) 메모리 블록의 한 행은 64워드로 구성되고, 1워드는 32비트로 구성되므로, 메모리 블록의 비트라인은 $64\times 32=2^6\times 2^5=2^{11}$개가 된다. 행주소가 $i=12$비트이므로, 워드라인은 $2^i=2^{12}$개가 된다.

9.2 ROM 회로

전원이 없어도 저장된 정보를 유지하는 비휘발성 메모리는 정보를 저장하는 방법과 횟수에 따라 OT-PROM$^{\text{One Time Programmable ROM}}$과 PROM$^{\text{programmable ROM}}$으로 분류할 수 있다. OT-PROM은 정보를 1회만 프로그램(저장)할 수 있는 메모리 반도체로, 한번 저장된 정보는 수정될 수 없다. OT-PROM은 칩 제조공정에서 프로그램되는 MROM$^{\text{mask ROM}}$과, 사용자가 현장에서 원하는 정보를 프로그램할 수 있도록 만들진 FROM$^{\text{fused ROM}}$으로 구분된다. PROM은 정보를 지우고 새로운 정보를 프로그램할 수 있는 메모리 반도체로, 자외선$^{\text{UV light}}$을 이용하여 정보를 소거하는 EPROM$^{\text{erasable PROM}}$과, 전기적으로 정보를 소거하는 EEPROM$^{\text{electrically erasable PROM}}$으로 구분된다. 최근에는 RAM과 유사하게 쓰기/읽기가 가능하면서 비휘발성 메모리인 플래시^{flash} 메모리가 보편화되어 다양한 분야에 널리 사용되고 있다.

이와 같은 비휘발성 메모리를 총칭하여 ROM$^{\text{Read Only Memory}}$이라고 부르며, 전원이 꺼지면 저장된 정보가 소실되는 RAM과 달리 전원 없이 정보를 보존해야 하는 다양한 응용분야에 사용된다. 또한 PC, 스마트 단말기와 스마트 가전기기, 자동차 및 산업용 기기 등의 부팅 소프트웨어 저장용으로 사용된다. 최근에는 고집적화에 의해 비트당 제조원가가 급격히 낮아져 디지털 카메라, 스마트 단말기, 휴대용 PC, SSD$^{\text{Solid-State Disk}}$ 등에 대용량 저장장치로 폭넓게 사용되고 있다.

9.2.1 ROM의 구조

ROM은 정보가 프로그램(저장)되면 전원 없이도 정보가 유지되는 비휘발성 메모리의 한 형태이다. ROM은 메모리 셀의 트랜지스터가 비트라인에 연결되는 형태에 따라 OR형, NOR형, NAND형으로 구분된다.

OR형 ROM의 메모리 셀은 [그림 9-6]과 같이 하나의 nMOS 트랜지스터로 구성되어 1비트의 정보를 저장한다. [그림 9-6(a)]와 같이 메모리 셀 트랜지스터의 드레인이 전원 V_{DD}에 연결되고, 소오스가 비트라인 BL에 연결되면, 정보 '1'이 프로그램(저장)된다. 워드라인에 $WL = 1$이 인가되면, nMOS 트랜지스터가 도통되어 비트라인 BL이 전원 V_{DD}에 연결되므로, 메모리 셀에 저장된 정보 '1'이 읽혀진다. [그림 9-6(b)]와 같이 메모리 셀 트랜지스터의 소오스가 비트라인에 연결되지 않으면 정보 '0'이 저장되며, 이는 nMOS 트랜지스터를 만들지 않은 것과 동일하다. 이 경우에, 워드라인에 $WL = 1$이 인가되어도 BL은 전원 V_{DD}로 연결되지 않아 정보 '0'이 읽힌다.

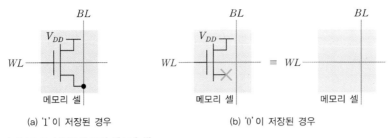

(a) '1'이 저장된 경우   (b) '0'이 저장된 경우

[그림 9-6] OR형 ROM의 메모리 셀

[그림 9-7(a)]는 OR형 ROM에 정보가 프로그래밍된 예를 보이고 있다. nMOS 트랜지스터의 소오스가 비트라인에 병렬로 연결되어 있으며, 비트라인과 접지 사이에 nMOS 풀다운$^{pull-down}$ 소자가 연결된 구조이다. nMOS 트랜지스터는 정보 '1'을 저장하며, 트랜지스터가 없는 셀은 정보 '0'을 저장한다. 워드라인은 기본값 0을 가지며, 1이 인가되면 워드라인이 활성화된다. [그림 9-7(a)]의 ROM에 저장된 정보는 [그림 9-7(b)]와 같다. 예를 들어, 워드라인에 $WL[3:0] = 0010_2$의 주소가 인가되면, 저장된 정보 $BL[3:0] = 0011_2$이 비트라인에 출력된다.

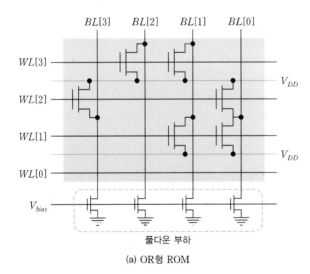

(a) OR형 ROM

주소 $WL[3:0]$	저장된 정보 $BL[3:0]$
1000	0110
0100	1001
0010	0011
0001	0000

(b) 주소별 저장된 정보

[그림 9-7] OR형 ROM의 예

NOR형 ROM의 메모리 셀은 [그림 9-8]과 같다. [그림 9-8(a)]와 같이 메모리 셀 트랜지스터의 소오스는 접지에 연결되고, 드레인이 비트라인 BL에 연결되면, 정보 '0'이 저장된다. 워드라인에 $WL = 1$이 인가되면, nMOS 트랜지스터가 도통되어 비트라인 BL이 접지로 연결되므로, 메모리 셀에 저장된 정보 '0'이 읽혀진다. [그림 9-8(b)]와 같이

메모리 셀 트랜지스터의 드레인이 비트라인에 연결되지 않으면 정보 '1'이 저장되며, 이는 nMOS 트랜지스터를 만들지 않은 것과 동일하다. 이 경우 워드라인에 $WL = 1$이 인가되어도 BL은 접지로 연결되지 않아 정보 '1'이 읽힌다. [그림 9-6]의 OR형 ROM의 메모리 셀과 비교하여 차이점을 잘 이해하기 바란다.

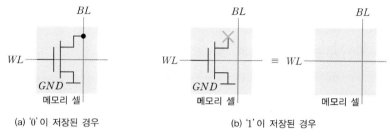

(a) '0'이 저장된 경우   (b) '1'이 저장된 경우

[그림 9-8] NOR형 ROM의 메모리 셀

[그림 9-9(a)]는 NOR형 ROM에 정보가 프로그래밍된 예를 보이고 있다. nMOS 트랜지스터의 드레인이 비트라인에 병렬로 연결되어 있으며, 비트라인과 전원 V_{DD} 사이에 pMOS 풀업pull-up 소자가 연결된 구조이다. 메모리 셀의 nMOS 트랜지스터는 정보 '0'을 저장하고, 트랜지스터가 없는 셀은 풀업 부하소자에 의해 정보 '1'을 저장하여, OR형 ROM의 반전 값을 저장한다. 워드라인은 기본값 0을 가지며, 1이 인가되면 활성화된다. [그림 9-9(a)]의 ROM에 저장된 정보는 [그림 9-9(b)]와 같다. 워드라인에 $WL[3:0] = 0010_2$의 주소가 인가되면, 저장된 정보 $BL[3:0] = 1000_2$가 비트라인에 출력된다.

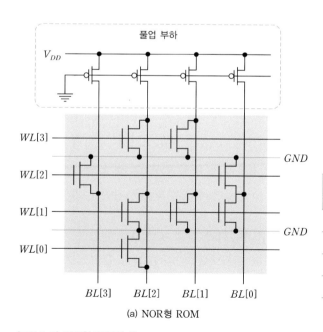

(a) NOR형 ROM

주소 $WL[3:0]$	저장된 정보 $BL[3:0]$
1000	1001
0100	0110
0010	1000
0001	1011

(b) 주소별 저장된 정보

[그림 9-9] NOR형 ROM의 예

NOR형 ROM은 [그림 9-10]과 같이 프리차지^{precharge} 방식으로 구현할 수도 있다. $\Phi = 0$이면, pMOS 예비충전 트랜지스터가 도통되어 비트라인은 모두 논리값 1로 예비충전된다. $\Phi = 1$이면, pMOS 예비충전 트랜지스터가 개방되어 비트라인은 전원 V_{DD}와 분리되고 예비충전된 상태를 유지한다. $\Phi = 1$인 상태에서 워드라인에 주소가 인가되면, 메모리 셀의 nMOS 트랜지스터가 선택적으로 도통되어 예비충전된 비트라인이 접지로 방전되면서, 해당 비트라인에 정보 '0'이 읽힌다. 특정 비트라인에 연결된 모든 트랜지스터가 개방상태이면 해당 비트라인은 예비충전 상태를 유지하여 정보 '1'로 읽히게 된다.

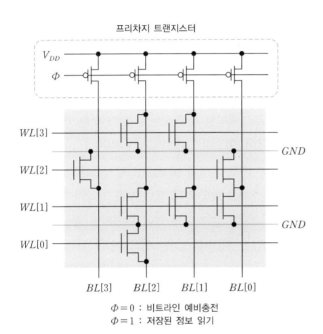

[그림 9-10] **프리차지 방식의 NOR형 ROM의 예**

OR형과 NOR형 ROM은 모든 메모리 셀이 비트라인과 전원(또는 접지)으로 연결되는 컨택^{contact}을 가지므로 단위 셀의 크기가 크다는 단점을 갖는다. 최근에는 소자 간 격리기술이 개선되면서 단위 셀의 크기가 NAND형보다 NOR형이 더 작아져, 고집적 ROM 제품에 NOR형 구조가 널리 사용되고 있다. OR형과 NOR형 ROM은 셀 트랜지스터가 비트라인에 병렬로 연결되므로, 저항이 작아 고속 동작에 유리하다는 장점을 갖는다.

메모리 셀의 크기를 작게 만들기 위해 [그림 9-11]과 같은 NAND형 구조가 사용된다. 메모리 셀 트랜지스터들이 비트라인에 직렬로 연결되어 있고, pMOS 풀업 소자가 전원 V_{DD}에 연결된 구조를 갖는다. NAND형 ROM은 NOR형과 반대로 동작한다. 메모리 셀 트랜지스터는 정보 '1'을 저장하며, 트랜지스터가 없는 셀은 정보 '0'을 저장한다. 워드라인은 기본값 1을 가지며, 0이 인가되면 워드라인이 활성화된다. NAND형 ROM은 메모리 셀을 구성하는 트랜지스터가 비트라인에 직렬로 연결되므로, 비트라인과 컨택을 형성할 필요가 없어 셀의 크기가 작다는 장점을 갖는다. 반면에, 직렬연결된 트랜지스터에 의한 저항이 커서 OR형이나 NOR형에 비해 동작속도가 느리다는 단점을 갖는다.

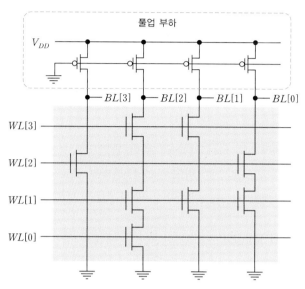

[그림 9-11] NAND형 ROM의 예

예제 9-2

[그림 9-11]의 NAND형 ROM에 저장된 정보를 나열하라.

풀이

NAND형 ROM의 셀 트랜지스터는 정보 '1'을 저장하고 트랜지스터가 없는 셀은 정보 '0'을 저장한다. 워드라인은 기본값 1을 가지며 0이 인가되면 워드라인이 활성화되므로, 각 워드라인 주소에 저장된 정보는 [표 9-1]과 같다. 예를 들어, 워드라인에 $WL[3:0] = 1101_2$의 주소가 인가되면, 저장된 정보 $BL[3:0] = 0111_2$가 비트라인에 출력된다.

[표 9-1] [예제 9-2]의 저장된 정보

워드라인 주소($WL[3:0]$)	저장된 정보($BL[3:0]$)
0111	0110
1011	1001
1101	0111
1110	0100

9.2.2 마스크 ROM

OTP-PROM 제품의 한 종류인 마스크 ROM^{MROM : Mask ROM}은 반도체 제조과정에서 특정 마스크를 사용하여 프로그램된 상태로 생산되므로, '마스크'라는 용어를 붙이게 되었다. 주문에서부터 제품 출하까지 소요시간^{TAT : Turn Around Time}이 길고, 소량생산인 경우에 제조원가가 높다는 단점이 있지만, 제조공정이 단순하여 대용량화 및 대량생산에서 경제성이 뛰어나고, 쓰기 동작이 필요 없어 회로가 단순하다는 장점이 있다. 일반적으로 메모리 셀은 한 개의 MOS 트랜지스터로 구성되며, 셀 트랜지스터와 비트라인의 연결 여부에 따라 정보 '1' 또는 '0'이 저장된다.

MROM 제조과정에서 메모리 셀을 선택적으로 프로그램하기 위한 방법으로 통과 홀 컨택^{THC : Through Hole Contact} 프로그램, 이온주입 프로그램, 필드 산화막^{field oxide} 프로그램 등이 사용된다. [그림 9-12]는 이들 세 가지 MROM 제조방법의 소자 단면도를 보이고 있다.

[그림 9-12(a)]는 THC 프로그램 방식의 MROM 소자의 단면이다. 메모리 셀 트랜지스터 내에 선택적으로 THC를 형성하여 비트라인과 트랜지스터의 소오스(드레인)을 연결함으로써 데이터 0(또는 1)의 저장상태를 만든다. 셀 내에 THC를 형성해야 하므로 셀 면적이 커지는 단점이 있으나, 제조공정의 마지막 단계인 컨택공정에서 프로그램이 진행되므로 TAT가 빠르다는 장점이 있다.

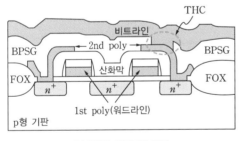

(a) THC 프로그램 방식

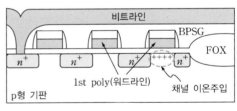

(b) 이온주입 프로그램 방식

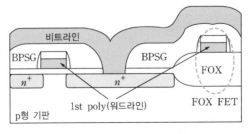

(c) 필드 산화막 프로그램 방식

[그림 9-12] **MROM의 프로그램 방식**

이온주입 프로그램 방식은 [그림 9-12(b)]와 같이 특정 메모리 셀 트랜지스터에 선택적으로 채널 이온주입을 하여 MOSFET의 문턱전압을 변화시킴으로써 정보를 프로그램한다. nMOSFET의 채널영역에 3족 불순물 붕소(B)를 주입하면 문턱전압이 커지므로, 해당 트랜지스터를 개방상태로 만들어 데이터 0(또는 1)의 저장상태를 만든다. 이 방식은 THC 프로그램 방식처럼 각 셀마다 컨택을 형성할 필요가 없어 셀 면적이 작다는 장점이 있으나, 이온주입 과정이 소자의 신뢰성에 영향을 미칠 수 있다는 단점도 있다.

필드 산화막 프로그램 방식은 MOSFET의 게이트 산화막이 두꺼울수록 문턱전압이 커지는 현상을 이용한다. 특정 MOSFET의 게이트 산화막을 필드 산화막과 비슷한 두께로 만들면, 문턱전압이 매우 커져서 트랜지스터를 개방상태로 만들 수 있다. [그림 9-12(c)]에서 보는 바와 같이, 특정 셀 트랜지스터의 게이트 전극을 필드 산화막 위에 만들어 트랜지스터가 영구히 개방되도록 함으로써 데이터 0(또는 1)의 저장상태를 만든다. 프로그램된 셀과 프로그램되지 않은 셀의 문턱전압 차가 크고, 고집적화에 유리하다는 장점이 있으나, 제조공정 초기 단계에서 프로그램이 진행되므로 TAT가 크다는 단점이 있다.

9.2.3 PROM

전원이 꺼져도 저장된 정보가 소실되지 않는 비휘발성이면서, 다시 쓰기programmable가 가능한 메모리를 PROMProgrammable ROM이라고 한다. 9.2.2절에서 설명한 MROM은 반도체 제조과정에서 일단 프로그램 되면 저장된 데이터(정보)를 바꿀 수 없지만, PROM은 저장된 데이터를 지우고 다시 프로그램할 수 있다. PROM은 프로그램과 소거 방법의 차이에 따라 EPROMErasable PROM, EEPROMElectrically Erasable PROM, 플래시 메모리 등으로 구분된다.

EPROM은 메모리 셀이 하나의 트랜지스터로 구성되어 셀의 면적은 작으나, 자외선을 이용하여 메모리 칩 전체를 일괄적으로 소거해야 하는 단점이 있다. 특히 자외선이 통과할 수 있도록 창window이 포함된 패키지로 제작되어야하므로, 재료비와 조립비용이 많이 들어 비트당 단가가 비싸다. 일부 EPROM 중에는 창이 없는 플라스틱 패키지로 제작된 일회용 OTP EPROM이 보급되고 있다. OTP EPROM은 사용자가 일단 프로그램하면 데이터를 지우거나 변경할 수 없다는 점에서 MROM과 유사하나, 사용자가 직접 원하는 정보를 프로그램할 수 있다는 장점이 있어, 초기 시스템 소프트웨어 개발용으로 주로 활용된다.

EEPROM은 EPROM의 단점을 개선하기 위해 데이터를 전기적으로 소거할 수 있도록 만들어진 PROM으로, 자외선 대신에 전기적인 신호를 이용하므로 바이트 단위로 데이터 소거와 프로그램이 가능하다는 장점을 갖는다. 그러나 메모리 셀이 두 개의 트랜지스터로 구성되어 EPROM보다 셀 면적은 크다는 단점이 있다. 플래시 EEPROM은 데이터를 전기적으로 소거한다는 점에서는 EEPROM과 동일하지만, 바이트 단위가 아닌 수십 kbyte의 블록 단위로 소거할 수 있다는 점이 다르다.

9.2.4 EPROM 셀의 동작 원리

EPROM의 메모리 셀에는 [그림 9–13(a)]와 같은 구조의 MOS 트랜지스터가 사용된다. 절연체(실리콘 산화막)에 둘러싸여 있는 부유 게이트[FG : Floating Gate]가 있는 것을 제외하면 일반적인 MOSFET와 유사하다. 이와 같이 두 개의 게이트를 갖는 MOSFET를 부유 게이트 MOSFET라고 하며, [그림 9–13(b)]와 같은 회로 기호로 나타낸다. FG는 절연체로 둘러싸여 있어 외부에서 아무 신호도 인가되지 않으며, FG 위의 제어 게이트[CG : Control Gate]에는 워드라인 신호가 인가된다. FG에 저장된 전하량에 의해 부유 게이트 MOSFET의 문턱전압이 달라지는 원리를 이용하여 데이터(0 또는 1)를 저장하며, FG에 저장된 전하는 제품의 사양을 만족하도록 오랜 시간 동안 유지되어야 한다.

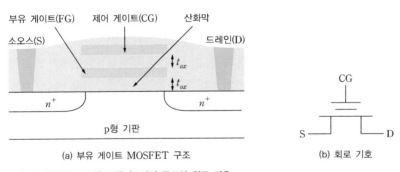

(a) 부유 게이트 MOSFET 구조   (b) 회로 기호

[그림 9-13] **EPROM 셀 트랜지스터의 구조와 회로 기호**

EPROM 메모리 셀을 구성하는 부유 게이트 MOSFET의 기본적인 동작 특성과 프로그램 원리에 대해 알아보자. EPROM을 프로그램하기 전에는 먼저 모든 데이터를 소거해야 하는데, 이는 EPROM의 창에 자외선을 조사하여 광 에너지를 가함으로써, FG에 갇혀 있는 전자를 방출시키는 과정에 의해 이루어진다. 자외선을 조사하여 FG의 전자를 모두 방출시킨 상태를 '소거상태'라 부른다. 이때 MOSFET의 문턱전압은 $V_{Tn0} = 2 \sim 3\,\text{V}$ 정도가 되며, 이 상태를 상태 0(state 0)이라고 한다.

데이터 소거 후에도 FG에 포획된 전자가 남아 있으면 잔류 전자에 의해 부유 게이트 MOSFET의 문턱전압이 높아져서 잘못된 데이터를 읽어낼 수 있으므로, 소거 시 FG에 포획된 전자를 확실하게 제거해야 한다. 광전자 효과photoelectric effect를 이용하여 FG에 포획된 전자를 제거하는 소거과정에서 전도대로부터 전자가 여기되는 경우는 약 3.2 eV, 가전자대로부터 여기되는 경우는 약 4.3 eV의 활성 에너지activation energy가 필요하다. 따라서 파장이 약 300 nm (4.1 eV의 에너지에 상응함) 정도인 형광등이나 백열등의 빛에 EPROM의 창이 장시간 노출되지 않도록 해야 하며, 또한 광선이나 감마선 및 중이온 등에 오랜 시간 노출되지 않도록 반드시 차폐시켜 사용해야 한다.

EPROM의 프로그램(쓰기)은 채널 열전자CHE : Channel Hot Electron 주입에 의해 FG에 전자를 주입하는 것으로 이루어진다. [그림 9-14(a)]와 같이 부유 게이트 MOSFET의 소오스와 기판을 접지시킨 상태에서 CG에 9 ~ 12 V, 드레인에 5 V의 높은 전압을 인가하면, 큰 드레인 전류가 흐르면서 드레인 근처의 영역에 높은 전계가 걸리게 된다. 전계에 의해 가속되어 충분한 에너지를 얻은 전자 중 일부는 실리콘 기판과 산화막 사이의 에너지 장벽 (약 3.2 eV)을 뛰어 넘어 FG로 주입된다. 높은 전계에 의해 충분한 에너지를 얻은 전자가 산화막의 에너지 장벽을 넘어가는 현상을 채널 열전자 주입CHE이라고 하며, 에너지 대역도로 나타내면 [그림 9-14(b)]와 같다. FG에 주입되는 전자가 많아질수록 MOSFET의 문턱전압 V_T가 커지며, 이 과정에서 전자의 주입을 방해하는 전계가 형성되어 FG로 주입되는 전자의 수는 시간이 흐름에 따라 급격히 감소하는 자율제어self-limiting 동작이 일어난다. FG는 절연체로 둘러싸여 있으므로, 일단 FG에 주입된 전자는 방출되지 않고 포획된 상태로 남아 있게 된다. 충분히 많은 전자가 FG에 포획된 상태에서 MOSFET의 문턱전압은 $V_{Tn1} \approx 6$ V 정도가 되며, 이 상태를 상태 1(state 1)로 정의한다.

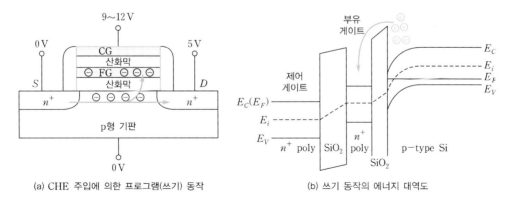

(a) CHE 주입에 의한 프로그램(쓰기) 동작   (b) 쓰기 동작의 에너지 대역도

[그림 9-14] **EPROM의 프로그램(쓰기) 동작**

부유 게이트 nMOSFET는 [그림 9-15]와 같은 전압-전류 특성을 갖는다. 소거(지우기) 동작에 의해 FG에서 전자가 모두 제거된 상태의 문턱전압은 V_{Tn0}이며, 프로그램(쓰기) 동작에 의해 FG에 전자가 포획된 상태의 문턱전압은 $V_{Tn1} = V_{Tn0} + \Delta V_{Tn}$이 되어 ΔV_{Tn}만큼 증가한다. 이와 같은 문턱전압 차이를 이용하여 메모리 셀에 저장된 정보를 구별할 수 있다. 메모리 셀 트랜지스터의 CG에 워드라인 전압 $V_{Tn0} < V_{WL} < V_{Tn1}$을 인가하면, 프로그램되지 않은 메모리 셀의 트랜지스터는 도통되어 전류 I_{D0}이 흐르고, 프로그램된 셀의 트랜지스터는 차단되어 전류가 흐르지 않으므로, 상태 0과 상태 1을 뚜렷하게 구별할 수 있다.

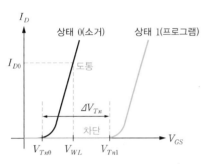

[그림 9-15] **부유 게이트 nMOSFET의 전압-전류 특성**

EPROM은 칩 전체의 일괄 소거만 가능하고 부분적인 소거가 불가능하며, 데이터 소거를 위해 자외선이 투과할 수 있도록 창을 갖는 세라믹으로 패키징되어 가격이 비싸다는 단점을 갖는다. 또한, 소거와 프로그램을 위해서는 메모리 칩을 보드에서 분리하여 별도의 장비로 작업해야 하는 불편함이 있다. EPROM은 메모리 셀이 하나의 트랜지스터로 구현되므로 셀 면적이 작아 고집적에 유리하다는 장점이 있어 자주 프로그램할 필요가 없는 분야에 많이 사용되어 왔으나, 최근에는 플래시 메모리로 대체되고 있다.

9.2.5 EEPROM 셀의 동작 원리

9.2.4절에서 설명한 EPROM은 자외선으로 데이터를 일괄 소거해야 하므로, 여러 가지 불편한 점이 있었다. EPROM의 단점을 개선하기 위해 전기적인 방법으로 데이터를 소거하고 프로그램할 수 있도록 개발된 것이 EEPROM이다. EEPROM은 보드에 장착된 상태에서 소거와 프로그램이 가능하며, 전원 공급 없이 10년 이상 데이터 보존이 가능하여, 산업용, 통신 및 컴퓨터 등 여러 분야에 널리 사용되고 있다.

EEPROM 셀은 [그림 9-16(a)]와 같이 정보를 저장하는 트랜지스터 M_S와 쓰기/지우기/읽기 동작의 메모리 셀 접근을 위한 액세스 트랜지스터 M_A가 직렬로 연결된 구조를 갖는다. 저장 트랜지스터는 MNOS$^{Metal-Nitride-Oxide-Silicon}$ 구조, TP$^{Textured-Polysilicon}$ 구조, FLOTOX$^{Floating\ Gate\ Tunneling\ Oxide}$ 구조 등으로 구현되며, FLOTOX 구조가 가장 널리 사용되고 있다. [그림 9-16(b)]는 FLOTOX 방식의 EEPROM 셀의 단면도를 보이고 있다. 저장 트랜지스터 M_S는 부유 게이트(FG)와 제어 게이트(CG)의 이중 게이트 구조를 가진다. 드레인 위의 터널링 산화막은 약 10 nm 정도의 얇은 두께로 형성되고, 채널영역과 폴리실리콘 사이의 산화막은 약 20 ~ 30 nm 의 두께로 형성된다. 저장 트랜지스터의 CG에는 제어라인 신호 CL이 연결되어 프로그램/소거/읽기 동작을 위해 $+15\,V/0\,V/5\,V$의 신호가 인가된다. 액세스 트랜지스터의 게이트에는 워드라인 신호 WL이 연결되어 메모리 셀의 선택에 사용되고, 드레인에는 비트라인 BL이 연결되어 저장된 값의 읽기에 사용된다.

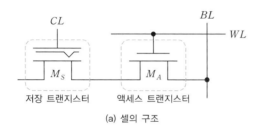

(a) 셀의 구조

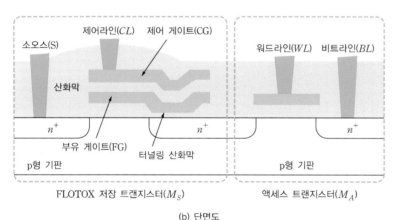

(b) 단면도

[그림 9-16] **FLOTOX EEPROM 셀의 구조 및 단면도**

9.2.4절에서 설명한 EPROM과 비교할 때, EPROM은 CHE 주입에 의해 프로그램이 이루어지는 반면에, FLOTOX EEPROM은 F-N$^{Fowler-Nordheim}$ 터널링^{tunneling} 현상에 의해 프로그램이 이루어지며, 이를 위해 FG와 드레인 사이에 전자의 이동을 위한 얇은 터널링 산화막이 형성되어 있다. [그림 9-17]은 CHE 주입과 F-N 터널링 현상의 비교를 보이고

있다. CHE 주입은 강한 드레인 전계에 의해 전자가 충분한 에너지를 얻어 전위장벽을 넘어서[over the barrier] FG로 주입되는 현상이며, F–N 터널링은 양자역학적인 터널링 현상에 의해 전자가 전위장벽을 통과하여[through the barrier] FG로 주입되는 현상이다. 예를 들어, FG와 드레인 사이의 터널링 산화막의 두께가 10 nm이고 CG에 10 V의 전압이 인가된다면, 터널링 산화막에는 $E = 10^9$ V/m의 전계가 인가되어 F–N 터널링 현상이 일어난다.

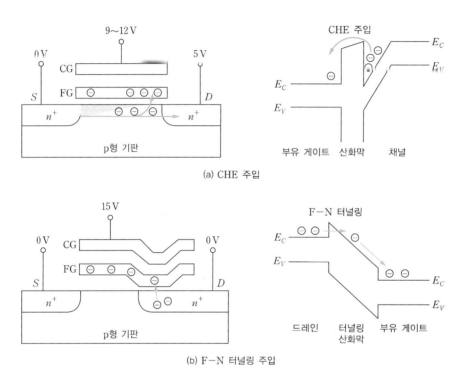

[그림 9-17] CHE 주입과 F–N 터널링의 비교

FLOTOX EEPROM 셀에서는 CG에 인가되는 전압의 극성에 따라 프로그램(FG에 전자를 주입)과 소거(FG로부터 전자를 제거) 동작이 이루어진다.[1] FLOTOX 셀의 프로그램을 위해서는 [그림 9-18(a)]와 같이 워드라인에 $WL = 15$ V, 비트라인에 $BL = 0$ V, 그리고 제어라인에 $CL = 15$ V의 전압을 인가하면, FLOTOX 트랜지스터 M_S의 드레인과 소오스는 접지상태가 되고, F–N 터널링 현상에 의해 드레인에서 터널링 산화막을 통해 FG로 전자가 유입된다. FG에 전자가 포획되면 트랜지스터의 문턱전압이 증가하며, 이 상태를 프로그램 또는 데이터 1이 저장된 상태로 정의한다.

---

1 제조회사에 따라 프로그램과 소거 동작에 대한 정의가 다를 수 있다. 프로그램 상태를 FG에 전자가 갇혀 있는 상태로 정의하는 경우도 있고, 반대로 FG에서 전자가 모두 제거된 상태로 정의하는 경우도 있다. 또한, 메모리 셀에 저장된 값(0 또는 1)에 대한 해석도 제조회사 또는 제품별로 다를 수 있다. 메모리 셀에 1이 저장된 경우를 FG에 전자가 갇혀 있는 상태, 또는 FG에서 전자가 모두 제거된 상태로 해석할 수 있다. 이 책에서는 설명을 위해 대표적인 정의를 적용한다.

EEPROM 셀의 소거를 위해서는 [그림 9-18(b)]와 같이 워드라인에 $WL = 15\,\text{V}$, 비트라인에 $BL = 15\,\text{V}$의 높은 전압을 인가하면, FLOTOX 트랜지스터 M_S의 드레인에 $+15\,\text{V}$ 근처의 높은 전압이 인가된다. 이 상태에서 제어라인에 $CL = 0\,\text{V}$를 인가하면, F-N 터널링 현상에 의해 FG에 있던 전자가 드레인으로 빠져나간다. FG에서 전자를 제거하면 트랜지스터의 문턱전압이 감소하며, 이 상태를 소거 또는 데이터 0이 저장된 상태로 정의한다. 이와 같이 EEPROM은 쓰기와 소거 과정이 모두 F-N 터널링 현상에 의해 이루어진다.

읽기 동작을 위해서는 [그림 9-18(c)]와 같이 FLOTOX 트랜지스터 M_S의 제어라인에 $CL = 5\,\text{V}$를 인가하고, 워드라인에 $WL = 5\,\text{V}$를 인가한다. FG에 전자가 포획되어 있으면, FLOTOX 트랜지스터 M_S는 개방상태를 유지하여 비트라인에 데이터 1이 출력된다. FG에 전자가 제거되어 있으면, FLOTOX 트랜지스터 M_S는 도통상태가 되어 비트라인에 데이터 0이 출력된다. 이와 같이 FG 내의 전자에 의한 문턱전압 차이로 FLOTOX 트랜지스터의 도통상태와 개방상태가 구별되어 저장된 데이터의 읽기가 이루어진다.

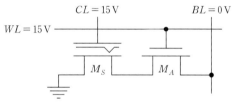
(a) 프로그램 동작

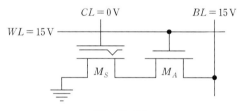
(b) 소거 동작

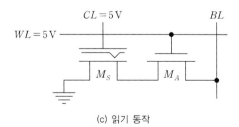
(c) 읽기 동작

[그림 9-18] **FLOTOX EEPROM 셀의 동작 원리**

FLOTOX 트랜지스터의 동작모드에 따른 에너지 대역도는 [그림 9-19]와 같다. [그림 9-19(a)]는 FLOTOX 트랜지스터의 단면도로, 열적 평형상태에서 트랜지스터의 드레인에서부터 CG까지 페르미^{Fermi} 레벨은 일직선상에 있으며 [그림 9-19(b)]와 같다. 프로그램을 위해 워드라인과 제어라인에 +15 V, 비트라인에 0 V를 인가한 상태의 에너지 대역도는 [그림 9-19(c)]와 같다. FLOTOX 트랜지스터의 소오스와 드레인이 접지상태를 유지하면서 CG에 인가되는 높은 전압에 의해 터널링 산화막에 전계가 형성되어 전자는 드레인의 가전대에서 얇은 터널링 산화층을 통과하는 F-N 터널링 현상에 의해 FG로 주입된다. FG에 전자가 주입된 후에 전압을 제거한 저장상태의 에너지 대역도는 [그림

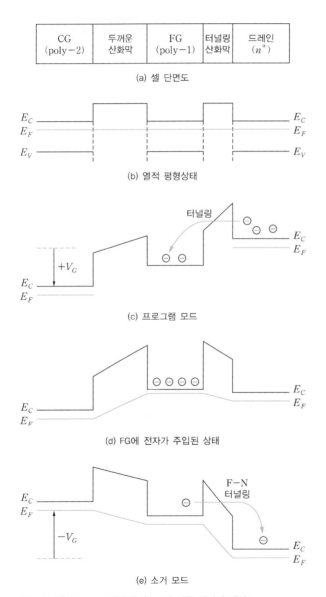

CG (poly-2)	두꺼운 산화막	FG (poly-1)	터널링 산화막	드레인 (n^+)

(a) 셀 단면도

(b) 열적 평형상태

(c) 프로그램 모드

(d) FG에 전자가 주입된 상태

(e) 소거 모드

[그림 9-19] FLOTOX 셀의 동작모드에 따른 에너지 대역도

9-19(d)]와 같다. 데이터 소거를 위해 워드라인과 비트라인에 +15 V의 높은 전압을 인가하고, 제어라인에 0 V를 인가한 상태의 에너지 대역도는 [그림 9-19(e)]와 같다. FLOTOX 트랜지스터의 드레인에 인가되는 높은 전압에 의해 FG에 갇혀 있던 전자가 터널링 산화막을 통과하여 드레인 방향으로 빠져나가 소거 동작이 이루어진다.

프로그램과 소거를 위해 CG에 가해지는 전압을 낮추기 위해서는 CG의 커패시턴스를 크게 만들어야 한다. 이를 위해 산화실리콘(SiO_2)보다 유전율이 큰 질화실리콘(Si_3N_4)을 이용한 O-N-O$^{Oxide-Nitride-Oxide}$ 구조가 사용된다. CG-FG 사이의 정전용량 C_{CF}와 FG-드레인 사이의 정전용량 C_{FG}의 비^{ratio}에 의해 FG에 전압 V_{FG}가 유도되고, V_{FG}와 드레인의 전압차로 인한 전계에 의해 터널링이 일어난다. CG에 인가되는 전압 V_{CG}와 FG에 유도되는 전압 V_{FG}는 정전용량 C_{CF}와 C_{FG}의 비에 의해 식 (9.1)과 같이 주어진다. CG와 FG 사이의 정전용량 C_{CF}가 클수록 $V_{FG} \simeq V_{CG}$가 되어 프로그램 시 요구되는 V_{CG}값을 낮출 수 있다.

$$V_{FG} = \frac{C_{CF}}{C_{CF} + C_{FG}} V_{CG} \qquad (9.1)$$

FLOTOX EEPROM은 프로그램과 소거가 F-N 터널링 현상에 의해 이루어지므로, CHE 주입에 의해 프로그램 동작이 이루어지는 EPROM에 비해 큰 드레인 전류가 필요하지 않다는 장점을 갖는다. 프로그램과 소거 동작에 필요한 전압은 전하펌프$^{charge\ pump}$ 회로를 이용하여 쉽게 생성할 수 있다. 한편, FLOTOX EEPROM 셀은 2개의 트랜지스터로 구현되므로 EPROM에 비해 셀 면적이 크다는 것과, 10 nm 정도의 얇은 터널링 산화막을 형성하기 위한 제조공정이 까다롭다는 단점을 갖는다. 또한 프로그램과 소거 횟수가 증가할수록 산화막에 갇히는 전하량이 증가하여 문턱전압 변화가 일어나기 때문에, 오동작하거나 프로그램이 불가능하게 될 수도 있다. EEPROM의 프로그램/소거 가능 횟수는 10^5회 정도이다.

EEPROM은 [그림 9-20]과 같이 NOR형 또는 NAND형으로 구현된다. NOR형 EEPROM은 [그림 9-20(a)]와 같은 구조를 갖는다. 바이트 단위의 프로그램과 소거가 가능하고 임의로 데이터를 읽을 수 있는 기능을 포함한 여러 가지 장점이 있으나, 메모리 셀이 FLOTOX 트랜지스터와 액세스 트랜지스터로 구성되어 EPROM에 비해 셀 면적이 크다는 점은 단점이다.

최근에는 셀의 크기가 작아 고집적에 유리한 [그림 9-20(b)]의 NAND형 구조가 사용된다. NAND형 EEPROM의 메모리 셀은 하나의 FLOTOX 트랜지스터로 구성된다.

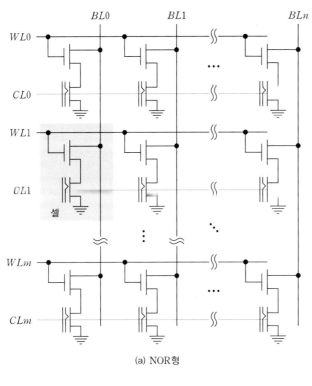

(a) NOR형

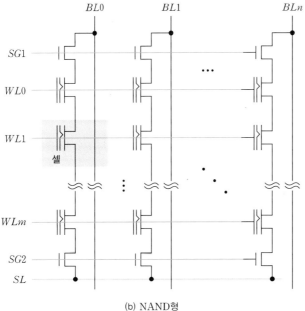

(b) NAND형

[그림 9-20] **EEPROM의 구조**

FLOTOX 트랜지스터가 직렬로 연결되어 비트 스트링을 구성하고, 각 FLOTOX 트랜지스터의 CG에는 워드라인 신호가 인가된다. 비트 스트링의 양끝에는 두 개의 선택 트랜지스터(SG1, SG2)가 연결되며, SG1은 NAND 구조의 스트링을 선택하고, SG2는 프로그램 동안 셀 전류의 흐름을 방지하는 역할을 한다. NAND형 EEPROM도 소거와 프로그램이 F-N 터널링 현상에 의해 이루어지는데, 읽기 동작에서는 선택된 셀에만 0V를 인가하고, 나머지 선택되지 않은 셀에는 모두 5V를 가한다. NAND형 EEPROM은 NOR형에 비해 약 40% 정도의 셀 면적을 소요하여 고집적의 장점을 갖는다.

9.3 플래시 메모리 회로

EPROM은 메모리 셀이 하나의 트랜지스터로 구성되어 집적도는 높으나, 자외선을 이용한 소거 방식에서 기인하는 여러 가지 단점을 갖는다. 한편, EEPROM은 낮은 전압에서 전기적으로 프로그램과 소거가 가능하지만, 메모리 셀이 2개의 트랜지스터로 구성되어 집적도가 낮다는 단점이 있다. 플래시 메모리는 EPROM과 EEPROM의 장점을 결합한 비휘발성 메모리로, 칩 전체 또는 블록이 한 번의 동작으로 섬광^{flash}처럼 지워진다고 해서 플래시라는 이름이 붙여졌다. 전기적으로 소거 및 프로그램이 가능하고, 셀이 하나의 트랜지스터로 구성되어 작은 셀 면적을 가지며, DRAM과 비슷한 수준의 낮은 비트당 가격을 갖는 장점이 있다. 플래시 메모리는 1984년 일본 도시바사의 후지오 마수오카 박사팀에 의해 플래시 EEPROM으로 기술이 발표된 이래로, 90년대 초반부터 한국, 일본, 미국 등의 여러 회사에서 제품이 생산되고 있다.

플래시 메모리는 셀 배열의 구성 형태에 따라 NOR형과 NAND형으로 구분된다. NOR형은 미국의 인텔사가 대표적이고 NAND형은 우리나라의 삼성전자와 일본의 도시바사가 대표적으로 생산하고 있다. 플래시 메모리는 블록 단위로 내용을 지우거나 다시 프로그램할 수 있으며, 속도가 빨라서 컴퓨터의 BIOS나 휴대용 저장매체(USB 메모리), 스마트폰, 게임기 등 휴대용 단말기의 저장매체로 폭넓게 사용되고 있다. 최근에는 노트북이나 데스크톱 컴퓨터의 하드디스크^{HDD}를 대체하기 위한 대용량 저장장치인 SSD$^{Solid-State\ Disk}$로 보급이 확산되고 있다.

[그림 9-21]은 메모리 소자의 종류별 특징을 비교한 것이다. 플래시 메모리는 PROM(EPROM, EEPROM)과 RAM의 특징인 데이터 소거와 다시 쓰기가 가능하며, ROM(MROM, EPROM, EEPROM)의 특징인 비휘발성, 그리고 RAM과 MROM의 고집적 특징 등의 장점을 골고루 갖춘 메모리 소자이다. RAM은 덮어쓰기가 가능하지만, 플래시 메모리는 덮어쓰기를 지원하지 않는다. 따라서 새로운 데이터를 저장(프로그램)하기 위해서는 지우고 다시 쓰는 과정을 거쳐야한다. 플래시 메모리는 피로 파괴에 의한 내구 한도를 가지는데,

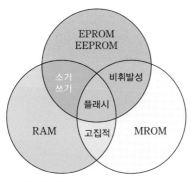

[그림 9-21] 플래시 메모리와 다른 메모리 소자의 특징 비교

쓰고/지우기 보장한도가 보통 10만 회 정도이다. 일부 NOR형 플래시는 쓰고/지우기 보장한도가 1만 회 정도인 것도 있다. [표 9-2]는 여러 가지 비휘발성 메모리의 특징을 비교하고 있다.

[표 9-2] 비휘발성 메모리의 특징 비교

구분	MROM	EPROM	EEPROM		플래시	
			NOR형	NAND형	NOR형	NAND형
셀 트랜지스터	1	1	2	1	1	1
프로그램	마스크	CHE 주입	F-N 터널링	F-N 터널링	CHE 주입	F-N 터널링
소거	불가	자외선	F-N 터널링	F-N 터널링	F-N 터널링	F-N 터널링
소거 단위	불가	칩	비트	블록	블록	블록

9.3.1 플래시 메모리 셀의 구조 및 동작 원리

플래시 메모리는 제조업체에 따라 다른 셀 구조를 채택하고 있는데, 대표적인 셀의 구조로는 EPROM 기술에서 발전된 인텔사의 ETOX$^{EPROM\ Tunnel\ Oxide}$ 구조이다. [그림 9-22]는 ETOX 셀의 단면 구조로, 부유 게이트 MOSFET를 기본 메모리 셀로 사용한다. 제어게이트$^{CG:Control\ Gate}$ 밑에 절연체로 둘러싸여 신호가 인가되지 않는 부유 게이트$^{FG:Floating\ Gate}$가 삽입되어 있으며, FG와 채널영역 사이에 터널링 산화막이 있는 구조이다. [그림 9-13(a)]의 EPROM 셀과 유사한 구조를 가지며, FG 아래의 터널링 산화막은 약 10nm의 두께로 매우 얇고 특성이 좋게 형성된다. 플래시 메모리 셀에 데이터를 쓰고, 지우는 동작에서 FG와 터널링 산화막이 중요한 역할을 한다.

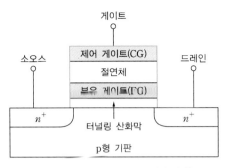

[그림 9-22] ETOX 플래시 메모리 셀의 단면 구조

기본적으로 플래시 메모리의 셀에서는 FG에 전자를 가두거나 제거하는 과정을 통해 데이터의 프로그램(쓰기)과 소거(지우기) 동작이 이루어진다. FG는 절연체로 둘러싸여 있으므로 FG에 주입된 전자는 강제로 제거하지 않는 한 갇혀 있는 상태가 되며, 전원이 공급되지 않더라도 그대로 유지된다. FG에 갇힌 전자는 셀의 방식에 따라 최소 5년에서 10년 정도 유지되며, 이러한 특성으로 인해 플래시 메모리 셀은 비휘발성 저장소자로 사용될 수 있다.

플래시 메모리 셀의 프로그램과 소거 동작은 셀의 배열 형태인 NOR형과 NAND형에 따라 달라지며, 이에 대해서는 9.3.2절과 9.3.3절에서 상세히 설명한다. 이 절에서는 플래시 메모리 셀의 프로그램, 소거, 읽기 동작의 원리를 간략히 알아본다.

프로그램(쓰기)은 [그림 9-23(a)]와 같이 터널링 산화막을 통해 FG로 전자를 주입하는 과정이다. NAND형 셀에서는 F-N 터널링을 이용하고, NOR형 셀에서는 CHE 주입을 이용하여 프로그램한다. FG로 전자가 주입되면 [그림 9-23(a)]와 같이 MOSFET의 문턱전압이 증가하며, 이를 상태 0(OFF)이라고 한다. 소거(지우기)는 [그림 9-23(b)]와 같이 FG에 갇혀있던 전자를 터널링 산화막을 통해 제거하는 과정이다.

NAND형과 NOR형 모두 동일하게 F-N 터널링을 이용하여 소거한다. FG에서 전자가 제거되면 [그림 9-23(b)]와 같이 MOSFET의 문턱전압이 감소하며, 이를 상태 1(ON)이라고 한다. 읽기 동작은 메모리 셀의 CG에 기준전압을 인가한 상태에서 MOSFET에 흐르는 전류를 감지하여 메모리 셀에 저장된 값을 판별한다. [그림 9-23(c)]에서 보는 바와 같이, 메모리 셀이 상태 1이면 CG에 인가된 기준전압에 의해 MOSFET가 ON 상태로 되어 전류가 흐르며, 상태 0이면 MOSFET가 OFF 상태가 되어 전류가 흐르지 않으므로, 셀에 저장된 데이터를 1과 0으로 구분하여 읽어낼 수 있다.

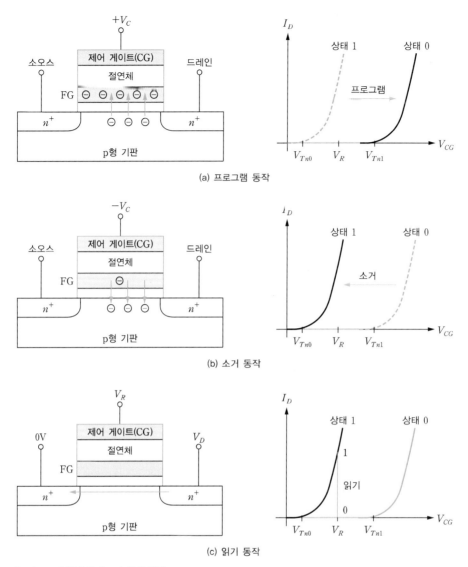

[그림 9-23] **플래시 메모리 셀의 동작**

플래시 메모리는 셀의 배열 형태에 따라 크게 NOR형과 NAND형으로 구분되며, 최근에는 DiNOR$^{\text{Divided bitline NOR}}$형, AND형 등의 기술이 상용화되고 있다. [그림 9-24]는 NOR형과 NAND형의 셀 배열 구조를 보이고 있다. NOR형 구조는 [그림 9-24(a)]와 같이 메모리 셀들이 비트라인에 병렬로 연결되어 있으며, 동일 블록 내에 있는 셀 트랜지스터의 소오스는 소오스라인(SL)에 공통으로 연결되어 있다. 각 셀 트랜지스터의 드레인은 비트라인에 연결되어 있으므로, 드레인에 전압이 인가되는 CHE 주입으로 프로그램이 이루어진다.

NAND형 구조는 [그림 9-24(b)]와 같이 메모리 셀들이 직렬로 연결되어 있으며, 액세스 트랜지스터를 통해 비트라인과 연결된다. 인접한 셀 트랜지스터의 소오스와 드레인이 컨택 없이 직접 연결되는 구조를 가지므로, 드레인에 전압이 인가되는 CHE 주입 방식을 사용할 수 없다. 따라서 F-N 터널링 방식으로 프로그램이 이루어진다. 이와 같이 NOR형과 NAND형은 셀의 배열 형태에 다른 구조적 요인에 의해 프로그램의 동작 원리가 다르나, 소거 동작은 NOR형과 NAND형 모두 F-N 터널링 현상을 이용한다.

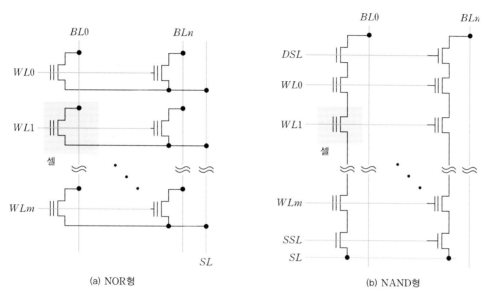

[그림 9-24] **NOR형과 NAND형 플래시 메모리의 셀 배열 구조**

9.3.2 NAND형 플래시 메모리

[그림 9-25]는 NAND형 플래시 메모리의 내부 구조를 간략화하여 개념적으로 나타낸 것이다. 데이터를 저장하는 메모리 셀이 2차원으로 배열되어 있으며, 그 주변에 워드라인 신호를 생성하고 구동하기 위한 회로, 셀 배열의 비트라인으로부터 워드 단위로 선택하기 위한 회로, 선택된 비트라인 신호를 감지하여 증폭하는 회로, 명령어와 주소를 저장하는 레지스터와 제어회로, 그리고 프로그램과 소거 동작에 필요한 전압을 생성하는 회로 등으로 구성된다. 실제의 플래시 메모리 칩은 훨씬 더 복잡하게 구성되며 제조회사나 제품의 용량에 따라 다르므로, 여기에서는 개념적인 내용만 설명한다.

[그림 9-25(a)]와 같이 셀 배열은 블록 단위로 분할되어 있으며, 블록은 다수 개의 페이지page로 구성되고, 페이지는 다수 개의 메모리 셀들로 구성되는 계층구조를 갖는다. 통

상적으로 페이지 크기(비트라인의 수)는 2Kbit 또는 4Kbit이고, 블록당 워드라인 수가 16이면, 블록의 크기는 4Kbyte 또는 8Kbyte가 된다. 페이지는 메인^main영역과 예비^spare영역으로 구분된다. 메인영역에는 데이터가 저장되고, 예비영역에는 ECC^Error Correction Code와 블록 고장^fail 정보 등이 저장된다. 일반적으로 고장 셀이 포함된 블록은 무효^invalid 블록으로 처리하여 사용하지 않으며, 사용 중에 고장 셀이 발생해도 무효 블록으로 처리하고 나머지 블록들을 사용한다.

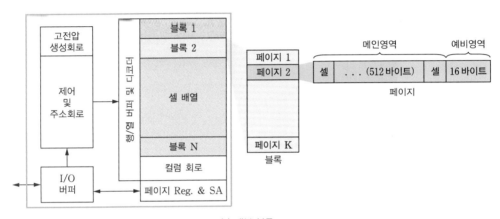

(a) 내부 블록도

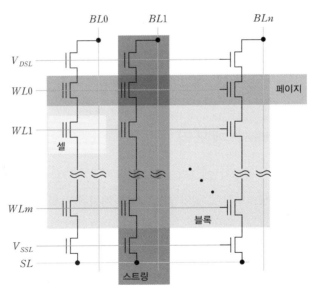

(b) 셀 배열 블록의 구조

[그림 9-25] NAND형 플래시 메모리의 구조

[그림 9-25(b)]는 NAND형 플래시 메모리의 셀 배열 상세 구조를 보이고 있다. 셀 트랜지스터들이 소오스와 드레인을 공유하는 형태의 직렬연결 구조를 가지며, 이들은 하나의

비트라인에 연결된다. 직렬로 연결된 셀 트랜지스터들이 소오스와 드레인을 공유하고 있고, 비트라인과 접촉을 갖지 않으므로, 셀의 면적이 작아 고밀도 대용량 구현에 적합하다.

비트라인에 연결된 셀 트랜지스터의 그룹을 스트링^{string}이라고 하며, 제품에 따라 16, 32 또는 64개의 셀들이 직렬로 연결된다. 워드라인은 셀 트랜지스터의 CG에 연결되며, [그림 9-25(b)]에서 동일한 워드라인에 연결된 셀 트랜지스터들이 페이지를 구성한다. 예를 들어, 4 K개의 셀 트랜지스터가 하나의 워드라인에 연결된 경우에 페이지 크기는 4Kbit 이다. 스트링과 페이지로 구성되는 2차원 셀 배열의 그룹을 블록이라고 한다. 하나의 블록에는 스트링을 구성하는 셀 트랜지스터 수와 동일한 워드라인이 존재한다. 예를 들어, 128Mbit(=16Mbyte)의 NAND 플래시 메모리는 1페이지가 512(= 2^9)바이트로 구성되고, 1블록은 32(= 2^5) 페이지로 구성되며, 전체 셀 배열은 1,024(= 2^{10})개의 블록으로 구성된다.

NAND형 플래시에서는 소거 동작이 블록 단위로 이루어지며, 읽기와 쓰기(프로그램)는 페이지 단위로 이루어진다. NAND 플래시 메모리의 블록과 페이지의 개념은 컴퓨터 하드디스크의 트랙^{track}과 섹터^{sector}에 대응된다고 생각할 수 있다. 하드디스크는 다수 개의 트랙으로 분할되어 있고, 트랙은 다시 다수 개의 섹터들로 분할되어 있다. 하드디스크에서 쓰기와 읽기가 섹터 단위로 이루어지듯이 NAND 플래시에서도 쓰기(프로그램)와 읽기가 페이지 단위로 이루어진다. NOR 플래시는 워드 단위로 쓰기와 읽기가 가능하며, 소거는 블록 단위로 이루어진다.

■ 단위 셀의 동작

NAND형 플래시 메모리는 셀들이 비트라인에 직렬로 연결된 구조를 가져 소오스와 드레인 사이에 전압을 인가할 수 없으므로, 프로그램에 CHE 주입 방법을 사용하지 못하고 F-N 터널링 현상을 이용한다. [그림 9-26(a)]와 같이 기판이 접지된 상태에서 CG에 +18 V의 큰 전압을 인가하면, 채널영역에 전자가 모이는 반전상태가 되고, 채널영역의 전자는 얇은 터널링 산화층을 통과하는 F-N 터널링 현상에 의해 FG로 주입된다. FG에 충분히 많은 전자가 포획된 후 CG 전압을 0 V로 만들면, FG에 포획된 전자는 방출되지 않고 그대로 남아 있게 되며, 이를 '프로그램 상태'라고 한다. 음전하를 띤 전자가 FG에 포획되어 있으면 [그림 9-23(a)]와 같이 MOSFET의 문턱전압이 커지며, 이를 상태 0으로 정의한다. FG에 전자가 주입된 셀은 문턱전압이 높아져 개방상태가 되고, FG에 전자가 주입되지 않은 셀은 도통상태가 되어 0과 1의 저장을 구별할 수 있다.

NAND형 셀의 데이터 소거는 프로그램 동작과 동일하게 F–N 터널링 현상을 이용한다. [그림 9-26(b)]와 같이 CG를 접지시킨 상태에서 기판에 +20 V의 큰 전압을 인가하면, F–N 터널링 현상에 의해 FG에 포획된 전자가 채널 쪽으로 방출되어 트랜지스터의 문턱전압이 낮아지며, 이를 상태 1로 정의한다.

읽기 동작은 프로그램되어 FG에 전자가 갇혀 있는 경우(상태 0)와, 소거되어 FG에서 전자가 방출된 경우(상태 1)의 셀 트랜지스터의 문턱전압 차이를 이용한다. 읽기 동작을 위해 선택된 셀의 CG에 기준전압 V_R을 인가하면, 프로그램된 셀의 트랜지스터는 문턱전압이 높아 개방상태가 되어 전류가 흐르지 않으며, 출력부에서 논리값 0이 출력된다. 소거된 셀의 트랜지스터는 문턱전압이 낮으므로 기준전압 V_R에 의해 셀 트랜지스터가 도통상태가 되어 전류가 흐르며, 이 전류는 감지증폭기에서 감지되어 출력부에서 논리값 1로 출력된다.

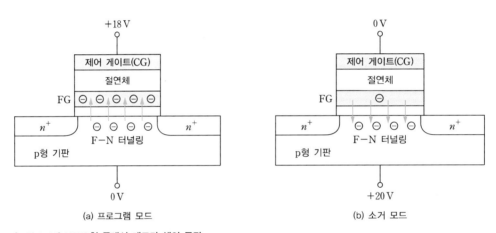

(a) 프로그램 모드   (b) 소거 모드

[그림 9-26] **NAND형 플래시 메모리 셀의 동작**

■ 셀 배열의 프로그램(쓰기) 동작

플래시 메모리는 덮어쓰기가 불가능하므로, 프로그램(쓰기) 동작을 위해서는 소거 동작이 먼저 이루어져야 한다. 소거는 블록 단위로 이루어지며, 선택된 블록의 모든 워드라인에 0 V를 인가하고 기판에 20 V를 인가하면, 해당 블록의 모든 셀들이 소거된다.

NAND형 플래시 메모리의 프로그램(쓰기) 동작은 하나의 워드라인에 연결된 셀 그룹, 즉 페이지(2Kbit 또는 4Kbit) 단위로 이루어진다. 워드라인에 연결된 셀들의 선택적인 프로그램은 비트라인 전압에 의해 결정되는데, 이와 같은 프로그램 방식을 '페이지 프로그램'이라고 한다. [그림 9-27]은 워드라인에 의해 선택된 특정 페이지에서 셀-A를 프로그램하여 0을 저장하고, 셀-B는 소거상태를 유지하여 1을 저장하는 경우의 예를 보인 것이다. 소거 동작이 완료되었다는 가정 하에 프로그램 동작을 살펴보자.

셀-A가 프로그램 되기 위해서는 F-N 터널링이 일어나도록 해야 하며, 이를 위해 해당 비트라인에 $V_{BL0} = 0\,\text{V}$를 인가한다. 셀-B는 프로그램 되지 않고 소거된 상태를 유지해야 하므로 F-N 터널링이 일어나지 않도록 해야 한다. 이를 위해 셀-B가 연결된 비트라인에 $V_{BL1} = V_{CC}$를 인가한다. NAND형 배열 구조에서는 스트링 내의 셀들이 직렬로 연결되어 있으므로, 비트라인에 인가된 전압이 선택된 페이지까지 전달되어야 한다. 이를 위해 선택된 페이지 이외의 나머지 워드라인에 $V_{pass} = 10\,\text{V}$를 인가하여 인접 셀들을 도통상태로 만든다. [그림 9-27]에서 보듯이, 선택된 페이지의 워드라인에는 $V_{WL2} = V_{prog} = 18\,\text{V}$의 큰 전압을 인가하고, 나머지 워드라인에는 $V_{pass} = 10\,\text{V}$를 인가하여 비트라인의 전압이 선택된 페이지에 전달되도록 한다. 프로그램 모드에서 기판은 $0\,\text{V}$를 유지한다. 이와 같은 전압 조건에 의해 셀-A에는 F-N 터널링에 의해 프로그램되어 0이 저장되고, 셀-B에는 F-N 터널링이 발생하지 않아 소거상태를 유지하여 1이 저장된다.

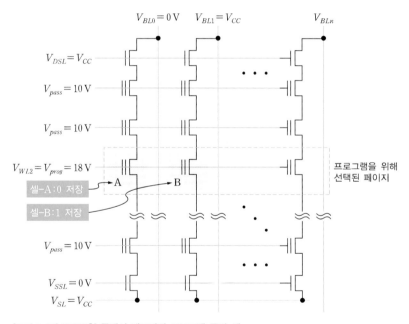

[그림 9-27] **NAND형 플래시 메모리의 프로그램 동작 예**

고집적 NAND형 플래시 메모리에서는 프로그램 또는 소거 동작 후에 각 셀의 문턱전압 분포가 중요하다. 이는 F-N 터널링 전류가 전계의 세기와 지수함수 관계를 가져 전계에 매우 민감하고, 공정조건에 따른 셀의 결합계수(CG에 인가된 전압과 FG에 유도되는 전압의 비) 변화, 터널링 산화막 두께의 변화 등에 의해 프로그램 또는 소거 속도가 각 셀마다 달라질 수 있기 때문이다. 예를 들어, 프로그램된 셀의 문턱전압의 분포가 커서 스트링의 선택되지 않은 셀의 문턱전압이 규정된 범위보다 큰 값을 가지면, 비트라인에 전류가 흐르지 못하여 ON 셀로 판독하지 못하는 '읽기 고장read fail'이 유발될 수 있다. 이러한 현상을 '과잉 프로그램over program' 문제라고 한다. 과잉 프로그램을 억제하기 위해 프로그램 검증program verification 과정을 거친다. 프로그램 검증은 짧은 펄스를 사용하여 프로그램을 반복하면서 각 프로그램 펄스 사이에서 읽기 동작을 확인하는 과정으로 진행된다.

■ 셀 배열의 읽기 동작

다음으로는 NAND 플래시 메모리의 읽기 동작에 대해 알아보자. NAND 플래시 메모리는 페이지 단위로 읽기 동작이 이루어지며, 셀 트랜지스터들이 비트라인에 직렬로 연결되어 있는 구조적 특성이 고려된 읽기 동작이 이루어진다. 워드라인에 의해 선택된 셀을 제외한 스트링 내의 나머지 모든 트랜지스터들을 도통상태로 만들어야 하므로, 이를 위해 선택된 셀의 워드라인에 낮은 전압을 인가하고, 선택되지 않은 워드라인에는 패스 전압이라는 높은 전압을 인가한다. 이에 의해 스트링 내의 선택되지 않은 셀 트랜지스터들은 모두 도통상태가 되고, 선택된 셀 트랜지스터는 저장된 정보에 따라 도통 또는 개방상태로 동작하여 도통상태인 경우에만 비트라인에 전류가 흐르게 된다. 읽기 동작에서 비트라인에 흐르는 전류는 감지증폭기에서 감지되어 전압으로 변환된다.

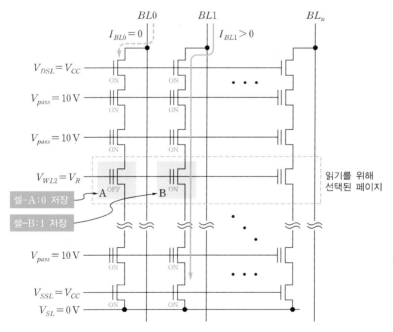

[그림 9-28] NAND형 플래시 메모리의 페이지 읽기 동작 예

[그림 9-28]은 페이지 읽기 동작의 예를 보이고 있다. 워드라인 $WL2$에 연결된 셀-A는 프로그램되어 0이 저장되어 있고, 셀-B는 소거되어 1이 저장되어 있는 상태이다. 읽기 동작을 위해 워드라인 $WL2$에 기준전압 $V_{WL2} = V_R$을 인가하고, 블록 내의 나머지 다른 워드라인에는 통과전압 V_{pass}를 인가한다. 통과전압은 $V_{pass} > V_R$이면서 프로그램된 셀 트랜지스터를 도통시킬 수 있는 충분히 큰 전압이다. 비트라인의 양 끝에 있는 선택 트랜지스터에도 $V_{DSL} = V_{SSL} = V_{CC}$를 인가하여 도통상태로 만든다. 셀-A는 프로그램되어 문턱전압이 높아진 상태이므로 $V_{WL2} = V_R$에 의해 개방상태를 유지하여 비트라인 $BL0$에는 전류가 흐르지 않아 $I_{BL0} = 0$이다. 셀-B는 소거상태이므로 $V_{WL2} = V_R$에 의해 도통상태가 되어 비트라인 $BL1$에 전류가 흐르므로($I_{BL1} > 0$), 비트라인에 1이 읽히게 된다. 이와 같은 동작에 의해 프로그램 상태의 셀(0 저장)과 소거상태의 셀(1 저장)을 읽을 수 있다. NAND 플래시 메모리는 특정 셀의 데이터를 읽기 위해 해당 셀이 포함된 스트링 전체를 읽어야 하므로, NOR 플래시 메모리보다 읽기 성능이 떨어진다.

[표 9-3]은 NAND 플래시 메모리의 동작모드별 전압 조건의 예를 보인 것이다. 실제의 경우에는 제조회사와 제품에 따라 서로 다른 바이어스 전압이 사용된다.

[표 9-3] NAND형 플래시 메모리의 동작모드별 전압 조건의 예

구분	소거	쓰기	읽기
선택된 WL	0	18	V_R
통과 WL	0	10	10
DSL	플로팅	V_{CC}	V_{CC}
SSL	플로팅	0	V_{CC}
SL	플로팅	V_{CC}	0
'0' BL	플로팅	0	0
'1' BL	플로팅	V_{CC}	1
기판	20	0	0

9.3.3 NOR형 플래시 메모리

NOR형 플래시 메모리는 [그림 9-25(a)]의 NAND형 플래시 메모리와 유사한 구조를 가지며, 단지 셀 배열 형태만 다르다. 블록 내의 셀 배열 구조는 [그림 9-29]와 같으며, 셀 트랜지스터들이 비트라인에 병렬로 연결된 구조를 갖는다. 모든 셀 트랜지스터들이 비트라인과 컨택을 가지므로 NAND형보다 셀 면적이 크다는 단점을 갖는다.

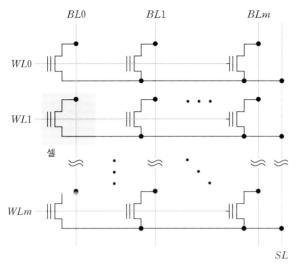

[그림 9-29] **NOR형 플래시 메모리의 구조**

■ 셀 단위의 동작

[그림 9-30(a)]는 NOR형 플래시 메모리 셀의 프로그램 모드 동작을 보이고 있다. EPROM의 프로그램 원리와 마찬가지로 CG에 워드라인 전압 $V_{WL} = 10\,\text{V}$와 드레인에 5V의 전압을 인가하면, 소오스-드레인 사이에 전류가 흐르면서 드레인 근처에 큰 전계가 걸리게 된다. 드레인 근처의 강한 전계로 인해 전자가 가속되어 높은 운동 에너지를 갖는 열전자hot electron가 되며, 이중 일부가 산화막의 전위장벽을 뛰어 넘어 FG로 주입된다. 이를 CHEChannel Hot Electron 주입이라고 한다. 일단 FG로 주입된 전자는 산화막의 전위장벽에 갇히게 되며, CG와 드레인 전압을 0V로 만들어도 방출되지 않고 FG에 그대로 남아 있게 된다. 이 상태를 '프로그램 상태'라고 한다.

음전하를 띤 전자가 FG에 포획되어 있으면, [그림 9-23(a)]와 같이 MOS 트랜지스터의 문턱전압이 높아지며, 이를 상태 0으로 정의한다. FG에 전자가 주입된 셀은 문턱전압이 높아져 개방상태가 되고, FG에 전자가 주입되지 않은 셀은 도통상태가 되므로, 0과 1의 저장을 구분할 수 있게 된다. CHE 주입에 의해 프로그램되는 NOR형 셀은 프로그램 속도가 수 μs로 빠르다는 장점이 있으나, 셀당 프로그램 전류가 약 $I_d = 500\,\mu\text{A}$ 정도 소요되고, 전압 레벨을 낮추기 힘들다는 단점이 있다.

NOR형 셀의 소거는 F-N 터널링 현상을 이용하여 FG에 갇혀 있는 전자를 방출하는 동작이며, 소오스 소거, 소오스/게이트 소거, 채널 소거 등 여러 가지 방법이 사용되고 있다.

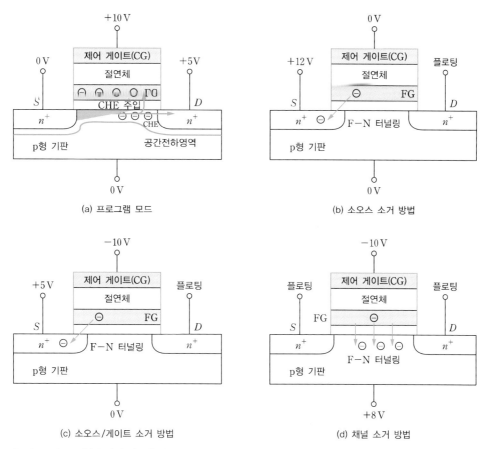

(a) 프로그램 모드

(b) 소오스 소거 방법

(c) 소오스/게이트 소거 방법

(d) 채널 소거 방법

[그림 9-30] NOR형 플래시 메모리 셀의 프로그램 및 소거 동작

초창기의 NOR형 플래시 메모리에서는 [그림 9-30(b)]와 같은 소오스 소거 방법이 사용되었다. 셀 트랜지스터의 소오스에 12 V, CG에 0 V를 인가하고, 드레인은 플로팅 상태로 둔다. 소오스 전압에 의해 FG와 소오스의 사이의 산화막에 고전계가 걸리고, FG의 전자가 에너지를 얻어 산화막의 장벽을 지나 소오스로 넘어가는 F-N 터널링이 발생한다. 소오스의 큰 전압에 의해 소오스-기판의 pn 접합에 항복^{breakdown} 현상이 발생하지 않도록 소오스 확산영역을 큰 전압에 견딜 수 있는 구조로 형성해야 한다.

[그림 9-30(c)]는 소오스/게이트 소거 방법을 보이고 있다. FG의 전자를 소오스로 빼내는 점은 같지만, 소오스에 5 V 정도를 인가하고, 소거에 필요한 전계는 CG에 인가한 음의 전압으로 얻는다는 점이 다르다. [그림 9-30(b)]의 소오스 소거 방법에 비해 소오스를 고내압으로 설계하지 않아도 되는 장점은 있으나, CG에 인가되는 음의 전압을 생성하는 회로가 필요하다.

[그림 9-30(d)]는 채널 소거 방식을 보이고 있다. CG에 $V_{WL} = -10\,V$의 음의 전압을 인가하고, 기판에 $+8\,V$ 정도의 양의 전압을 인가하고, 소오스와 드레인은 플로팅 상태로 둔다. CG에 $-18\,V$ 정도의 음전압을 인가하거나, 또는 기판(웰)에 $+18\,V$ 정도의 양의 전압을 인가하기도 한다. CG에 인가된 음의 전압과 기판에 인가된 양의 전압이 전계를 형성하고, 이에 의해 F-N 터널링이 발생하여 FG에 갇혀있던 전자가 채널 쪽으로 방출된다. 이와 같은 소거 동작에 의해 트랜지스터의 문턱전압이 작아지며, 이를 상태 1로 정의한다. 채널 소거 방법에서는 소오스에 고전압이 인가되지 않아 고내압 구조의 확산영역이 필요하지 않으므로, 셀의 소오스/드레인 확산영역을 대칭적이고 얕게 형성할 수 있어 소형화 구현에 적합하다.

읽기 동작은 FG에 전자가 갇혀 있는 경우에 셀 트랜지스터의 문턱전압이 크다는 특성을 이용한다. FG에 충분한 양의 전자가 갇혀 있으면 셀 트랜지스터의 문턱전압이 크므로, CG에 인가되는 워드라인 전압(통상 $V_{WL} = 5\,V$)에 대해 트랜지스터가 개방상태가 되어 전류가 흐르지 않으며, 출력부에서 논리값 0이 출력된다. FG에 전자가 없는 경우에는 셀 트랜지스터의 문턱전압이 작으므로 워드라인 전압에 의해 셀 트랜지스터가 도통되어 전류가 흐르며, 셀 전류는 감지증폭기에서 감지되어 출력부에서 논리값 1이 출력된다.

■ 셀 배열의 프로그램 동작

[그림 9-31]은 워드라인에 의해 선택된 특정 페이지에서 셀-A는 0으로 프로그램되고, 나머지 셀들은 소거상태를 유지하여 1을 저장하는 동작을 보인 예이다. 플래시 메모리는 덮어쓰기가 불가능하므로, 프로그램(쓰기) 동작을 위해서는 먼저 블록 내의 모든 셀에 대한 소거가 이루어져야 한다. 소거 동작이 완료되었다는 가정 하에 [그림 9-31]의 프로그램을 동작을 살펴보자. 셀-A가 프로그램 되기 위해서는 셀-A에 CHE 주입이 일어나도록 해야 하며, 동시에 페이지 내의 나머지 셀들에는 CHE 주입이 일어나지 않도록 해야 한다. 해당 페이지를 선택하기 위해 워드라인에 $V_{WL0} = 10\,V$를 인가하고, 나머지 워드라인에는 $0\,V$를 인가한다. 셀-A의 드레인이 연결된 비트라인에 $V_{BL0} = 5\,V$를 인가하면, 셀-A에서 CHE 주입이 일어나 프로그램된다. 선택된 페이지의 나머지 비트라인에 $0\,V$를 인가하면, CHE 주입이 일어나지 않아 소거상태가 유지된다.

프로그램 속도 측면에서 보면, CHE 주입에 의한 NOR형 플래시가 F-N 터널링 현상을 이용하는 NAND형보다 빠르다. 그러나 CHE 주입을 위해서는 셀 트랜지스터에 일정량의 드레인 전류가 흘러야하므로, 동시에 프로그램되는 셀의 수가 많을수록 공급되는 전류량이 증가한다. 이는 NOR형 플래시의 프로그램 속도를 제한하는 요인이 된다. 예를 들어, 프로그램을 위해 단위 셀에 흐르는 전류가 $50\,\mu$A 라고 하면, 64개의 셀을 동시에 프로그램하기 위해서는 약 $3.2\,$mA 의 전류가 공급되어야 한다. 이와 같은 문제로 인해 NOR형 플래시 메모리는 많은 셀을 동시에 프로그램할 수 없으며, 워드 단위로 나누어 프로그램한다. 페이지 단위로 프로그램이 이루어지는 NAND형에 비해 NOR형 플래시는 시간당 프로그램 되는 셀의 수가 적어서 프로그램 속도가 느리다는 단점을 갖는다.

NOR형 플래시 메모리에서는 프로그램을 위해 선택된 셀에 의해 비선택 셀들이 간섭을 받는 현상이 발생한다. [그림 9-31]에서 프로그램 동작을 위해 워드라인에 $V_{WL0} = 10\,$V 가 인가되면, 이 워드라인에 연결된 셀들의 CG에도 동일한 프로그램 전압이 걸리게 된다. 따라서 선택되지 않은 셀(비트라인에 0V가 인가된 셀)들이 $V_{WL0} = 10\,$V에 의해 약하게 프로그램 soft program 되는 현상이 일어나며, 이를 '워드라인 간섭 wordline disturbance' 현상이라고 한다. 또한, 프로그램을 위해 비트라인에 $V_{BL0} = 5\,$V가 인가되면, 여기에 연결된 셀들의 드레인에도 동일한 전압이 걸리게 된다. 따라서 선택되지 않은 셀(워드라인에 $0\,$V 가 인가된 셀)들이 $V_{BL0} = 5$V 에 의해 약하게 소거 soft erase 되는 현상이 일어나며, 이를 '비트라인 간섭 bitline disturbance' 현상이라고 한다. 이와 같은 워드라인 및 비트라인 간섭에 의한 오동작 셀을 제거하기 위해 다양한 스트레스 여유 검사 stress margin test 를 거쳐 제품이 출하된다.

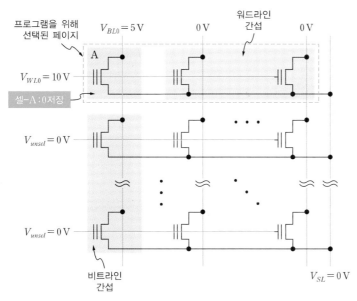

[그림 9-31] **NOR형 플래시 메모리의 프로그램 동작 예**

■ 셀 배열의 읽기 동작

NOR형 플래시의 읽기 동작은 MROM과 비슷한 원리로 이루어진다. 선택된 셀의 워드라인에 약 $+5V$를 인가하고, 나머지 워드라인에는 모두 $0V$를 인가한다. 이에 의해 프로그램된 셀은 개방상태를 유지하여 전류가 흐르지 않으며, 프로그램되지 않은 셀은 도통상태가 되어 비트라인에 전류가 흐른다. 읽기 동작에서 비트라인에 흐르는 전류는 감지증폭기에서 전압으로 변환되어 출력된다.

[그림 9-32]는 페이지 읽기 동작의 예를 보이고 있다. 워드라인 $WL0$에 연결된 셀-A는 프로그램되어 0이 저장되고, 나머지 셀들은 소거되어 1이 저장된 상태이다. 읽기 동작을 위해 워드라인 $WL0$에 기준전압 $V_{WL0} = 5V$를 인가하고, 나머지 워드라인에는 $0V$를 인가한다. 셀-A는 프로그램되어 문턱전압이 높아진 상태이므로 $V_{WL0} = 5V$에 의해 개방상태를 유지하여 비트라인 $BL0$에는 전류가 흐르지 않으므로($I_{BL0} = 0$), 출력회로에서 논리값 0이 출력된다. 선택된 워드라인에 연결되어 있는 나머지 셀들은 소거상태이므로, 워드라인 전압에 의해 도통상태가 되어 비트라인에 전류가 흐르며, 출력회로에 의해 논리값 1이 출력된다. 이와 같은 동작에 의해 프로그램된 셀(0 저장)과 소거된 셀(1 저장)을 구별할 수 있다. 메모리 셀이 비트라인에 병렬로 연결된 구조이므로, 특정 셀의 데이터를 읽기 위해 스트링 전체를 읽어야하는 NAND형 플래시에 비해 읽기 속도가 빠르다는 장점이 있다.

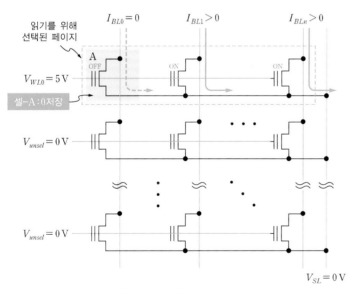

[그림 9-32] **NOR형 플래시 메모리의 읽기 동작 예**

NOR형 플래시 메모리의 소거 동작은 블록 단위로 이루어지며, 블록 내의 모든 워드라인에 −10V, 기판에 8V의 전압을 인가하여 F-N 터널링 현상으로 데이터를 소거한다. 소거 동작은 비교적 단순하게 이루어지나 과잉 소거$^{over\ erase}$가 발생할 수 있다. 과잉 소거란 소거 동작 후에 일부 셀의 문턱전압이 0V 이하가 되는 현상을 말한다. 읽기 동작을 위해 비선택된 셀의 워드라인에 0V를 인가하면, 소거된 셀이 개방상태에 있어야 함에도 불구하고 실제로는 도통상태가 되어 '읽기 고장$^{read\ fail}$'이 유발된다. 비트라인에 연결된 셀들 중 과잉 소거된 셀이 하나 이상 존재하면, 프로그램된 셀(0 저장)을 읽더라도 소거된 셀(1 저장)로 읽히게 된다. 이와 같은 과잉 소거 현상을 최소화하기 위한 방법으로 블록 내의 전체 셀을 예비 프로그램$^{pre-program}$한 후에 소거 동작을 수행한다. 소거 동작이 완료된 후, 문턱전압이 특정 임계값 이하로 분포된 셀을 선별적으로 재프로그램$^{post-program}$하여 과잉 소거된 셀의 분포를 최소화시킨다.

[표 9-4]는 NOR형 플래시 메모리의 동작모드별 전압 조건의 예를 보인 것이다. 실제의 경우에는 제조회사와 제품에 따라 서로 다른 바이어스 전압이 사용된다.

[표 9-4] **NOR형 플래시 메모리의 동작모드별 전압 조건의 예**

구분	소거	프로그램	읽기
선택된 WL	−10V	10V	5V
선택되지 않은 WL	0V	0V	0V
'0' BL	플로팅	5V	<1.2V
'1' BL	플로팅	0V	1.2V
S/L	플로팅	0V	0V
기판	8V	0V	0V

9.3.4 NAND형과 NOR형의 비교

[표 9-5]는 NOR형과 NAND형 플래시 메모리의 특징을 비교한 것이다. NOR형 플래시 메모리는 바이트나 워드 단위의 프로그램과 읽기가 가능하며, 쓰기와 읽기 동작 시에 주소 디코딩이 간단하여 주변회로가 단순해지는 장점이 있다. 읽기 속도가 빠르고 랜덤 액세스가 가능하여 임베디드 시스템의 OS 부팅용 등 컨트롤 메모리와 EPROM 대체용으로 사용된다. 프로그램을 위해서 셀 트랜지스터에 일정량의 드레인 전류가 흘러야하므로 많은 셀을 동시에 프로그램할 수 없으며, 워드 단위로 나누어 프로그램한다. 따라서 페이지

단위로 프로그램이 이루어지는 NAND형 플래시에 비해 시간당 프로그램되는 셀 수가 적어서 프로그램 속도가 느리다는 단점을 갖는다. 또한 셀마다 비트라인 콘택이 필요하여 NAND형에 비해 셀 면적이 커서 가격이 비싸다는 단점이 있다.

[표 9-5] NOR형과 NAND형 플래시 메모리의 특징 비교

구분	NOR형	NAND형
장점	랜덤 액세스 가능	빠른 프로그램 속도
	바이트 단위 프로그래밍 가능	빠른 소거 속도
	빠른 읽기 속도	작은 셀 면적
단점	느린 프로그램 속도 (바이트, 워드 단위 프로그램)	랜덤 액세스가 어려움
	느린 소거 속도	바이트 단위 프로그램 불가 (페이지 단위 프로그램)
	큰 셀 면적	느린 읽기 속도
응용분야	BIOS용 컨트롤 메모리, EPROM 대체용	디지털 카메라, USB 메모리, HDD 대체용 SSD

NAND형 플래시 메모리는 페이지 단위의 읽기만 가능하여 랜덤 액세스와 바이트 단위의 프로그래밍이 불가능하며, 메모리 셀들이 직렬로 연결되어 읽기 속도가 느리다는 단점이 있다. 한편, NOR형 플래시에 비해 프로그래밍과 소거 속도가 빠르고, 셀 면적이 작아 고집적에 유리하다는 장점을 가져 디지털 카메라, USB 메모리, HDD 대체용 SSD 등의 대용량 저장장치에 사용된다.

> **참고 ● 플래시 메모리의 프로그램/소거 횟수가 제한되는 이유**
>
> 이론상으로 무한대의 수명을 갖는 DRAM이나 SRAM과 다르게 플래시 메모리는 수명을 가지며, 통상적으로 프로그램/소거 횟수가 수만 ~ 수십만 번으로 제한된다. 그 이유는 메모리 셀의 구조와 프로그램/소거 동작의 원리에 있다. 앞에서 설명하였듯이, 터널링 산화막을 통해 부유 게이트로 전자를 주입하는 과정이 프로그램이고, 반대로 부유 게이트에서 전자를 제거하는 과정이 소거이다. 프로그램과 소거를 위해 전자가 터널링 산화막의 에너지 장벽을 뛰어 넘거나 통과하는 과정에서 일부 전자들이 산화막에 남아 축적되는 현상이 발생한다. 산화막에 전자가 축적되면 산화막의 저항값이 변하게 되며, 동일한 터널링 효과를 위해 초기보다 더 높은 전압이 필요하게 된다. 즉 프로그램과 소거 작업이 반복될수록 점점 더 높은 전압을 인가해주어야 한다. 결국 프로그램/소거가 일정 횟수에 도달하면 더 이상 터널링 효과가 발생되지 않아 프로그램/소거 작업을 수행할 수 없게 되며, 이것이 플래시 메모리 셀의 수명이다.

9.4 SRAM 회로

SRAM^{Static Random Access Memory}은 두 개의 안정된 상태를 갖는 쌍안정^{bistable} 래치^{latch} 회로의 각 상태에 '1'과 '0'을 할당하여 저장하는 메모리이다. 쌍안정 회로의 특성상 전원이 유지되고 정보를 바꾸어 쓰지 않는 한, 상태의 변화가 없어 정보를 무한히 유지하므로 정적^{static} 메모리라고 한다. 9.5절의 DRAM^{Dynamic Random Access Memory}과 비교하여 리프래시^{refresh} 동작이 필요 없으므로, 사용이 간편하고 속도가 빠르다는 장점을 갖는다. 그러나 SRAM은 단위 셀이 6개(또는 4개)의 트랜지스터로 구성되어 DRAM에 비해 집적도가 약 1/4 정도이며, 가격이 비싸다는 단점이 있다.

SRAM은 제조하는 공정에 따라 nMOS SRAM, CMOS SRAM, BiCMOS SRAM, 바이폴라^{bipolar} SRAM, GaAs SRAM 등으로 구분되며, 잡음 및 온도 특성이 좋고 소비전력이 낮은 CMOS 공정이 보편적으로 사용되고 있다. BiCMOS SRAM은 MOS와 바이폴라를 혼합하여 사용하는 기술로, 메모리 셀은 MOS 구조를 사용하여 고집적을 실현하고, 주변 회로는 바이폴라 회로를 사용하여 고속을 실현한 SRAM 제품이다. 바이폴라 SRAM과 GaAs SRAM은 캐시 메모리 등 초고속 응용분야에 일부 사용되나, 가격이 비싸고 소비전력이 높다는 단점을 갖는다. 이 절에서는 SRAM의 구조와 동작, 셀 회로의 구조와 동작 원리 등에 대해 알아본다.

9.4.1 SRAM 구조

[그림 9-33]은 4-뱅크^{bank}로 구성되는 SRAM의 개략적인 내부 구조이다. 그 구조는 데이터 저장 공간인 메모리 셀 배열, 특정 메모리 셀에 접근하기 위해 주소를 디코딩하는 행 디코더와 열 디코더, 그리고 감지증폭기^{sense amplifier} 및 I/O 버퍼 회로 등으로 구성된다. [그림 9-33]의 예에서는 셀 배열이 4개의 뱅크로 분할되어 있으며, 뱅크는 8k개의 페이지로 구성된다. 페이지는 $2\,\text{k} \times 8\,\text{bit} = 16\,\text{kbit}$의 메모리 셀들로 구성되며, 하나의 뱅크는 $16\,\text{kbit} \times 8\,\text{k} = 128\,\text{Mbit}$의 용량을 갖는다. 따라서 전체 메모리는 $128\,\text{Mbit} \times 4 = 512\,\text{Mbit}$의 용량을 갖는다. 하위 11비트가 열주소로 사용되고, 상위 13비트는 행주소로 사용되며, 4개의 뱅크를 위해 2비트의 뱅크 주소가 사용된다. 읽기 동작에서 메모리 셀에 연결된 비트라인과 반전 비트라인의 신호 차이를 감지하여 증폭하기 위해 감지증폭기가 사용되며, 쓰기 동작에서는 데이터를 메모리 셀에 쓰기 위한 구동회로가 사용된다.

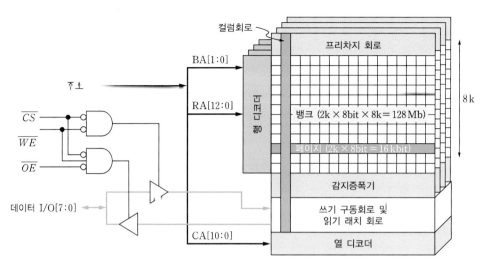

[그림 9-33] **4-뱅크 SRAM의 기본 구조**

SRAM의 읽기 동작은 다음과 같이 이루어진다. 칩 선택$^{chip\ select}$ 신호 $\overline{CS} = 0$에 의해 칩 선택신호가 활성화되고, 쓰기 활성화$^{write\ enable}$ 신호 $\overline{WE} = 1$에 의해 읽기모드가 설정되면, 출력 활성화$^{output\ enable}$ 신호 $\overline{OE} = 0$에 의해 출력이 데이터 I/O 포트로 연결된다. 주소 포트로 입력된 행주소는 행 디코더에 의해 워드라인 신호로 변환되어 특정 워드라인이 선택되고, 워드라인에 연결된 셀들 중 열 디코더 출력에 의해 특정 비트라인이 선택되어 데이터를 읽어낸다. 메모리 셀에 연결된 비트라인과 반전 비트라인의 미세한 신호 변화는 감지증폭기에 의해 증폭되고, 출력 버퍼를 통해 외부로 출력된다.

SRAM의 쓰기 동작은 다음과 같이 이루어진다. 칩 선택신호를 $\overline{CS} = 0$으로 활성화시키고, $\overline{WE} = 0$으로 쓰기모드를 활성화시키면, $\overline{OE} = 1$에 의해 I/O 포트의 데이터가 쓰기 구동회로에 연결된다. 어드레스 포트로 입력된 행주소는 행 디코더에 의해 워드라인 신호로 변환되어 특정 워드라인이 선택된다. 워드라인에 연결된 셀들 중 열 디코더 출력에 의해 저장될 셀의 비트라인이 선택되고, 쓰기 구동회로의 데이터가 해당 셀의 BL과 $\overline{BL}$에 인가되어 쓰기 동작이 이루어진다.

SRAM을 구성하는 컬럼회로는 기본적으로 [그림 9-34]와 유사한 구조를 갖는다. 메모리 셀들이 비트라인 BL과 반전 비트라인 $\overline{BL}$에 연결되어 있으며, 프리차지^{precharge} 회로는 읽기와 쓰기 동작을 위해 비트라인과 반전 비트라인을 V_{DD}로 프리차지시키는 역할을 한다. 감지증폭기는 BL과 $\overline{BL}$의 신호 변화를 감지하고 증폭해서 출력으로 보내는 역할을 한다. 쓰기 구동회로를 통해 입력되는 데이터는 교차 결합된$^{cross-coupled}$ 감지증폭기를 통해 비트라인과 반전 비트라인에 인가된다.

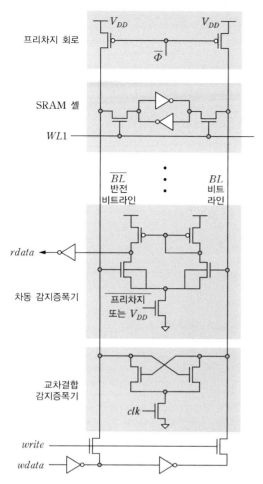

프리차지 회로

SRAM 셀

WL1

$\overline{BL}$
반전
비트라인

BL
비트
라인

rdata

차동 감지증폭기

프리차지
또는 V_{DD}

교차결합
감지증폭기

clk

write

wdata

[그림 9-34] **SRAM 컬럼회로의 기본 구조**

[그림 9-35(a)]는 SRAM의 읽기 동작에 관련된 컬럼회로를 보이고 있다. 다수 개의 셀들이 비트라인과 반전 비트라인에 연결되어 있으며, pMOSFET P_1, P_2는 클록신호 $\overline{\Phi}$에 의해 비트라인 BL과 반전 비트라인 $\overline{BL}$을 V_{DD}로 프리차지시키는 역할을 한다. $\overline{\Phi} = 0$에 의해 BL과 $\overline{BL}$이 프리차지된 후, 주소 디코딩에 의해 워드라인 신호 $WL = 1$이 인가되면, 액세스 트랜지스터 N_3, N_4가 도통되어 메모리 셀이 선택된다. 셀 내부의 Q, $\overline{Q}$에 저장된 값(전압)이 액세스 트랜지스터를 통해 BL과 $\overline{BL}$에 나타나고, BL과 $\overline{BL}$의 신호 변화는 감지증폭기를 통해 증폭되어 외부로 출력된다.

읽기 동작을 위한 타이밍 파라미터와 신호 타이밍도는 [그림 9-35(b)], [그림 9-35(c)]와 같다. $t_{AA}{}^{\text{address access time}}$는 주소가 인가된 시점으로부터 유효한 데이터가 출력되기까지의 소요시간을 나타내며, $t_{CO}{}^{\text{chip select to output}}$는 $\overline{CS}$ 신호가 인가된 시점으로부터 유효

한 데이터가 출력되기까지의 소요시간을 나타낸다. t_{OE}^output enable to valid output는 $\overline{OE}$ 신호가 인가된 시점으로부터 유효한 데이터가 출력되기까지의 소요시간을 나타내며, t_{OHZ} ^output disable to high-Z는 $\overline{OE} = 1$로 비활성화된 시점으로부터 출력이 고임피던스 상태가 되기까지의 소요시간을 나타내며, t_{OH}^output hold from address change는 새로운 주소로 변경된 시점으로부터 이전 주소의 출력 데이터가 유지되는 시간을 나타낸다.

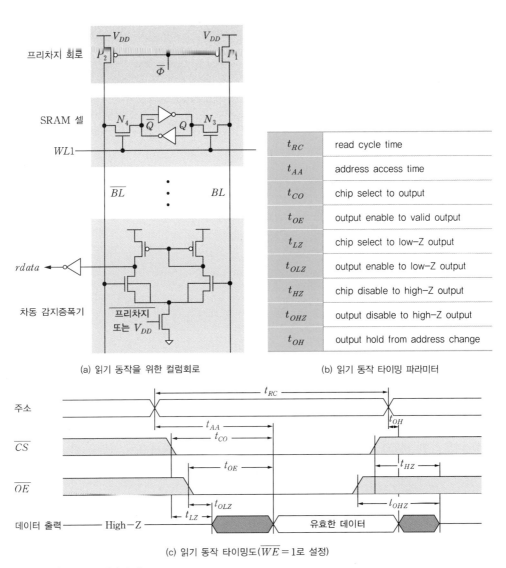

(a) 읽기 동작을 위한 컬럼회로

t_{RC}	read cycle time
t_{AA}	address access time
t_{CO}	chip select to output
t_{OE}	output enable to valid output
t_{LZ}	chip select to low-Z output
t_{OLZ}	output enable to low-Z output
t_{HZ}	chip disable to high-Z output
t_{OHZ}	output disable to high-Z output
t_{OH}	output hold from address change

(b) 읽기 동작 타이밍 파라미터

(c) 읽기 동작 타이밍도($\overline{WE} = 1$로 설정)

[그림 9-35] SRAM의 읽기 동작

[그림 9-36(a)]는 SRAM의 쓰기 동작에 관련된 컬럼회로를 보이고 있다. 클록신호 $\overline{\Phi} = 0$에 의해 비트라인 BL과 반전 비트라인 $\overline{BL}$이 V_{DD}로 프리차지된 상태에서 $write = 1$에 의해 데이터가 BL과 $\overline{BL}$에 인가된다. 주소 디코딩에 의해 워드라인 신호 $WL = 1$가

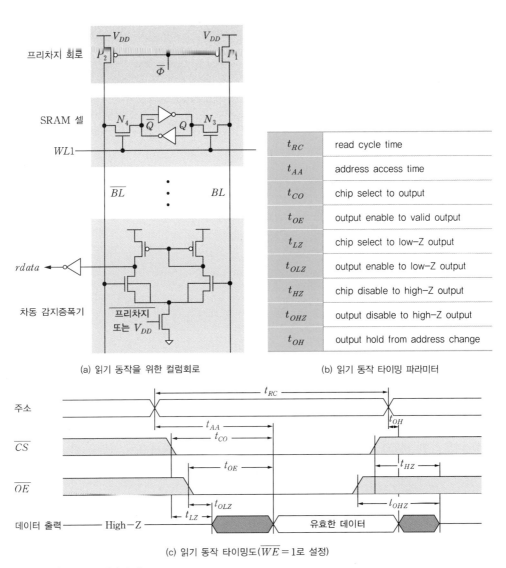

434   Chapter 09 ▶ 메모리 회로

인가되면 액세스 트랜지스터 N_3, N_4가 도통되어 메모리 셀이 선택되고, BL과 $\overline{BL}$의 값이 메모리 셀에 저장된다.

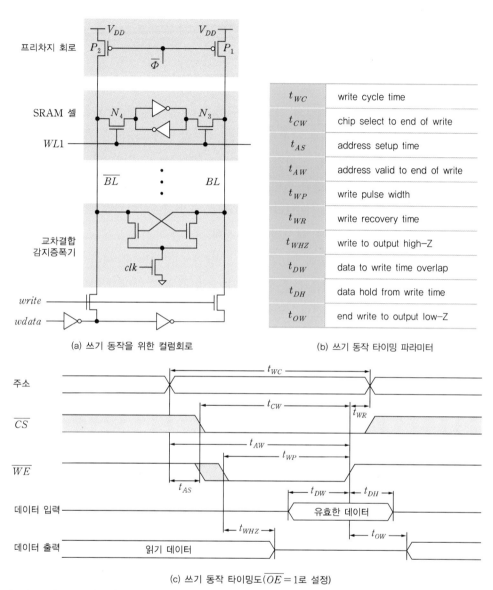

t_{WC}	write cycle time
t_{CW}	chip select to end of write
t_{AS}	address setup time
t_{AW}	address valid to end of write
t_{WP}	write pulse width
t_{WR}	write recovery time
t_{WHZ}	write to output high–Z
t_{DW}	data to write time overlap
t_{DH}	data hold from write time
t_{OW}	end write to output low–Z

(a) 쓰기 동작을 위한 컬럼회로

(b) 쓰기 동작 타이밍 파라미터

(c) 쓰기 동작 타이밍도($\overline{OE}=1$로 설정)

[그림 9-36] **SRAM의 쓰기 동작**

쓰기 동작을 위한 타이밍 파라미터와 신호 타이밍도는 [그림 9-36(b)], [그림 9-36(c)]와 같다. t_{AS}^{address setup time}는 $\overline{WE}=0$이 인가되기 이전에 주소가 안정한 값을 유지해야 하는 준비시간을 나타내며, t_{AW}^{address valid to end of write}는 $\overline{WE}=1$에 의해 쓰기 동작이 완료되는 시점까지 유효한 주소값이 유지되어야 하는 시간을 나타낸다. t_{DW}^{data to write}

time overlap는 $\overline{WE} = 1$에 의해 쓰기 동작이 완료되기 이전에 데이터가 안정한 값을 유지해야 하는 준비시간을 나타낸다. t_{DH}data hold from write time는 $\overline{WE} = 1$에 의해 쓰기 동작이 완료된 이후에 데이터가 안정한 값을 유지해야 하는 유지시간을 나타낸다.

9.4.2 SRAM 셀 회로

SRAM 셀은 쌍안정bistable 래치회로의 각 상태에 '0'과 '1'을 할당하여 정보를 저장하며, 래치회로에 따라 여러 가지 형태로 구현될 수 있다. [그림 9-37(a)]는 6개의 트랜지스터를 사용하는 SRAM 셀 회로이며, 교차결합된cross-coupled CMOS 인버터와 2개의 액세스 트랜지스터로 구성된다. 교차결합된 인버터는 래치회로를 구성하여 정귀환positive feedback 작용에 의해 데이터를 저장한다. 워드라인은 액세스 트랜지스터의 게이트에 연결되며, 워드라인의 신호가 $WL = 1$일 때, 메모리 셀이 선택되어 값의 읽기 또는 쓰기 동작이 이루어진다. 두 개의 비트라인 BL과 $\overline{BL}$은 메모리 셀과 외부 사이에 데이터를 전달하는 통로 역할을 한다. 이 SRAM 셀은 값을 읽고 쓰는 스위칭 동작 시에만 전력소모가 일어나며, 누설전력 이외에는 정적 전력소모가 없다는 장점이 있다. 그러나 [그림 9-37(b)]의 4-트랜지스터 회로에 비해 셀 면적이 크다는 단점을 갖는다.

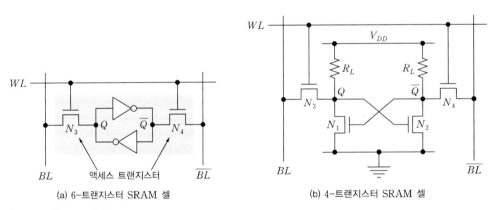

(a) 6-트랜지스터 SRAM 셀   (b) 4-트랜지스터 SRAM 셀

[그림 9-37] **SRAM 셀 회로**

[그림 9-37(b)]는 4개의 트랜지스터와 폴리실리콘polysilicon 저항을 사용하는 SRAM 셀 회로이다. [그림 9-37(a)]의 6-트랜지스터 SRAM 셀과 비교하여, CMOS 인버터 대신에 저항성 부하를 갖는 nMOS 인버터의 교차결합 구조가 사용되고 있다. CMOS 인버터를 구성하는 pMOSFET 대신에 고저항 폴리실리콘을 사용함으로써 셀의 면적이 작아지는 효과가 있다. nMOS 인버터의 잡음여유를 크게 하고 정적 전력소모를 줄이기 위해 부하 저항 R_L이 매우 커야하며, $10^{12} \, \Omega/\square$ 정도의 큰 저항을 갖도록 도우핑되지 않은 폴리

실리콘으로 만들어진다. 고저항 부하는 실제로 누설전류를 보충하기 위해 필요한 수 pA 정도의 전류만 공급하여 셀에 저장된 정보를 유지시키는 역할을 한다. 한편 큰 부하저항에 의해 상승시간이 커지는 문제점은 비트라인을 V_{DD}로 프리차지시켜 해결하며, 비트라인이 $0 \rightarrow 1$로 천이하는 동작은 프리차지 기간에만 일어나고 읽기 동작에서는 발생하지 않는다.

9.4.3 SRAM 셀의 읽기와 쓰기 동작

6-트랜지스터 SRAM 셀 회로의 읽기와 쓰기 동작을 알아보자. 먼저, 메모리 셀에 데이터 0이 저장되어 있는 경우의 읽기 동작을 살펴보자. [그림 9-38]은 메모리 셀에 데이터 0이 저장된 상태의 읽기 동작을 보이고 있다. 셀 내부의 두 CMOS 인버터는 교차결합되어 있으므로, N_1과 P_2는 도통상태이고, N_2와 P_1은 개방상태를 유지하고 있다. 따라서 $Q = 0$, $\overline{Q} = 1$을 유지하고 있다. 비트라인 BL과 반전 비트라인 $\overline{BL}$을 1로 프리차지시킨 후, 읽기 동작을 위해 워드라인을 $WL = 1$로 활성화시키면, BL과 $\overline{BL}$에 연결된 액세스 트랜지스터 N_3과 N_4가 도통된다. 이때 비트라인 BL의 전압은 도통된 N_1을 통해 0으로 감소하며, 동시에 노드 Q의 전압은 프리차지된 비트라인의 전압에 의해 상승한다. 노드 Q의 전압은 도통된 N_1에 의해 낮은 전압을 유지하고 있지만, 도통된 N_3를 통해 유입되는 전류에 의해 상승한다.

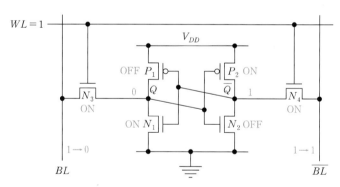

[그림 9-38] 셀에 데이터 0이 저장된 상태의 읽기 동작

읽기 동작이 올바로 이루어지기 위해서는 노드 Q의 전압이 비트라인의 전압의 영향을 작게 받아야 하므로, 트랜지스터 N_1의 구동력이 액세스 트랜지스터 N_3보다 크게 설계되어야 한다. 이 조건을 읽기 안정화$^{read\ stability}$ 조건이라고 한다. 이 조건이 만족되면, 프리차지된 비트라인은 N_3와 N_1을 통해 접지로 방전되어 0이 되고, 반전 비트라인은 1을 유

지하여 저장된 값 0이 비트라인에 읽히게 된다. 동일한 원리에 의해 메모리 셀에 저장된 1을 읽기 위해서는 트랜지스터 N_2의 구동력이 액세스 트랜지스터 N_4보다 크게 설계되어야 한다. 이상을 종합하면, SRAM 셀의 읽기 안정화 조건을 만족하기 위해서는 트랜지스터의 채널폭이 $W_{N3} < W_{N1}$와 $W_{N4} < W_{N2}$를 만족하도록 설계되어야 한다.

다음은 SRAM 메모리 셀의 쓰기 동작을 알아보자. 메모리 셀에 데이터 0이 저장되어 있는 상태에서 데이터 1의 쓰기 동작을 살펴본다. [그림 9-39]는 메모리 셀에 데이터 0이 저장된 상태의 쓰기 동작을 보이고 있다. 비트라인 BL과 반전 비트라인 $\overline{BL}$을 V_{DD}로 프리차지시킨 후, $\overline{BL} = 0$으로 만들어 저장될 데이터 1을 BL과 $\overline{BL}$에 인가한다. 쓰기 동작을 위해 워드라인을 $WL = 1$로 활성화시키면, BL과 $\overline{BL}$에 연결된 액세스 트랜지스터 N_3와 N_4가 도통된다.

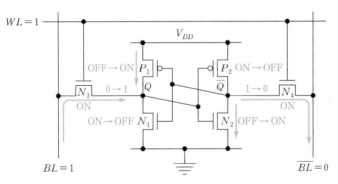

[그림 9-39] 셀에 데이터 0이 저장된 상태에서 데이터 1 쓰기 동작

메모리 셀의 읽기 동작을 위한 읽기 안정화 조건에 의해 액세스 트랜지스터 N_3의 구동력이 약하게 만들어지므로, BL에 실린 1이 노드 Q를 1로 만드는 데 시간이 걸리게 된다. 따라서 쓰기 동작은 N_4를 통해 $\overline{Q}$가 0이 되어야 하며, 이를 위해 액세스 트랜지스터 N_4의 구동력이 P_2보다 크게 설계되어야 한다. 이를 쓰기 가능^{writability} 조건이라고 한다. 일단 $\overline{Q}$가 0이 되면, 이에 의해 P_1이 도통되어 $Q = 1$이 되고, 교차결합된 인버터에 1이 저장된다. 동일한 원리에 의해 1이 저장된 셀에 0을 쓰기 위해서는 액세스 트랜지스터 N_3의 구동력이 P_1보다 크게 설계되어야 한다. 이상을 종합하면, SRAM 셀의 쓰기 가능 조건을 만족하기 위해서는 트랜지스터의 채널폭이 $W_{P1} < W_{N3}$와 $W_{P2} < W_{N4}$를 만족하도록 설계되어야 한다.

SRAM 셀의 읽기와 쓰기 동작이 올바로 수행되기 위해서는 트랜지스터들의 상대적인 구동력이 [그림 9-40]과 같이 설계되어야 한다. 인버터의 nMOSFET N_1과 N_2는 가장 큰 구동력을 가져야 하고, 액세스 트랜지스터 N_3과 N_4는 중간 정도의 구동력을 가져야 하며, 인버터의 pMOSFET P_1, P_2는 가장 작은 구동력을 갖도록 설계되어야 한다. 이러한 조건은 [그림 9-37(b)]의 4-트랜지스터 SRAM 셀에도 동일하게 적용된다. [그림 9-37(b)]의 회로에서 부하저항 R_L이 매우 큰 값을 갖도록 만드는 것과, [그림 9-40]의 회로에서 pMOSFET P_1과 P_2가 가장 작은 구동력을 갖도록 설계하는 것은 모두 위 조건을 충족하기 위해서이다.

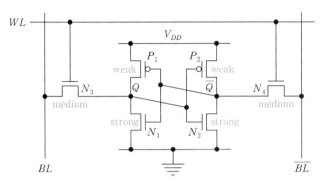

[그림 9-40] **SRAM 셀의 설계조건**

9.4.4 감지증폭기 회로

[그림 9-34]에서 볼 수 있듯이, SRAM의 컬럼회로는 많은 수의 메모리 셀들(예를 들면, 8k개)로 구성되므로, 비트라인 BL과 반전 비트라인 $\overline{BL}$은 매우 큰 커패시턴스를 가지며, 이에 의해 읽기 속도가 매우 느려진다. 비트라인의 정전용량을 C_{BL}, 메모리 셀의 전류를 I_{av}라고 하면, 비트라인에 ΔV의 전압 변화가 일어나기까지의 지연시간은 식 (9.2)와 같이 표현된다. 여기서 저항 R은 메모리 셀의 풀다운$^{\text{pull-down}}$ 저항을 나타낸다.

$$t_{pd} = \frac{C_{BL} \cdot \Delta V}{I_{av}} = \frac{R \cdot C_{BL} \cdot \Delta V}{V_{DD}} \qquad (9.2)$$

C_{BL}은 매우 크고 I_{av}는 작으므로, 지연시간 t_{pd}는 매우 큰 값이 된다. 예를 들어, 메모리 셀이 비트라인에 미치는 커패시턴스가 $2\,\text{fF}$이고, 비트라인에 256개의 셀이 연결되어 있다면, $C_{BL} = 512\,\text{fF} + C_{wire}$가 된다. 메모리 셀의 풀다운 저항이 $R = 15\,\text{k}\Omega$이라고 하면, 비트라인의 전압이 $\Delta V = V_{DD}$만큼 변하기 위한 지연시간은 $t_{pd} = 7.68\,\text{ns}$로 매우 큰 값이 된다. 식 (9.2)로부터, 메모리 셀의 읽기 속도를 빠르게 하기 위해서는 비트라인의 정전용량 C_{BL}과 메모리 셀의 풀다운 저항 R을 최소화하고, 전원전압 V_{DD}를 크게

해야 한다. 그러나 이는 현실적으로 쉽지 않은 방법이므로, 비트라인의 작은 전압 변화(ΔV)를 감지하여 읽기 속도를 개선하기 위해 감지증폭기가 사용된다.

감지증폭기는 비트라인 BL과 반전 비트라인 $\overline{BL}$에 나타나는 전압의 작은 변화($100 \sim 300\,\mathrm{mV}$)를 감지하여 증폭하도록 설계되며, SRAM 뿐만 아니라 DRAM의 읽기 회로에도 사용된다. [그림 9-41(a)]는 차동증폭기형 감지증폭기 회로로, 클록이 사용되지 않는 장점이 있으나 정적 전력소모가 크다는 단점을 갖는다. [그림 9-41(b)]는 래치형 감지증폭기 회로이며, 바이어스 전류가 필요치 않아 저전력에 유리하다. 격리^{isolation} 트랜지스터에 의해 BL, $\overline{BL}$의 큰 정전용량과 격리되어 있다가, 클록신호에 의해 격리 트랜지스터가 도통되면, BL과 $\overline{BL}$의 신호 변화가 래치의 정귀환$^{\text{positive feedback}}$ 작용에 의해 0 또는 1로 래칭된다.

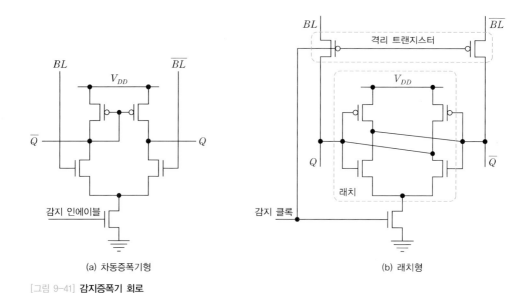

(a) 차동증폭기형   (b) 래치형

[그림 9-41] **감지증폭기 회로**

9.4.5 주소 디코딩 회로

메모리의 주소를 디코딩하는 주소 디코더는 기본적으로 [그림 9-42(a)]와 같은 회로로 구현될 수 있다. 이와 같은 직접적인 디코딩 방법에서는 동일한 입력을 갖는 NAND 게이트들이 중복 사용되어 면적이 많이 소요된다. 동일한 입력을 갖는 NAND 게이트들의 중복을 피하기 위하여 [그림 9-42(b)]와 같은 2단계 디코딩 방법이 사용된다. 이 방법을 이용하면 [그림 9-42(a)]의 직접 디코딩 방식에 비해 면적을 감소시킬 수 있다.

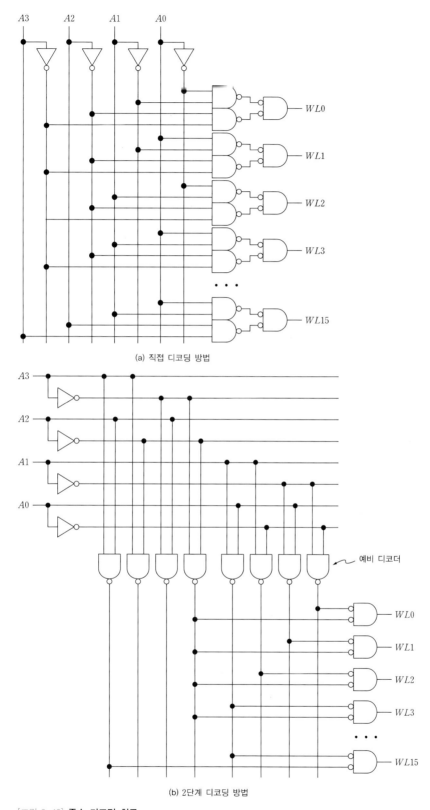

(a) 직접 디코딩 방법

(b) 2단계 디코딩 방법

예비 디코더

[그림 9-42] 주소 디코딩 회로

9.5 DRAM 회로

DRAM은 메모리 셀 내부의 작은 커패시터 전하를 충전시켜 데이터를 저장하며, 수 밀리초 정도의 짧은 시간 농안 서상된 네이터를 보존하므로, 동적dynamic 메모리라고 한다. 이는 전원이 공급되고 정보를 바꾸어 쓰지 않는 한 정보가 무한히 유지되는 SRAM과 뚜렷하게 구별되는 특성이다. DRAM의 데이터 유지시간이 매우 짧은 단점을 극복하고 메모리로 사용되기 위해서는, 셀에 저장된 데이터가 소실되지 않도록 일정 시간마다 다시 써넣는 리프래시 방법이 사용된다. DRAM은 리프래시 동작으로 인해 SRAM에 비해 사용이 다소 복잡하고 속도가 느리다는 단점이 있으나, 메모리 셀이 하나의 트랜지스터와 커패시터로 구성되어 SRAM에 비해 집적도가 4배 정도 높아 비트당 가격이 싸다는 장점을 갖는다. 이 절에서는 DRAM의 구조와 동작, 셀 회로의 구조와 동작 원리 등에 대해 알아본다.

9.5.1 DRAM의 구조

DRAM의 개략적인 내부 구조는 [그림 9-43]과 같으며, 9.4절에서 설명한 SRAM과 유사한 구조를 갖는다. 그 구조는 데이터를 저장하는 공간인 메모리 셀 배열, 특정 메모리 셀에 접근하기 위해 주소를 디코딩하는 행 디코더와 열 디코더, 그리고 감지증폭기 및 I/O 버퍼회로 등으로 구성된다. 또한 메모리 셀 어레이의 주기적인 리프래시를 위한 회로가 추가되는 점이 SRAM과 다르다.

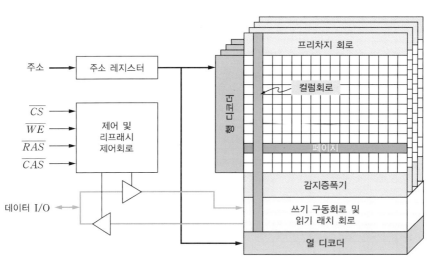

[그림 9-43] DRAM의 기본 구조

일반적으로 칩의 핀 수를 줄이기 위해 행주소와 열주소를 순차적으로 입력하는 방법이 사용된다. $\overline{RAS}$ Row Address Strobe는 주소 포트로 행주소가 들어오고 있음을 나타내며, $\overline{CAS}$ Column Address Strobe는 열주소가 들어오고 있음을 나타낸다. $\overline{CS}$는 칩 선택chip select 신호이고, $\overline{WE}$ Write Enable 신호는 쓰기와 읽기 동작의 구분을 위해 사용되며, 이들 제어 신호는 액티브 로우active−low로 동작한다.

DRAM의 동작 타이밍도는 [그림 9-44]와 같다. DRAM에서는 행주소와 열주소를 동일한 입력 핀에 시분할 방식으로 입력한다. 행주소를 확정한 뒤 $\overline{RAS} = 0$으로 활성화하면 행주소가 결정되고, 다음으로 열주소를 확정한 후 $\overline{CAS} = 0$으로 활성화하면 열주소가 결정된다. 이와 같은 주소 멀티플렉싱을 통해 주소 핀 수를 줄임과 동시에 칩의 크기를 최소화할 수 있다. $\overline{WE}$ 신호는 $\overline{CAS} = 0$ 이후에 입력된다. 읽기 모드($\overline{WE} = 1$)의 경우, $\overline{CAS} = 0$으로부터 특정 시간 후에 메모리 셀에서 읽은 데이터가 $DOUT$ 단자에 출력되며, 쓰기 모드($\overline{WE} = 0$)의 경우는 $\overline{CAS} = 0$에 의해 DIN 단자의 데이터가 메모리 셀에 저장된다.

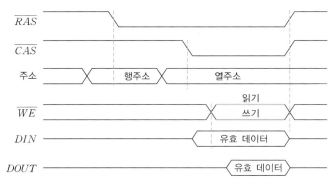

[그림 9-44] **DRAM의 동작 타이밍도**

9.5.2 DRAM 셀 회로

초창기의 DRAM에는 [그림 9-45]와 같이 4개 또는 3개의 트랜지스터로 구성되는 셀 회로가 사용되었다. [그림 9-45(a)]의 4-트랜지스터 셀 회로는 [그림 9-37(a)]의 6-트랜지스터 SRAM 셀 회로에서 교차결합된 인버터의 pMOSFET가 제거된 회로와 동일하다. nMOSFET로만 구성되므로 데이터 1은 $V_{DD} - V_{Tn}$(단, V_{Tn}은 nMOSFET의 문턱전압)으로 저장된다. 누설에 의해 시간이 지남에 따라 전압이 감소하므로, 주기적인 리프레시 과정이 필요하다. [그림 9-45(b)]의 3-트랜지스터 셀 회로는 [그림 9-45(a)]의 회로와 비교하여 트랜지스터를 1개 줄이는 대신에 워드라인 하나가 추가되어 4-트랜지스터 셀 회로에 비해 면적이 크게 감소하지는 않는다. 이들 회로는 현재에는 사용되지 않는다.

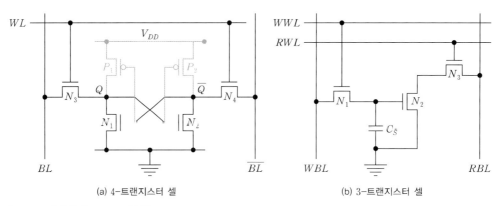

(a) 4-트랜지스터 셀   (b) 3-트랜지스터 셀

[그림 9-45] **초창기의 DRAM 셀 회로**

오늘날의 DRAM에는 [그림 9-46(a)]와 같이 nMOS 액세스 트랜지스터 1개와 셀 커패시터로 구성되는 셀 회로가 사용된다. nMOS 액세스 트랜지스터의 게이트에는 워드라인 신호가 인가되며, 액세스 트랜지스터는 비트라인과 셀 커패시터 사이에 전자 흐름의 통로 역할을 한다. 셀 커패시터 C_S는 메모리 셀에 데이터(0 또는 1)를 저장하는 그릇 역할을 하며, 수십 ~ 수백 fF 정도의 용량을 갖는다. 셀 커패시터에 전자가 채워져 있으면 데이터 1이 저장되고, 전자가 모두 방전되면 데이터 0이 저장된다. 셀 커패시터에 저장된 전하는 누설에 의해 소실될 수 있으므로, 주기적인 리프레시 과정이 필요하다.

셀 커패시터는 저장노드$^{storage\ node}$와 기판 사이에 유전체가 채워진 구조로 만들어진다. [그림 9-46(a)]에서 보는 바와 같이, 저장노드 X는 액세스 트랜지스터 N_1의 소오스 영역에 연결되며, 액세스 트랜지스터의 개폐에 따라 비트라인을 통해 들어오는 정보를 저장한다. 셀 커패시터에 저장되는 전하량 Q_S는 식 (9.3)으로 표현된다. 여기서 C_S는 셀 커패시턴스를 나타내고, ΔV는 커패시터에 인가되는 전압을 나타낸다.

$$Q_S = C_S \cdot \Delta V \qquad\qquad (9.3)$$

식 (9.3)으로부터 셀 커패시터의 전하량 Q_S를 크게 만들기 위해서는 ΔV와 셀 커패시턴스 C_S를 크게 해야 한다. 셀 커패시터의 양 단자(저장노드와 기판 사이)에 걸리는 전압은 전원전압에 의해 결정되며, 전력 소비, 유전체의 신뢰성 등 여러 가지 변수에 의해 결정된다. 따라서 Q_S를 크게 만들기 위해 ΔV를 무작정 크게 할 수는 없으며, 전하량 Q_S는 셀 커패시턴스 값 C_S에 의해 결정된다.

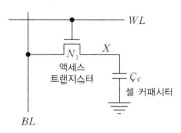

(a) 1-트랜지스터 셀의 회로

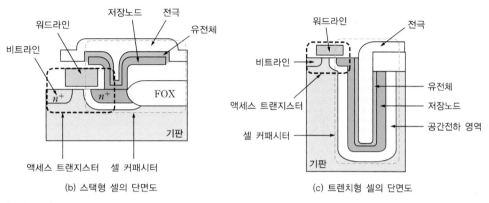

(b) 스택형 셀의 단면도   (c) 트렌치형 셀의 단면도

[그림 9-46] 1-트랜지스터 DRAM 셀의 회로 및 단면도

평행판 커패시터의 정전용량 C_S는 식 (9.4)와 같이 표현된다. ϵ_0 와 ϵ_{ox} 는 각각 진공상태의 유전상수와 유전체의 고유 유전상수를 나타내고, t_{ox} 는 유전체의 두께, A 는 셀 커패시터의 면적을 나타낸다.

$$C_S = \frac{\epsilon_0 \epsilon_{ox} A}{t_{ox}} \tag{9.4}$$

식 (9.4)로부터 셀 커패시턴스 C_S를 크게 만들기 위해서는 유전상수가 큰 유전체 재료를 사용하는 방법, 유전체의 두께를 얇게 만드는 방법, 그리고 셀 면적을 크게 만드는 방법 등이 가능하지만, 모두 쉬운 방법은 아니다. 통상적으로 DRAM 칩에서 메모리 셀이 차지하는 비율은 약 절반 이상이므로, 칩 크기를 줄여 수율을 높이고 단가를 낮추기 위해서는 셀의 크기를 줄이는 것이 필수적이다. DRAM 기술이 발전하는 매 세대마다 셀의 크기는 작아져도 단위 셀당 커패시턴스는 거의 동일한 값이 요구되므로, 각 세대마다 셀 미세화를 위한 공정기술 개발이 지속적으로 실현되어 왔다.

작은 셀 면적으로 큰 커패시턴스 C_S를 만들기 위해 유전체 두께 t_{ox}를 줄이는 시도가 이루어져 왔으나, 누설전류와 절연 내압 등의 요인에 의해 산화막의 두께는 약 50 Å 정도가 한계로 인식되고 있다. 유전체의 박막화와 함께 구조적으로 커패시터의 면적을 극대화시키는 다양한 방법이 사용되고 있다. 좁은 표면적에서 큰 커패시턴스 값을 얻기 위해 [그림 9-46(b)]와 같이 트랜지스터 위쪽으로 커패시터를 쌓아서 만드는 3차원적인 스택 stack형 셀 구조와, [그림 9-46(c)]와 같이 실리콘 기판을 식각하여 실리콘 기판에 도랑 trench 형태로 커패시터를 만드는 트렌치trench형 셀 구조가 사용되고 있다. 스택형과 트렌치형 셀 구조는 각기 다른 장단점을 가지고 있기 때문에, 제조 회사별로 최적화된 셀 구조를 채택하고 있으며, 대부분의 한국 및 일본 업체에서는 스택형 구조를 채택하고 있다. 256Mbit DRAM까지는 셀 구조의 변화를 통해 적절한 셀 커패시턴스 값을 구현해 왔으니, 기가giga비트급에서는 셀 구조의 변화만으로는 한계가 있으므로, 유전상수가 높은 $BaSrTiO_3(BST)$, Ta_2O_5 등의 물질을 활용한 커패시터가 사용되고 있다.

9.5.3 DRAM 셀의 읽기와 쓰기 동작

1-트랜지스터 DRAM 셀 회로의 읽기와 쓰기 동작을 알아보자. 먼저, 메모리 셀에 데이터 0이 저장되어 있는 경우의 읽기 동작을 살펴보자. 편의상 1-트랜지스터 DRAM 셀의 회로를 [그림 9-47(a)]에 다시 나타냈다. 셀 내부의 저장노드 전압을 V_X로, 비트라인의 전압은 V_{BL}로 표시하고, 비트라인의 기생 정전용량을 C_{BL}으로 표시한다.

읽기 동작을 위해 비트라인을 $BL = V_{DD}/2$로 프리차지시킨다. 워드라인 신호 $WL = 1$에 의해 액세스 트랜지스터 N_1이 도통되면, 셀 커패시턴스 C_S와 비트라인의 커패시턴스 C_{BL} 사이에 전하 재분배charge redistribution가 일어나 BL의 전압이 변하게 된다. 셀에 데이터 1이 저장되어 있다면, 셀 커패시터 C_S에 저장된 전하가 비트라인으로 이동하여 비트라인의 전압이 증가한다. 반면, 셀에 데이터 0이 저장되어 있다면, 비트라인에서 셀 커패시터로 전하가 이동하여 비트라인의 전압이 감소한다. 읽기 동작에서 비트라인의 전압 변화는 식 (9.5)와 같이 표현된다.

$$\Delta V = \frac{V_{DD}}{2}\frac{C_S}{C_S + C_{BL}} \tag{9.5}$$

통상 $C_S \ll C_{BL}$이므로 비트라인의 신호 변화는 매우 작은 값이며, 비트라인의 신호 변화는 감지증폭기에 의해 증폭되어 출력된다. 예를 들어, 16Mbit DRAM의 경우에 $C_S \approx$ 30 fF, $C_{BL} \approx 250$ fF 정도의 값을 가지며, 읽기 동작에서 비트라인의 전압 변화는 비트라인 프리차지 전압의 약 10% 정도인 $100 \sim 150$ mV 이다. [그림 9-47(b)]는 읽기 동작에서 저장노드 전압 V_X와 비트라인의 전압 V_{BL}을 보이고 있다. 이와 같이 1-트랜지스터 DRAM 셀은 읽기 동작에 의해 셀 커패시터에 저장된 전하량이 변하여 저장된 정보의 파괴를 유발하므로, 읽기 동작 후에는 읽을 값을 다시 써넣는 과정이 필요하다.

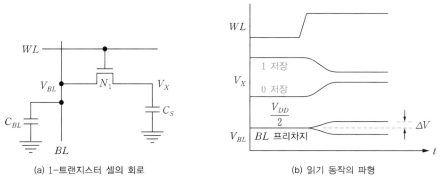

(a) 1-트랜지스터 셀의 회로   (b) 읽기 동작의 파형

[그림 9-47] **1-트랜지스터 DRAM 셀의 읽기 동작**

DRAM의 읽기와 쓰기 동작에 사용되는 간략화된 컬럼회로는 [그림 9-48(a)]와 같다. 이 회로는 SRAM의 컬럼회로와 유사한 구조를 가지나, $pc = 1$에 의해 비트라인을 $V_{DD}/2$ 로 프리차지시키는 회로가 추가되어 있다. 감지증폭기는 선택된 셀의 비트라인과 기준 reference 비트라인의 신호 변화를 감지하고 증폭하여 비트라인을 0 V 또는 V_{DD}로 만든 다. 감지증폭기의 입력 중 하나로 사용되는 기준 비트라인은 선택되지 않은 워드라인 셀 들의 비트라인 중 하나가 사용되며, [그림 9-48(b)]는 한 예를 보이고 있다.

DRAM의 읽기 동작에 대해 알아보자. $\overline{\text{RAS}} = 1$인 상태에서 프리차지 신호 $pc = 1$에 의해 모든 비트라인은 $V_{DD}/2$로 프리차지되고, 셀의 액세스 트랜지스터는 모두 개방상태 를 유지한다. 주소 핀으로 입력되는 주소는 $\overline{\text{RAS}}$의 하강 모서리에서 래칭되어 행주소 버퍼에 인가되는데, 이때 $pc = 0$에 의해 비트라인은 프리차지 회로와 격리되어 $V_{DD}/2$ 로 프리차지 상태를 유지한다. 입력된 행주소는 행 디코더와 구동회로를 통해 워드라인 신호로 생성되어, 읽고자 하는 셀의 워드라인이 선택된다. 특정 워드라인이 선택되면 해 당 워드라인에 연결된 셀들의 액세스 트랜지스터가 모두 도통상태가 되고, 셀에 저장된 데이터에 따라 비트라인에 전압 변화가 발생한다. 감지증폭기는 비트라인과 기준 비트라 인의 전압차를 감지하고 증폭하여 비트라인을 0 V 또는 V_{DD}로 만든다.

그 후에 $\overline{\text{CAS}} = 0$으로 활성화되면 입력되는 주소가 열주소 버퍼에 인가되고 열 디코더 를 통해 열 선택신호 CSL이 생성된다. $\overline{\text{WE}} = 1$에 의해 읽기모드로 설정되면, $CSL = 1$ 에 의해 선택된 비트라인의 감지증폭기 출력이 출력버퍼를 통해 외부로 출력된다. 그 후, $CSL = 0$에 의해 열 선택 스위치를 개방시켜 비트라인과 출력버퍼 사이를 차단시키고,

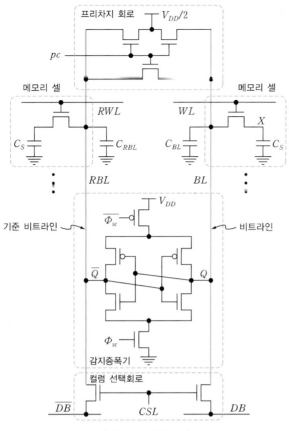

(a) 프리차지 및 감지증폭기 회로

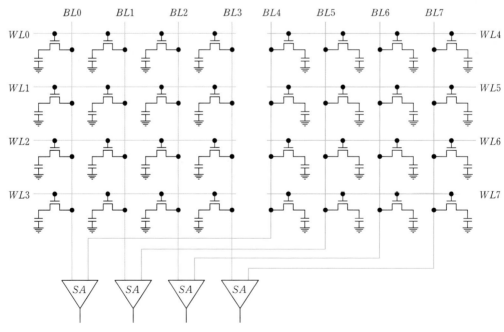

(b) 감지증폭기 입력의 구성 예

[그림 9-48] DRAM의 컬럼회로

$\overline{\text{RAS}} = 1$에 의해 워드라인 $WL = 0$이 되면, 워드라인에 연결된 셀의 액세스 트랜지스터가 개방되어 메모리 셀은 비트라인과 격리되고 읽기 동작이 완료된다. 읽기 동작이 완료되면, 선택된 워드라인에 연결된 모든 셀들은 기존에 저장하고 있던 값에 따라 0 또는 V_{DD}로 복원되는데, 이를 리프래시라고 한다. 리프래시 동작은 워드라인 단위로 셀에 저장된 데이터를 읽은 후, 0 또는 V_{DD}로 복원시켜 다시 저장하는 과정이다.

다음으로 쓰기 동작에 대해 알아보자. $\overline{\text{RAS}} = 1$, $\overline{\text{CAS}} = 1$인 상태에서 모든 비트라인은 $V_{DD}/2$로 프리차지되고, 셀의 액세스 트랜지스터는 모두 개방상태를 유지한다. 주소 핀에 행주소를 인가하고 $\overline{\text{RAS}} = 0$으로 활성화하면, 행 디코더와 구동회로를 통해 워드라인 신호가 생성되어 쓰기 동작이 이루어질 셀의 워드라인이 선택된다. 읽기 동작에서 설명했듯이, 특정 워드라인이 선택되면 여기에 연결된 모든 셀들의 데이터가 감지증폭기를 통해 증폭되고 다시 셀에 저장되는 리프래시 동작이 일어난다. 이와 같이 리프래시 동작이 완료된 이후에 $\overline{\text{CAS}} = 0$으로 활성화하면, 주소 핀으로 입력되는 열주소는 열 디코더를 통해 열 선택 신호로 변환되고, 원하는 비트라인이 선택되어 특정 셀이 선택된다.

$\overline{\text{WE}} = 0$으로 활성화하여 쓰기 모드로 설정하면, 외부에서 입력된 데이터는 쓰기회로를 통해 선택된 비트라인으로 옮겨지면서 감지증폭기의 출력을 덮어쓰기한다. 셀에 1이 저장된 상태에서 0을 쓰는 경우에는, 쓰기회로에 의해 비트라인이 0V로 바뀌고, 셀 커패시터에 충전되어 있던 전하가 액세스 트랜지스터를 통해 비트라인으로 방전되어 데이터 0의 쓰기 동작이 이루어진다. 셀에 0이 저장된 상태에서 1을 쓰는 경우에는, 쓰기회로에 의해 비트라인이 V_{DD}로 충전되고 액세스 트랜지스터를 통해 셀 커패시터가 충전되어 1의 쓰기 동작이 이루어진다. 쓰기 동작이 완료된 후, 열 선택신호를 $CSL = 0$으로 만들어 비트라인과 데이터 라인을 분리시키고, 워드라인을 $WL = 0$으로 만들면 메모리 셀과 비트라인이 분리되어 저장상태가 된다. 다음 사이클의 동작을 위해 비트라인은 프리차지 레벨로 돌아가면서 쓰기 동작 사이클이 완료된다.

■ DRAM의 리프래시 동작

DRAM에서 리프래시는 다음과 같은 두 가지 기능을 수행한다. 리프래시의 첫째 기능은 메모리 셀의 읽기/쓰기 동작에서 셀에 저장된 정보를 유지시키는 역할을 한다. 워드라인 신호 $WL = 1$에 의해 액세스 트랜지스터가 도통되면, 해당 워드라인에 연결된 모든 셀들에서 셀 커패시터와 비트라인 사이에 전하 재분배가 일어나 저장된 정보가 소실될 수 있다. 이 문제를 해결하기 위해 감지증폭기로 비트라인 신호를 복원한 후, 다시 쓰기

rewrite 동작에 의해 이전 데이터를 유지시킨다. 워드라인에는 많은 수(예를 들면 4,096개)의 셀들이 연결되어 있으며, 이들 중 일부만 열주소에 의해 선택된다. 선택된 셀의 읽기/쓰기 동작이 이루어지는 동안 선택되지 않은 나머지 셀들은 리프래시 동작을 한다.

리프래시의 둘째 기능은 누설전류에 의해 저장된 정보가 소실되는 것을 방지하는 역할을 한다는 것이다. DRAM은 셀 커패시터의 전하량으로 정보를 저장하므로, 셀 커패시터에 전하가 일정량 이상 채워져 있으면 데이터 1이 저장되고, 일정량 이하로 비워져 있으면 0이 저장될 것이다. 그러나 DRAM 셀 회로에는 누설전류가 존재하여 시간이 흐를수록 셀 커패시터의 전하가 소실될 수 있다. 누설전류는 셀 내부 저장노드([그림 9-46(a)]의 노드 X)의 pn 접합 누설전류, 액세스 트랜지스터의 문턱전압 이하$^{sub-threshold}$ 누설전류, 셀 커패시터 유전체의 누설, 결함 관련 누설전류 등 다양한 요인들의 영향을 받는다. 따라서 셀에 저장된 정보가 유지될 수 있는 최소한의 시간을 주기로 리프래시되어야 한다. 이는 리프래시 과정이 필요 없는 SRAM과 뚜렷이 구별되는 특성이다.

리프래시 동작은 메모리 셀 배열의 페이지 단위로 이루어지며, [그림 9-49]와 같이 연속형$^{bursty\ refresh}$ 또는 분산형$^{distributed\ refresh}$으로 이루어진다. 리프래시 동작이 진행되는 중에는 메모리의 읽기/쓰기 동작을 할 수 없으며, 리프래시 과정에서 전력소비도 일어나므로 시스템 측면에서는 낭비적인 요소가 된다. 예를 들어, 4 k개의 워드라인으로 구성된 DRAM의 읽기 사이클이 100 ns이고 리프래시 주기가 64 ms라고 하면, 한 번의 리프래시에 소요되는 시간은 $4,096 \times 100\,ns = 410\,\mu s$이며, 리프래시 동작을 위해 메모리에 액세스할 수 없는 비율은 $410\,\mu s\,/\,64\,ms = 0.64\%$가 된다.

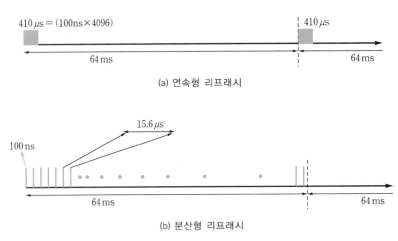

(a) 연속형 리프래시

(b) 분산형 리프래시

[그림 9-49] **DRAM의 리프래시 형태**

■ 정보(데이터)를 임시 또는 영구히 저장하기 위해 사용되는 반도체 메모리는 정보 저장 형태에 따라 휘발성 메모리와 비휘발성 메모리로 구분된다.
  • 휘발성 메모리 : 전원이 꺼지면 저장된 데이터가 없어지는 메모리로, SRAM과 DRAM이 대표적인 휘발성 메모리이다.
  • 비휘발성 메모리 : 전원이 꺼져도 저장된 데이터가 그대로 유지되는 메모리로, MROM, EPROM, EEPROM 그리고 플래시 메모리 등으로 구분된다.

■ ROM은 메모리 셀 트랜지스터가 비트라인에 연결되는 형태에 따라 OR형, NOR형, NAND형으로 구분된다. NAND형은 셀 크기가 작아 고집적에 유리하나 OR형, NOR형에 비해 속도가 느리다.

■ MROM은 정보를 1회만 프로그램(쓰기)할 수 있으며, 한번 저장된 정보는 수정될 수 없는 OT-PROM$^{\text{One Time Programmable ROM}}$이다.

■ EPROM은 메모리 셀이 하나의 부유 게이트 MOSFET로 구성되며, CHE 주입에 의해 프로그램(쓰기) 되고, 자외선을 이용해 전체를 일괄적으로 소거한다.

■ EEPROM은 전기적인 방법으로 소거와 프로그램이 가능하며, 메모리 셀이 FLOTOX 트랜지스터로 구성되어 프로그램과 소거가 F-N 터널링에 의해 이루어진다.

■ 플래시 메모리는 전기적인 소거와 프로그램이 가능하면서 고집적의 장점을 갖는 비휘발성 메모리이다.

구분		NOR형 플래시	NAND형 플래시
장점		랜덤 액세스 가능	빠른 프로그램 속도
		바이트 단위 프로그래밍 가능	빠른 소거 속도
		빠른 읽기 속도	작은 셀 면적
단점		느린 프로그램 속도 (바이트, 워드 단위 프로그램)	랜덤 액세스가 어려움
		느린 소거 속도	바이트 단위 프로그램 불가 (페이지 단위 프로그램)
		큰 셀 면적	느린 읽기 속도
응용분야		BIOS용 컨트롤 메모리, EPROM 대체용	디지털 카메라, USB 메모리, 대용량 데이터 메모리(SSD)

■ 비휘발성 메모리의 특성 비교

구분	MROM	EPROM	EEPROM		플래시 메모리	
			NOR형	NAND형	NOR형	NAND형
셀 트랜지스터	1	1	2	1	1	1
프로그램	마스크	CHE 주입	F-N 터널링	F-N 터널링	CHE 주입	F-N 터널링
소거	불가	자외선	F-N 터널링	F-N 터널링	F-N 터널링	F-N 터널링
소거 단위	불가	칩	비트	블록	블록	블록

■ RAM은 무작위로 읽기/쓰기가 가능한 휘발성 메모리로, 셀에 데이터가 저장되는 방식에 따라 SRAM과 DRAM으로 구분된다.
- SRAM : 쌍안정 래치에 데이터를 저장하며, 전원이 유지되고 정보를 덮어 쓰지 않는 한 저장된 데이터가 무한히 유지되는 정적 메모리이다. 집적도가 DRAM의 약 1/4이며, 고속 동작이 가능하여 CPU의 캐시 메모리로 사용된다.
- DRAM : 셀 커패시터에 데이터를 저장하며, 일정 시간이 경과하면 누설에 의해 저장된 데이터가 소실될 수 있으므로, 주기적인 리프래시가 필요한 동적 메모리이다. 셀 면적이 작아 고집적에 유리하여 PC의 메인 메모리로 사용된다.

■ RAM의 비트라인에는 많은 메모리 셀들이 연결되어 매우 큰 커패시턴스를 갖는다. 빠른 읽기 동작을 위해 비트라인의 작은 신호 변화를 감지하여 증폭하는 감지증폭기가 사용된다.

■ 플래시 메모리, SRAM, DRAM의 특성 비교

구분	플래시 메모리	SRAM	DRAM
속도	매우 느림	매우 빠름	빠름
집적도	매우 높음	낮음	높음
내구성	나쁨	좋음	좋음
전력소모	매우 작음	작음	높음
리프래시	필요 없음	필요 없음	필요함
정보 유지	비휘발성	휘발성	휘발성
정보 저장	부유 게이트	래치	셀 커패시터

9.1 다음 중 비휘발성 메모리가 **아닌** 것은?

㉮ 플래시 메모리   ㉯ EPROM

㉰ EEPROM   ㉱ SRAM

9.2 다음 중 컴퓨터의 주기억장치로 적합한 메모리는?

㉮ DRAM   ㉯ SRAM

㉰ EEPROM   ㉱ 플래시 메모리

9.3 다음 중 리프래시 동작이 필요한 메모리는?

㉮ DRAM   ㉯ SRAM

㉰ EEPROM   ㉱ 플래시 메모리

9.4 2차원 셀 배열을 갖는 메모리 구조에서 k비트의 주소 중, 하위 j비트는 열주소로 사용되고, 나머지 $(k-j)$비트가 행주소로 사용되면, 워드라인은 몇 개인가?

㉮ 2^j개   ㉯ 2^k개

㉰ 2^{k-j}개   ㉱ $2^k - 2^j$개

9.5 다음 중 메모리 칩 전체를 일괄 소거해야 하는 메모리는?

㉮ Fused ROM   ㉯ Mask ROM

㉰ EPROM   ㉱ 플래시 메모리

9.6 [그림 9-50]이 나타내는 ROM 회로의 형태는?

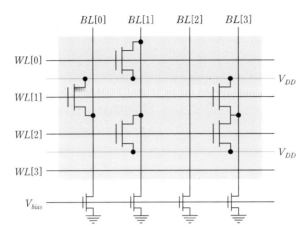

[그림 9-50]

㉮ AND형   ㉯ OR형   ㉰ NAND형   ㉱ NOR형

9.7 [그림 9-51]의 ROM 회로에서 $WL[3:0] = 1101$일 때, $BL[3:0]$의 출력은?

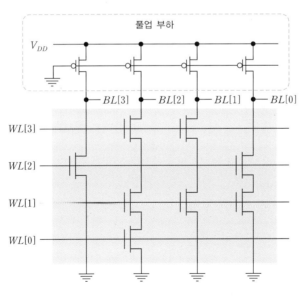

[그림 9-51]

㉮ 1001   ㉯ 0110   ㉰ 1000   ㉱ 0111

9.8 다음 설명 중 **틀린** 것은?

㉮ 마스크 ROM에 저장된 데이터는 변경할 수 없다.

㉯ EPROM은 저장된 데이터의 일부를 지우고 다시 쓸 수 없다.

㉰ EEPROM은 저장된 데이터의 일부를 지우고 다시 쓸 수 있다.

㉱ 플래시 메모리는 덮어쓰기^{overwrite}가 가능하다.

9.9 [그림 9-52]의 EEPROM 셀 회로에서 워드라인 WL, 제어라인 CL, 비트라인 BL의 전압이 그림과 같은 경우의 동작으로 맞는 것은?

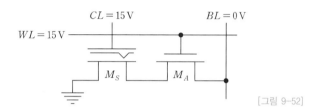

[그림 9-52]

㉮ 지우기 동작   ㉯ 쓰기 동작

㉰ 읽기 동작   ㉱ 리프래시 동작

9.10 다음 중 CHE 주입에 의해 프로그램(쓰기)되는 메모리는?

㉮ NOR형 플래시 메모리   ㉯ NAND형 플래시 메모리

㉰ NOR형 EEPROM   ㉱ NAND형 EEPROM

9.11 플래시 메모리 셀을 구성하는 부유 게이트 nMOS 트랜지스터에 대한 설명으로 맞는 것은?

㉮ 부유 게이트는 산화막으로 둘러싸여 있어 전자가 들어갈 수 없다.

㉯ 부유 게이트는 산화막으로 둘러싸여 있어 전자가 갇히면 영원히 제거될 수 없다.

㉰ 부유 게이트에 전자가 갇히면 트랜지스터의 문턱전압이 증가한다.

㉱ 부유 게이트에는 외부의 제어신호가 인가된다.

9.12 [그림 9-53]은 NAND형 플래시 메모리 셀의 단면도이다. CG에 0 V, 기판에 +20 V의 전압이 인가되는 경우의 동작으로 맞는 것은?

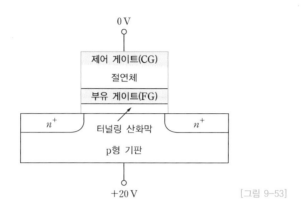

[그림 9-53]

㉮ 지우기 동작   ㉯ 쓰기 동작

㉰ 읽기 동작   ㉱ 리프래시 동작

9.13 [그림 9-54]는 NOR형 플래시 메모리 셀의 단면도이다. CG에 +10 V, 드레인에 +5 V, 기판과 소오스에 0 V의 전압이 인가되는 경우에 대한 설명으로 맞는 것은?

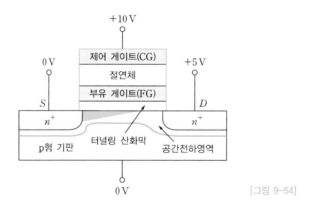

[그림 9-54]

㉮ FG의 전자가 채널영역으로 이동한다.

㉯ 메모리 셀의 지우기 동작이 이루어진다.

㉰ 트랜지스터의 문턱전압이 감소한다.

㉱ 채널영역에서 FG로 CHE 주입이 일어난다.

9.14 다음 중 NOR형 플래시 메모리에 대한 설명으로 맞는 것은?

㉮ 프로그램(쓰기) 동작이 F-N 터널링에 의해 이루어진다.
㉯ 소거(지우기) 동작이 CHE 주입에 의해 이루어진다.
㉰ NAND형에 비해 읽기 동작이 빠르다.
㉱ NAND형에 비해 고집적에 유리하다.

9.15 다음 중 NAND형 플래시 메모리의 특징이 **아닌** 것은?

㉮ 셀 면적이 작아 대용량에 적합하다.
㉯ 프로그래밍과 소거 속도가 빠르다.
㉰ 읽기 속도가 느리다.
㉱ 바이트 단위의 프로그래밍이 가능하다.

9.16 SRAM의 컬럼회로에 대한 설명으로 **틀린** 것은?

㉮ 워드라인 신호는 액세스 트랜지스터의 게이트로 연결된다.
㉯ 비트라인과 반전 비트라인에 다수의 메모리 셀이 연결되어 있다.
㉰ 비트라인은 읽기 동작에만 사용되고, 쓰기 동작에는 사용되지 않는다.
㉱ 비트라인과 반전 비트라인은 감지증폭기로 연결된다.

9.17 [그림 9-55]의 6-트랜지스터 SRAM 셀에서 읽기와 쓰기 동작이 올바로 이루어지기 위한 트랜지스터 채널폭의 상대적 크기가 올바른 것은? 단, 모든 트랜지스터의 채널길이는 같다.

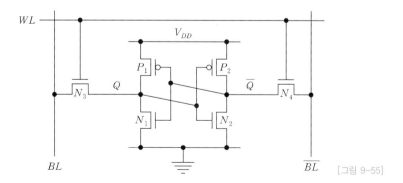

[그림 9-55]

⑦ $W_{N1} > W_{P1} > W_{N3}$　　　　　　　⑭ $W_{N1} > W_{N3} > W_{P1}$

⑮ $W_{P2} > W_{N2} > W_{N4}$　　　　　　　⑯ $W_{N4} > W_{N2} > W_{P2}$

9.18 [그림 9-56]의 1-트랜지스터 DRAM 셀 회로에 대한 설명으로 **틀린** 것은?

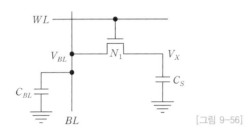

[그림 9-56]

⑦ 워드라인 WL에 의해 셀의 읽기 동작이 활성화된다.
⑭ 읽기 동작에서 셀 전압 V_X는 일정한 값을 유지한다.
⑮ 읽기 동작에서 셀 커패시터 C_S는 C_{BL}과 전하를 공유한다.
⑯ 읽기 동작에서 비트라인의 전압 변화는 매우 작다.

9.19 [그림 9-56]의 DRAM 셀에서 읽기 동작에 의한 비트라인의 전압 변화 ΔV를 올바로 나타낸 것은? 단, 읽기 동작을 위해 비트라인은 $V_{DD}/2$로 프리차지된다.

⑦ $\Delta V = \dfrac{V_{DD}}{2}\left(\dfrac{C_S}{C_S + C_{BL}}\right)$　　　　⑭ $\Delta V = \dfrac{V_{DD}}{2}\left(\dfrac{C_{BL}}{C_S + C_{BL}}\right)$

⑮ $\Delta V = \dfrac{V_{DD}}{2}\left(\dfrac{C_S + C_{BL}}{C_S}\right)$　　　　⑯ $\Delta V = \dfrac{V_{DD}}{2}\left(\dfrac{C_S + C_{BL}}{C_{BL}}\right)$

9.20 다음 중 DRAM의 리프래시 동작에 대한 설명으로 **틀린** 것은?

⑦ 리프래시 주기는 누설전류 및 셀 커패시터의 크기에 관계된다.
⑭ 셀에서 읽은 데이터를 다시 써넣는 과정이다.
⑮ 비트라인에 연결된 셀들이 동시에 리프래시된다.
⑯ 리프래시 동작 중에는 읽기나 쓰기 동작이 이루어질 수 없다.

9.21 다음의 정보를 저장하는 프리키기 방식의 NOR형 ROM을 설계하라.

주소 $WL[7:0]$	저장된 정보 $BL[5:0]$	주소 $WL[7:0]$	저장된 정보 $BL[5:0]$
0000 0001	00 0010	0001 0000	11 0110
0000 0010	00 0101	0010 0000	10 0111
0000 0100	00 1010	0100 0000	01 1110
0000 1000	00 1101	1000 0000	11 1101

9.22 NAND형 플래시 메모리가 [그림 9-57]과 같이 구성되는 경우에 페이지, 블록, 전체 용량은 각각 얼마인가?

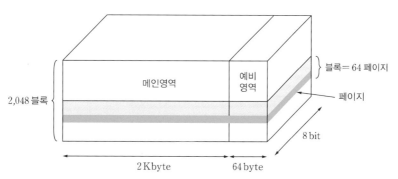

[그림 9-57]

[1] 신경욱, 『Verilog HDL을 이용한 디지털 시스템 설계 및 실습』, 카오스북, 2013

[2] C. Mead, L. Conway, 『Introduction to VLSI Systems』, Addison Wesley, 1980

[3] Neil H.E. Weste, D. Harris, 『Principles of CMOS VLSI Design : A Systems Perspective, 2nd Ed』, Addison Wesley, 1993

[4] J.M Rabaey, 『Digital Integrated Circuits : A Design Perspective』, Prentice Hall, 1996

[5] J.P. Uyemura, 『Introduction to VLSI Circuits and Systems』, John Wiley and Sons, 2002

[6] D.A. Hodges, H.G. Jackson, R.A. Saleh, 『Analysis and Design of Digital Integrated Circuits : In Deep Submicron Technology』, McGraw-Hill, 2004

[7] Neil H.E. Weste, D. Harris, 『CMOS VLSI Design : A Circuits and Systems Perspective, 3rd Ed』, Addison Wesley, 2005

[8] R. Micheloni, G. Campardo, P. Olivo, 『Memories in Wireless Systems』, Springer, 2008

[9] Ivan E. Sutherland, Bob F. Sproull, David L. Harris, 『Logical Effort: Designing Fast CMOS Circuits』, Morgan Kaufmann Publishers, 1998

[10] H. Iwai, "Past and Future of Silicon Electronic Devices", National Symposium on Science and Technology and the Young(Career, Creativity and Excitement), 2009.

[11] A.C. Fischer, J.G, Korvink, N. Roxhed1, G. Stemme1, U. Wallrabe and F. Niklaus, "Unconventional applications of wire bonding create opportunities for microsystem integration", Journal of Micromechanics and Microengineering, vol. 23, no. 8, pp. 1-13, June, 2013.

[12] 반도체재료기술 로드맵 조사 · 연구 보고서, 한국반도체산업협회/산업자원부, 2001.

[13] http://www.computerhistory.org/semiconductor

[14] http://homepages.rpi.edu/~schubert/Educational-resources

[15] http://electronicdesign.com/site-files/electronicdesign.com/files/archive

[16] http://tubesync.co.uk/blog/tag/el34

[17] http://explorepahistory.com

[18] http://www.toshiba-components.com/ASIC/SiP.html

[19] http://www.icpackage.org

[20] http://www.semipark.co.kr

[21] http://www.apltech.com

[22] How Intel Makes Chips: Transistors to Transformations, http://www.intel.com